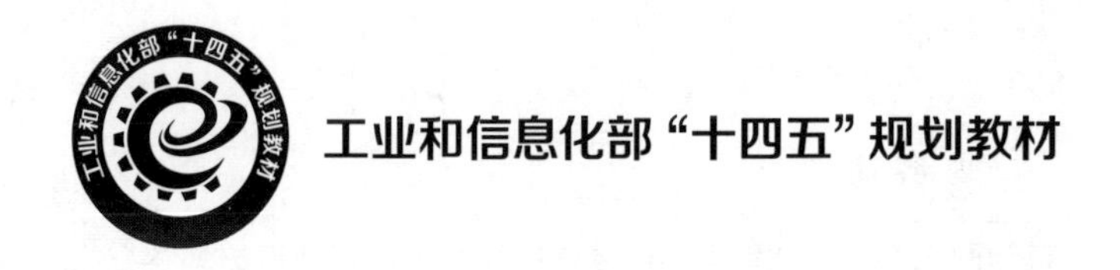

工业和信息化部“十四五”规划教材

火炮弹道学

（第 3 版）

钱林方　陈光宋　侯保林 ◎ 编著

ARTILLERY BALLISTICS
(3RD EDITION)

北京理工大学出版社
BEIJING INSTITUTE OF TECHNOLOGY PRESS

内 容 简 介

本书内容包括火炮外弹道学和内弹道学两大部分。外弹道学部分详细介绍了质点弹道的基本方程及其解法、弹丸飞行稳定性的基本理论、弹丸一般运动微分方程组及运动稳定性分析的基本概念、弹丸的外弹道特性及散布和射击误差分析，同时，简要介绍了射表及其编拟方法，以及外弹道设计。内弹道学部分主要阐述经典内弹道学的基本概念、火药的燃烧规律、弹丸在膛内的运动规律、膛内压力变化规律、内弹道问题的求解方法、不同装填条件对内弹道性能的影响、内弹道设计的基本原理与方法、火炮火药装药结构的一般知识等。本书内容力求深入浅出、科学严谨、通俗易懂、新颖实用。

本书可作为高等院校和专科院校的教材，同时也可作为从事火炮武器研究、设计、生产及试验的工程技术人员的参考书。

图书在版编目(CIP)数据

火炮弹道学 / 钱林方，陈光宋，侯保林编著. --3版. --北京：北京理工大学出版社，2023.7

工业和信息化部“十四五”规划教材

ISBN 978-7-5763-2703-8

Ⅰ.①火…　Ⅱ.①钱…　②陈…　③侯…　Ⅲ.①火炮-弹道学-教材　Ⅳ.①TJ012

中国国家版本馆 CIP 数据核字(2023)第 137950 号

责任编辑：王玲玲　　**文案编辑**：王玲玲
责任校对：刘亚男　　**责任印制**：李志强

出版发行 / 北京理工大学出版社有限责任公司
社　　址 / 北京市丰台区四合庄路 6 号
邮　　编 / 100070
电　　话 / (010) 68944439（学术售后服务热线）
网　　址 / http://www.bitpress.com.cn

版 印 次 / 2023 年 7 月第 3 版第 1 次印刷
印　　刷 / 保定市中画美凯印刷有限公司
开　　本 / 787mm × 1092mm　1/16
印　　张 / 18.25
字　　数 / 429 千字
定　　价 / 58.00 元

前言 PREFACE

内弹道学和外弹道学是火炮技术领域的一门基础理论和实用学科，涉及火炮武器系统的论证、设计、加工、试验、作战指挥、战斗使用等各个环节。

本书将外弹道学和内弹道学融于一体，根据火炮设计阶段的程序顺序，先介绍火炮外弹道，后介绍火炮内弹道。本书与其他类似教科书相比，在概念上阐述得更加细致，理论推导更加严谨，在强调内、外弹道物理概念理解的基础上，兼顾了工程分析和设计的实用性。另外，本书在第2版的基础上补充了课后习题，并修正了不妥之处。

全书共分为12章。第1~6章为外弹道学部分，第7~12章为内弹道学部分。第1章介绍了学习外弹道所需的大气知识，建立了弹丸质点弹道的基本方程，阐述了非标准条件下质点弹道方程的求解方法；第2章叙述了弹丸的空气动力与力矩的物理机理及计算方法，阐述了弹丸飞行稳定性的基本理论和工程处理方法，介绍了膛线缠度的计算公式；第3章介绍了弹丸的一般运动微分方程组，阐述了弹丸运动稳定性分析的若干基本概念；第4章阐述了空气弹道的弹道特性，并对火炮发射后的弹着点散布和射击误差进行了初步分析；第5章简单介绍了射表及其编拟方法；第6章阐述了外弹道设计的基本概念；第7章介绍了火药的基本知识，内弹道学的研究内容、研究任务以及经典内弹道学的研究方法；第8章建立了密闭爆发器条件下火药燃烧的基本方程，包括火药的燃烧速度定律和几何燃烧定律，详细阐述了内弹道学的若干基本概念；第9章建立了弹丸在膛内运动期间的内弹道基本方程，包括弹丸运动方程、弹后空间压力分布以及内弹道基本方程等内容；第10章阐述了内弹道方程组及其求解方法，分析了装填条件的变化对内弹道性能的影响；第11章阐述了内弹道设计的基本原理和方法；第12章介绍了火炮火药装药结构及其对内弹道性能的影响，供课外阅读使用。

本书主要作为高等院校相关专业的教材，也可以作为从事枪炮武器研究、设计、生产及试验的工程技术人员的参考书。

本书由南京理工大学钱林方教授、陈光宋副教授、侯保林副教授主编。其中，陈光宋和钱林方教授编写了第1~6章，侯保林教授和陈光宋编写了第7~12章，陈光宋撰写了附录所列的弹道程序，并对内、外弹道章节的基本概念、内涵、符号等进行了统一。由于作者学识水平有限，本书缺点在所难免，恳请读者批评指正。

目 录
CONTENTS

第1篇 外弹道学

第1篇　外弹道学

外弹道是研究弹丸在空中运动规律及有关问题的科学。在飞行过程中，由于受发射条件、大气条件以及弹丸本身各方面因素的干扰，弹丸除了按照一定的基本规律运动外，还会产生一些扰动运动。这些扰动因素有系统的，也有随机的。系统的扰动因素使弹道产生系统的偏差，这类偏差可以通过计算进行修正，使射击精度得到提高。随机的扰动因素使弹道产生随机的偏差，也就是造成散布，这是无法修正的，但可以通过研究散布的起因及其影响因素来设法减小散布，所以外弹道学对于提高射击精度起着重要作用。

外弹道学分为质点弹道学与刚体弹道学两大部分。

所谓质点弹道学，就是在一定的假设下，略去对弹丸运动影响较小的一些力和全部力矩，把弹丸当成一个质点，研究其在重力、空气阻力作用下的运动规律。质点弹道学的作用在于研究在此简化条件下的弹道计算问题，分析影响弹道的诸因素，并初步分析形成散布和产生射击误差的原因。

所谓刚体弹道学，就是考虑弹丸所受的一切力和力矩，把弹丸当作刚体研究其围绕质心的运动（亦称角运动）及其对质心运动的影响。刚体弹道学的作用在于解释飞行中出现的各种复杂现象，研究稳定飞行条件，寻找形成散布的机理及减小散布的途径，获得精确的计算弹道。

要想提高武器的射击精度，除了要研制出性能良好的武器，使其射弹散布尽可能小外，还必须编制出高精度的射表。这两方面任务的完成都与外弹道学有密切的关系。

射程也是武器的重要指标之一。要想提高武器的射程，必须综合应用外弹道和空气动力学方面知识，在弹丸结构、减少空气阻力等方面进行综合优化设计。

外弹道学知识的应用是多方面的。一种武器从诞生到装备部队使用有许多环节，其中包括论证、设计、研制、生产、监造、靶场试验、编制射表、部队使用和维护修理等方面。每个环节都与外弹道学有不同程度的联系，都需用外弹道学知识。虽然每个环节应用的是外弹道学知识的不同方面，但都必须理解外弹道学的基本概念，了解弹丸飞行的基本规律，掌握外弹道学解决问题的基本方法。

第 1 章
质点弹道基本方程及其解法

本章研究外弹道的基本问题，即研究弹丸质心运动的规律问题，它是进行弹道计算所必需的。弹道计算只关心弹丸质心在空中运动的规律，即根据弹炮系统的有关特征数据和条件，如已知弹丸质量、弹径、弹形、火炮射角、初速以及气象条件等，计算出描述弹丸质心在空中运动规律的参量，即任意时刻弹丸质心的坐标以及速度的大小和方向。

弹道计算在实际中有着广泛的应用。对于火炮系统总体设计、外弹道设计、射表编制、瞄准具设计、火控指控系统设计等，它都是工作的基本依据。

严格来说，弹丸在空气中的运动是复杂的刚体一般运动，它有六个自由度，即：三个描述弹丸质心的平动运动和三个描述弹丸绕其质心的转动运动。实际上，对于能保证飞行稳定的弹丸，其章动角（或攻角）总是很小，因而弹丸绕质心的运动对其质心的平动运动的影响不大，这就有可能相对独立地对弹丸的质心平动运动进行研究，而暂时不考虑弹丸绕质心的运动及其有关的规律。本章的内容实际上只是研究质点弹道的运动规律。

所谓质点弹道的运动规律，是指将弹重集中于质心一点的一种弹丸运动的规律。尽管质点弹道只是一个三自由度的运动问题，但由于弹丸形状、飞行姿态、空气阻力的复杂性，对质点弹道基本方程的描述方法与解法仍然是多种多样的。本章主要按照我国外弹道学中传统的方法来列出质点弹道的基本方程，这种方法也可视作一种经典的方法，它是我国现行弹道计算、射表编制等统一遵循的方法。

1.1 大气特性及空气阻力

弹丸在空气中飞行，作用于弹丸上的力主要有重力、空气阻力和地球转动引起的哥氏惯性力。火炮在射高（10 km 以下）和射程（50 km 以下）的范围内，可认为重力加速度矢量 $\boldsymbol{g}$ 的量值 $g = \|\boldsymbol{g}\|$ 变化不大，可以把它当成常数而不影响计算精度，国际计量检定中标准重力加速度 $\boldsymbol{g}$ 的值为 $g = 9.806\ 65\ \mathrm{m/s^2}$。在外弹道计算中，假设地表面为平面，$\boldsymbol{g}$ 的方向垂直于地平面向下。在射程较小的情况下，可不考虑地球自转引起的哥氏惯性力的影响。弹丸在空气中飞行的主要影响是来自空气的阻力，本节着重介绍与空气阻力有关的大气方面的知识。

1.1.1 大气特性

1.1.1.1 空气状态方程与虚温

将空气近似看成理想气体，其状态方程可用理想气体状态方程来表示：

$$p = \rho RT \tag{1-1}$$

式中，p 为空气的压力，单位 Pa；ρ 为空气的密度，单位 kg/m^3；T 为空气的热力学温度，单位 K；R 为空气的气体常数，对于干空气，实验值 $R=287\ J/(kg\cdot K)$。

实际空气常是含有水蒸气的湿空气，因此，尚须对湿空气状态方程中的量做进一步修正。由实验得知，水蒸气的气体常数 $R_{水}$ 与干空气的气体常数 R 之间的关系为：

$$R_{水}=\frac{8}{5}R \tag{1-2}$$

根据气体的分压定律，湿空气（实际空气）的总气压（设为 p）是干空气分压 $p_{干}$ 和水蒸气分压 a 之和，即

$$p=p_{干}+a \tag{1-3}$$

由状态方程，可分别写出

$$\rho_{干}=\frac{p_{干}}{RT} \tag{1-4}$$

$$\rho_{水}=\frac{a}{R_{水}T} \tag{1-5}$$

将式（1-2）$R_{水}$ 的值代入式（1-5），则有

$$\rho_{水}=\frac{5}{8}\frac{a}{RT} \tag{1-6}$$

又由于湿空气的密度 ρ 为

$$\rho=\rho_{干}+\rho_{水} \tag{1-7}$$

最后可整理出

$$\rho=\frac{p}{RT\Big/\left(1-\frac{3}{8}\frac{a}{p}\right)} \tag{1-8}$$

引入符号

$$\tau=\frac{T}{1-\frac{3}{8}\frac{a}{p}} \tag{1-9}$$

则有

$$\rho=\frac{p}{R\tau} \tag{1-10}$$

τ 称为虚温，可以将 τ 理解为与湿空气具有相同压力和密度时干空气的温度。引入 τ 以后，就可以用干空气的 $R=287\ J/(kg\cdot K)$，利用式（1-10）给出的状态方程来计算湿空气的密度 ρ。今后，除特别指明外，外弹道中所用的气温均为虚温 τ。

1.1.1.2 标准气象条件

气象条件不仅随地点而变化，而且在同一地点还随时间和高度而变化。为了简化计算，火炮弹道只能根据标准的气象条件进行弹道计算和编制射表。在火炮正式射击时，则可根据当地的具体气象条件对标准气象弹道进行修正。下面介绍我国炮兵用标准气象条件，它与国际上通用的标准基本一致。

1. 气象诸元的地面标准值

$T_{0N}=15\ ℃$，$p_{0N}=100\ kPa=0.1\ MPa$，$a_{0N}=846.7\ Pa$，$\Phi=50\%$，$\tau_{0N}=288.9\ K$，

$$\rho_{0N} = 1.206\ \text{kg/m}^3$$

式中，“0”及“N”分别表示地面值和标准值；Φ 为相对湿度，它是某温度下蒸气压与该温度下饱和蒸气压之比。

2. 气象条件随高度分布的标准定律

包围整个地球的空气总称为大气，地球大气层的厚度为 2 000 ~ 3 000 km。按照不同高度上大气的特征，大气可分为几层。从海平面起，大气依次可分为对流层、平流层（又称同温层）、中间层（又称中层）、高温层和外层大气。由于火炮弹丸飞行高度都在 15 km 上下，不超出平流层高度之外，因此我们只关心在此高度以下的气象条件随高度的分布。

对流层中气温随高度而降低，这是因为大气吸收太阳热量的能力远小于地表，地表温度高于大气温度，下层大气受热上升膨胀而冷却，上面冷空气下降压缩而变热，因而形成大气的上下对流。根据我国的情况，炮兵取对流层高度 9 300 m。平流层中的大气由于远离地表大气，处于热平衡状态，此层气温恒定不变，大气没有上下对流，只有水平移动，因此称为平流层或同温层，此层高度为 12 000 ~ 30 000 m。在对流层与平流层之间的过渡称为亚同温层，其高度为 9 000 ~ 12 000 m。

1）气温随高度的标准分布

气温 τ 随高度的变化规律是在对流层为线性，亚同温层为抛物线，同温层为常数。根据交界层面温度及温度随高度的变化率连续的条件，可得到炮兵用温度随高度的标准分布，记为 τ_s：

对流层 $y \leqslant 9\ 300$ m

$$\tau_s = \tau_0 - G_1 y \tag{1-11}$$

亚同温层 $9\ 300\ \text{m} < y \leqslant 12\ 000$ m

$$\tau_s = A_1 - G_1(y - 9\ 300) + C_1(y - 9\ 300)^2 \tag{1-12}$$

同温层 $12\ 000\ \text{m} < y \leqslant 30\ 000$ m

$$\tau_s = 221.5\ \text{K} \tag{1-13}$$

式中系数为

$$A_1 = 0.126\ 76\tau_0 + 193.42\ \text{K},\ G_1 = 9.389\ 7 \times 10^{-5}(\tau_0 - 221.5)\ \text{K/m},$$
$$C_1 = 1.738\ 8 \times 10^{-8}(\tau_0 - 221.5)\ \text{K/m} \tag{1-14}$$

当 $\tau_0 = \tau_{0N}$ 时，上述温度标准分布就是温度分布的标准定律，记为 τ，式中系数分别为

$$A_1 = 230.0\ \text{K},\ G_1 = 6.328 \times 10^{-3}\ \text{K/m},$$
$$C_1 = 1.172 \times 10^{-6}\ \text{K/m} \tag{1-15}$$

实际上，温度随高度的分布规律是很不规则的，甚至会出现上层温度比下层温度高的情况，称为逆温。当有冷空气或暖空气过境时，就破坏了正常的温度沿高度递减的分布，冷暖空气相交即形成锋面，而温度的标准分布只是温度实际分布的某一平均分布，如图 1－1 所示。

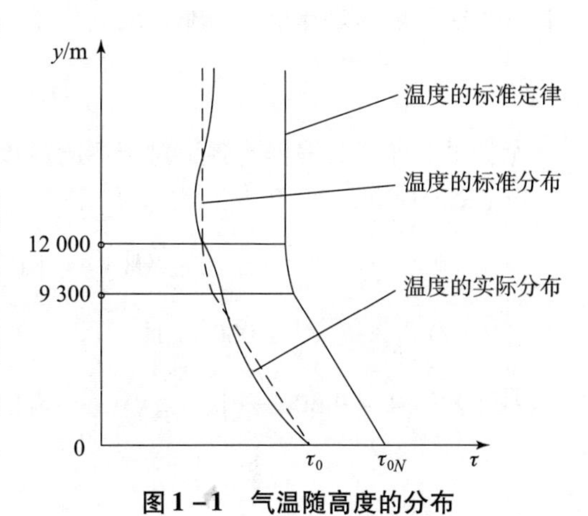

图 1－1　气温随高度的分布

2）气压和密度随高度分布的标准分布

有了温度随高度的分布，就可以利用流体静力学基本方程和气体状态方程求出大气气压 p 和密度 ρ 随高度 y 的变化关系，称为大气气压和密度随高度的标准分布，分别记为 p_s 和 ρ_s。

如图1-2所示，设在距地面 y 高处，有底面积为 A、厚度为 dy 的气柱，该气柱的上面受到向下的压力 $(p_s+dp_s)A$，下面受到向上的压力 p_sA，气柱微小单元体的重量为 $\rho_s gAdy$。对该单元体建立平衡方程，经整理可得

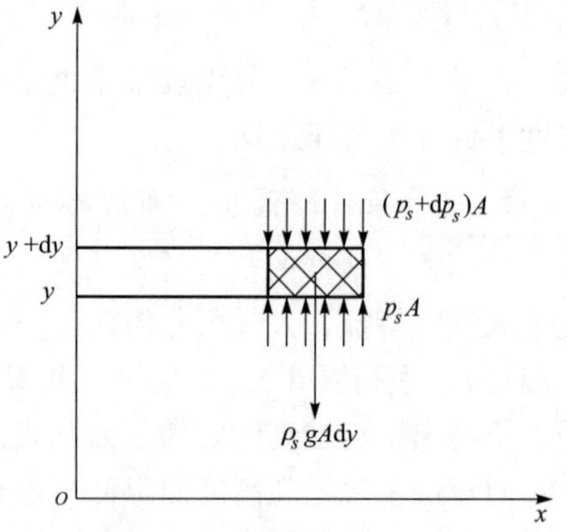

图1-2 大气微小单元体

$$dp_s = -\rho_s g dy \tag{1-16}$$

将状态方程（1-10）代入上式，有

$$\frac{dp_s}{p_s} = -\frac{g}{R\tau_s}dy \tag{1-17}$$

积分上式，得

$$\ln\frac{p_s}{p_0} = -\frac{g}{R}\int_0^y \frac{dy}{\tau_s}$$

即

$$\frac{p_s}{p_0} = \exp\left(-\frac{g}{R}\int_0^y \frac{dy}{\tau_s}\right) \tag{1-18}$$

其中，气温 τ_s 的表达式可按式（1-11）~式（1-13）代入，即可获得压力分布的标准分布。当地面气压 $p_0 = p_{0N}$ 和温度 $\tau_0 = \tau_{0N}$ 时，式（1-18）可写成

$$\frac{p}{p_{0N}} = \exp\left(-\frac{g}{R}\int_0^y \frac{dy}{\tau}\right) \tag{1-19}$$

记

$$\Pi(y) = \frac{p}{p_{0N}} \tag{1-20}$$

称为气压函数。按大气平衡条件导出的气压函数，除地面气压值随地点时间变化较大外，气压随高度分布规律差异很小。非标准气象条件下的气压函数 Π_s 为

$$\Pi_s(y) = \frac{p_s}{p_0} \tag{1-21}$$

为了便于计算机编程计算，对于不同高度，气压函数表达式（1-20）的结果如下：

当 $y \leqslant 9\ 300$ m 时

$$\Pi(y) = \left(1 - \frac{G_1}{\tau_{0N}}y\right)^{g/(RG_1)} \tag{1-22}$$

当 $9\ 300\ \text{m} < y \leqslant 12\ 000$ m 时

$$\Pi(y) = \left(1 - 9\ 300\frac{G_1}{\tau_{0N}}\right)^{g/(RG_1)} \exp\left\{-B_1\left[\arctan\frac{2C_1(y-9\ 300)-G_1}{B_2} + \arctan\frac{G_1}{B_2}\right]\right\} \tag{1-23}$$

当 $y > 12\ 000$ m 时

$$\Pi(y)=\left(1-9\,300\frac{G_1}{\tau_{0N}}\right)^{g/(RG_1)}\exp\left\{-B_1\left[\arctan\frac{5\,400C_1-G_1}{B_2}+\arctan\frac{G_1}{B_2}\right]\right\}\exp\left[-\frac{g(y-12\,000)}{221.5R}\right] \tag{1-24}$$

式中

$$B_1=\frac{2g}{RB_2},\ B_2=\sqrt{4A_1C_1-G_1^2}$$

将 A_1、G_1、C_1、R、g、τ_{0N} 等值代入，可进行常数计算，最后的表达式为

当 $y\leqslant 9\,300$ m 时

$$\Pi(y)=(1-0.000\,021\,905y)^{5.4} \tag{1-25}$$

当 $9\,300\text{ m}<y\leqslant 12\,000$ m 时

$$\Pi(y)=0.292\,28\exp\left\{-2.120\,64\left[\arctan\frac{2.344(y-9\,300)-6\,328}{32\,221}+0.193\,925\right]\right\} \tag{1-26}$$

当 $y>12\,000$ m 时

$$\Pi(y)=0.193\,72\exp[-(y-12\,000)/6\,483.3] \tag{1-27}$$

最后再根据状态方程，即可分别得到空气密度函数的标准定律 $H(y)$ 和标准分布 $H_s(y)$

$$H(y)=\frac{\rho}{\rho_{0N}}=\frac{p}{p_{0N}}\frac{\tau_{0N}}{\tau}=\Pi(y)\frac{\tau_{0N}}{\tau} \tag{1-28}$$

$$H_s(y)=\frac{\rho_s}{\rho_0}=\frac{p_s}{p_0}\frac{\tau_0}{\tau_s}=\Pi_s(y)\frac{\tau_0}{\tau_s} \tag{1-29}$$

$\Pi(y)$ 及 $H(y)$ 曲线如图1-3所示。上面介绍的 $\tau(y)$、$\Pi(y)$、$H(y)$ 的规律即是炮兵用气象诸元随高度 y 变化的标准定律，它是用于计算空气阻力的基本依据。如果这三种规律的地面值为非标准值 τ_0、p_0、ρ_0，则称之为气象诸元随高度 y 的标准分布。

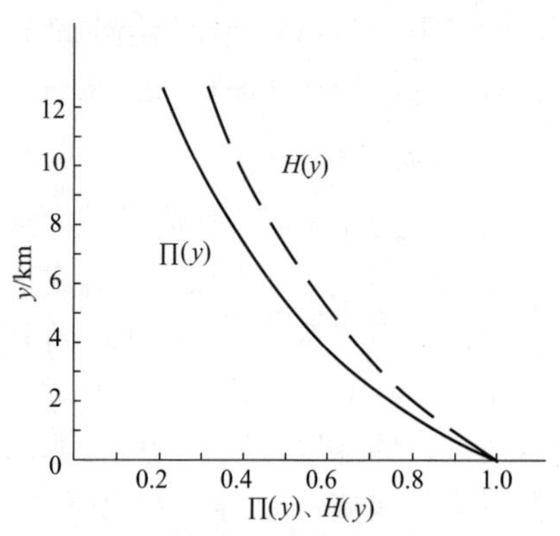

图1-3　气压和密度函数的分布曲线

1.1.2　空气阻力及其一般表达式

由于空气的黏性及有一定的密度，弹丸在空气中飞行时，它必然给弹丸以力的作用，这就是空气阻力。

1.1.2.1　空气阻力的组成部分

此处简要说明对弹丸作用的空气阻力形成的基本原理，以便了解空气阻力的实质以及找到在设计中减小空气阻力的办法。空气阻力主要由摩擦阻力、涡流阻力及超声速时所特有的波动阻力所组成。

1. 摩擦阻力

摩擦阻力主要是由于大气的黏性所造成的。流体黏性的特征可参阅有关流体力学的著作，此处不再重复。根据黏附条件，弹丸在空气中运动时，其表面必黏附着一薄层空气伴随着弹丸一起运动。其外相邻的一层空气因黏性作用也被带动，但比黏附于弹丸上的一层空气的速度要小。同样，此被带动的、速度较小的一层空气，又因黏性而带动其更外一层的空

气。如此带动下去，速度渐小，总会有一不被带动的空气层存在。在此层之外，空气就与弹丸运动无关，好像空气是没有黏性的理想气体一样形成对称的绕流流过。接近弹丸表面，受空气黏性影响的一层空气，实际上是很薄的，这一层通常叫作附面层或边界层，弹丸边界层中空气速度的分布如图1-4（a）所示。由于弹丸飞行过程中表面上的边界层不断被形成，沿途的、接近弹丸表面的一薄层空气不断被带动，消耗着弹丸的动能，使弹丸减速。与此相应的阻力，就称为摩擦阻力。

由于弹丸速度很高，它所形成的边界层通常都是混合边界层，如图1-4（b）所示，只在接近弹丸的很小区域内为层流边界层，后面即转化为湍流边界层。由于湍流造成了空气质点的无规律脉动，它所消耗的能量远较层流边界层大，通常估算摩擦阻力时按湍流边界层来考虑较准确。

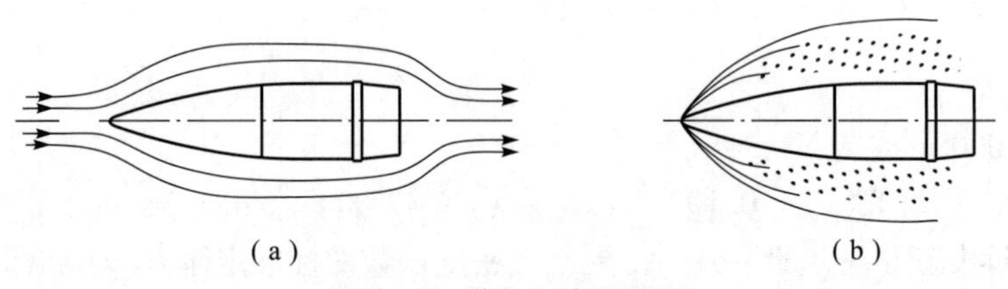

图1-4　弹丸上的附面层

在亚声速时，弹丸的摩擦阻力约占空气总阻力的35%～40%，而超声速时仅占10%左右。摩擦阻力与弹丸表面的粗糙度有关，在实践上常用弹丸表面涂漆的办法来减小表面粗糙度，可使射程增加0.5%～2.5%。

2. *涡流阻力*

涡流阻力是由于弹底附近截面突然变化形成涡流低压区而产生的一种弹丸飞行的阻力。它类似于弯曲壁面边界层出现分离现象。飞行中的弹丸的尾部通常小于弹丸直径或形成截锥形，致使截面突然减小，原来附着其上的边界层由于空气来不及填补而形成分离。这时弹丸底部形成接近真空的低压区，周围压力较高的气流则向低压区填补，造成杂乱无章的涡旋，如图1-5所示。涡流区中压力远小于弹头附近空气中的压力，此压力差即构成涡流阻力。

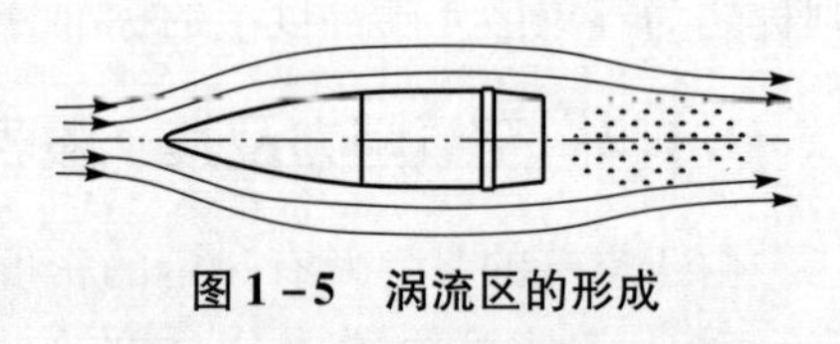

图1-5　涡流区的形成

涡流区的形成不仅与弹丸截面形状有关，还与弹丸飞行速度有关，弹丸速度越高，越易形成涡流区，涡流阻力也越大。

涡流阻力通常又称为底阻，对于亚声速弹丸，底阻占总阻力的60%～65%，而超声速弹丸，底阻约占总阻力的30%。因此设法减小底阻是提高射程的一种重要方法。速度较小的迫击炮弹，常采用流线形的尾部；旋转稳定的炮弹，通常将尾部做成船尾形，其尾锥角$\alpha_k=6°\sim9°$。近年来发展的底凹弹、枣核弹及底部排气弹，其结构上的某些特点，就是基于减小底阻考虑出发的。

3. *波动阻力*

当弹丸超声速飞行时，就会在弹头部及其他部位产生激波，激波的形成也会大量消耗能量，与之所对应的阻力就是波动阻力。

在气体中弱扰动是以声速向外传播的，当弹丸以超声速在空气中运动时，在弹头部及弹的其他部位就会形成一个圆锥形的受扰动区域，而其圆锥形的包络面则是空气受扰动与未受扰动的分界面，其上有扰动的叠加作用，形成了压力、密度和温度的突变。这就是超声速气流中特有的激波现象。图 1 - 6 表示了超声速弹丸飞行中所形成的弹道波。

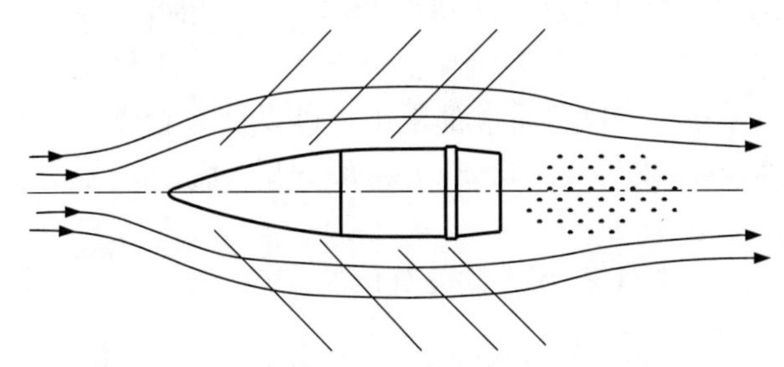

图 1 - 6　超声速弹丸飞行中所形成的弹道波

在超声速弹丸上，凡是能使气流绕内钝角转折的部位，都会造成扰动的积累而产生激波。由图 1 - 6 可见，除了弹丸头部产生的弹头波外，还有弹带处产生的弹带波和距弹底一定距离处的弹尾波。弹尾波形成的原因是：流线进入弹尾部的低压区是向内转折，后因距弹尾较远处压力加大，又向外转折，形成气流绕内钝角转折，因而形成了激波。弹道波总是形成强烈的压缩，它也消耗着弹丸的动能。因此，也产生相应的阻力，这就是波动阻力。超声速弹丸，波动阻力约占空气总阻力的 60%。

当弹头较钝时，在弹前可能出现正激波与斜激波组成的分离波，这时消耗弹丸的动能将更大。减小波阻的办法是尽量使弹头部长，弹顶平面应适当减小，弹表面应平滑无突起，弹头应低平，发射后无毛刺和翻边。图 1 - 7 给出头部形状与激波强弱的关系。

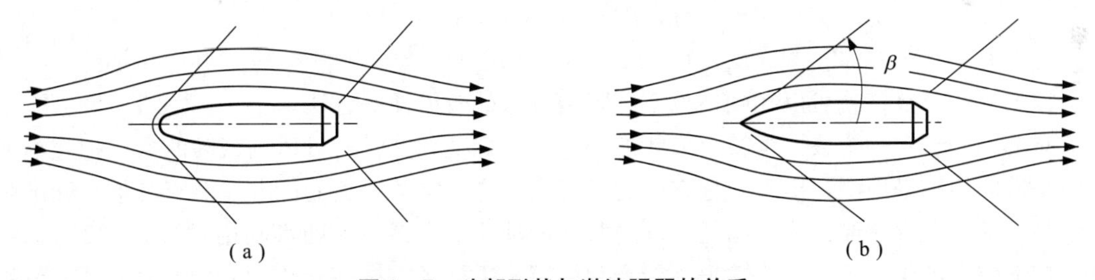

图 1 - 7　头部形状与激波强弱的关系

波动阻力的大小主要取决于弹头部的形状。一般超声速弹丸的头部都设计得比较尖，目的就在于减小波动阻力。

1.1.2.2　空气阻力的一般表达式

和流体力学中绕流物体的阻力分析方法一样，弹丸的空气阻力表达式可以用量纲分析的方法得到，可以写为：

$$R_x = \frac{\rho v^2}{2} S C_{x0}\left(\frac{v}{c}\right) \tag{1-30}$$

式中，R_x 为空气阻力，也称迎面阻力或切向阻力，其单位为牛顿（N），方向与弹丸质心速度矢量共线反向；ρ 为空气密度（kg/m^3）；S 为弹丸迎风面积，也称弹丸特征面积（m^2），

$S=\pi d^2/4$, d 为弹丸直径。

式（1－30）说明弹丸的空气阻力与弹丸的横截面积、弹丸的动能密度成正比，其比例系数就是空气阻力系数 C_{x0}。

空气阻力系数 C_{x0} 的下标 x 表示作用力的方向（与 R_x 的下标相同意义），0 表示攻角 $\delta=0$。$C_{x0}(v/c)$ 是一个量纲为 1 的量，它是马赫数 $Ma=v/c$ 的函数，式中，v 是弹丸相对于空气的速度；c 是声速。当攻角 $\delta\neq 0$ 时，空气阻力系数 $C_x(v/c,\delta)$ 将既是马赫数又是 δ 的函数。但一般保证飞行稳定的弹丸，其攻角通常都很小，可以近似看成 $\delta=0$。严格地说，空气阻力系数还应是雷诺数 Re 的函数，但实验证明在 $Ma>0.6$ 后，Re 的影响很小，主要由马赫数 Ma 来确定。

从上面的讨论可以看出空气阻力系数可分解为摩阻系数 C_{xf}、涡阻系数 C_{xb}、波阻系数 C_{xw}，即

$$C_{xo}(v/c)=C_{xf}+C_{xb}+C_{xw} \tag{1-31}$$

对这些系数的理论计算方法是弹丸空气动力学的内容。由于空气动力学的发展，再结合一定条件下的实验，不同形状的弹丸阻力系数已经能够相当准确地由计算得到。

1.1.3 空气阻力定律和弹形系数

对于一定形状的弹丸，只要通过风洞实验就可以测出其空气阻力系数随马赫数变化的曲线。从外弹道计算的角度，没有必要都经过风洞试验，而是采取某种相似的方法来设法求得其空气阻力系数的变化规律。

由两个形状相近的弹丸所测出的两个 $C_{x0}-Ma$ 曲线发现，它们有一定的相似性，即在同一马赫数 Ma_1 处两个不同弹丸的 C_{x0} 的比值与另一马赫数 Ma_2 处的这两个弹丸的 C_{x0} 比值近似相等，即

$$\frac{C_{x0}(Ma_1)_{\mathrm{I}}}{C_{x0}(Ma_1)_{\mathrm{II}}}\approx\frac{C_{x0}(Ma_2)_{\mathrm{I}}}{C_{x0}(Ma_2)_{\mathrm{II}}}\approx\cdots \tag{1-32}$$

根据这一特点，就可以找到估算空气阻力系数的较简便的方法。

只要预先选定一个或一组特定形状的弹丸作为标准弹丸，通过风洞试验的方法把它们的阻力系数曲线准确地测定出来，把它作为计算其他弹丸阻力系数的标准。对于其他与标准弹形状相近的弹丸，只要设法测出任一马赫数 Ma 时的阻力系数，即可利用式（1－32）的特点，把该弹丸的阻力系数曲线求出。标准弹的阻力系数 C_{x0} 与马赫数 Ma 的函数关系，就称为空气阻力定律。

在我国弹道计算中，所用的是西亚切阻力定律和 43 年阻力定律。19 世纪（1890 年）意大利弹道学者西亚切所确定的西亚切阻力定律，是以某弹头部长 $h_r=(1.2\sim1.5)d$ 的多种弹丸的数据，通过平均得到了 $C_{x0}-Ma$ 的函数系数。后来苏联于 1943 年则将其标准弹头的头部长取为 $h_r=(3\sim3.5)d$ 做出了 43 年阻力定律。这两种阻力定律的曲线如图 1－8 所示。从曲线上可看出，由于西亚切的弹形粗短，其阻力系数比 1943 年的标准弹

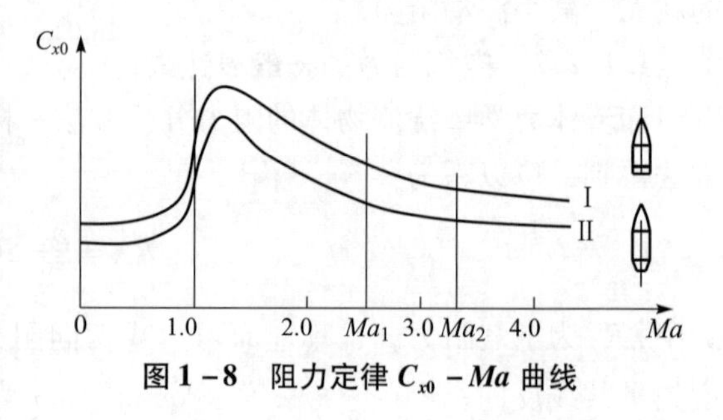

图 1－8　阻力定律 $C_{x0}-Ma$ 曲线

形要大，而且在超声速以后，其变化规律也有相当大的差别，因此，我国现在的弹道计算主要应用 43 年阻力定律。

$C_{x0}-Ma$ 曲线的特点是：在亚声速段（$Ma<0.8$），C_{x0} 几乎是常数；在跨声速段（$Ma=0.8\sim1.2$），阻力系数激烈变化，几乎是直线上升至最大值，这是波阻出现并迅速增大所致；过了 C_{x0} 的最大值后，在超声速段（$Ma>1.2$），C_{x0} 则随 Ma 数的增大而逐渐减小。

某一形状的弹丸在相同马赫数下，其阻力系数与标准弹阻力系数的比值称为弹形系数 i

$$i=\frac{C_{x0}(Ma_1)}{C_{x0N}(Ma_1)}=\text{常数} \tag{1-33}$$

严格来说，弹形系数 i 值与 Ma 有关，是变量，尤其是当弹丸形状与标准弹的形状有较大差异时。但是当实际弹形与标准弹形状相似时，在一定条件下，可将弹形系数 i 近似取作常数，这将大大简化阻力系数的计算，并且对火炮的弹道计算结果不致出现不能容许的误差。

为便于弹道计算，在利用已有阻力定律的条件下，必须确定实际弹丸的弹形系数 i。对于已有的制式火炮的弹丸，其弹形系数可以直接根据实际射表由弹道表反算求出。对于新设计的弹丸，只能通过风洞试验或其他类比的方法通过经验来确定。此处介绍一种经验公式，该公式的适用范围是：弹头部是圆弧形、初速 $v_0\geqslant500$ m/s、$\theta_0\approx\theta_{0\max}$ 时的旋转弹（参考图 1 -9），有

$$\begin{cases}i=2.90-1.373H+0.32H^2-0.026\,7H^3\\ H=\dfrac{h_r+E}{d}-0.30\end{cases} \tag{1-34}$$

式中符号如图 1 -9 所示。

表 1 -1 中列出了采用 43 年阻力定律计算的各种制式弹的弹形系数，可见大部分弹形系数在 0.9 ~ 1.1 之间。当 $i_{43}<1.0$ 时，说明该弹的弹形比 1943 年的标准弹的弹形要好，它所受的空气阻力比 1943 年的标准弹要小；当 $i_{43}>1.0$ 时，则相反。

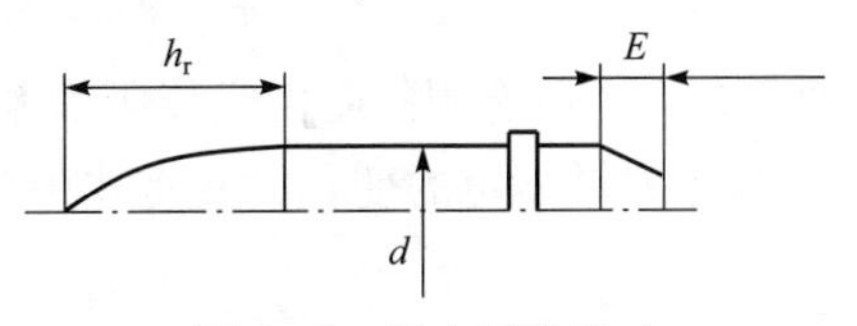

图 1 -9　弹丸部分尺寸

表 1 -1　各种弹丸的平均弹形系数

火炮名称	弹种	初速 /(m·s^{-1})	弹丸质量 /kg	射角 /(°)	射程 /m	弹道系数 C	弹形系数 i
57 mm 高射炮	曳光杀伤榴弹	960	2.800	6°32.4′	6 500	1.448	1.248
85 mm 加农炮	尖头曳光穿甲弹	800	9.340	0°32.4′	1 000	2.066	2.671
85 mm 加农炮	杀伤弹	793	9.540	35°	15 650	0.796	1.051
100 mm 加农炮	杀伤爆破弹	900	15.60	45°	20 000	0.702	1.095
122 mm 榴弹炮	杀伤榴弹	515	21.80	45°	11 800	0.708	1.037
130 mm 加农炮	杀伤爆破弹	885	27.30	45°	23 900	0.522	0.957
130 mm 加农炮	杀伤爆破弹	933	33.40	45°	27 490	0.471	0.931
152 mm 加榴炮	杀伤榴弹	655	43.56	50°	17 230	0.521	0.982
60 mm 迫击炮	杀伤榴弹	138	1.310	45°	1 494	2.930	1.066

续表

火炮名称	弹种	初速 /(m·s⁻¹)	弹丸质量 /kg	射角 /(°)	射程 /m	弹道系数 C	弹形系数 i
82 mm 迫击炮	杀伤弹	211	3.10	45°	3 040	2.137	0.985
120 mm 迫击炮	杀伤爆破弹	272	15.90	45°	5 700	0.856	0.945
160 mm 迫击炮	爆破弹	344	41.14	50°	8 329	0.631	1.014
美 155 mm 自行榴弹炮	枣核弹	684	43.50	50°	21 250	0.355	0.637

1.1.4 空气阻力加速度、弹道系数及阻力函数

为了便于在后面写出弹丸运动微分方程，本节对空气阻力加速度进行专门阐述。

1.1.4.1 空气阻力加速度

空气迎面阻力 R_x 与弹丸质量 m 的比值被称为空气阻力加速度。空气阻力加速度决定了空气阻力对弹丸运动的影响。阻力加速度矢量 $\boldsymbol{a}_x$ 的指向，始终与弹丸质心速度矢量 $\boldsymbol{v}$ 共线反向，实际上它是使弹丸速度减小的量，但习惯上称 $\boldsymbol{a}_x$ 为阻力加速度，记 $a_x = \|\boldsymbol{a}_x\|$，利用式（1-30），有

$$a_x = \frac{R_x}{m} = \frac{1}{m}\frac{\rho v^2}{2}SiC_{x0N}\left(\frac{v}{c}\right) = \frac{1}{m}\frac{\rho v^2}{2}\frac{\pi d^2}{4}iC_{x0N}\left(\frac{v}{c}\right) \tag{1-35}$$

式中，C_{x0N} 为所选用的阻力定律阻力系数。

将上式做一定的变化，并将式中各参量按性质分类组合，得到

$$a_x = \left(\frac{id^2}{m}\times 10^3\right)\frac{\rho}{\rho_{0N}}\left[\frac{\pi}{8}\rho_{0N}10^{-3}v^2C_{x0N}\left(\frac{v}{c}\right)\right] \tag{1-36}$$

式中，第一个组合表示弹丸本身的特征（形状，尺寸大小和质量）对弹丸运动影响的部分，此部分称为弹道系数 C

$$C = \frac{id^2}{m}\times 10^3 \tag{1-37}$$

第二个组合已在前面讨论过，它反映了大气对弹丸飞行的影响，是空气密度函数

$$H(y) = \frac{\rho}{\rho_{0N}} \tag{1-38}$$

第三个组合表示弹丸相对于空气运动速度 v 对弹丸运动的影响部分，称之为空气阻力函数，用 $F(v)$ 表示

$$F(v) = 4.737\times 10^{-4}v^2C_{x0N}(Ma) \tag{1-39}$$

有时为了应用方便，也有用 $G(v)$ 或 $K(v)$ 作为阻力函数，它们与 $F(v)$ 的关系如下

$$F(v) = vG(v) = v^2K(v) \tag{1-40}$$

因此

$$G(v) = 4.737\times 10^{-4}vC_{x0N}(Ma) \tag{1-41}$$

$$K(v) = 4.737\times 10^{-4}C_{x0N}(Ma) \tag{1-42}$$

这样，空气阻力加速度的表达式可以简化成

$$a_x = CH(y)F(v) = CH(y)vG(v) \tag{1-43}$$

空气阻力加速度是表示弹丸特征的弹道系数 C、表示空气特征的密度函数 $H(y)$ 和表示弹丸相对于空气运动速度对运动影响的阻力函数 $F(v)$ 三者的连乘积。

1.1.4.2　弹道系数

弹道系数 C 是外弹道学中的一个重要特征参量，它由表示弹丸形状的量 i、表示尺寸大小的量 d 及表示惯性的量 m 等所组成，因而弹道系数反映了弹丸的组合特点。它在空气阻力加速度公式中与空气阻力加速度成正比，因而为使火炮射程更远，应使弹道系数尽可能小。或者说，在相同初速和射角条件下，C 越小，射程越远。

由式（1-37）可知，改善弹丸形状，可以减小弹形系数 i，因而可以减小弹道系数 C。至于弹丸的直径 d，它是与弹丸质量相关的量，实际上因为弹丸质量 m 通常与直径的立方 d^3 成正比，因此，在具有相同外形条件下，直径越大的弹丸，其弹道系数反而越小。这可以从表 1-1 中对照弹形系数 i 和弹道系数 C 看得出来。也就是说，同样弹丸形状、同样初速的弹丸，由于直径的增大而使弹重增大得更快，反而会使射程增大。

在弹丸设计理论中，有一个弹丸质量系数 C_m（单位为 $\mathrm{kg/dm^3}$）

$$C_m = \frac{m}{d^3} \times 10^{-3} \tag{1-44}$$

对于同一类型弹丸，不论直径大小，具有变化范围不大的弹丸质量系数。例如，杀伤爆破弹 $C_m = 12 \sim 14$，同口径穿甲弹 $C_m = 15 \sim 18$ 等。弹道系数 C 可表示为

$$C = \frac{i}{C_m d} \tag{1-45}$$

这也再一次说明在弹形相同的条件下，直径 d 越大，弹道系数 C 越小的道理。

1.1.4.3　阻力函数 $F(v)$ 和 $G(v)$

$F(v)$ 和 $G(v)$ 均含有阻力定律，并且都是弹丸速度 v 与声速 c 的函数，因而称之为阻力函数。为了便于弹道计算，可以结合阻力定律将 $F(v)$ 和 $G(v)$ 编成表格，但由于它是 v 和 c 的函数，表格编起来较烦琐且不便使用。因此，在外弹道中引入一个假想速度（又称虚速）v_τ，并使

$$Ma = \frac{v}{c} = \frac{v_\tau}{c_{0N}} \tag{1-46}$$

式中，v 及 c 是弹丸飞行中某时刻 t 的实际速度和当地声速，而 c_{0N} 是声速的地面标准值，v_τ 的意义是当地声速为 c_{0N} 时，与弹丸实际马赫数 Ma 相同的弹丸假想速度。

因而有

$$v_\tau = \frac{c_{0N}}{c}v \tag{1-47}$$

由于

$$c = \sqrt{kR\tau},\ c_{0N} = \sqrt{kR\tau_{0N}}$$

式中，k 为绝热指数，对空气取 1.40；R 为空气的气体常数。

有

$$v_\tau = \sqrt{\frac{\tau_{0N}}{\tau}}v$$

及

$$C_{x0N}\left(\frac{v}{c}\right)=C_{x0N}\left(\frac{v_\tau}{c_{0N}}\right)$$

代入式（1-39），得

$$F(v)=4.737\times10^{-4}v_\tau^2\frac{\tau}{\tau_{0N}}C_{x0N}\left(\frac{v_\tau}{c_{0N}}\right)=\frac{\tau}{\tau_{0N}}F(v_\tau) \tag{1-48}$$

式中

$$F(v_\tau)=4.737\times10^{-4}v_\tau^2C_{x0N}\left(\frac{v_\tau}{c_{0N}}\right) \tag{1-49}$$

由于声速的地面标准值 c_{0N} 是常数，因而 $F(v_\tau)$ 只是一个自变量 v_τ 的函数。

最后，阻力加速度公式为

$$a_x=CH(y)F(v)=CH(y)\frac{\tau}{\tau_{0N}}F(v_\tau)=C\Pi(y)F(v_\tau) \tag{1-50}$$

按照相同的方法，还可以得出

$$G(v)=\sqrt{\frac{\tau}{\tau_{0N}}}G(v_\tau)$$

$$G(v_\tau)=4.737\times10^{-4}v_\tau C_{x0N}\left(\frac{v_\tau}{c_{0N}}\right) \tag{1-51}$$

显然 $G(v_\tau)$ 也只是 v_τ 的函数。

为了方便计算机程序的编写，43 年阻力定律的 $F(v_\tau)$ 可以采用下面的经验公式：

当 $v_\tau<250$ 时

$$F(v_\tau)=0.000\,074\,54v_\tau^2 \tag{1-52}$$

当 $250\leqslant v_\tau<400$ 时

$$F(v_\tau)=629.61-6.025\,5v_\tau+1.875\,6\times10^{-2}v_\tau^2-1.861\,3\times10^{-5}v_\tau^3 \tag{1-53}$$

当 $400\leqslant v_\tau\leqslant1\,400$ 时

$$F(v_\tau)=6.394\times10^{-8}v_\tau^3-6.325\times10^{-5}v_\tau^2+0.154\,8v_\tau-26.63 \tag{1-54}$$

以上两个公式相对误差小于 0.6% ~0.8%。

当 $v_\tau>1\,400$ 时

$$F(v_\tau)=0.000\,123\,15v_\tau^2 \tag{1-55}$$

1.2 质点弹道基本方程

1.2.1 基本假设，描述弹丸质心运动规律参量

1.2.1.1 建立质点弹道方程组基本假设

为了使问题简化，以便使基本方程能反映弹丸质心运动的主要规律，引入下列基本假设：

（1）弹丸在全部飞行时间内攻角 $\delta=0$；

（2）弹丸是轴对称的；

（3）气象条件是标准的，无风、雨、雪；

（4）地表面是平面，重力加速度大小不变，其方向始终铅垂向下；

（5）忽略由于地球自转而产生的作用于飞行弹丸上的哥氏惯性力。

对于飞行稳定性良好的弹丸，在飞行中弹丸轴线和弹丸速度矢量之间只有一个很小的夹角 δ。在飞行体中，δ 被称为攻角；在绕轴旋转体中，δ 相当于章动角。章动角的存在使气流对弹丸的作用轴不对称，空气阻力作用中心也不通过弹丸质心，将使弹丸在飞行中出现复杂的六自由度运动。但是由于此章动角 δ 很小，可以忽略不计，再加上弹丸轴对称的假设，就可以得到迎面阻力 R_x 通过质心的结论，如果把弹丸的质量集中到弹丸质心，则弹丸的运动就可以简化为弹丸质心的运动。

假设（4）和（5）对于射程较小的弹道，已为实践证明不会产生不能接受的误差。

基于上面的假设，弹丸的刚体一般运动就简化成了在其发射面内的质点平面运动。

1.2.1.2　描述弹丸质心运动规律的参量

在外弹道计算中，常用直角坐标系；取水平面向炮口的方向为 x 方向，该方向的单位矢量记为 $\boldsymbol{e}_x$；取铅垂向上的方向为 y 方向，该方向的单位矢量记为 $\boldsymbol{e}_y$；炮口为坐标原点 o。要知道弹丸质心在空中运动的规律，只要知道在弹丸出炮口任意时刻 t 时弹丸质心的坐标（x，y）以及该时刻弹丸质心运动的速度矢量 $\boldsymbol{v}$ 即可，而 $\boldsymbol{v}$ 可用其模 v 及其与水平方向的夹角 θ 来描述，也可用其水平与铅垂分速度 v_x、v_y 来表示。因此，用来描述弹丸质心运动规律既可用 t、x、y、v、θ 等5个独立变量来描述，也可用 t、x、y、v_x、v_y 等5个独立变量来描述，前者称为在自然坐标系下描述的弹丸运动方程，后者称为在直角坐标系下描述的弹丸运动方程，如图1－10所示。

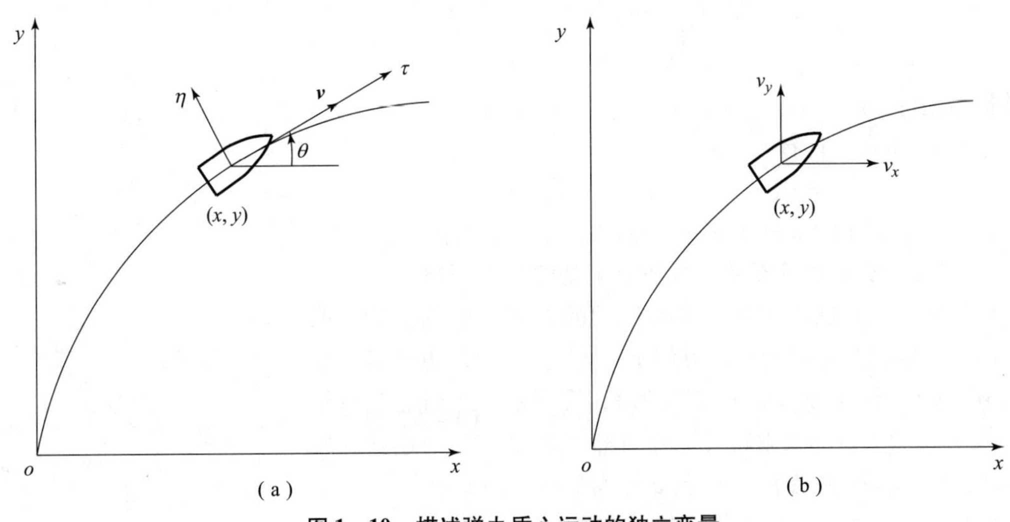

图1－10　描述弹丸质心运动的独立变量

（a）自然坐标系；（b）直角坐标系

1.2.2　以时间为自变量的弹丸质心运动微分方程组

在前述基本假设条件下，作用于弹丸质心上的力只有重力和空气阻力，因而可写出弹丸质心运动的矢量方程：

$$\frac{d\boldsymbol{v}}{dt}=\boldsymbol{a}_x+\boldsymbol{g} \tag{1-56}$$

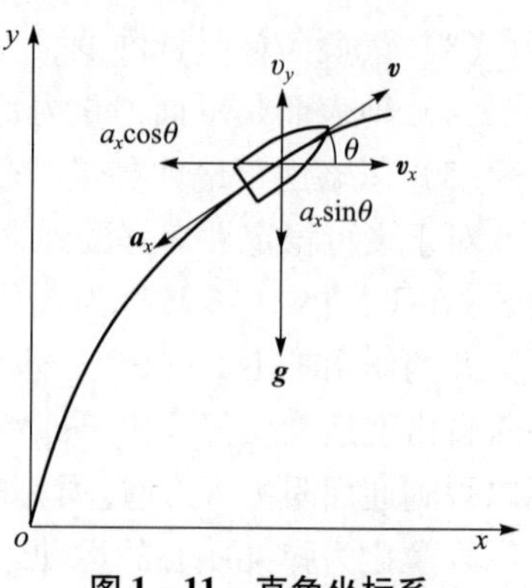

图 1-11　直角坐标系

这是以时间 t 为自变量的运动方程。

1.2.2.1　直角坐标系的弹丸质心运动微分方程组

如图 1-11 所示，重力加速度 $\boldsymbol{g}$ 在直角坐标系下的表达式为

$$\boldsymbol{g}=-g\boldsymbol{e}_y \tag{1-57A}$$

式中，g 随高度的表达式见式（1-78）。

由式（1-50），阻力加速度 a_x 在直角坐标系下的表达式为

$$\boldsymbol{a}_x=-a_x(\cos\theta\boldsymbol{e}_x+\sin\theta\boldsymbol{e}_y)=-CH(y)F(v)(\cos\theta\boldsymbol{e}_x+\sin\theta\boldsymbol{e}_y) \tag{1-57B}$$

将式（1-57）代入式（1-56），经整理可得在 $\boldsymbol{e}_x$ 和 $\boldsymbol{e}_y$ 方向上的投影分量方程组，该方程组即为直角坐标系下的弹丸质心运动方程组：

$$\begin{cases}\dfrac{dv_x}{dt}=-CH(y)F(v)\cos\theta\\ \dfrac{dv_y}{dt}=-CH(y)F(v)\sin\theta-g\\ \dfrac{dx}{dt}=v_x\\ \dfrac{dy}{dt}=v_y\\ v=\sqrt{v_x^2+v_y^2}\\ \theta=\arctan v_y/v_x\end{cases} \tag{1-58}$$

初始条件：

已知 v_0 和 θ_0，且有

$$t=0: x=y=0,\ v_x=v_{x0}=v_0\cos\theta_0,\ v_y=v_{y0}=v_0\sin\theta_0$$

这就是最常用的求解弹丸质心运动的微分方程组。

1.2.2.2　自然坐标系的弹丸质心运动微分方程组

自然坐标是根据跟随弹丸质心运动的方向而取的坐标，取弹丸质心速度矢量方向为切线方向 $\boldsymbol{\tau}$，而与其垂直的方向为法线方向 $\boldsymbol{\eta}$，垂直纸面向外的法向方向为 $\boldsymbol{\xi}$，且有 $\boldsymbol{\xi}=\boldsymbol{\tau}\times\boldsymbol{\eta}$，运算符号“×”表示矢量的叉乘符号。在自然坐标系下来描述弹丸质心运动规律的参量共有 t、x、y、v、θ 等 5 个独立的变量。

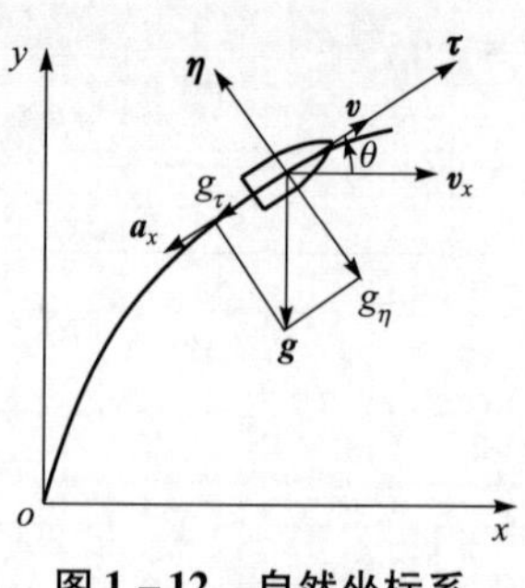

图 1-12　自然坐标系

由图 1-12 可见，重力加速度矢量 $\boldsymbol{g}$ 可分解为在 $\boldsymbol{\tau}$ 和 $\boldsymbol{\eta}$ 方向上的分量之和

$$\begin{cases}\boldsymbol{g}=\boldsymbol{g}_\tau+\boldsymbol{g}_\eta\\ \boldsymbol{g}_\tau=-g\sin\theta\boldsymbol{\tau}\\ \boldsymbol{g}_\eta=-g\cos\theta\boldsymbol{\eta}\end{cases} \tag{1-59A}$$

阻力加速的矢量表达式为

$$\boldsymbol{a}_x = -a_x\boldsymbol{\tau} \tag{1-59B}$$

弹丸速度 $\boldsymbol{v}$ 的时间导数还可用沿其速度方向的偏导数与速度矢量 $\boldsymbol{v}$ 旋转速度 $\boldsymbol{\omega}_v$ 引起的速度之和，即

$$\begin{cases}\dfrac{\mathrm{d}\boldsymbol{v}}{\mathrm{d}t} = \dfrac{\partial \boldsymbol{v}}{\partial t} + \boldsymbol{\omega}_v \times \boldsymbol{v} \\ \dfrac{\partial \boldsymbol{v}}{\partial t} = \dfrac{\mathrm{d}v}{\mathrm{d}t}\boldsymbol{\tau} \\ \boldsymbol{\omega}_v \times \boldsymbol{v} = v\dfrac{\mathrm{d}\theta}{\mathrm{d}t}\boldsymbol{\eta} \\ \boldsymbol{\omega}_v = \dfrac{\mathrm{d}\theta}{\mathrm{d}t}\boldsymbol{\xi}\end{cases} \tag{1-59C}$$

这样将式（1-59）代入式（1-56），经整理，可得在 $\boldsymbol{\tau}$ 和 $\boldsymbol{\eta}$ 方向上的投影分量方程组，该方程组即为自然坐标系下的弹丸质心运动方程组，有

$$\begin{cases}\dfrac{\mathrm{d}v}{\mathrm{d}t} = -CH(y)F(v) - g\sin\theta \\ \dfrac{\mathrm{d}\theta}{\mathrm{d}t} = -\dfrac{g\cos\theta}{v} \\ \dfrac{\mathrm{d}y}{\mathrm{d}t} = v\sin\theta \\ \dfrac{\mathrm{d}x}{\mathrm{d}t} = v\cos\theta\end{cases} \tag{1-60}$$

积分的初始条件是

$$t = 0 \text{: } x = y = 0,\ v = v_0,\ \theta = \theta_0$$

1.2.2.3　其他自变量的弹丸质心运动微分方程组

前面是以时间 t 为自变量所写出的用于分析弹丸运动规律的微分方程组。显然，也可以用其他变量作为自变量来列写描述弹丸质心运动规律的微分方程组，例如：以 x 为自变量，以 y 为自变量，以弹道弧长 s 为自变量等，由于它们的实际用途不大，在此一律从略。

1.2.3　空气质点弹道的一般特性

在未介绍弹丸质心运动微分方程的解法之前，单从对运动微分方程组的分析出发，对空气质点弹道的特性作一些了解，对于定性地了解弹道规律是十分有益的。

1.2.3.1　速度沿全弹道的变化

在只有重力和空气阻力作用下的弹丸质心速度沿全弹道的变化可用自然坐标的微分方程来分析

$$\frac{\mathrm{d}v}{\mathrm{d}t} = -CH(y)F(v) - g\sin\theta$$

从上式可以看出，在弹道的升弧段，倾角 $\theta > 0$，$\sin\theta \geqslant 0$，则 $\mathrm{d}v/\mathrm{d}t < 0$。因此，在弹道升弧上，弹丸速度始终减小。在弹道顶点 s（$\theta = 0$），$\mathrm{d}v/\mathrm{d}t < 0$，因而速度将继续减小。过顶点后的降弧段，$\theta < 0$，此时 $-g\sin\theta$ 变为正值，可以预见，在某一倾角时，有 $CH(y)F(v) = |g\sin\theta|$，此时 $\mathrm{d}v/\mathrm{d}t = 0$，速度达极小值 $v_{\min}$，过此点以后，$|\theta|$ 将继续增大，$|g\sin\theta|$ 将大于 $CH(y)F(v)$，从而 $\mathrm{d}v/\mathrm{d}t > 0$，速度又开始增大。

速度沿全弹道的变化规律如图 1-13 所示。表 1-2 给出了实际弹丸速度变化的例子，对于一般火炮，弹丸落速 $v_c > v_{\min}$，对于低伸弹道而言，v_c 与 $v_{\min}$ 接近。

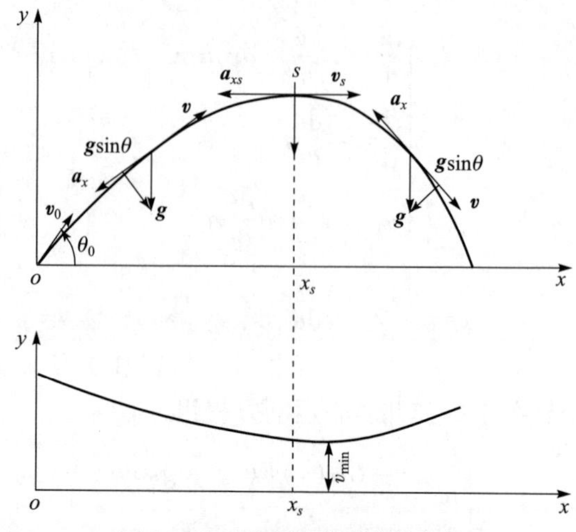

图 1-13　弹道沿全弹道的变化

表 1-2　典型弹道特性

弹丸	弹道系数	射角	弹丸飞行时间 t(s) 和飞行速度 v(m/s)							
155 榴	0.39	50°	t	0	4	8	15	24	49（$t_{\min}$）	100.7（t_c）
			v	865	729	633	514	412	294（$v_{\min}$）	386（v_c）
122 榴	0.8	45°	t	0	3	6	9	18	33（$t_{\min}$）	69.7（t_c）
			v	713	616	540	475	351	306（$v_{\min}$）	327（v_c）

除上述一般情况外，速度沿全弹道变化也可能出现以下两种情况：

(1) 对于射程较大的火炮，可能在弹道降弧段出现 $v_{\min}$ 后再出现速度的极大值 $v_{\max}$。为此，计算速度的二次导数

$$\frac{\mathrm{d}^2 v}{\mathrm{d}t^2} = -CH(y)\frac{\mathrm{d}F(v)}{\mathrm{d}v}\frac{\mathrm{d}v}{\mathrm{d}t} - CF(v)\frac{\mathrm{d}H(y)}{\mathrm{d}y}\frac{\mathrm{d}y}{\mathrm{d}t} - g\cos\theta\frac{\mathrm{d}\theta}{\mathrm{d}t}$$

由于

$$\frac{\mathrm{d}\theta}{\mathrm{d}t} = -g\cos\theta/v,\ \frac{\mathrm{d}y}{\mathrm{d}t} = v\sin\theta$$

将上述两式代入上述速度的二次导数公式，并考虑到在 $t = t_m$ 时存在极值点 $\mathrm{d}v/\mathrm{d}t = 0$，经整理得

$$\frac{\mathrm{d}^2 v}{\mathrm{d}t^2} = -CF(v)\frac{\mathrm{d}H(y)}{\mathrm{d}y}v\sin\theta + g\cos^2\theta/v$$

因为 $H(y)$ 为 y 的减函数，故 $\mathrm{d}H(y)/\mathrm{d}y$ 为负值，$\sin\theta$ 在降弧上也是负值，因而上式第一项始终为负值，而第二项只可能为正值。故在出现 $v_{\min}$ 之后，速度的二次导数就有可正可负的两种可能性。若 $t = t_m$ 时，$\mathrm{d}v/\mathrm{d}t = 0$，且存在一个较小的邻域内 $|t - t_m| \leqslant \varepsilon$，当 $t - t_m >$

$-\varepsilon$ 时，$d^2v/dt^2 > 0$，当 $t - t_m < \varepsilon$ 时，$d^2v/dt^2 < 0$，则 $v - t$ 曲线在 $t = t_m$ 处为上凸曲线，即存在速度的极大值 v_{max}。

（2）对于弹道系数大而速度小的物体，如空投炸弹，用降落伞空投人员或装备，在通过速度最小值点后，由于落下角度 $\theta = \pi/2$，$H(y) \approx 1$，会出现 $CH(y)F(v) = g$ 的可能性，因而会出现极限速度 v_j 的情况。表 1－3 列出了弹道系数 C（43 年阻力定律）与极限速度 v_j 的关系。

表 1－3　弹道系数 C 与极限速度 v_j 的关系

C	0.1	0.5	1.0	1.5	2.0	4.0	6.0	8.0	10.0	100
$v_j/(\mathrm{m\cdot s^{-1}})$	847	347	314	289	257	181	148	128	114	36.3

1.2.3.2　空气弹道的不对称性

由于空气阻力的影响，不像抛物线那样，弹道并不对称于顶点，图 1－14 给出了 $v_0 =$ 1 000 m/s，$\theta = 45°$时真空弹道（$C = 0$）、大口径弹弹道（$C = 0.3$）、中口径弹弹道（$C = 1.0$）和枪弹弹道（$C = 6.0$）的对比情况。

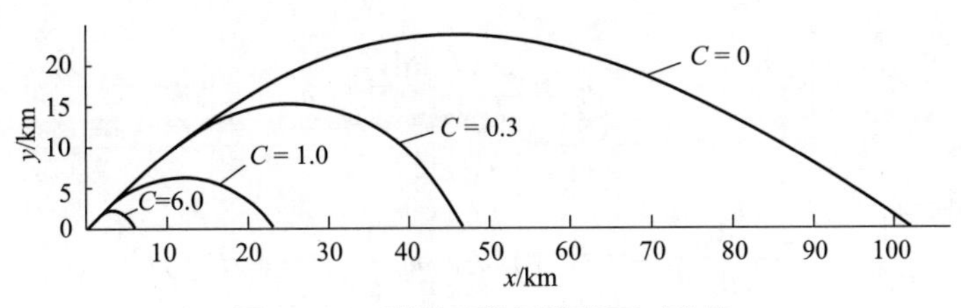

图 1－14　弹道系数及弹道不对称性

1. 降弧比升弧陡

如图 1－15 所示，设在弹道等高度处升弧点为 a，降弧点为 d，则有 $|\theta_d| > \theta_a$，$|\theta_c| > \theta_0$。

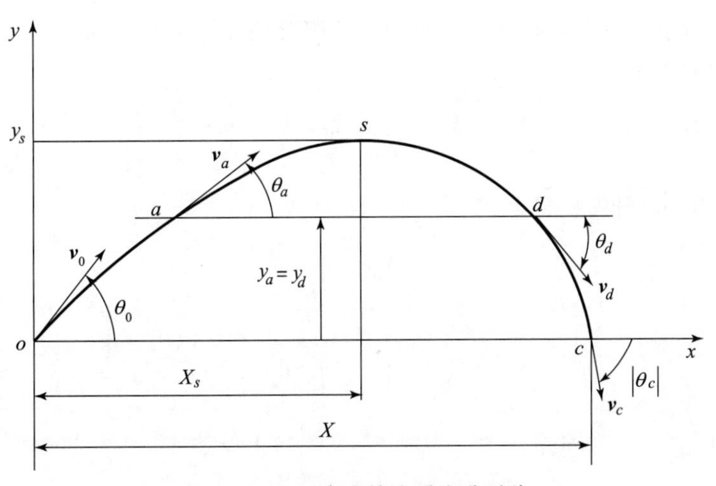

图 1－15　同高度的降弧比升弧陡

现证明如下：令 $p = \tan\theta$，则

$$\frac{\mathrm{d}p}{\mathrm{d}x} = \frac{\mathrm{d}}{\mathrm{d}x}\tan\theta = \frac{\mathrm{d}}{\mathrm{d}\theta}\tan\theta\frac{\mathrm{d}\theta}{\mathrm{d}t}\frac{\mathrm{d}t}{\mathrm{d}x} = \frac{1}{\cos^2\theta}\left(-\frac{g\cos\theta}{v}\right)\frac{1}{v_x} = -\frac{g}{v_x^2} \tag{1-61}$$

两边同乘以 $2p$，并根据 $p\mathrm{d}x = \mathrm{d}y$，得

$$2p\mathrm{d}p = -\frac{2g}{v_x^2}\mathrm{d}y \tag{1-62}$$

升弧段由 a 点至顶点 s 积分式（1-62）

$$\int_{p_a}^{p_s=0} 2p\mathrm{d}p = -2g\int_{y_a}^{y=y_s}\frac{\mathrm{d}y}{v_{x升}^2}$$

即

$$p_a^2 = 2g\int_{y_a}^{y_s}\frac{\mathrm{d}y}{v_{x升}^2} \tag{1-63}$$

升弧段由 s 点至 d 点积分式（1-62）

$$\int_{p_s}^{p_d} 2p\mathrm{d}p = -2g\int_{y_s}^{y_d}\frac{\mathrm{d}y}{v_{x降}^2}$$

即

$$p_d^2 = 2g\int_{y_d}^{y_s}\frac{\mathrm{d}y}{v_{x降}^2} \tag{1-64}$$

由

$$\frac{\mathrm{d}v_x}{\mathrm{d}x} = \frac{\mathrm{d}v_x}{\mathrm{d}t}\frac{\mathrm{d}t}{\mathrm{d}x} = -CH(y)G(v)v_x\frac{1}{v_x} = -CH(y)G(v)$$

可知水平分速度沿全弹道减小，故必有 $v_{x升} > v_{x降}$，所以，比较式（1-63）、式（1-64）两式的大小可知

$$p_a^2 < p_d^2$$

即 $p_a < |p_d|$, $\theta_a < |\theta_d|$。

2. 升弧段水平距离大于降弧段水平距离

如图1-15所示，设升弧段水平距离为 X_s，降弧段水平距离为 $X - X_s$, X 为全弹道水平距离，则须证明下式成立

$$X_s > X - X_s \quad 或 \quad X_s > X/2$$

现证明如下。

由于 $\mathrm{d}x = \mathrm{d}y/p$，升弧积分上式

$$X_s - X_a = \int_{y_a}^{y_s}\frac{\mathrm{d}y}{p_{升}} \tag{1-65}$$

降弧积分上式

$$X_d - X_s = \int_{y_s}^{y_d}\frac{\mathrm{d}y}{p_{降}} \tag{1-66}$$

前面已得出 $|p_d| > p_a$，因而

$$X_s - X_a > X_d - X_s$$

即

$$X_s > \frac{X_a + X_d}{2}$$

当 $X_a = 0, X_d = X$ 时，有

$$X_s > \frac{X}{2}$$

根据实际计算，大、中口径火炮弹丸的 $X_s \approx 0.55X$，枪弹则有 $X_s \approx (0.65 \sim 0.7)X$。

3. 升弧段飞行时间小于降弧段飞行时间

设升弧段飞行时间为 t_s，降弧段飞行时间为 $T - t_s$，T 为全弹道飞行时间，则须证明下式成立

$$t_s < T - t_s \quad 或 \quad t_s < T/2$$

现证明如下。

由于 $\mathrm{d}t = \mathrm{d}y/v_y$，对上式分别从 a 点到 s 点、s 点到 d 点积分，有

$$t_s - t_a = \int_{y_a}^{y_s} \frac{\mathrm{d}y}{v_{y升}} \tag{1-67}$$

$$t_d - t_s = \int_{y_s}^{y_d} \frac{\mathrm{d}y}{v_{y降}} = -\int_{y_d}^{y_s} \frac{\mathrm{d}y}{v_{y降}} = \int_{y_d}^{y_s} \frac{\mathrm{d}y}{|v_{y降}|} \tag{1-68}$$

由方程

$$\frac{\mathrm{d}v_y}{\mathrm{d}x} = -CH(y)G(v)v_y - g < 0$$

得知，$v_{y升} > v_{y降}$，因此，比较式（1-67）、式（1-68），有

$$t_s - t_a < t_d - t_s$$

$$t_s < \frac{t_a + t_d}{2}$$

由于 $t_a = 0, t_d = T$，则有

$$t_s < \frac{T}{2}$$

4. 顶点速度 v_s

由抛物线理论知真空弹道顶点速度 $v_s = v_0\cos\theta_0$，恰与沿全弹道的平均水平速度 $v_s = X/T$ 相等。根据经验，在空气弹道中此结论也近似符合。为此，空气弹道的顶点速度可用下式来估算

$$v_s = X/T$$

1.2.3.3　最大射程角

某一弹丸用同一速度射击，其全水平射程为最大时所对应的射角，称为该弹丸在该初速时的最大射程角，记作 θ_{0Xm}。显然真空弹道 $\theta_{0Xm} = 45°$。

空气质点弹道由于空气阻力的复杂影响，最大射程角随弹丸口径和初速的不同而有较大的差异。一般枪弹的最大射程角 θ_{0Xm} 为 28°～35°，中口径中初速的炮弹 θ_{0Xm} 为 42°～44°，迫击炮弹 θ_{0Xm} 为 45°，而大口径高初速远程炮弹 θ_{0Xm} 则为 50°～55°。

枪弹口径小弹道系数大，特别是它的弹道高也很小，全飞行过程均在稠密的大气层中，空气阻力的影响就特别大。因此，射角较小的弹道，飞行时间也短，可以减小空气阻力作用

的时间，反而可以飞行较远的距离，因而 θ_{0Xm} 远比45°小；迫击炮弹初速小，空气阻力影响较小，因而 θ_{0Xm} 接近45°；大口径高初速的火炮，一方面，弹道系数小，另一方面，其最大弹道高 H 较高，弹丸可以很快穿过稠密大气层而到达空气稀薄的高空（$y>15$ km, $H(y)\leqslant 0.16$），此时弹道倾角如接近45°，在该层飞行最远，这样在地面的射角必然大于45°，因而 θ_{0Xm} 远比45°大，为50°～55°。

1.2.3.4 空气弹道由 C、v_0、θ_0 三个参量完全确定

在基本假设条件下，只要给定了初始条件，即 C、v_0、θ_0 已知时，弹丸质心运动微分方程组的解不仅存在，而且是唯一的，例如

$$\begin{cases}\dfrac{\mathrm{d}v}{\mathrm{d}t} = -CH(y)F(v) - g\sin\theta \\ \dfrac{\mathrm{d}\theta}{\mathrm{d}t} = -\dfrac{g\cos\theta}{v} \\ \dfrac{\mathrm{d}y}{\mathrm{d}t} = v\sin\theta \\ \dfrac{\mathrm{d}x}{\mathrm{d}t} = v\cos\theta\end{cases}$$

当初始条件 $t=0, v=v_0, \theta=\theta_0, x=y=0$ 时，所积分的上述各方向的变量 v、θ、x 及 y 一定都是起始条件 v_0、θ_0、参量 C 和自变量 t 的函数，即

$$\begin{cases}v = v(C,v_0,\theta_0,t) \\ \theta = \theta(C,v_0,\theta_0,t) \\ x = x(C,v_0,\theta_0,t) \\ y = y(C,v_0,\theta_0,t)\end{cases} \tag{1-69}$$

对于高射火炮，可用数值计算编制以 C、v_0、θ_0 和 t 四个变量表示的 x、y、v 的外弹道射表。

对于地炮，常常只需要知道顶点 s 及落点 c 诸元即可。对落点，可以利用 $t=T$ 时，$y=y_c=0$ 的特点，可知

$$y_c = y(C,v_0,\theta_0,T) = 0$$

可得到 $T=T(C,v_0,\theta_0)$，将此式代入对于时刻 T 的式（1-69），有

$$\begin{cases}v_c = v_c(C,v_0,\theta_0) \\ \theta_c = \theta_c(C,v_0,\theta_0) \\ T = T(C,v_0,\theta_0) \\ X = X(C,v_0,\theta_0)\end{cases} \tag{1-70}$$

对于顶点，利用 $t=t_s$ 时 $\theta=\theta_s=0$ 的特点，同样可以得相应的

$$\theta_s = \theta_s(C,v_0,\theta_0)$$

因而也可以得到以 C、v_0、θ_0 表示的 v_s、t_s、x_s、y_s。

按照这样的思路，可以编制出地面火炮外弹道表、低伸弹道表和航空炸弹弹道表。对于这些表，我国均是以43年阻力定律为依据编制的。

1.3　非标准条件下质点弹道的基本方程

非标准条件是相对于 1.2.1 节所述的标准条件来说的。非标准条件包括考虑地球曲率及重力加速度变化、气压、气温、纵风、横风等的变化。

1.3.1　考虑地球曲率及重力加速度变化时的弹丸运动方程

如图 1－16 所示，为了考虑地球表面曲率的影响，假定火炮在地球表面上点 o 发射，弹丸的质心为 o_G，地心为 o_T，地球半径为 R，建立地面坐标系 oxy 和地球坐标系 $o_Tx_Ty_T$，发射前两坐标系平行。

任意时刻 t，作点 o_T 至点 o_G 的仿射方向 $o'y'$，与地球表面相交于 o'，在点 o' 处建立运动坐标系 $o'x'y'z'$，$o'x'$ 为地球切线方向，弹丸质点运动方程将在坐标系 $o'x'y'z'$ 中讨论。在地球坐标系下，点 o_G 的位置矢量 $\boldsymbol{Y}$ 可以用点 o_T 至点 o 的矢量 $\boldsymbol{R}$、点 o 至点 o' 弧矢量 $\boldsymbol{s}$（沿地球表面运动）、沿 $o'y'$ 方向的矢量 $\boldsymbol{y}'$ 之和来表示

$$\boldsymbol{Y} = \boldsymbol{R} + \boldsymbol{s} + \boldsymbol{y}' \qquad (1-71\text{A})$$

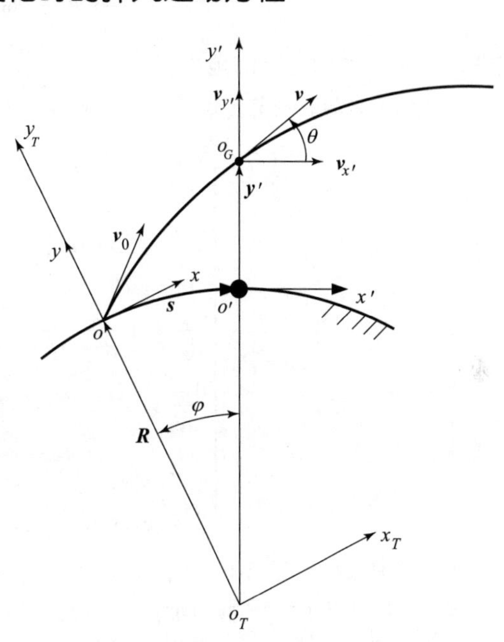

图 1－16　考虑地球表面曲率时的坐标系

式中

$$\boldsymbol{R} = R\boldsymbol{e}_y,\ \boldsymbol{y}' = y'\boldsymbol{e}_{y'} \qquad (1-71\text{B})$$

式中，$\boldsymbol{e}_{y'}$ 为坐标系 $o'x'y'z'$ 中 y' 方向的单位基矢量。

对式（1－71A）分别求一阶时间导数，得

$$\boldsymbol{v} = \frac{\mathrm{d}\boldsymbol{Y}}{\mathrm{d}t} = \frac{\mathrm{d}\boldsymbol{s}}{\mathrm{d}t} + \frac{\mathrm{d}\boldsymbol{y}'}{\mathrm{d}t} \qquad (1-72\text{A})$$

式中

$$\frac{\mathrm{d}\boldsymbol{s}}{\mathrm{d}t} = R\dot{\varphi}e_{x'},\ \frac{\mathrm{d}\boldsymbol{y}'}{\mathrm{d}t} = \frac{\partial \boldsymbol{y}'}{\partial t} - \dot{\varphi}\boldsymbol{e}_{z'} \times y' = \dot{y}'\boldsymbol{e}_{y'} + y'\dot{\varphi}\boldsymbol{e}_{x'} \qquad (1-72\text{B})$$

式中，$\boldsymbol{e}_{z'}$ 为坐标系 $o'x'y'z'$ 中 z' 方向的单位基矢量。

将式（1－72B）代入式（1－72A），经整理得

$$\boldsymbol{v} = (R + y')\dot{\varphi}\boldsymbol{e}_{x'} + \dot{y}'\boldsymbol{e}_{y'} \qquad (1-73)$$

记

$$v_{x'}. = (R + y')\dot{\varphi},\ v_{y'} = \dot{y}' \qquad (1-74)$$

且有

$$v_{x'}. = v\cos\theta,\ v_{y'} = v\sin\theta \qquad (1-75)$$

式中，$v = \|\boldsymbol{v}\|$。

由此可得

$$\dot{\varphi} = \frac{v_{x'}.}{R + y'} \tag{1-76}$$

对速度 $\boldsymbol{v}$ 求时间导数，得

$$\frac{\mathrm{d}\boldsymbol{v}}{\mathrm{d}t} = \frac{\partial \boldsymbol{v}}{\partial t} - \dot{\varphi}\boldsymbol{e}_z \times \boldsymbol{v} = \left(\frac{\mathrm{d}v_{x'}.}{\mathrm{d}t} + \dot{\varphi}v_{y'}\right)\boldsymbol{e}_{x'}. + \left(\frac{\mathrm{d}v_{y'}}{\mathrm{d}t} - \dot{\varphi}v_{x'}.\right)\boldsymbol{e}_{y'} \tag{1-77}$$

考虑重力加速随高度变化时，g 的表达式为

$$g = g_0\left(\frac{R}{R + y}\right)^2 \tag{1-78}$$

式中，g_0 为重力加速度的地面值。

将式（1-74）~式（1-78）代入式（1-58），经整理可得弹丸质心的运动方程组

$$\begin{cases} \dfrac{\mathrm{d}v_{x'}.}{\mathrm{d}t} = -CH(y)G(v)v_{x'}. - \dfrac{v_{x'}.v_{y'}}{(R + y')} \\ \dfrac{\mathrm{d}v_{y'}}{\mathrm{d}t} = -CH(y)G(v)v_{y'} + \dfrac{v_{x'}^2.}{(R + y')} - g \\ \dfrac{\mathrm{d}\varphi}{\mathrm{d}t} = \dfrac{v_{x'}.}{(R + y')} \\ \dfrac{\mathrm{d}y'}{\mathrm{d}t} = v_{y'} \\ v = \sqrt{v_{x'}^2. + v_{y'}^2} \\ \theta = \arctan v_{y'}/v_{x'}. \end{cases} \tag{1-79}$$

积分的初始条件为：$t = 0$ 时，$\varphi = y' = 0$，$v_{x'}. = v_0\cos\theta_0$，$v_{y'} = v_0\sin\theta_0$。

表1-4列出了考虑重力加速度随高度变化和地面曲率时两种弹丸在不同射角下射程的变化。表中 X_1 是不考虑以上影响时的射程，X_2 是考虑以上影响时的射程，ΔX 是两者之差，炮弹Ⅰ口径 122 mm，$v_0 = 515$ m/s，$C = 0.82$；炮弹Ⅱ口径 130 mm，$v_0 = 930$ m/s，$C = 0.56$。

表1-4　重力加速度随高度变化和地面曲率对射程的影响　　m·s⁻²

炮弹	射程	射角/(°)			
		5	15	30	45
炮弹Ⅰ	X_1	3 323.2	6 937.8	10 086.4	11 057.9
	X_2	3 331.1	6 947.2	10 094.7	11 062.9
	ΔX	7.9	9.4	8.3	5
炮弹Ⅱ	X_1	8 979.9	15 796.0	21 378.4	24 129.0
	X_2	9 023.7	15 830.0	21 409.7	24 154.2
	ΔX	43.8	34	31.3	25.2

由表1-4看出，对于初速较小的炮弹Ⅰ，在15°射角时 ΔX 最大，而对初速较大的炮弹，在5°射角时 ΔX 最大。由此可知，并非 X 越大时，ΔX 越大。现作如下解释：

ΔX 主要由地面曲率造成，重力加速度变化的影响很小。ΔX 的大小取决于两个方面：

一个是射程，一个是落角。射程越大，则地表面与平面的差别越大；在射程一定的情况下，落角越小，则曲面与平面之差所造成的 ΔX 越大。随着射角的增大，射程是增大的，但落角也增大，前者使 ΔX 增大，后者使 ΔX 减小。两者综合的结果，炮弹 Ⅰ 在15°射角时 ΔX 出现最大值，炮弹 Ⅱ 由于初速大，小射角时射程已很大，故 5°射角时 ΔX 即出现最大值。

1.3.2　考虑气温、气压非标准时的弹丸运动方程

气压是通过改变空气密度来影响弹道的，气压升高，使空气密度增大，因而使射程减小。气温 τ 除了影响空气密度外，还对马赫数有影响。在跨声速区阻力系数急剧上升段内，马赫数微小的增加可以引起阻力系数明显增大，而且气温通过阻力系数和空气密度对空气阻力的影响在这一段内是互相叠加的，所以，在这一速度范围内，气温对弹道的影响比较显著，气温的升高能使射程明显增大。在超声速段阻力系数急剧下降段内，气温通过阻力系数和通过空气密度对阻力的影响两者是互相抵消的，所以，在这一速度范围内，气温对弹道的影响不太显著，甚至气温升高可以使射程减小。

考虑气温、气压非标准时，只需将气温、气压和密度的标准分布式（1－48）、式（1－50）代入弹丸运动方程式（1－58），就可获得相应的弹丸运动方程

$$\begin{cases}\dfrac{\mathrm{d}v_x}{\mathrm{d}t} = -CH_s(y)F(v)\cos\theta = -\dfrac{\tau_{0N}}{\tau_s}C\Pi_s(y)F(v)\cos\theta \\ \dfrac{\mathrm{d}v_y}{\mathrm{d}t} = -CH_s(y)F(v)\sin\theta - g = -\dfrac{\tau_{0N}}{\tau_s}C\Pi_s(y)F(v)\sin\theta - g \\ \dfrac{\mathrm{d}x}{\mathrm{d}t} = v_x \\ \dfrac{\mathrm{d}y}{\mathrm{d}t} = v_y \\ v = \sqrt{v_x^2 + v_y^2} \\ \theta = \arctan v_y/v_x \end{cases} \tag{1-80}$$

初始条件：已知 v_0 和 θ_0

$$t = 0: v_x = v_{x0} = v_0\cos\theta_0,\ v_y = v_{y0} = v_0\sin\theta_0,\ x = y = 0$$

1.3.3　考虑风速变化时的弹丸运动方程

1.3.3.1　概述

本节研究有风情况下的质心运动方程组。风速变化一般是平行于地面的，忽略其铅垂分量的影响。风速可以分解为纵风和横风，平行于射击平面的风速分量称为纵风，顺风为正，用 W_x 表示；垂直于射击平面的风速分量称为横风，从左向右（面向射击方向观察）为正，用 W_z 表示。

本章在建立运动方程时，假定弹轴时刻与相对（空气的）速度矢量重合，在此假设下空气阻力矢量仍与弹轴重合，因而弹丸仍可当作质点研究。这一假设是非标准条件下质点弹道学的基本假设。

在考虑横风的情况下，弹道不再是平面曲线，而是一条空间曲线。此时所建立的运动方程称为三自由度方程。

1.3.3.2 弹丸运动方程的建立

由于风的存在，使空气阻力和空气阻力加速度的大小及方向发生了变化。

根据速度叠加原理，弹丸的绝对速度 $\boldsymbol{v}$ 可以看成是相对于空气的速度 $\boldsymbol{v}_r$ 与风速 $\boldsymbol{W}$（牵连速度）的矢量和。即

$$\boldsymbol{v} = \boldsymbol{v}_r + \boldsymbol{W} \tag{1-81}$$

由此可得相对速度

$$\boldsymbol{v}_r = \boldsymbol{v} - \boldsymbol{W} \tag{1-82}$$

取图1-17所示的地面直角坐标系，则风速 $\boldsymbol{W}$ 在三个坐标轴上的投影分量为 $\boldsymbol{W}_x$、0、$\boldsymbol{W}_z$。设绝对速度 $\boldsymbol{v}$ 在三个坐标轴上的投影分量分别为 $\boldsymbol{v}_x$、$\boldsymbol{v}_y$、$\boldsymbol{v}_z$，则由式（1-82）可得 $\boldsymbol{v}_r$ 在三个坐标轴上的投影分量模分别为 $(v_x - W_x)$、v_y、$(v_z - W_z)$。而相对速度的模为

$$v_r = \sqrt{(v_x - W_x)^2 + v_y^2 + (v_z - W_z)^2} \tag{1-83}$$

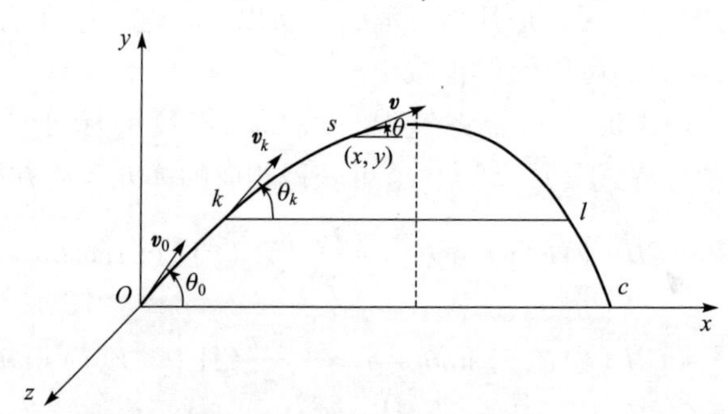

图1-17 地面直角坐标系

空气阻力的大小与 $\boldsymbol{v}_r$ 有关。由于空气阻力加速度与速度矢量共线，所以空气阻力加速度在三个坐标轴上的投影应该与相对速度的投影成比例。即

$$\frac{(a_x)_x}{v_x - W_x} = \frac{(a_x)_y}{v_y} = \frac{(a_x)_z}{v_z - W_z} = \frac{a_x}{v_r}$$

式中，$(a_x)_x$、$(a_x)_y$、$(a_x)_z$ 为空气阻力加速度 a_x 分别在 x、y、z 坐标轴上的投影，由此得

$$\begin{cases} (a_x)_x = (v_x - W_x)\dfrac{a_x}{v_r} \\ (a_x)_y = v_y \dfrac{a_x}{v_r} \\ (a_x)z = (v_z - W_z)\dfrac{a_x}{v_r} \end{cases} \tag{1-84}$$

本章式（1-56）仍适用于考虑气象因素的弹丸运动。将式（1-56）投影到三个坐标轴上，得

$$\begin{cases} \dfrac{\mathrm{d}v_x}{\mathrm{d}t} = -a_x \dfrac{v_x - W_x}{v_r} \\ \dfrac{\mathrm{d}v_y}{\mathrm{d}t} = -a_x \dfrac{v_y}{v_r} - g \\ \dfrac{\mathrm{d}v_z}{\mathrm{d}t} = -a_x \dfrac{v_z - W_z}{v_r} \end{cases} \tag{1-85}$$

在有风情况下，将空气阻力加速度公式（1－57B）中的 v 用 v_r 代替，将式（1－57B）代入式（1－85）中，得有风情况下弹丸运动方程组

$$\begin{cases}\dfrac{dv_x}{dt}=-CH(y)G(v_r)(v_x-W_x)\\ \dfrac{dv_y}{dt}=-CH(y)G(v_r)v_y-g\\ \dfrac{dv_z}{dt}=-CH(y)G(v_r)(v_z-W_z)\\ \dfrac{dx}{dt}=v_x\\ \dfrac{dy}{dt}=v_y\\ \dfrac{dz}{dt}=v_z\\ v_r=\sqrt{(v_x-W_x)^2+v_y^2+(v_z-W_z)^2}\end{cases}\tag{1-86}$$

方程的积分初始条件为：当 $t=0$ 时，$v_x=v_0\cos\theta_0, v_y=v_0\sin\theta_0, v_z=0, x=y=z=0$。

方程组（1－86）可以用来计算各种复杂气象条件下的弹道，以相同的 C、v_0、θ_0 计算得到的非标准与标准条件下射程之差称为该条件下的射程偏差。风引起的射程偏差和方向偏差统称为风偏。

1.3.3.3　风速对弹道影响的物理本质

横风是通过改变空气阻力的方向来影响弹道的。有风时弹轴在相对速度矢量附近做角运动，相对速度矢量可看作弹轴的平均位置，故本章假设弹轴时刻保持与相对速度矢量重合。在此假设下，弹丸的受力情况如图 1－18 所示。设横风方向从左向右，则相对速度矢量偏向绝对速度的左侧。在弹轴与相对速度矢量重合的假设下，空气阻力矢量也与相对速度矢量重合，只是方向相反。这时空气阻力 $\boldsymbol{R}_x$ 可以分解出一个与绝对速度 $\boldsymbol{v}$ 垂直的分力 $\boldsymbol{R}_n$，在此分力作用下，$\boldsymbol{v}$ 的方向逐渐向右偏转（当 $\boldsymbol{W}_z$ 向右时），因而使弹道偏向右方，也就是偏向顺风方向。

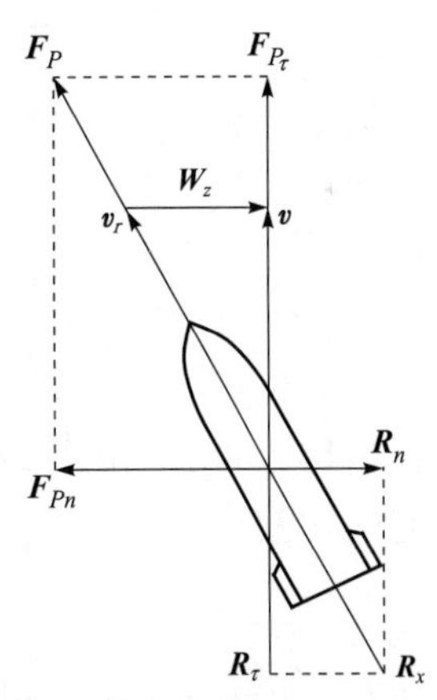

图 1－18　有横风时弹丸的受力情况

纵风既能影响阻力的大小，又能影响阻力的方向，故而可以改变射程。

1.3.3.4　风速恒定条件下的风偏公式

在风速恒定的情况下，也就是在弹丸飞行过程中风速不随时间和高度变化的情况下，用相对运动法研究风偏非常方便，可以得出简明的风偏公式。用此公式计算风偏比用方程组（1－86）方便得多。

1. 横风对弹道的影响

设有一个从左向右的恒定横风 $\boldsymbol{W}$，则整个大气都以相同的速度 $\boldsymbol{W}_z$ 从左向右运动。这时可以把大气作为动参考系，由于 $\boldsymbol{W}_z$ 为常量，所以此参考系也是一个惯性参考系。弹丸的运

动可以看成是两部分运动的合成，即相对动参考系的相对运动与随动参考系的牵连运动，在动参考系内所观察的弹道称为相对弹道。图1－19（a）描述了无风弹道、相对弹道与有风弹道之间的关系。下面首先研究相对弹道。

相对弹道的初速可由式（1－85）求得，即

$$\boldsymbol{v}_{0r} = \boldsymbol{v}_0 - \boldsymbol{W}_z \tag{1-87}$$

如图1－19所示，$\boldsymbol{v}_{0r}$ 相对于 $\boldsymbol{v}_0$ 向左（面向射击方向）偏转了一个角度，使射向由 ox 转向了 ox'。由于动参考系内没有风，所以相对弹道仍是一个平面弹道，全弹道都在相对射击面 $x'oy$ 平面内。下面来求相对射击面 $x'oy$ 与绝对射击面 xoy 之间的夹角。

如图1－19所示，相对射击面与绝对射击面之间的夹角大小取决于 $\boldsymbol{v}_0$ 和 $\boldsymbol{W}_z$ 在水平面内投影的大小。由于 $\boldsymbol{v}_0$ 在水平面内的投影为 $v_0\cos\theta_0$，$\boldsymbol{W}_z$ 在水平面内的投影仍为 W_z，并且以上两个投影互相垂直，故 ox' 与 ox 之间的夹角为 $\arctan[W_z/(v_0\cos\theta_0)]$。由此得相对弹道上任意点的 z 坐标（即相对位移）为

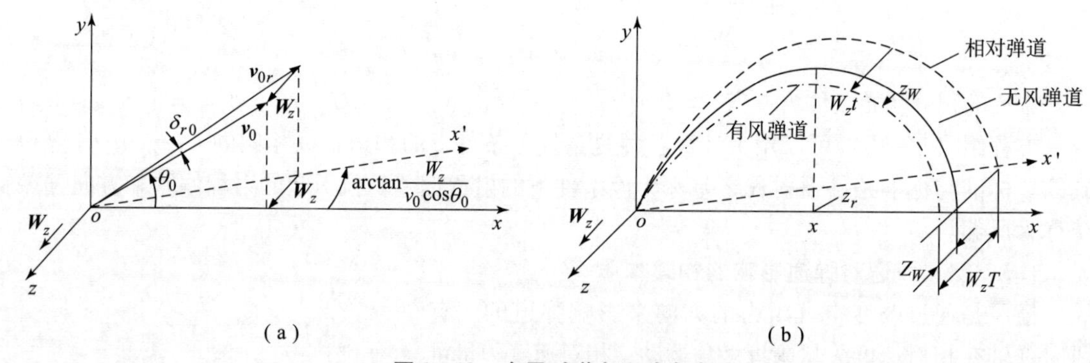

图1－19　有风时弹丸运动合成

$$z_r = -\frac{W_z}{v_0\cos\theta_0}x \tag{1-88}$$

式中，“－”表示 z_r 的方向与 W_z 相反。设从射击点至该点的飞行时间为 t，则该时刻动参考系的牵连位移为 W_zt。由于弹丸在 z 方向的绝对位移为相对位移与牵连位移的代数和，故得横风引起的侧偏为

$$z = W_z\left(t - \frac{x}{v_0\cos\theta_0}\right) \tag{1-89}$$

对于落点，横风引起的侧偏为

$$Z_W = W_z\left(T - \frac{X}{v_0\cos\theta_0}\right) \tag{1-90}$$

在推导式（1－89）、式（1－90）时，除了假设弹轴与相对速度矢量重合及风速为常量外，别的未做任何近似处理，因此，在风速恒定的条件下，式（1－89）、式（1－90）与方程组（1－86）是等价的。

由方程组（1－86）第一、二两式看出，横风是通过 v_r 来影响 v_x、v_y 及 x、y 的。由于 W_z 与 v_x 和 v_y 相比是很小的量，由式（1－86）知，W_z 对 v_r 影响甚小。可以认为横风除了引起侧偏外，对弹道没有别的影响，故式（1－90）中的 X 和 T 可以用无风条件下的射程和全飞行时间表示。

式（1－89）中的第二项 $x/(v_0\cos\theta_0)$ 有明显的物理意义。它是当弹丸以不变的水平速度 $v_0\cos\theta_0$ 飞行时，飞到 x 处所需的时间。显然这个时间比真实的飞行时间要小得多，所以用式（1－89）和式（1－90）算出的炮弹的横风偏永远是正的，也就是顺风偏。

式（1－90）还可以写成如下形式

$$Z_W = \frac{W_z}{v_0\cos\theta_0}(Tv_0\cos\theta_0 - X)$$

当飞机水平投弹时，$\cos\theta_0 = 1$，v_0 是飞机的航速。此时

$$\begin{cases} Z_W = \dfrac{W_z}{v_0}(Tv_0 - X) = \dfrac{W_z}{v_0}\Delta \\ \Delta = Tv_0 - X \end{cases} \tag{1-91}$$

Δ 的物理意义是当炸弹落地时飞机与炸弹的水平距离（设飞机匀速直线飞行）。Δ 称为退曳，式（1－91）描述了横风偏与退曳之间的关系。

2. 纵风对弹道的影响

在恒定纵风的情况下，同样也可以取大气为动参考系。在此动参考系内的初速同样由式（1－85）求得

$$\boldsymbol{v}_{0r} = \boldsymbol{v}_0 - \boldsymbol{W}_x \tag{1-92}$$

相对速度在 x、y 轴上的投影分别为 $v_0\cos\theta_0 - W_x$ 和 $v_0\sin\theta_0$。由图1－20可得动参考系内的初速和射角的表达式为

$$\begin{cases} v_{0r} = \sqrt{(v_0\cos\theta_0 - W_x)^2 + (v_0\sin\theta_0)^2} \\ \theta_{0r} = \arctan\left(\dfrac{v_0\sin\theta_0}{v_0\cos\theta_0 - W_x}\right) = \arctan\left[\left(1 - \dfrac{W_x}{v_0\cos\theta_0}\right)^{-1}\tan\theta_0\right] \end{cases} \tag{1-93}$$

根据本章基本假设，弹轴与相对速度矢量重合，并且考虑在动参考系内无风，所以用 v_{0r}、θ_{0r} 和 C 查弹道表即可直接求出动参考系内的射程 $X_r(C,v_{0r},\theta_{0r})$ 和飞行时间 T，再由运动叠加原理即可求出地面坐标系内的射程 X_W（参看图1－20（a）），即

$$X_W = X_r(C,v_{0r},\theta_{0r}) + W_xT \tag{1-94}$$

在风速恒定的条件下，式（1－94）与方程组（1－86）是等价的，都是在弹轴与相对速度矢量重合的假设下导出的。

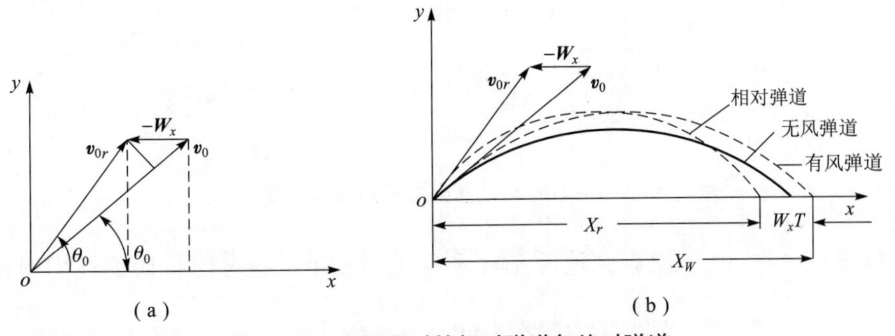

图1－20　有纵风时的相对弹道与绝对弹道

1.3.4 考虑科氏惯性力时的弹丸运动方程

由理论力学知，地球旋转的影响一是产生向心力（这已在重力中加以考虑）；二是产生科氏惯性力。

设 $\boldsymbol{a}_c$ 为科氏加速度，考虑科氏加速度时，式（1－56）变成

$$\frac{\mathrm{d}\boldsymbol{v}}{\mathrm{d}t}=\boldsymbol{a}_x+\boldsymbol{g}+\boldsymbol{a}_c \tag{1-95}$$

由理论力学知，科氏加速度等于地球自转角速度矢量 $\boldsymbol{\Omega}$ 和弹丸速度 $\boldsymbol{v}$ 乘积的两倍，即

$$\boldsymbol{a}_c=2\boldsymbol{\Omega}\times\boldsymbol{v} \tag{1-96}$$

设 $\boldsymbol{\Omega}$ 在地面直角坐标系内的投影分别为 $\boldsymbol{\Omega}_x$、$\boldsymbol{\Omega}_y$ 和 $\boldsymbol{\Omega}_z$，而 $\boldsymbol{v}$ 的投影分别 $\boldsymbol{v}_x$、$\boldsymbol{v}_y$ 和 $\boldsymbol{v}_z$，则

$$\begin{aligned}\boldsymbol{a}_c&=2\boldsymbol{\Omega}\times\boldsymbol{v}=2(\boldsymbol{\Omega}_x+\boldsymbol{\Omega}_y+\boldsymbol{\Omega}_z)\times(\boldsymbol{v}_x+\boldsymbol{v}_y+\boldsymbol{v}_z)\\&=2(\Omega_x\boldsymbol{e}_x+\Omega_y\boldsymbol{e}_y+\Omega_z\boldsymbol{e}_z)\times(v_x\boldsymbol{e}_x+v_y\boldsymbol{e}_y+v_z\boldsymbol{e}_z)\\&=2(\Omega_yv_z-\Omega_zv_y)\boldsymbol{e}_x+2(\Omega_zv_x-\Omega_xv_z)\boldsymbol{e}_y+2(\Omega_xv_y-\Omega_yv_x)\boldsymbol{e}_z\end{aligned} \tag{1-97}$$

上式运算中，应用了直角坐标系下单位基矢量叉乘运算的基本公式，即 $\boldsymbol{e}_x\times\boldsymbol{e}_y=-\boldsymbol{e}_y\times\boldsymbol{e}_x=\boldsymbol{e}_z$、$\boldsymbol{e}_x\times\boldsymbol{e}_x=0$ 等。而 Ω_x、Ω_y 和 Ω_z 的大小取决于射击地点的纬度和射向。设火炮在地面上的点 o 处发射，在该点处建立坐标系 $oxyz$，x 轴与正北方向 $\boldsymbol{n}$ 的夹角为 α（图1－21），顺时针旋转为正，y 轴沿纬度 Λ 指向天空，z 轴由右手螺旋法则确定，xoz 平面为地球上点 o 处的切平面，则由图1－21可得

$$\begin{cases}\Omega_x=\Omega\cos\Lambda\cos\alpha\\\Omega_y=\Omega\sin\Lambda\\\Omega_z=-\Omega\cos\Lambda\sin\alpha\end{cases} \tag{1-98}$$

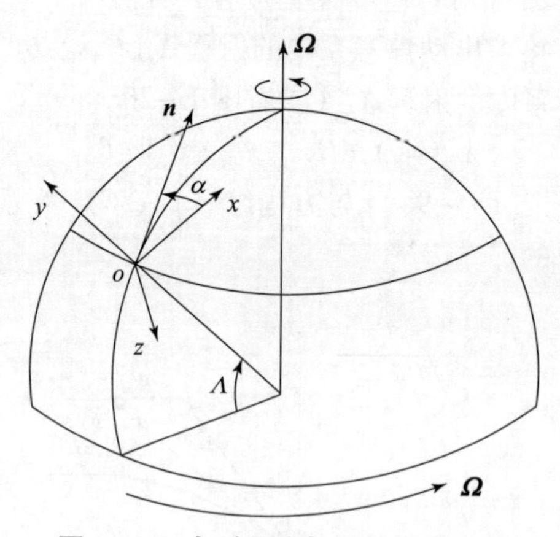

图1－21　与地面坐标系的相对位置

将矢量方程（1－95）投影到地面坐标系各坐标轴上，得考虑科氏惯性力时的运动方程组

$$\begin{cases}\dfrac{\mathrm{d}v_x}{\mathrm{d}t}=-CH(y)G(v)v_x-2\Omega(v_z\sin\Lambda+v_y\cos\Lambda\sin\alpha)\\ \dfrac{\mathrm{d}v_y}{\mathrm{d}t}=-CH(y)G(v)v_y-g+2\Omega\cos\Lambda(v_x\sin\alpha+v_z\cos\alpha)\\ \dfrac{\mathrm{d}v_z}{\mathrm{d}t}=-CH(y)G(v)v_z-2\Omega(v_y\cos\Lambda\cos\alpha-v_x\sin\Lambda)\\ \dfrac{\mathrm{d}x}{\mathrm{d}t}=v_x\\ \dfrac{\mathrm{d}y}{\mathrm{d}t}=v_y\\ \dfrac{\mathrm{d}z}{\mathrm{d}t}=v_z\\ v=\sqrt{v_x^2+v_y^2+v_z^2}\\ \Omega=7.292\times10^{-5}\ \mathrm{rad/s}\end{cases}\tag{1-99}$$

积分的初始条件为：$t=0$ 时，$v_x=v_0\cos\theta_0$，$v_y=v_0\sin\theta_0$，$v_z=0$，$x=y=z=0$。

当同时考虑地球曲率和重力加速度随高度变化及风速时，参考式（1－79）、式（1－86）、式（1－99）可直接得

$$\begin{cases}\dfrac{\mathrm{d}v_x}{\mathrm{d}t}=-CH(y)G(v_r)(v_x-W_x)+\dfrac{v_xv_y}{R(1+y/R)}-2\Omega(v_z\sin\Lambda+v_y\cos\Lambda\sin\alpha)\\ \dfrac{\mathrm{d}v_y}{\mathrm{d}t}=-CH(y)G(v_r)v_y-\dfrac{g_0}{(1+y/R)^2}+\dfrac{v_x^2}{R(1+y/R)}+2\Omega\cos\Lambda(v_x\sin\alpha+v_z\cos\alpha)\\ \dfrac{\mathrm{d}v_z}{\mathrm{d}t}=-CH(y)G(v_r)(v_z-W_z)-2\Omega(v_y\cos\Lambda\cos\alpha-v_x\sin\Lambda)\\ \dfrac{\mathrm{d}x}{\mathrm{d}t}=v_x(1+y/R)^{-1}\\ \dfrac{\mathrm{d}y}{\mathrm{d}t}=v_y\\ \dfrac{\mathrm{d}z}{\mathrm{d}t}=v_z\\ v=\sqrt{v_x^2+v_y^2+v_z^2},\quad v_r=\sqrt{(v_x-W_x)^2+v_y^2+(v_z-W_z)^2}\\ \Omega=7.292\times10^{-5}\ \mathrm{rad/s}\end{cases}\tag{1-100}$$

积分的初始条件为：$t=0$ 时，$v_x=v_0\cos\theta_0$、$v_y=v_0\sin\theta_0$、$v_z=0$、$x=y=z=0$。

表 1－5 为两种弹丸在地理纬度为 45°时向正北（$\alpha=0°$）和正东（$\alpha=90°$）发射时，科氏力引起的射程偏差 ΔX 和方向偏差 ΔZ。两种弹丸的参数与表 1－4 中的相同。

表1-5 科氏惯性力引起的射程偏差和方向偏差

项目			射角/(°)			
			5°	15°	30°	45°
炮弹Ⅰ	$\alpha=0°$	ΔX ΔZ	0 1.3	0 6.2	0 14.3	0 18.6
	$\alpha=90°$	ΔX ΔZ	10.6 1.3	15.1 7.2	15.7 19.1	10.1 30.6
炮弹Ⅱ	$\alpha=0°$	ΔX ΔZ	0 5.6	0 20.8	0 43.0	0 57.5
	$\alpha=90°$	ΔX ΔZ	33.7 5.9	35.5 23.3	40.6 56.7	36.3 95.8

习　题

(1) 简述气体状态方程的参数构成，以及与哪些因素有关。
(2) 标准气象条件包括哪些内容？
(3) 简述空气阻力由哪几部分组成，并说明各组成部分的物理本质。
(4) 弹丸在超声速和亚声速飞行时，所受空气阻力有何异同？说明不同点的物理本质。
(5) 弹丸在空气中飞行所受到的力和力矩主要有哪些？其含义是什么？
(6) 简述空气阻力定律和弹形系数的含义。
(7) 简述弹道系数的含义和对火炮射程的影响。
(8) 建立质点弹道方程组的基本假设有哪些？并写出质点弹道方程。
(9) 什么是最大射程角？不同火炮的最大射程角有什么区别？其原因是什么？
(10) 在基本假设条件下，空气弹道由哪些参数描述可以完全确定？
(11) 非标准条件下质点弹道的基本方程要考虑哪些因素的影响？
(12) 对比空气弹道和真空弹道的主要特征。

第 2 章

弹丸一般运动微分方程

上一章已研究过理想弹道，理想弹道是指弹丸飞行中章动角始终为零，也就是弹轴始终与弹道切线（飞行速度矢量）重合的情况。由上一章可知，理想弹道的弹丸运动规律是完全可以预知的。

实际弹丸的飞行总是偏离理想弹道的，这主要基于两方面原因：一方面，是火炮射击时的地形、气象、初速等与标准不同造成的；另一方面，则是由于弹丸的起始扰动，即弹轴不与速度矢量线完全重合，于是就形成了攻角。对于高速旋转弹丸，其又称为章动角。由于攻角的存在，又产生了与之相应的空气动力和动力矩，它们引起弹丸相对质心的转动，这些转动运动反过来又影响弹丸的质心运动。

在弹丸运动过程中，攻角 δ 不断变化，产生复杂的角运动。如果攻角始终很小，弹丸就能平稳地飞行；如果攻角很大，甚至不断地增大，则弹丸运动很不平稳，甚至翻跟斗坠落，这就会出现运动不稳。此外，各种随机因素（如火炮发射引起的弹丸起始扰动）产生的角运动情况，使每发弹丸都不相同，对质心运动影响的程度也不相同，这也将形成弹丸质心弹道的散布和落点的散布。

为了研究弹丸的角运动规律及它对质心运动的影响，需要进行弹道计算、稳定性分析和散布分析，必须要建立弹丸作为空间自由运动刚体的运动方程或刚体弹道方程。由于无控弹丸绝大多数是轴对称的，故本章按无控轴对称弹丸的特点选取坐标系、建立与之对应的运动方程，并采用比较简洁的复数来描述其角运动。

2.1　坐标系及坐标变换

2.1.1　坐标系

描述弹丸运动规律的坐标系多种多样，因研究的重点不同，可以选用更为适宜的坐标系。此处仅介绍几种常用的坐标系。

1. *地面固连坐标系* $oxyz$

即以地球为惯性参考系的直角坐标系，已在第 1 章中应用，主要用于描述弹丸质心运动的位置坐标，也作为确定弹轴方向和速度方向的基准。坐标原点 o 取在射击前炮口的中心点上，不随身管运动，而是固连在地球表面上，x 轴取水平射击方向为正，y 轴取铅垂向上的方向为正，z 轴方向由右手法则确定，参见图 1 – 21，其坐标轴对应的单位基矢量分别用符合 $\boldsymbol{e}_x$、$\boldsymbol{e}_y$、$\boldsymbol{e}_z$ 来表示。

2. 理想弹道坐标系 $o_G x_I y_I z_I$

理想弹道坐标系用英文字母 I 下标，以弹丸质心 o_G 为原点，$o_G x_I$ 轴为理想弹道切线方向，向前为正；$o_G y_I$ 轴在垂直平面内与 $o_G x_I$ 垂直，向上为正；$o_G z_I$ 按右手法则确定（图2-1）。$o_G x_I$ 轴与水平面的夹角为理想弹道的弹道倾角 θ。显然，理想弹道坐标系既非固定坐标系，也非平动坐标系，它不仅坐标原点是运动的，而且 $o_G x_I$ 与 $o_G y_I$ 的方向也随着 θ 的变化在改变，$o_G z_I$ 轴由右手螺旋法则确定，其坐标轴对应的单位基矢量分别用符号 $\boldsymbol{e}_{x_I}$、$\boldsymbol{e}_{y_I}$、$\boldsymbol{e}_{z_I}$ 来表示。

3. 弹道坐标系 $o_G x_2 y_2 z_2$

由于研究弹丸质心运动及计算空气动力常以弹道坐标系为参考，故该坐标系又称为速度坐标系或自然坐标系。该坐标系以弹丸质心 o_G 为原点，$o_G x_2$ 与速度矢量 $\boldsymbol{v}$ 重合且其正向与 $\boldsymbol{v}$ 相同。为了确定 $o_G x_2 y_2 z_2$ 在理想弹道坐标系 $o_G x_I y_I z_I$ 中的方位，采用 ψ_1, ψ_2 两个角来确定。首先将理想弹道坐标系 $o_G x_I y_I z_I$ 坐标系绕 $o_G z_I$ 轴转动 ψ_1（正方向），使 $o_G x_I$ 转到 $o_G x'$ 位置，$o_G y_I$ 转到 $o_G y_2$ 位置；然后再绕 $o_G y_2$ 轴转动 ψ_2（负方向），使 $o_G x_I$ 到 $o_G x_2$ 位置，$o_G z_I$ 到 $o_G z_2$ 位置。可见 $o_G x_2 y_2$ 组成的平面始终包含速度矢量 $\boldsymbol{v}$ 的垂直平面，其坐标轴对应的单位基矢量分别用符号 $\boldsymbol{e}_{x_2}$、$\boldsymbol{e}_{y_2}$、$\boldsymbol{e}_{z_2}$ 来表示。

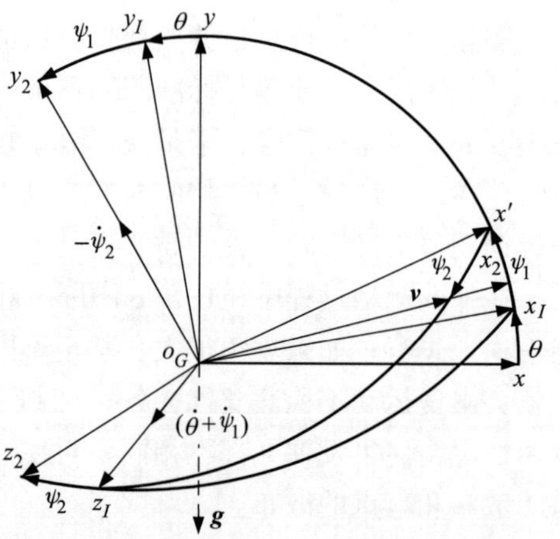

图2-1 理想弹道坐标系与速度坐标系

2.1.2 坐标变换

坐标系 $oxyz$、$o_G x_I y_I z_I$、$o_G x_2 y_2 z_2$ 之间的相互关系如图2-1所示，其转换关系见表2-1。

表2-1 速度坐标系与理想弹道坐标系间的方向余弦关系

坐标轴	$o_G x_2$	$o_G y_2$	$o_G z_2$
$o_G x_I$	$\cos\psi_1\cos\psi_2$	$-\sin\psi_1$	$-\cos\psi_1\sin\psi_2$
$o_G y_I$	$\sin\psi_1\cos\psi_2$	$\cos\psi_1$	$-\sin\psi_1\sin\psi_2$
$o_G z_I$	$\sin\psi_2$	0	$\cos\psi_2$
ox	$\cos(\psi_1+\theta)\cos\psi_2$	$-\sin(\psi_1+\theta)$	$-\cos(\psi_1+\theta)\sin\psi_2$
oy	$\sin(\psi_1+\theta)\cos\psi_2$	$\cos(\psi_1+\theta)$	$-\sin(\psi_1+\theta)\sin\psi_2$
oz	$\sin\psi_2$	0	$\cos\psi_2$

速度矢量 $\boldsymbol{v}$ 与理想弹道间的夹角可用复偏角来表示。

$$\boldsymbol{\Psi} = \psi_1 + \mathrm{i}\psi_2 \tag{2-1}$$

根据上述定义，式中 ψ_1 为偏角 $\boldsymbol{\Psi}$ 在垂直面内的分量，相当于弹道倾角 θ 的增量 $\Delta\theta$, ψ_2 则为偏角 $\boldsymbol{\Psi}$ 的侧向分量（负方向）。矢量 $\boldsymbol{v}$ 的空间方位由相对于理想弹道的复偏角完全确定。

1. 弹轴坐标系 $o_Gx_1y_1z_1$ 与弹体坐标系 $o_G\xi\eta\zeta$

弹轴坐标系原点为弹丸质心 o_G，o_Gx_1 轴与弹轴 ξ 重合，指向弹顶为正；为了确定 o_Gy_1 轴与 o_Gz_1 轴在理想弹道坐标系中的方位，采用 φ_1，φ_2 两个角度。首先将坐标系 $o_Gx_Iy_Iz_I$ 绕 o_Gz_I 轴转动 φ_1（正方向），使 o_Gx_I 转到 o_Gx'' 位置，o_Gy_I 转到 o_Gy_1 位置，然后再绕 o_Gy_1 轴转动 φ_2（负方向），使 o_Gx_I 到 o_Gx_1 位置，o_Gz_I 到 o_Gz_1 位置，可见 $o_Gx_1y_1$ 组成的平面始终是包含弹轴 ξ 的垂直平面，其坐标轴对应的单位基矢量分别用符合 $\boldsymbol{e}_{x_1}$、$\boldsymbol{e}_{y_1}$、$\boldsymbol{e}_{z_1}$ 来表示。

坐标系 $oxyz$、$o_Gx_Iy_Iz_I$、$o_Gx_1y_1z_1$ 之间的相互关系如图 2-2 所示，其转换关系见表 2-2。

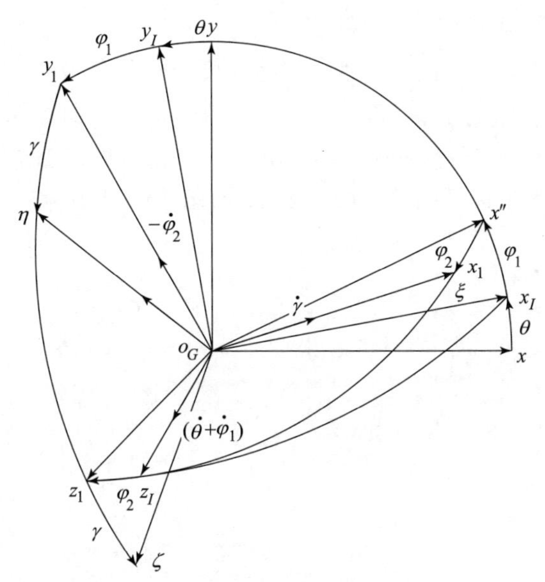

图 2-2　弹轴坐标系与弹体坐标系的关系

表 2-2　弹轴坐标系与理想弹道坐标系间的方向余弦关系

坐标轴	o_Gx_1	o_Gy_1	o_Gz_1
o_Gx_I	$\cos\varphi_1\cos\varphi_2$	$-\sin\varphi_1$	$-\cos\varphi_1\sin\varphi_2$
o_Gy_I	$\sin\varphi_1\cos\varphi_2$	$\cos\varphi_1$	$-\sin\varphi_1\sin\varphi_2$
o_Gz_I	$\sin\varphi_2$	0	$\cos\varphi_2$
ox	$\cos(\varphi_1+\theta)\cos\varphi_2$	$-\sin(\varphi_1+\theta)$	$-\cos(\varphi_1+\theta)\sin\varphi_2$
oy	$\sin(\varphi_1+\theta)\cos\varphi_2$	$\cos(\varphi_1+\theta)$	$-\sin(\varphi_1+\theta)\sin\varphi_2$
oz	$\sin\varphi_2$	0	$\cos\varphi_2$

以上用 φ_1、φ_2 两个角度即可将弹轴相对理想弹道的方位确定下来，但整个弹体的位置并没有完全确定，弹体还可以绕弹轴自由旋转而不改变 φ_1、φ_2 的数值。为了完全确定弹体的位置，可以在弹丸赤道平面内选择两个与弹体固连而又相互垂直的轴 $o_G\eta$ 和 $o_G\zeta$，与弹轴 $o_G\xi$ 构成直角坐标系，即为弹体坐标系 $o_G\xi\eta\zeta$。$o_G\eta$ 与 o_Gy_1 的夹角用 $\boldsymbol{\gamma}$ 表示，称为弹丸的自转角或滚转角。弹体坐标系也可以认为是理想弹道坐标系经过 φ_1、φ_2 和 $\boldsymbol{\gamma}$ 三次旋转而得，弹体坐标系坐标轴的单位基矢量分别用 $\boldsymbol{e}_\xi$、$\boldsymbol{e}_\eta$、$\boldsymbol{e}_\zeta$ 来表示。弹轴坐标系与弹体坐标系的关系如图 2 -

2 所示。弹体坐标系与弹轴坐标系间的方向余弦关系见表 2 - 3。

表 2 - 3　弹体坐标系与弹轴坐标系间的方向余弦关系

坐标轴	$o_G\xi$	$o_G\eta$	$o_G\zeta$
o_Gx_1	1	0	0
o_Gy_1	0	$\cos\gamma$	$-\sin\gamma$
o_Gz_1	0	$\sin\gamma$	$\cos\gamma$

2. 弹轴坐标系与速度坐标系的关系

为了确定弹轴在速度坐标系内的位置，可将速度坐标系 $o_Gx_2y_2z_2$ 先绕 o_Gz_2 转动角 δ_1（正方向），将 o_Gx_2 和 o_Gy_2 分别转到 $o_Gx'_2$ 和 o_Gy_1，然后再绕 o_Gy_1 转动 δ_2 角（负方向），使 $o_Gx'_2$ 和 o_Gz_2 轴分别转到 o_Gx_1 和 o_Gz_1 位置。于是用 δ_1 和 δ_2 两个角度即可确定弹轴在速度坐标系内的方位。弹轴坐标系与速度坐标系的关系如图 2 - 3 所示。弹轴坐标系与速度坐标系间的方向余弦关系见表 2 - 4。

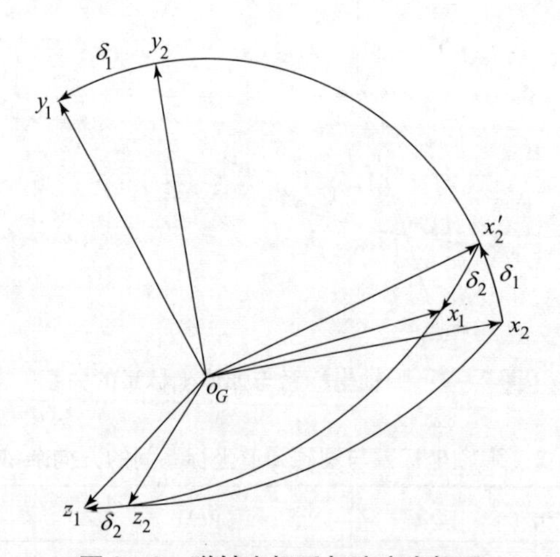

图 2 - 3　弹轴坐标系与速度坐标系

表 2 - 4　弹体坐标系与速度坐标系间的方向余弦关系

坐标轴	o_Gx_1	o_Gy_1	o_Gz_1
o_Gx_2	$\cos\delta_1\cos\delta_2$	$-\sin\delta_1$	$-\cos\delta_1\sin\delta_2$
o_Gy_2	$\sin\delta_1\cos\delta_2$	$\cos\delta_1$	$-\sin\delta_1\sin\delta_2$
o_Gz_2	$\sin\delta_2$	0	$\cos\delta_2$

假定 δ_1、δ_2、ψ_1、ψ_2 为一阶小量，根据表 2 - 1 ~ 表 2 - 4 中的转换关系，可以求出 δ_1、δ_2、ψ_1、ψ_2、φ_1、φ_2 间的关系，经推导可得

$$\varphi_1 = \psi_1 + \delta_1 \tag{2-2}$$

$$\varphi_2 = \psi_2 + \delta_2 \tag{2-3}$$

为了更形象地描述弹轴和速度矢量 $\boldsymbol{v}$ 在空间的方位以及它们的运动过程，以弹丸质心 o_G

为圆心，以单位长度为半径作一单位球面。设弹轴与单位球面的交点为 B，$\boldsymbol{v}$ 与单位球面的交点为 T，则只要确定了点 B 和 T 在单位球面上的位置，也就确定了弹轴和矢量 $\boldsymbol{v}$ 在空间的方位。当弹轴和 $\boldsymbol{v}$ 的方位不断变化时，通过点 B 和 T 在单位球面上描绘出的轨迹，即可形象地反映出弹轴和 $\boldsymbol{v}$ 的运动过程。

为了定量地确定点 B 和 T 在单位球面上的位置，可像地球仪一样在球面上画出许多经线和纬线。将 $x_I o_G z_I$ 平面作为子午面，以 $o_G z_I$ 为极轴，使 $x_I o_G z_I$ 平面绕 $o_G z_I$ 轴旋转，在旋转过程中的各瞬时，该平面与单位球面的交线就是经线。在 $x_I o_G z_I$ 平面绕 $o_G z_I$ 轴旋转的过程中，平面中任一射线 $o_G B$ 都可以作为母线画出圆锥面，这些圆锥面与单位球面的交线就是纬线。$x_I o_G y_I$ 平面是赤道面，它与球面的交线就是 0°的纬线。图 2－4 画出了 1/8 的单位球面。

当弹轴的方位发生变化时，如果 B 点沿同一条经线移动，则 φ_2 角保持不变；如果 B 点沿同一条纬线移动，则 φ_1 保持不变。φ_2 和 φ_1 分别为 B 点的经度和纬度。同样，ψ_2 和 ψ_1 分别为 T 点的经度和纬度。

此处引出复平面的概念。考虑到速度和弹轴偏离理想弹道切线方向不大，ψ_1、ψ_2 和 φ_1、φ_2 都是比较小的角度。B 点和 T 点运动范围并不大，它们都在 $o_G x_I$ 轴与单位球面的交点 o'' 附近运动，因此，在研究弹轴和 $\boldsymbol{v}$ 的运动时，不必涉及整个球面，只需在 o'' 点附近取一小块球面即可。为了方便，可将这一小块球面展开成平面，在此平面上再以 o'' 为原点建立平面坐标系，其纵轴 y'' 由 $x_I o_G y_I$ 平面与单位球面的交线展开而成，与 y_I 轴平行，向上为正；其横轴 z'' 由 $x_I o_G z_I$ 平面与单位球面的交线展开而成，与 z_I 轴平行，向右为正（从球心沿 $o_G x_I$ 向前看）。由于球面的半径长度为 1，所以 B 点在此坐标平面上的纵坐标和横坐标在数值上分别等于 φ_1 和 φ_2；同理，点 T 的纵坐标和横坐标分别为 ψ_1 和 ψ_2，如图 2－5 所示。

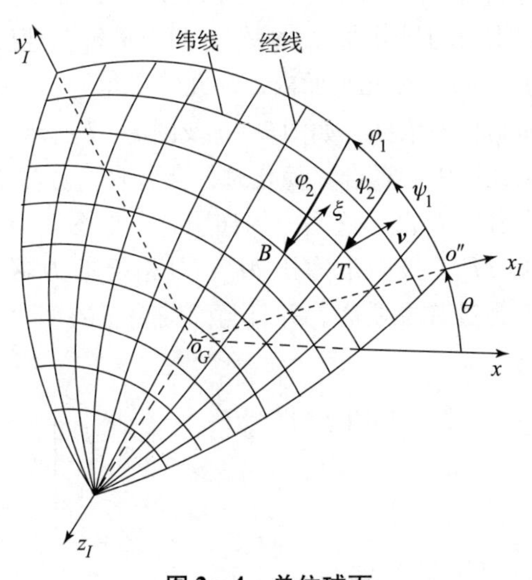

图 2－4　单位球面

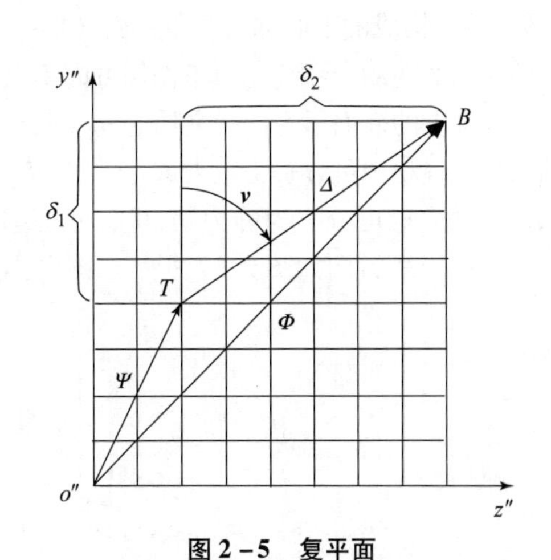

图 2－5　复平面

将此坐标平面作为复数平面，取纵轴为实轴，横轴为虚轴，并定义如下复数：

$$\begin{cases}\boldsymbol{\Phi} = \varphi_1 + \mathrm{i}\varphi_2 \\ \boldsymbol{\Psi} = \psi_1 + \mathrm{i}\psi_2 \\ \boldsymbol{\Delta} = \delta_1 + \mathrm{i}\delta_2\end{cases} \tag{2-4}$$

分别为复摆角、复偏角、复攻角。复数 $\boldsymbol{\Phi}$、$\boldsymbol{\Psi}$ 表示 B 点和 T 点在复平面上的位置，显然有：

$$\boldsymbol{\Phi}-\boldsymbol{\Psi}=(\varphi_1-\psi_1)+\mathrm{i}(\varphi_2-\psi_2)=\delta_1+\mathrm{i}\delta_2=\Delta \tag{2-5}$$

复攻角是攻角平面与单位球面交线上的一个线段。可见，$\boldsymbol{\Phi}$ 确定了弹轴相对于理想弹道坐标系的方位，$\boldsymbol{\Psi}$ 确定了速度相对于理想弹道坐标系的方位，$\boldsymbol{\Delta}$ 确定了弹轴相对于速度坐标系的方位。$\boldsymbol{\Delta}$ 在攻角平面上的原点为 T，纵坐标和横坐标分别为 δ_1 和 δ_2，如图 2－5 所示。

在复平面上，该线段与纵坐标轴的夹角为 υ，称为攻角平面绕弹丸速度线的进动角，而攻角 Δ 的绝对值为：

$$\delta=\sqrt{\delta_1^2+\delta_2^2} \tag{2-6}$$

根据欧拉圆的表达式，$\boldsymbol{\Delta}$ 在复平面上也可以用极坐标形式来表示：

$$\begin{cases}\boldsymbol{\Delta}=\delta_1+\mathrm{i}\delta_2=\delta\mathrm{e}^{\mathrm{i}\upsilon}\\ \delta_1=\delta\cos\upsilon\\ \delta_2=\delta\sin\upsilon\end{cases} \tag{2-7}$$

式中，υ 为进动角。

2.2 空气动力和力矩的一般表达式

2.1 节讨论了相关坐标系的建立，当弹轴与速度矢量不重合（即攻角 $\delta\neq 0$）时，弹丸由于迎气流面积变大，空气的阻滞作用加强，尤其在超声速时弹头波不对称，迎气流面的激波比背气流面强烈，由此造成作用在弹丸表面上的分布载荷不均匀，当分布载荷的合力向弹丸的压力中心（或称阻心 P）简化时，会形成气动力，向弹丸的几何中心简化时，会形成空气动力和空气动力矩，无论是亚声速还是超声速，总阻力均显著加大。弹轴方向矢量 $\boldsymbol{e}_\xi$ 与速度方向矢量 $\boldsymbol{e}_{x_2}$ 构成的平面称为攻角平面（也称为阻力平面），在此平面内，弹丸的攻角为 δ，下面将要讨论的气动力和气动力矩作用方向均以此平面为参考依据，如图 2－6 及图 2－7 所示。作用在弹丸上的表面压力向弹丸质心 o_G（假定质心和几何中心重合）简化时，会形成气动力和气动力矩。气动力可分解为阻力 $\boldsymbol{R}_x$、升力 $\boldsymbol{R}_y$ 和马格努斯力 $\boldsymbol{R}_z$，这些力的作用方向如图 2－6 所示；气动力矩可分解为静力矩 $\boldsymbol{M}_z$、赤道阻尼力矩 $\boldsymbol{M}_{zz}$、极阻尼力矩 $\boldsymbol{M}_{xz}$、马格努斯力矩 $\boldsymbol{M}_y$ 等，这些力矩方向如图 2－7 所示，图中赤道平面为过弹丸质心，并且与弹轴垂直的平面。

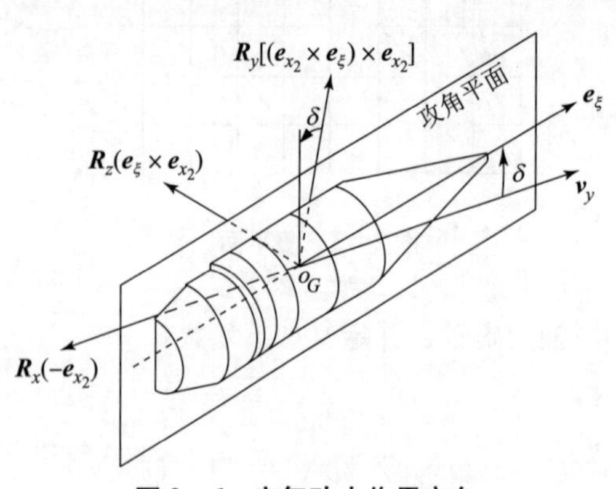

图 2－6　空气动力作用方向

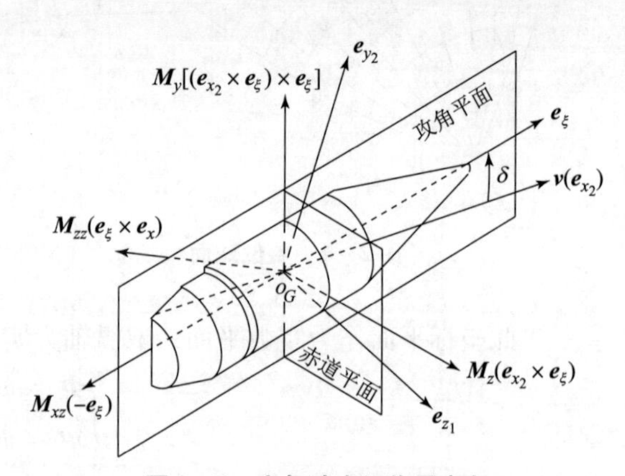

图 2－7　空气动力矩作用方向

本节将讨论引起气动力和气动力矩原因，及其计算表达式。

2.2.1　切向阻力 $\boldsymbol{R}_x$

切向阻力 $\boldsymbol{R}_x$ 又称迎面阻力，它作用在阻力平面内，并且总是与速度矢量 $\boldsymbol{v}$ 反向，故其作用效果总是使 $\boldsymbol{v}$ 减小。用量纲分析法，可以得出迎面阻力

$$\begin{cases}\boldsymbol{R}_x = -R_x\boldsymbol{e}_{x_2}\\ R_x = \dfrac{\rho v^2}{2}Sc_x(Ma,\delta)\end{cases} \tag{2-8}$$

$\delta \neq 0$ 时的阻力系数 c_x，不仅是马赫数 Ma 的函数，也是章动角 δ 函数。根据实验，可以相当准确地用相互独立的两个函数 $c_{x0}(Ma)$、$f_x(\delta)$ 的乘积来表示。

$$c_x(Ma,\delta) = c_{x0}(Ma)f_x(\delta) \tag{2-9}$$

由于阻力的指向与 δ 的正负无关，因而 $f_x(\delta)$ 是 δ 的偶函数。由空气动力学的分析，当 δ 不大且不在跨声速时，有

$$c_x = c_{x0}(1+k\delta^2) \tag{2-10}$$

式中，δ 的单位为弧度。根据实验，攻角系数 k 对于一般旋转弹来说，近似为 15 ~ 30；对尾翼弹 k 值可达 40 左右。实际应用中，应根据实验测试确定。图 2-8 给出了某旋转弹（$l = 3.8d$）由风洞试验测出的 $c_{x0}(Ma) - Ma$ 及 $c_x - \delta$ 曲线，其中 $k = 16.4$。显然，由式（2-10）知，当 $\delta = 0.247$ rad，$c_x = 2c_{x0}$ 迎面阻力增大一倍。

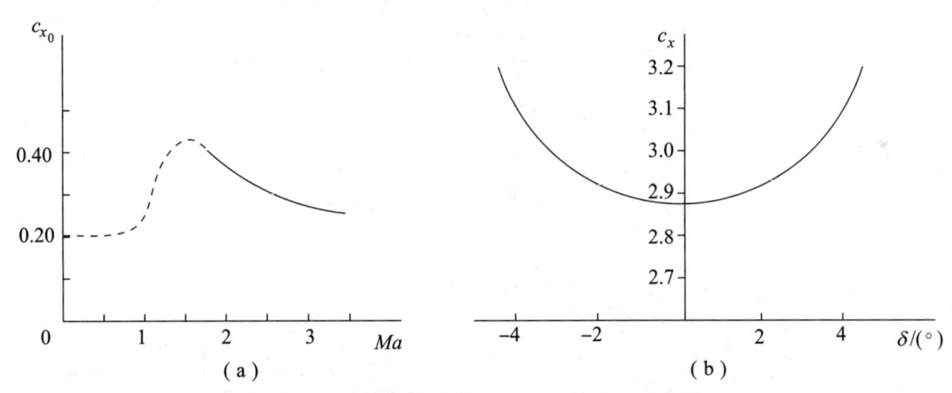

图 2-8　某旋转弹的 $c_{x0}-Ma$ 和 $c_x-\delta$ 曲线

根据第 1 章的分析，可将式（2-8）中的第二式写成

$$R_x = \frac{\rho v^2}{2}Sc_x(Ma,\delta) = d^2\times 10^3 H(y)v^2K_x(Ma,\delta) = mb_xv^2 \tag{2-11}$$

式中

$$\begin{cases}b_x = \dfrac{\rho S}{2m}c_x(Ma,\delta) = \dfrac{d^2}{m}\times 10^3 H(y)K_x(Ma,\delta)\\ K_x(Ma,\delta) = 4.737\times 10^{-4}c_{x0}(1+k\delta^2)\end{cases} \tag{2-12}$$

称 $K_x(Ma,\delta)$ 为切向阻力特征系数。

由阻力 $\boldsymbol{R}_x$ 表达式（2-8）可知，阻力的方向与速度方向相反，在 y_2 和 z_2 轴上的投影皆为零，$\boldsymbol{R}_x$ 在速度坐标系 $o_Gx_2y_2z_2$ 下分量的表达式为

$$\begin{pmatrix} F_{x21} \\ F_{y21} \\ F_{z21} \end{pmatrix} = \begin{pmatrix} -mb_x v^2 \\ 0 \\ 0 \end{pmatrix} \tag{2-13}$$

2.1.2 升力 $\boldsymbol{R}_y$

升力 $\boldsymbol{R}_y$ 作用在阻力平面内，与弹丸速度矢量 $\boldsymbol{v}$ 垂直，并且永远与弹轴方向一起在速度方向的一侧，它的作用效果是使 $\boldsymbol{v}$ 改变方向，其表达式可写成

$$\begin{cases} \boldsymbol{R}_y = R_y[(\boldsymbol{e}_{x_2} \times \boldsymbol{e}_\xi) \times \boldsymbol{e}_{x_2}] \\ R_y = \dfrac{\rho v^2 S}{2} c_y(Ma,\delta) \dfrac{1}{\sin\delta} = \dfrac{\rho v^2 S}{2} c'_y(Ma) \end{cases} \tag{2-14}$$

式中，c_y 称为升力系数，它主要是弹形、马赫数 Ma 和章动角 δ 的函数，而 $c'_y(Ma)$ 则为升力系数导数。

$$c'_y = \frac{\partial c_y}{\partial \delta} \tag{2-15}$$

实验证明，当攻角不大时，有

$$c_y = c'_y \delta \tag{2-16}$$

且 c'_y 仅与弹形及 Ma 有关。显然，当 $\delta = 0$ 时，$R_y = 0$。图2-9给出了一般尾翼弹丸的升力系数及其导数的变化规律。

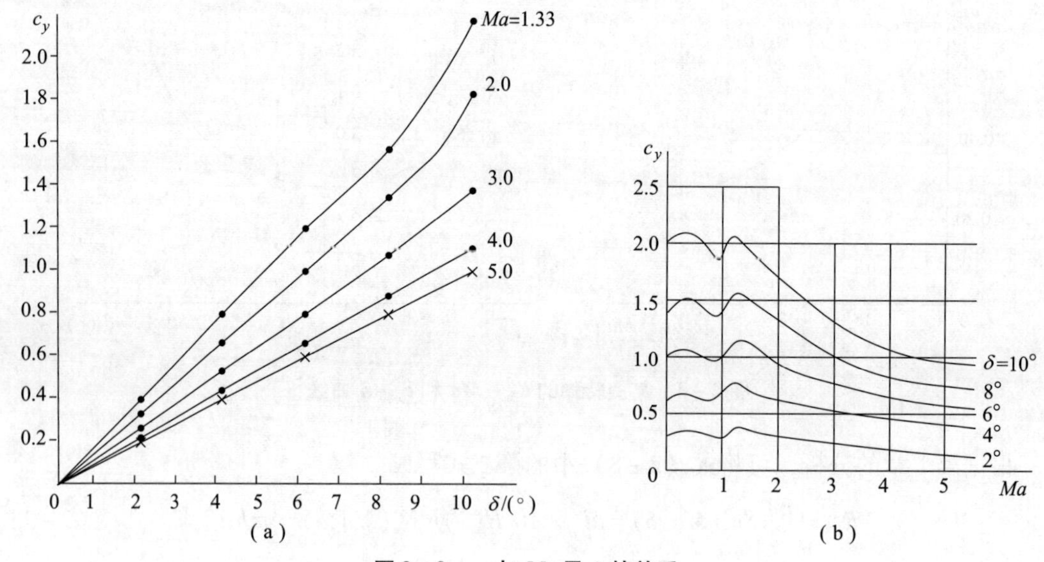

图2-9 c_y 与 Ma 及 δ 的关系

这样 R_y 表达式还可以写成

$$R_y = \frac{\rho v^2}{2} S c'_y(Ma) = dl \times 10^3 H(y) v^2 K_y(Ma) = m b_y v^2 \tag{2-17}$$

式中

$$
\begin{cases}
b_y = \dfrac{\rho S}{2m}c'_y(Ma) = \dfrac{dl}{m} \times 10^3 H(y)K_y(Ma) \\
K_y(Ma) = 4.737 \times 10^{-4}\dfrac{d}{l}c'_y(Ma)
\end{cases}
\tag{2-18}
$$

称 $K_y(Ma)$ 为升力特征数，l 为全弹长。

对于升力系数导数 c'_y 的计算方法，读者可参考相关空气动力学文献。

由升力 $\boldsymbol{R}_y$ 表达式（2-14）可知，升力位于阻力平面内垂直速度线向上，即 $(\boldsymbol{e}_{x_2} \times \boldsymbol{e}_\xi) \times \boldsymbol{e}_{x_2}$，由表 2-4 可知

$$
\boldsymbol{e}_\xi = \cos\delta_1\cos\delta_2\boldsymbol{e}_{x_2} + \sin\delta_1\cos\delta_2\boldsymbol{e}_{y_2} + \sin\delta_2\boldsymbol{e}_{z_2}
$$

$$
\boldsymbol{e}_{x_2} \times \boldsymbol{e}_\xi = -\sin\delta_2\boldsymbol{e}_{y_2} + \sin\delta_1\cos\delta_2\boldsymbol{e}_{z_2}
$$

因此，有

$$
(\boldsymbol{e}_{x_2} \times \boldsymbol{e}_\xi) \times \boldsymbol{e}_{x_2} = \sin\delta_1\cos\delta_2\boldsymbol{e}_{y_2} + \sin\delta_2\boldsymbol{e}_{z_2} \approx \delta_1\boldsymbol{e}_{y_2} + \delta_2\boldsymbol{e}_{z_2}
$$

将上式代入式（2-14），可得 $\boldsymbol{R}_y$ 在速度坐标系 $o_Gx_2y_2z_2$ 下的分量表达式为

$$
\begin{pmatrix} F_{x22} \\ F_{y22} \\ R_{z22} \end{pmatrix} = mb_yv^2\begin{pmatrix} 0 \\ \delta_1 \\ \delta_2 \end{pmatrix}
\tag{2-19}
$$

2.1.3　俯仰力矩 $\boldsymbol{M}_z$

对旋转弹而言，阻力 $\boldsymbol{R}_x$ 和升力 $\boldsymbol{R}_y$ 的合力为 $\boldsymbol{R}$，作用在质心与弹顶之间的阻心 P 上，当 $\boldsymbol{R}$ 向弹丸几何中心简化时，就产生 $\boldsymbol{R}$ 和力矩 $\boldsymbol{M}_z$，$\boldsymbol{M}_z$ 的作用效果是使弹轴与弹速矢量的夹角 δ 增大，故称 $\boldsymbol{M}_z$ 为翻转力矩；对尾翼弹而言，$\boldsymbol{R}$ 作用在质心与弹尾之间的阻心 P 上，力矩 $\boldsymbol{M}_z$ 的作用效果则是使 δ 减小，故称 $\boldsymbol{M}_z$ 为稳定力矩，$\boldsymbol{M}_z$ 又混称为俯仰力矩，如图 2-7 所示。

当不考虑后面所述的马格努斯力时，由于 $\boldsymbol{R}$ 位于弹轴与弹速矢量组成的平面即阻力平面（或称攻角平面）内，故矢量 $\boldsymbol{M}_z$ 与该平面垂直。

$\boldsymbol{M}_z$ 的表达式为

$$
\begin{cases}
\boldsymbol{M}_z = M_z(\boldsymbol{e}_{x_2} \times \boldsymbol{e}_\xi) \\
M_z = \dfrac{\rho v^2}{2}Slm_z(Ma,\delta)\dfrac{1}{\sin\delta} = \dfrac{\rho v^2}{2}Slm'_z(Ma)
\end{cases}
\tag{2-20}
$$

式中，力矩系数导数 $m'_z(Ma) = \partial m_z / \partial\delta$，当攻角 δ 不大时，试验证明，力矩系数可表达成

$$
m_z(Ma,\delta) = m'_z(Ma)\delta
$$

力矩系数 m_z 是马赫数 Ma 与攻角 δ 的函数，但力矩系数导数 m'_z 仅与马赫数 Ma 有关。

对于翻转力矩而言，$m'_z > 0$；对于稳定力矩而言，$m'_z < 0$。

若已知 c_x 及 c'_y，利用平衡方程可易于求出

$$
m'_z = \frac{h}{l}(c_x + c'_y)
\tag{2-21}
$$

对于尾翼弹而言，由于 $c' > c_x$，故有

$$
m'_z \approx \frac{h}{l}c'_y
\tag{2-22}
$$

式中，h 为弹丸质心 o_G 至阻心 P 的距离，称为阻力臂。

M_z 的表达式可写成下面的形式

$$M_z = \frac{\rho v^2 S}{2} l m_z'(Ma) = d^2 h \times 10^3 H(y) v^2 K_{mz}(Ma) = I k_z v^2 \tag{2-23}$$

式中

$$\begin{cases} k_z = \dfrac{\rho S}{2I} l m_z'(Ma) = \dfrac{d^2 h}{I} \times 10^3 H(y) K_{mz}(Ma) \\ K_{mz}(Ma) = 4.737 \times 10^{-4} \dfrac{l}{h} m_z'(Ma) \end{cases} \tag{2-24}$$

$K_{mz}(Ma)$ 多用于旋转弹的情况，称为翻转力矩特征数；I 为弹丸的赤道转动惯量。

表2-5列出了弹长 $l = 4.5d$, $d = 76.2$ mm 旋转弹的 K_{mz} 随速度的变化数据。对于 $l = nd \neq 4.5d$ 的旋转弹，作为近似，可取 $K_{mz} = K_{mz表}\sqrt{n/4.5}$。在实际设计中，还可按弹丸空气动力方法或实验方法求 K_{mz}。

表2-5　旋转弹 K_{mz} 随速度的变化数据

$v/(\mathrm{m \cdot s^{-1}})$	$K_{mz} \times 10^{-3}$	$v/(\mathrm{m \cdot s^{-1}})$	$K_{mz} \times 10^{-3}$	$v/(\mathrm{m \cdot s^{-1}})$	$K_{mz} \times 10^{-3}$
200	0.97	480	1.03	720	0.95
260	0.97	500	1.03	740	0.95
280	0.98	520	1.02	760	0.94
300	1.00	540	1.01	780	0.93
320	1.03	560	1.00	800	0.93
340	1.06	580	1.00	850	0.92
360	1.07	600	0.99	900	0.91
380	1.07	620	0.98	950	0.90
400	1.07	640	0.98	1 000	0.90
420	1.06	660	0.97	1 050	0.90
440	1.05	680	0.97	1 100	0.89
460	1.04	700	0.96	1 150	0.88

阻心与质心的距离 h 的计算常常是用经验的高巴尔公式来估算

$$h = \begin{cases} h_0 + 0.57 h_r - 0.16d & \text{圆弧形头部} \\ h_0 + 0.37 h_r - 0.16d & \text{锥形头部} \end{cases} \tag{2-25}$$

式中，h_0 为弹丸头部底端至质心的距离，如图2-10所示；$h_r = l_r d$，为头部长，l_r 相对头部长。

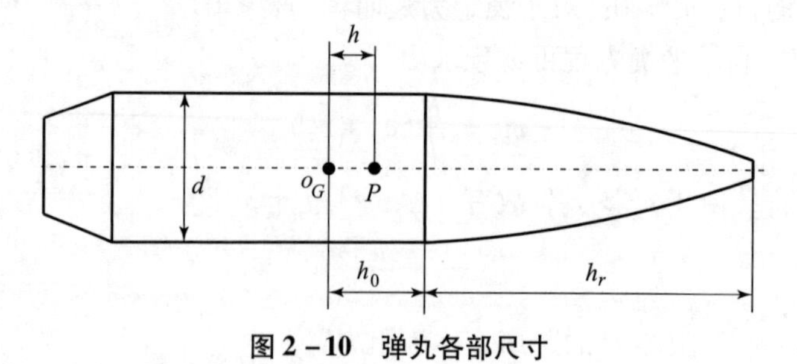

图2-10　弹丸各部尺寸

实际上，弹丸的阻力作用中心 P（简称阻心）位置，不仅随 Ma 变化而变化，而且也随攻角 δ 的不同而不同。图 2－11 是用相对头部长 $l_r=2.5$、圆弧部半径 $\rho=6.5d$、圆柱部长为 $2.5d$ 的旋转弹丸在风洞中的实验结果。图 2－11（a）表示弹丸在 $v=1\ 100$ m/s 时做风洞试验，当 δ 由 0°变至 10°时阻心移动情况；当 $\delta<4°$ 时，阻心位置变化很小，但当 $\delta>4°$ 后，变化速增，至 $\delta=10°$，阻心也向弹底移约 $d/2$。由图 2－11（b），当 $\delta=0°$ 时，v_0 由 400 m/s 变至 1 100 m/s，阻力向弹底移动约 $d/2$，也就是阻心随 Ma 的增大而向弹底移动。

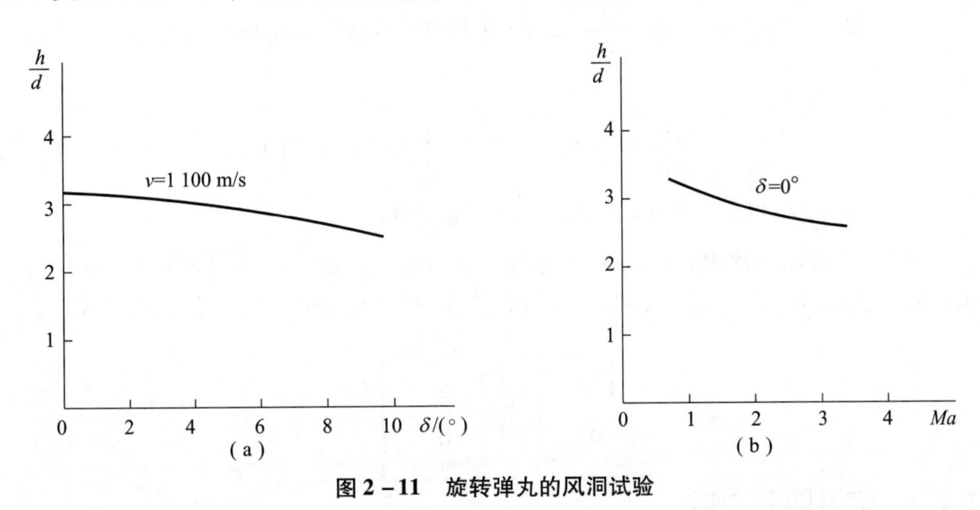

图 2－11　旋转弹丸的风洞试验

由俯仰力矩 $\boldsymbol{M}_z$ 表达式（2－20）可知，俯仰力矩位于阻力平面法线方向上，即 $\boldsymbol{e}_{x_2}\times\boldsymbol{e}_{\xi}$，由表 2－4 可得

$$\boldsymbol{e}_{x_2}\times\boldsymbol{e}_{\xi}=-\sin\delta_2\boldsymbol{e}_{y_2}+\sin\delta_1\cos\delta_2\boldsymbol{e}_{z_2}\approx-\delta_2\boldsymbol{e}_{y_2}+\delta_1\boldsymbol{e}_{z_2}$$

将上式代入式（2－20），可得 $\boldsymbol{M}_z$ 在速度坐标系 $o_Gx_1y_1z_1$ 下的分量表达式为

$$\begin{pmatrix}M_{x11}\\M_{y11}\\M_{z11}\end{pmatrix}=Ik_zv^2\begin{pmatrix}0\\-\delta_2\\\delta_1\end{pmatrix}\tag{2-26}$$

2.1.4　极阻尼力矩

弹丸绕弹轴（又称极轴）旋转时，由于空气的黏性，带动弹表面上的边界层一起旋转（图 2－12），空气的运动形成阻力，反过来消耗弹丸的能量，使弹丸自转角速度逐渐减小。这个阻止弹丸绕其轴旋转的阻力矩叫作极阻尼力矩 $\boldsymbol{M}_{xz}$，其表达式为

$$\begin{cases}\boldsymbol{M}_{xz}=-M_{xz}\boldsymbol{e}_{\xi}\\M_{xz}=\dfrac{\rho v^2}{2}Slm_{xz}=\dfrac{\rho v^2}{2}Slm'_{xz}(Ma)\dfrac{d}{v}\dot{\gamma}\end{cases}\tag{2-27}$$

式中，m_{xz} 为极阻尼力矩系数，它是弹形、Ma 及 δ 的函数；$m'_{xz}(Ma)$ 为极阻尼力矩系数导数。

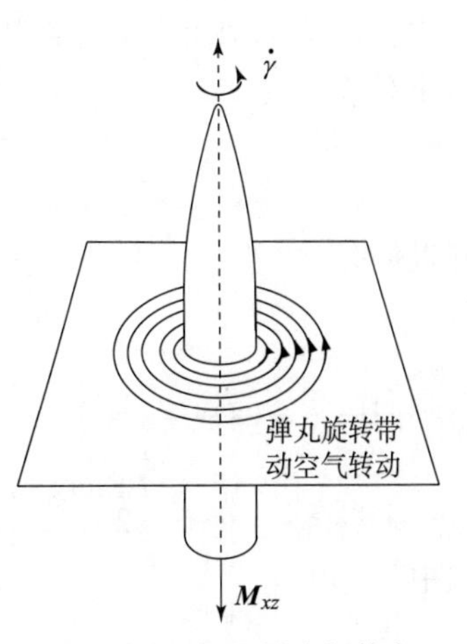

图 2－12　极阻尼力矩效应

$$m'_{xz}(Ma)=\frac{\partial m_{xz}}{\partial(d\dot{\gamma}/v)} \tag{2-28}$$

并近似有

$$m_{xz}=m'_{xz}(Ma)\frac{d}{v}\dot{\gamma} \tag{2-29}$$

同样，M_{xz} 可写成

$$M_{xz}=\frac{\rho v^2}{2}Slm'_{xz}(Ma)\frac{d}{v}\dot{\gamma}=d^3l\times10^3H(y)vK_{mxz}(Ma)\dot{\gamma}=Jk_{xz}v\dot{\gamma} \tag{2-30}$$

式中

$$\begin{cases}k_{xz}=\dfrac{\rho S}{2J}ldm'_{xz}(Ma)=\dfrac{d^3}{J}l\times10^3H(y)K_{mxz}(Ma)\\K_{mxz}(Ma)=4.737\times10^{-4}m'_{xz}(Ma)\end{cases} \tag{2-31}$$

式中，J 为弹丸的极转动惯量；$K_{mxz}(Ma)$ 为极阻尼力矩特征数，量级约为 1.5×10^{-6}。

由极阻尼力矩 $\boldsymbol{M}_{xz}$ 表达式（2-25）可知，极阻尼力矩矢量方向与弹丸轴线反向，即

$$\begin{pmatrix}M_{x13}\\M_{y13}\\M_{z13}\end{pmatrix}=\begin{pmatrix}-Jk_{xz}\dot{\gamma}v\\0\\0\end{pmatrix} \tag{2-32}$$

2.1.5 赤道阻尼力矩

弹丸围绕其赤道轴（过质心并与弹轴垂直的轴）摆动时，产生阻滞其摆动的力矩，称为赤道阻尼力矩。这是因为：第一，在摆动时，其迎向空气的一面压缩空气，使压力增大；第二，空气稀疏，压力减小；第三，由于空气的黏性，在弹丸表面两侧产生阻止其摆动的摩擦力偶。阻滞弹丸摆动的压力偶和摩擦力偶的合力矩就是赤道阻尼力矩 $\boldsymbol{M}_{zz}$，其方向与弹丸轴线的摆动角速度方向相反，其表达式为

$$\begin{cases}\boldsymbol{M}_{zz}=M_{zz}(\boldsymbol{e}_\xi\times\boldsymbol{e}_x)\\M_{zz}=\dfrac{\rho v^2}{2}Slm_{zz}=\dfrac{\rho v^2}{2}Slm'_{zz}(Ma)\dfrac{d}{v}\dot{\varphi}\end{cases} \tag{2-33}$$

式中，m_{zz} 为赤道阻尼力矩系数，它是弹形、Ma 及弹丸摆动角速度 $\dot{\varphi}$ 的函数；m'_{zz} 为赤道阻尼力矩系数导数。

$$m'_{zz}(Ma)=\frac{\partial m_{zz}}{\partial(d\dot{\varphi}/v)} \tag{2-34}$$

并近似有

$$m_{zz}=m'_{zz}(Ma)\frac{d}{v}\dot{\varphi} \tag{2-35}$$

同样，可写成

$$M_{zz}=\frac{\rho v^2}{2}Slm'_{zz}(Ma)\frac{d}{v}\dot{\varphi}=d^3l\times10^3H(y)vK_{mzz}(Ma)\dot{\varphi}=Ik_{zz}v\dot{\varphi} \tag{2-36}$$

式中

$$\begin{cases} k_{zz} = \dfrac{\rho S}{2I}dlm'_{zz}(Ma) = \dfrac{dl^3}{I} \times 10^3 H(y) K_{mzz}(Ma) \\ K_{mzz}(Ma) = 4.737 \times 10^{-4} \dfrac{d^2}{l^2} m'_{zz}(Ma) \end{cases} \tag{2-37}$$

$K_{mzz}(Ma)$ 称为赤道阻尼力矩特征数，对一般旋转弹而言，其数量级约为 0.25×10^{-4}。

由赤道阻尼力矩 $\boldsymbol{M}_{zz}$ 表达式（2-33）可知，赤道阻尼力矩在摆动平面法线的反方向上，即 $\boldsymbol{e}_\xi \times \boldsymbol{e}_x$，由表 2-2 的第一个转换式，可得

$$\boldsymbol{e}_x = \cos(\varphi_1 + \theta)\cos\varphi_2 \boldsymbol{e}_{x_1} - \sin(\varphi_1 + \theta)\boldsymbol{e}_{y_1} - \cos(\varphi_1 + \theta)\sin\varphi_2 \boldsymbol{e}_{z_1}$$

由此可得

$$\boldsymbol{e}_\xi \times \boldsymbol{e}_x = \cos(\varphi_1 + \theta)\sin\varphi_2 \boldsymbol{e}_{y_1} - \sin(\varphi_1 + \theta)\boldsymbol{e}_{z_1}$$

由于 $\boldsymbol{e}_\xi \times \boldsymbol{e}_x$ 为摆动角速度的反方向，因此，$\dot{\varphi}_2 = \dot{\varphi}\cos(\varphi_1 + \theta)\sin\varphi_2$、$\dot{\varphi}_1 + \dot{\theta} = \dot{\varphi}\sin(\varphi_1 + \theta)$，将上式代入式（2-33），并利用 $\dot{\varphi}_1 + \dot{\theta}$、$\dot{\varphi}_2$ 的表达式，可得 $\boldsymbol{M}_{zz}$ 在速度坐标系 $o_G x_1 y_1 z_1$ 下的分量表达式为

$$\begin{pmatrix} M_{x12} \\ M_{y12} \\ M_{z12} \end{pmatrix} = Ik_{zz}v \begin{pmatrix} 0 \\ \dot{\varphi}_2 \\ -(\dot{\varphi}_1 + \dot{\theta}) \end{pmatrix} \tag{2-38}$$

2.1.6　马格努斯力及马格努斯力矩

马格努斯力和力矩的形成机理比较复杂，下面仅作传统的解释：由于空气黏性产生了随弹体自转的、包围弹体周围的一薄层空气（边界层）的阻滞，如图 2-13（a）所示。又由于有攻角 δ 存在，而在与弹轴垂直的方向上有气流分速 $v_\perp = v\sin\delta$ 向弹体吹来。此气流与伴随弹体自转的两侧气流合成的结果如图 2-13（b）所示。在弹体一侧气流速度增大，而另一侧减小。根据伯努利定理可知，速度小的一侧压力大于速度大的一侧的压力，这就形成了一个与攻角平面垂直的力，其指向由右手法则决定：以右手四指由弹丸自转角速度矢量 $\dot{\boldsymbol{\gamma}}$ 向速度矢量 $\boldsymbol{v}$ 方向卷曲时，拇指的指向即为马格努斯力 $\boldsymbol{R}_z$ 的方向。它与阻力面垂直，因而也与升力和速度矢量垂直。马格努斯力使弹丸向侧方运动。

马格努斯力的作用点经常不在重心上，当将其向重心简化时，就形成一个力 $\boldsymbol{R}_z$ 和一个力矩，该力矩叫马格努斯力矩，用 $\boldsymbol{M}_y$ 表示。此力矩矢量的指向因马格努斯力的作用点在质心前、后而不同，图 2-13（c）所示为马格努斯力作用于质心前面时马格努斯力矩的指向。另外，当进行自转的弹丸摆动时，在摆动弹丸的前后端分别产生方向相反的两个马格努斯力，形成一个马格努斯力偶，此力偶矩也属于马格努斯力矩的一部分。

马格努斯力及力矩的表达式分别如下：

$$\begin{cases} \boldsymbol{R}_z = R_z(\boldsymbol{e}_\xi \times \boldsymbol{e}_{x_2}) \\ R_z = \dfrac{\rho v^2 S}{2} c_z(Ma) \dfrac{1}{\sin\delta} = \dfrac{\rho v^2}{2} S c'_z(Ma) \dfrac{1}{\sin\delta} \dfrac{d}{v}\dot{\gamma} = \dfrac{\rho v^2}{2} S c''_z(Ma) \dfrac{d}{v}\dot{\gamma} \end{cases} \tag{2-39}$$

$$\begin{cases} \boldsymbol{M}_y = M_y[(\boldsymbol{e}_{x_2} \times \boldsymbol{e}_\xi) \times \boldsymbol{e}_\xi] \\ M_y = \dfrac{\rho v^2}{2} Slm_y \dfrac{1}{\sin\delta} = \dfrac{\rho v^2}{2} Slm'_y(Ma) \dfrac{d}{v}\dot{\gamma} \dfrac{1}{\sin\delta} = \dfrac{\rho v^2}{2} Slm''_y(Ma) \dfrac{d}{v}\dot{\gamma} \end{cases} \tag{2-40}$$

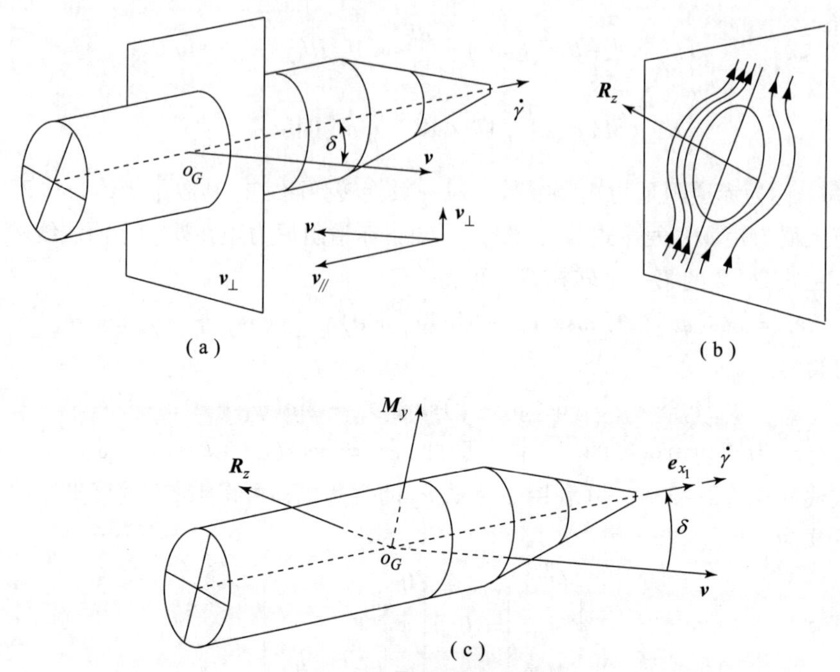

图 2－13　马格努斯效应

式中，c_z 及 m_y 分别为马格努斯力系数及马格努斯力矩系数；$c'_z(Ma)$、$c''_z(Ma)$ 及 $m'_y(Ma)$、$m''_y(Ma)$ 则分别为对应系数的一阶和二阶导数，即

$$c'_z(Ma) = \frac{\partial c_z}{\partial(d\dot{\gamma}/v)},\ c''_z(Ma) = \frac{\partial^2 c_z}{\partial(d\dot{\gamma}/v)\ \partial\delta} \tag{2-41}$$

$$m'_y(Ma) = \frac{\partial m_y}{\partial(d\dot{\gamma}/v)},\ m''_y(Ma) = \frac{\partial^2 m_y}{\partial(d\dot{\gamma}/v)\ \partial\delta} \tag{2-42}$$

显然，在式（2－49）、式（2－50）中，认为存在以下线性关系

$$c_z = c'_z(Ma)\ \frac{d}{v}\dot{\gamma} = c''_z(Ma)\ \frac{d}{v}\dot{\gamma}\delta \tag{2-43}$$

$$m_y = m'_y(Ma)\ \frac{d}{v}\dot{\gamma} = m''_y(Ma)\ \frac{d}{v}\dot{\gamma}\delta \tag{2-44}$$

图 2－14 及图 2－15 分别给出了某旋转弹及同口径尾翼弹（翼片不斜置）在 Ma 为 2.0 时，$c'_z-\delta$ 与 $m'_y-\delta$ 的曲线。经变换后，还可写成：

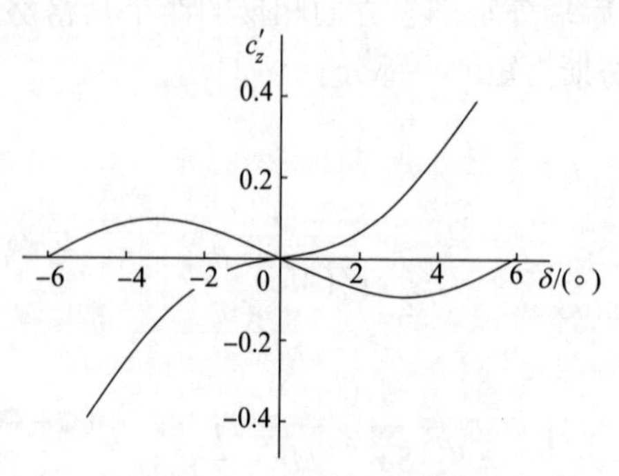

图 2－14　马氏力系数导数

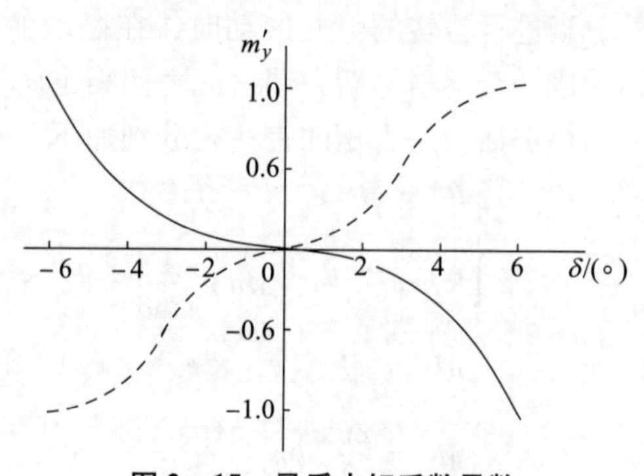

图 2－15　马氏力矩系数导数

$$R_z = \frac{\rho v^2}{2} S c_z''(Ma) \frac{d}{v} \dot{\gamma} = d^2 l \times 10^3 H(y) v \dot{\gamma} K_z(Ma) = m b_z v \dot{\gamma} \tag{2-45}$$

式中

$$\begin{cases} b_z = \dfrac{\rho v^2}{2m} d c_z''(Ma) = \dfrac{d^2 l}{m} \times 10^3 H(y) K_z(Ma) \\ K_z(Ma) = 4.737 \times 10^{-4} \dfrac{d}{l} c_z''(Ma) \end{cases} \tag{2-46}$$

$$M_y = \frac{\rho v^2}{2} S l m_y''(Ma) \frac{d}{v} \dot{\gamma} = d^3 l \times 10^3 H(y) v \dot{\gamma} K_{my}(Ma) = J k_{yy} v \dot{\gamma} \tag{2-47}$$

式中

$$\begin{cases} k_{yy} = \dfrac{\rho S}{2J} l d m_y''(Ma) = \dfrac{d^3 l}{J} \times 10^3 H(y) K_{my}(Ma) \\ K_{my}(Ma) = 4.737 \times 10^{-4} m_y''(Ma) \end{cases} \tag{2-48}$$

K_z 和 $K_{my}(Ma)$ 分别称为马格努斯力特征数与马格努斯力矩特征数。

由马格努斯力 $\boldsymbol{R}_z$ 表达式（2-39）可知，马格努斯力位于阻力平面法向的反方向上，即 $\boldsymbol{e}_\xi \times \boldsymbol{e}_{x_2}$，由表 2-4 可得

$$\boldsymbol{e}_\xi \times \boldsymbol{e}_{x_2} = \sin\delta_2 \boldsymbol{e}_{y_2} - \sin\delta_1 \cos\delta_2 \boldsymbol{e}_{z_2} \approx \delta_2 \boldsymbol{e}_{y_2} - \delta_1 \boldsymbol{e}_{z_2}$$

将上式代入式（2-39），可得 $\boldsymbol{R}_z$ 在速度坐标系 $o_G x_2 y_2 z_2$ 下的分量表达式为

$$\begin{pmatrix} F_{x23} \\ F_{y23} \\ F_{z23} \end{pmatrix} = m b_z \dot{\gamma} v \begin{pmatrix} 0 \\ \delta_2 \\ -\delta_1 \end{pmatrix} \tag{2-49}$$

由马格努斯力矩 $\boldsymbol{M}_y$ 表达式（2-40）可知，马格努斯力矩矢量方向为 $(\boldsymbol{e}_{x_2} \times \boldsymbol{e}_\xi) \times \boldsymbol{e}_\xi$，由表 2-4 可得

$$\boldsymbol{e}_{x_2} = \cos\delta_1 \cos\delta_2 \boldsymbol{e}_{x_1} - \sin\delta_1 \boldsymbol{e}_{y_1} - \cos\delta_1 \sin\delta_2 \boldsymbol{e}_{z_1}$$

$$\boldsymbol{e}_{x_2} \times \boldsymbol{e}_\xi = -\cos\delta_1 \sin\delta_2 \boldsymbol{e}_{y_1} + \sin\delta_1 \boldsymbol{e}_{z_1}$$

$$(\boldsymbol{e}_{x_2} \times \boldsymbol{e}_\xi) \times \boldsymbol{e}_\xi = \delta_1 \boldsymbol{e}_{y_1} + \delta_2 \boldsymbol{e}_{z_1}$$

将上式代入式（2-40），可得 $\boldsymbol{M}_y$ 在速度坐标系 $o_G x_1 y_1 z_1$ 下的分量表达式为

$$\begin{pmatrix} M_{x14} \\ M_{y14} \\ M_{z14} \end{pmatrix} = I k_y v \dot{\gamma} \begin{pmatrix} 0 \\ \delta_1 \\ \delta_2 \end{pmatrix} \tag{2-50}$$

2.1.7　作用于弹丸上的全部力及力矩

作用在弹丸上的力和力矩有：重力、空气动力及其力矩。

1. 重力 $\boldsymbol{G}$

重力的矢量表达式为 $\boldsymbol{G} = m\boldsymbol{g}$，将重力加速度 $\boldsymbol{g}$ 的表达式（1-57A）代入，可得重力在速度坐标系 $o_G x_2 y_2 z_2$ 下的投影分量为：

$$\begin{pmatrix} G_{x2} \\ G_{y2} \\ G_{z2} \end{pmatrix} = -mg\begin{pmatrix} \sin(\theta+\psi_1)\cos\psi_2 \\ \cos(\theta+\psi_1) \\ -\sin(\theta+\psi_1)\sin\psi_2 \end{pmatrix} = -mg\begin{pmatrix} \sin(\theta+\psi_1)\cos\psi_2 \\ \cos(\theta+\psi_1) \\ -\sin(\theta+\psi_1)\sin\psi_2 \end{pmatrix} \tag{2-51}$$

式中，$\theta_2 = \theta + \psi_1$。

2. 气动合力

将式（2-13）、式（2-19）、式（2-49）求和，即可求得作用在弹丸上的气动合力 $\boldsymbol{F}'$ 在坐标系 $o_G x_2 y_2 z_2$ 下的分量

$$\begin{pmatrix} F'_{x2} \\ F'_{y2} \\ F'_{z2} \end{pmatrix} = \begin{pmatrix} -mb_x v^2 \\ mb_y\delta_1 v^2 + mb_z\delta_2\dot{\gamma}v \\ mb_y\delta_2 v^2 - mb_z\delta_1\dot{\gamma}v \end{pmatrix} \tag{2-52}$$

3. 合力 $\boldsymbol{F}$

将式（2-51）、式（2-52）求和，即可求得作用在弹丸上的合力 $\boldsymbol{F}$ 在坐标系 $o_G x_2 y_2 z_2$ 下的分量

$$\begin{pmatrix} F_{x2} \\ F_{y2} \\ F_{z2} \end{pmatrix} = \begin{pmatrix} -mg\sin(\theta+\psi_1) - mb_x v^2 \\ -mg\cos(\theta+\psi_1) + mb_y\delta_1 v^2 + mb_z\delta_2\dot{\gamma}v \\ mg\sin(\theta+\psi_1)\sin\psi_2 + mb_y\delta_2 v^2 - mb_z\delta_1\dot{\gamma}v \end{pmatrix} \tag{2-53}$$

4. 合力矩 $\boldsymbol{M}$

由于不考虑弹丸的质量偏心，因此，作用在弹丸上的合力矩即为气动合力矩。将式（2-26）、式（2-32）、式（2-38）、式（2-50）求和，即可求得作用在弹丸上的合力矩 $\boldsymbol{M}$ 在坐标系 $o_G x_1 y_1 z_1$ 下的投影分量表达式

$$\begin{pmatrix} M_{x1} \\ M_{y1} \\ M_{z1} \end{pmatrix} = \begin{pmatrix} -Jk_{xz}\dot{\gamma}v \\ -Ik_z v^2\delta_2 + Ik_y v\dot{\gamma}\delta_1 + Ik_{zz}v\dot{\varphi}_2 \\ Ik_z v^2\delta_1 + Ik_y v\dot{\gamma}\delta_2 - Ik_{zz}v(\dot{\varphi}_1 + \dot{\theta}) \end{pmatrix} \tag{2-54}$$

2.3 弹丸一般运动微分方程组

列出弹丸一般运动微分方程组，尚需以下述假设为前提：

（1）弹丸外形及质量分布均为轴对称刚体，因而弹轴为一惯性主轴，并且质心位于弹轴线上；

（2）弹丸只受上节所述全部外力及外力矩的作用；

（3）攻角 δ 较小（即线性关系成立）。

2.3.1 质心平动运动方程

以地面固连坐标系来列出弹丸质心运动的方程

$$m\frac{\mathrm{d}\boldsymbol{v}}{\mathrm{d}t} = \boldsymbol{F} \tag{2-55}$$

式中，$\mathrm{d}\boldsymbol{v}/\mathrm{d}t$ 是相对地面坐标系的加速度，$\boldsymbol{F}$ 是作用于弹丸上的外力之和。记 $\boldsymbol{\omega}_v$ 为速度 $\boldsymbol{v}$ 的转动角速度，根据刚体运动原理，由表 2－1 第二个变换式，可导出 $\boldsymbol{\omega}_v$ 的具体表达式为

$$\boldsymbol{\omega}_v = (\dot{\psi}_1 + \dot{\theta})\sin\psi_2 \boldsymbol{e}_{x_2} - \dot{\psi}_2 \boldsymbol{e}_{y_2} + (\dot{\psi}_1 + \dot{\theta})\cos\psi_2 \boldsymbol{e}_{z_2} \tag{2-56}$$

而

$$\frac{\mathrm{d}\boldsymbol{v}}{\mathrm{d}t} = \frac{\partial \boldsymbol{v}}{\partial t} + \boldsymbol{\omega}_v \times \boldsymbol{v} \tag{2-57}$$

式中，$\partial \boldsymbol{v}/\partial t$ 表示 $\boldsymbol{v}$ 相对于 $o_G x_2 y_2 z_2$ 坐标系的相对导数，也称为切向导数。

注意到 $\boldsymbol{v}$ 可以表示成 $\boldsymbol{v} = v\boldsymbol{e}_{x_2}$，将其代入式（2－57），并利用式（2－56），经整理得

$$\frac{\mathrm{d}\boldsymbol{v}}{\mathrm{d}t} = \frac{\mathrm{d}v}{\mathrm{d}t}\boldsymbol{e}_{x_2} + v[(\dot{\psi}_1 + \dot{\theta})\cos\psi_2 \boldsymbol{e}_{y_2} + \dot{\psi}_2 \boldsymbol{e}_{z_2}] \tag{2-58}$$

将式（2－66）代入式（2－63），得到运动方程的分量表达式为

$$\begin{cases} m\dfrac{\mathrm{d}v}{\mathrm{d}t} = F_{x2} \\ mv\cos\psi_2 \dfrac{\mathrm{d}(\psi_1 + \theta)}{\mathrm{d}t} = F_{y2} \\ mv\dfrac{\mathrm{d}\psi_2}{\mathrm{d}t} = F_{z2} \end{cases} \tag{2-59}$$

上式即为速度坐标系内的弹丸质心运动动力学方程。式中，F_{x2}、F_{y2}、F_{z2} 分别表示 $\boldsymbol{F}$ 在 $o_G x_2$，$o_G y_2$，$o_G z_2$ 轴上的分量，由式（2－53）给出。其中，第一式是描述速度大小的变化；第二式描述速度方向在铅垂面内的变化；第三式描述速度方向偏离射面的情况。

2.3.2　绕质心转动运动方程组

弹丸绕质心的运动由自转和摆动两种运动组成，运动方程在坐标系 $o_G x_1 y_1 z_1$ 下建立。

弹丸绕质心的动量矩 $\boldsymbol{G}$ 为

$$\begin{cases} \boldsymbol{G} = J\omega_{x1}\boldsymbol{e}_{x1} + I\omega_{y1}\boldsymbol{e}_{y1} + I\omega_{z1}\boldsymbol{e}_{z1} \\ \boldsymbol{\omega} = \omega_{x1}\boldsymbol{e}_{x1} + \omega_{y1}\boldsymbol{e}_{y1} + \omega_{z1}\boldsymbol{e}_{z1} \end{cases} \tag{2-60}$$

式中，$\boldsymbol{\omega}$ 为弹丸转动角速度；J、I 分别为弹丸的极转动惯量和赤道转动惯量。

弹丸转动运动的动量矩方程为

$$\frac{\mathrm{d}\boldsymbol{G}}{\mathrm{d}t} = \boldsymbol{M} \tag{2-61}$$

式中，$\boldsymbol{M}$ 为作用在弹丸上的力矩，并且有

$$\boldsymbol{M} = M_{x1}\boldsymbol{e}_{x1} + M_{y1}\boldsymbol{e}_{y1} + M_{z1}\boldsymbol{e}_{z1} \tag{2-62}$$

式中，M_{x1}、M_{y1}、M_{z1} 为力矩在 $o_G x_1 y_1 z_1$ 坐标系下的分量，其表达式见式（2－54）。

动量矩的时间全导数可写成

$$\frac{\mathrm{d}\boldsymbol{G}}{\mathrm{d}t} = \frac{\partial \boldsymbol{G}}{\partial t} + \boldsymbol{\omega}_1 \times \boldsymbol{G} \tag{2-63}$$

式中，$\boldsymbol{\omega}_1$ 为坐标系 $o_G x_1 y_1 z_1$ 的转动角速度，也称为弹丸摆动角速度。

根据刚体运动原理，由表 2－2 第二个变换式，可导出坐标系 $o_G x_1 y_1 z_1$ 的转动角速度 $\boldsymbol{\omega}_1$

的具体表达式为

$$\boldsymbol{\omega}_1 = (\dot{\varphi}_1 + \dot{\theta})\sin\varphi_2 \boldsymbol{e}_{x_1} - \dot{\varphi}_2 \boldsymbol{e}_{y_1} + (\dot{\varphi}_1 + \dot{\theta})\cos\varphi_2 \boldsymbol{e}_{z_1} \tag{2-64}$$

弹丸运动角速度为摆动角速度 $\boldsymbol{\omega}_1$ 与其绕弹轴的滚转角速度 $\dot{\gamma}\boldsymbol{e}_{x_1}$ 之和

$$\boldsymbol{\omega} = \boldsymbol{\omega}_1 + \dot{\gamma}\boldsymbol{e}_{x_1} = \omega_{x1}\boldsymbol{e}_{x_1} + \omega_{y1}\boldsymbol{e}_{y_1} + \omega_{z1}\boldsymbol{e}_{z_1} \tag{2-65}$$

式中

$$\begin{cases} \omega_{x1} = (\dot{\varphi}_1 + \dot{\theta})\sin\varphi_2 + \dot{\gamma} \\ \omega_{y1} = -\dot{\varphi}_2 \\ \omega_{z1} = (\dot{\varphi}_1 + \dot{\theta})\cos\varphi_2 \end{cases} \tag{2-66}$$

式（2－63）中右端第一项的表达式为

$$\frac{\partial \boldsymbol{G}}{\partial t} = J\frac{\mathrm{d}\omega_{x1}}{\mathrm{d}t}\boldsymbol{e}_{x1} + I\frac{\mathrm{d}\omega_{y1}}{\mathrm{d}t}\boldsymbol{e}_{y1} + I\frac{\mathrm{d}\omega_{z1}}{\mathrm{d}t}\boldsymbol{e}_{z1} \tag{2-67}$$

式（2－63）中右端最后一项的具体表达式，经运算整理得

$$\begin{aligned} \boldsymbol{\omega}_1 \times \boldsymbol{G} = {} & J\left[\left(1 - \frac{I}{J}\right)(\dot{\varphi}_1 + \dot{\theta})\sin\varphi_2 + \dot{\gamma}\right](\dot{\varphi}_1 + \dot{\theta})\cos\varphi_2 \boldsymbol{e}_{y_1} + \\ & J\left[\left(1 - \frac{I}{J}\right)(\dot{\varphi}_1 + \dot{\theta})\sin\varphi_2 + \dot{\gamma}\right]\dot{\varphi}_2 \boldsymbol{e}_{z_1} \end{aligned} \tag{2-68}$$

将式（2－67）、式（2－68）代入式（2－61），经整理得，在弹轴坐标系 $o_G x_1 y_1 z_1$ 下，弹丸绕其质心的转动运动微分方程

$$\begin{cases} J\dfrac{\mathrm{d}\omega_{x1}}{\mathrm{d}t} = M_{x1} \\ I\dfrac{\mathrm{d}\omega_{y1}}{\mathrm{d}t} = M_{y1} - J\left[\left(1 - \dfrac{I}{J}\right)(\dot{\varphi}_1 + \dot{\theta})\sin\varphi_2 + \dot{\gamma}\right](\dot{\varphi}_1 + \dot{\theta})\cos\varphi_2 \\ I\dfrac{\mathrm{d}\omega_{z1}}{\mathrm{d}t} = M_{z1} - J\left[\left(1 - \dfrac{I}{J}\right)(\dot{\varphi}_1 + \dot{\theta})\sin\varphi_2 + \dot{\gamma}\right]\dot{\varphi}_2 \end{cases} \tag{2-69}$$

式（2－69）即为在弹轴坐标系 $o_G x_1 y_1 z_1$ 下弹丸绕其质心转动动力学方程。其中，第一式为弹丸绕其轴线的自转运动方程，第二、三式为绕其轴线的摆动运动方程。

2.3.3 弹丸 6 自由度刚体弹道方程

弹丸运动微分方程的补充方程为

$$\begin{cases} \dfrac{\mathrm{d}x}{\mathrm{d}t} = v\cos(\psi_1 + \theta)\cos\psi_2 \\ \dfrac{\mathrm{d}y}{\mathrm{d}t} = v\sin(\psi_1 + \theta)\cos\psi_2 \\ \dfrac{\mathrm{d}z}{\mathrm{d}t} = v\sin\psi_2 \end{cases}, \begin{cases} \dfrac{\mathrm{d}\gamma}{\mathrm{d}t} = \omega_{x1} - \omega_{z1}\tan\varphi_2 \\ \dfrac{\mathrm{d}\varphi_2}{\mathrm{d}t} = -\omega_{y1} \\ \dfrac{\mathrm{d}(\varphi_1 + \theta)}{\mathrm{d}t} = \dfrac{1}{\cos\varphi_2}\omega_{z1} \end{cases}, \begin{cases} \delta_1 = \varphi_1 - \psi_1 \\ \delta_2 = \varphi_2 - \psi_2 \end{cases}$$

由式（2－59）和式（2－69），并利用上式，可得弹丸 6 自由度刚体运动微分方程

$$
\begin{cases}
m\dfrac{dv}{dt} = F_{x2}, mv\cos\psi_2 \dfrac{d(\theta+\psi_1)}{dt} = F_{y2}, mv\dfrac{d\psi_2}{dt} = F_{z2} \\
J\dfrac{d\omega_{x1}}{dt} = M_{x1} \\
I\dfrac{d\omega_{y1}}{dt} = M_{y1} - J\left[\left(1-\dfrac{I}{J}\right)(\dot{\varphi}_1+\dot{\theta})\sin\varphi_2 + \dot{\gamma}\right](\dot{\varphi}_1+\dot{\theta})\cos\varphi_2 \\
I\dfrac{d\omega_{z1}}{dt} = M_{z1} - J\left[\left(1-\dfrac{I}{J}\right)(\dot{\varphi}_1+\dot{\theta})\sin\varphi_2 + \dot{\gamma}\right]\dot{\varphi}_2 \\
\dfrac{dx}{dt} = v\cos(\psi_1+\theta)\cos\psi_2, \dfrac{dy}{dt} = v\sin(\psi_1+\theta)\cos\psi_2, \dfrac{dz}{dt} = v\sin\psi_2 \\
\dfrac{d\gamma}{dt} = \omega_{x1} - \omega_{z1}\tan\varphi_2, \dfrac{d\varphi_2}{dt} = -\omega_{y1}, \dfrac{d(\dot{\varphi}_1+\dot{\theta})}{dt} = \dfrac{1}{\cos\varphi_2}\omega_{z1} \\
\delta_1 = \varphi_1 - \psi_1, \delta_2 = \varphi_2 - \psi_2
\end{cases}
\tag{2-70}
$$

式中，理想弹道倾角 θ 由第 1 章中的理想质点弹道方程式（1-60）给出。在此，为了完整性，用式（2-71）来表示式（1-60）。其中，除 θ 外，v_I、x_I、y_I 表示为理想弹道中的变量。

$$
\begin{cases}
\dfrac{dv_I}{dt} = -b_x v_I^2 - g\sin\theta \\
\dfrac{d\theta}{dt} = -\dfrac{g\cos\theta}{v_I} \\
\dfrac{dy_I}{dt} = v_I\sin\theta \\
\dfrac{dx_I}{dt} = v_I\cos\theta
\end{cases}
\tag{2-71}
$$

初始条件（当 $t=0$ 时）为

$$
\begin{gathered}
v = v(0) = v_I(0) = v_0、\psi_1 = \psi_1(0) = \psi_{10}、\psi_2 = \psi_2(0) = \psi_{20}、\omega_{x1} = \omega_{x1}(0) = \omega_{x10}、\\
\omega_{y1} = \omega_{y1}(0) = \omega_{y10}、\omega_{z1} = \omega_{z1}(0) = \omega_{z10}、\gamma = \gamma(0) = \gamma_0、\varphi_1 = \varphi_1(0) = \varphi_{10}、\\
\varphi_2 = \varphi_2(0) = \varphi_{20}、\delta_1 = \delta_1(0) = \delta_{10}、\delta_2 = \delta_2(0) = \delta_{20}、x = x(0) = x_I(0) = x_0、\\
y = y(0) = y_I(0) = y_0、z = z(0) = z_0、\theta = \theta(0) = \theta_0
\end{gathered}
\tag{2-72}
$$

上述初始条件实际上就是火炮发射时弹丸飞离炮口瞬间时的取值，可通过测量或通过建立火炮发射动力学模型计算得到。式（2-70）、式（2-71）中共有 18 个变量 v、ψ_1、ψ_2、ω_{x1}、ω_{y1}、ω_{z1}、γ、φ_1、φ_2、δ_1、δ_2、x、y、z、θ、v_I、x_I、y_I，式（2-70）、式（2-71）中有 18 个方程，未知数与方程数相等，因此方程可解。

2.4　弹丸角运动分析

2.2.3 节建立的弹丸 6 自由度刚体弹道方程除了风速外，考虑了各种力和力矩的影响，基本符合弹丸的实际飞行情况，但这样计算出的弹道偏离了理想弹道。我们将那些在理想弹道中未考虑的因素称作扰动，考虑了扰动作用的弹道称为扰动弹道。扰动弹道的各运动参数与理想弹道都有偏差，由于扰动弹道又很接近理想弹道，故它们之间的偏差是较小的，这样在建立弹丸的角运动方程时，可以认为ψ_1、ψ_2、φ_1、φ_2、δ_1、δ_2都是小量。此外，在一段弹道上，角运动的变化比较迅速，而平动运动又比较缓慢，因此，可略去缓慢变化量的增量，取近似关系$v_I \approx v$，这样方程式（2-70）大大得到简化，并假定不考虑如科氏惯性力等非典型意义的力和力矩的作用，从而便于清楚地讨论弹丸的角运动规律。

2.4.1 偏角运动方程

式（2-70）的第2、3个方程分别简化为

$$\begin{cases}\dfrac{\mathrm{d}\theta}{\mathrm{d}t}+\dfrac{\mathrm{d}\psi_1}{\mathrm{d}t}=vb_y\delta_1+b_z\dot{\gamma}\delta_2-\dfrac{g}{v}\cos\theta_2\\ \dfrac{\mathrm{d}\psi_2}{\mathrm{d}t}=b_yv\delta_2-b_z\dot{\gamma}\delta_1+\dfrac{g}{v}\sin\theta_2\psi_2\end{cases} \tag{2-73}$$

利用式（2-71）消去式（2-73）中第一式左端第一项$\mathrm{d}\theta/\mathrm{d}t$，并略去高阶小量项$\psi_1\psi_2$，将式（2-73）第二式两端乘以i，并与第一式相加得如下复偏角方程

$$\frac{\mathrm{d}\boldsymbol{\Psi}}{\mathrm{d}t}=b_yv\Delta-\mathrm{i}b_z\dot{\gamma}\Delta+\frac{g\sin\theta}{v}\boldsymbol{\Psi} \tag{2-74}$$

2.4.2 滚角运动方程

考查式（2-70）中第10个方程

$$\frac{\mathrm{d}\gamma}{\mathrm{d}t}=\omega_{x1}-\omega_{z1}\tan\varphi_2$$

由于弹轴的滚转角速度$\dot{\gamma}$远大于横向摆动角速度ω_{z1}，且$\omega_{z1}\tan\varphi_2$为小量，因此，得

$$\frac{\mathrm{d}\gamma}{\mathrm{d}t}=\omega_{x1}$$

考查式（2-70）第4个方程，利用上式得

$$\frac{\mathrm{d}\dot{\gamma}}{\mathrm{d}t}=-k_{xz}v\dot{\gamma} \tag{2-75}$$

2.4.3 摆角运动方程

考查式（2-70）第12个方程，可得$\mathrm{d}(\varphi_1+\theta)/\mathrm{d}t\approx\omega_{z1}$；考查式（2-70）第11个方程，有$\dot{\varphi}_2=-\omega_{y1}$；考查式（2-70）第5、6个方程，将上式和式（2-54）的第2、3式代入，并忽略项$(1-I/J)(\dot{\varphi}_1+\dot{\theta})\sin\varphi_2$，经整理得

$$\begin{cases}-\ddot{\varphi}_2+\dfrac{J}{I}\dot{\gamma}(\dot{\varphi}_1+\dot{\theta})=-k_zv^2\delta_2+k_{zz}v\dot{\varphi}_2+k_yv\dot{\gamma}\delta_1\\ \ddot{\varphi}_1+\ddot{\theta}+\dfrac{J}{I}\dot{\gamma}\dot{\varphi}_2=k_zv^2\delta_1+k_yv\dot{\gamma}\delta_2-k_{zz}v(\dot{\varphi}_1+\dot{\theta})\end{cases}$$

将上式的第一式乘以-i，并与第二式相加，得如下复摆角方程

$$\ddot{\boldsymbol{\Phi}}+\left(k_{zz}v-\mathrm{i}\frac{J}{I}\dot{\gamma}\right)\dot{\boldsymbol{\Phi}}-(k_zv^2-\mathrm{i}k_yv\dot{\gamma})\Delta=-k_{zz}v\dot{\theta}+\mathrm{i}\frac{J}{I}\dot{\gamma}\dot{\theta}-\ddot{\theta} \tag{2-76}$$

在方程（2-76）中，$J\dot{\gamma}\dot{\boldsymbol{\Phi}}$是以$\dot{\gamma}$旋转的弹丸当弹轴以$\dot{\boldsymbol{\Phi}}$角速度摆动时产生的惯性力矩，称为陀螺力矩。$J\dot{\gamma}$就是弹丸的轴向动量矩，根据复数表示原理，$\dot{\boldsymbol{\Phi}}$乘以i就相当于$\dot{\boldsymbol{\Phi}}$方向转

过 90°，因此，$\mathrm{i}J\dot{\gamma}\dot{\boldsymbol{\Phi}}$ 表示此陀螺力矩的矢量方向垂直于弹丸摆动角速度矢量 $\dot{\boldsymbol{\Phi}}$ 的方向。若在方程（2－76）中仅考虑陀螺力矩的作用，则有

$$\ddot{\boldsymbol{\Phi}} = \mathrm{i}\frac{J}{I}\dot{\gamma}\dot{\boldsymbol{\Phi}} \tag{2-77}$$

故 $\mathrm{i}J\dot{\gamma}\dot{\boldsymbol{\Phi}}/I$ 为由陀螺力矩产生的摆动角加速度，它与摆动角速度 $\dot{\boldsymbol{\Phi}}$ 垂直，表明当复平面上的弹轴点 B 以 $\dot{\boldsymbol{\Phi}}$ 运动时，立即产生与 $\dot{\boldsymbol{\Phi}}$ 相垂直的法向加速度 $\ddot{\boldsymbol{\Phi}}$，它使弹轴摆动方向改变，如图 2－16 所示。B 点拐弯运动，$\dot{\boldsymbol{\Phi}}$ 方向改变后，又会形成新的 $\ddot{\boldsymbol{\Phi}}$ 继续使 $\dot{\boldsymbol{\Phi}}$ 改变方向，如此循环下去，弹轴就不断改变摆动方向，如果弹丸转速 $\dot{\gamma}$ 很高，此惯性力矩很大，弹轴就只能围绕速度线绕圈子，而不会立即翻到，这也就是陀螺稳定的基本原理。

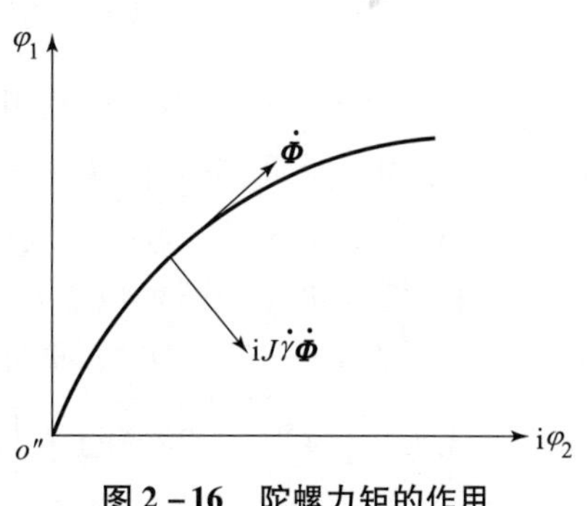

图 2－16　陀螺力矩的作用

如把弹丸自转 $\dot{\gamma}$ 看作相对于弹轴坐标系的相对运动，弹轴坐标系的运动 $\dot{\boldsymbol{\Phi}}$ 作为牵连运动，当弹丸仅有相对运动 $\dot{\gamma}$ 而无摆动（$\dot{\boldsymbol{\Phi}} = 0$）或仅有摆动 $\dot{\boldsymbol{\Phi}}$ 而无自转（$\dot{\gamma} = 0$）时，式（2－77）右端项为零，可见缺 $\dot{\gamma}$、$\dot{\boldsymbol{\Phi}}$ 中的任一项，都不会产生陀螺力矩，只有在相对运动和牵连运动都存在时，才会产生陀螺力矩。换句话说，只有当弹丸上任意一点产生科氏惯性力，并对质心产生科氏惯性力矩时，其合力矩即是陀螺力矩。事实也是如此，陀螺力矩 $\mathrm{i}J\dot{\gamma}\dot{\boldsymbol{\Phi}}$ 就是弹丸各质点的科氏惯性力对定点（这里是质心）之矩的总和。

当弹道切线以 $\dot{\theta}$、$\ddot{\theta}$ 角速度向下转动时，弹轴相对于随弹道切线转动的理想弹道坐标而言，则是以 $-\dot{\theta}$、$-\ddot{\theta}$ 向上转动的，由此就产生了方程式（2－76）右边的重力陀螺力矩项（$J\dot{\gamma}\dot{\theta}$）、重力阻尼力矩项 $k_{zz}v\dot{\theta}$，同理，还产生了重力摆动阻尼力矩项（$-I\ddot{\theta}$）。

方程（2－74）~式（2－76）即组成了弹丸的角运动方程组。解此方程组就能获得弹丸姿态角 φ_1、φ_2，以及速度方位角 ψ_1、ψ_2 的变化规律。再由 $\delta_1 = \varphi_1 - \psi_1$，$\delta_2 = \varphi_2 - \psi_2$，也就获得了攻角的变化规律。解此方程组时，所用到的质心速度 v 的大小和飞行高度 y 则由求解理想弹道方程组（2－71）得到。

2.4.4　攻角运动方程

从研究弹丸运动稳定性和射弹散布的规律而言，弹轴相对于速度的攻角变化规律以及由此引起的阻力变化规律是最关心的问题，为此，需要建立攻角运动方程。

由关系式 $\boldsymbol{\Phi} = \boldsymbol{\Psi} + \Delta$，可得 $\dot{\boldsymbol{\Phi}} = \dot{\boldsymbol{\Psi}} + \dot{\Delta}$，$\ddot{\boldsymbol{\Phi}} = \ddot{\boldsymbol{\Psi}} + \ddot{\Delta}$。先从复偏角运动方程（2－74）得 $\ddot{\boldsymbol{\Psi}}$，再将 $\ddot{\boldsymbol{\Psi}}$、$\dot{\boldsymbol{\Psi}}$ 代入摆角运动方程式（2－76）中，消去 $\boldsymbol{\Phi}$ 和 $\boldsymbol{\Psi}$，便可得到仅含复攻角 Δ 的方程。

式（2－74）中右端最后一项 $g\sin\theta\boldsymbol{\Psi}_2$ 是重力在理想弹道速度切线方向上的分量（$-mg\sin\theta$）再向扰动弹道上垂直于速度方向投影的分量，称为重力侧分力，其数值很小，只有沿全弹道积分时才显示出有影响，可以忽略，这样，式（2－74）简化成

$$\dot{\boldsymbol{\Psi}} = b_y v\Delta - \mathrm{i}b_z\dot{\gamma}\Delta \tag{2-78}$$

对上式求时间导数，并假定阻力系数为常量，得

$$\ddot{\boldsymbol{\Psi}} = b_y v\dot{\Delta} + b_y\dot{v}\Delta - \mathrm{i}b_z\dot{\gamma}\dot{\Delta} - \mathrm{i}b_z\ddot{\gamma}\Delta \tag{2-79}$$

将式 $\dot{\boldsymbol{\Phi}} = \dot{\boldsymbol{\Psi}} + \dot{\Delta}$, $\ddot{\boldsymbol{\Phi}} = \ddot{\boldsymbol{\Psi}} + \ddot{\Delta}$ 代入式（2-76），经整理得

$$\ddot{\Delta} + b_y v\dot{\Delta} + b_y \dot{v}\Delta - \mathrm{i}b_z\ddot{\gamma}\Delta - \mathrm{i}b_z\dot{\gamma}\dot{\Delta} + \left(k_{zz}v - \mathrm{i}\frac{J}{I}\dot{\gamma}\right)[\dot{\Delta} + b_y v\Delta - \mathrm{i}b_z\dot{\gamma}\Delta] -$$

$$(k_z v^2 - \mathrm{i}k_y v\dot{\gamma})\Delta = -k_{zz}v\dot{\theta} + \mathrm{i}\frac{J}{I}\dot{\gamma}\dot{\theta} - \ddot{\theta}$$

将式（2-70）第 1 式 $\dot{v} = -g\sin(\theta + \psi_1) - b_x v^2$ 代入，并注意到与气动力有关的系数只有 k_z，约为 10^{-2} 量级，b_x、b_y、k_{zz} 都只有 $10^{-3} \sim 10^{-4}$ 量级，而 b_z 只有 10^{-5} 量级，$g\sin(\theta + \psi_1)/v^2$ 也只有 $10^{-3} \sim 10^{-4}$ 量级，故这些系数相互的乘积项更小，可以忽略。此外，在绕质心的转动攻角变化时，还可以忽略马格努斯力的影响，对弹丸在某一段弹道上，可以认为 $\ddot{\gamma} \approx 0$，并令 $\alpha = J\dot{\gamma}/(2Iv)$，据此对上式进一步简化，最后得攻角方程如下

$$\ddot{\Delta} + (k_{zz} + b_y - \mathrm{i}2\alpha_1)v\dot{\Delta} - \left[k_z + \mathrm{i}2\alpha\left(b_y - \frac{I}{J}k_y\right)\right]v^2\Delta = -\ddot{\theta} - k_{zz}v\dot{\theta} + \mathrm{i}\frac{J}{I}\dot{\gamma}\dot{\theta} \quad (2-80)$$

为了消除 Δ 和 $\dot{\Delta}$ 前的因子 v^2 和 v，将上式作变量替换，以弧长 $s = \int_0^t v\mathrm{d}t$ 代替自变量，则有

$$\begin{cases} \dot{\Delta} = \dfrac{\mathrm{d}\Delta}{\mathrm{d}s}\dfrac{\mathrm{d}s}{\mathrm{d}t} = \Delta' v \\ \ddot{\Delta} = \Delta'' v^2 - \Delta'(b_x v^2 + g\sin\theta) \end{cases} \quad (2-81)$$

将上式代入式（2-80），经整理得

$$\Delta'' + \left[k_{zz} + b_y - \mathrm{i}2\alpha - \left(b_x + \frac{g\sin\theta}{v^2}\right)\right]\Delta' - \left[k_z + \mathrm{i}2\alpha\left(b_y - \frac{I}{J}k_y\right)\right]\Delta = -\frac{\ddot{\theta}}{v^2} - (k_{zz} - \mathrm{i}2\alpha)\frac{\dot{\theta}}{v}$$

上式复攻角微分方程也可改写成

$$\Delta'' + (H - iP)\Delta' - (M + iPT)\Delta = -\frac{\ddot{\theta}}{v^2} - (k_{zz} - \mathrm{i}2\alpha)\frac{\dot{\theta}}{v} \quad (2-82)$$

式中

$$H = k_{zz} + b_y - b_x - \frac{g\sin\theta}{v^2},\ P = 2\alpha = \frac{J\dot{\gamma}}{Iv},\ M = k_z,\ T = b_y - \frac{I}{J}k_y \quad (2-83)$$

H 项代表角运动的阻尼，它主要取决于赤道阻尼力矩和非定态阻尼力矩的大小，同时，升力也有助于增大阻尼，这是因为升力总是使质心速度方向转向弹轴，减小了攻角，起到了阻尼作用。但阻尼却使飞行速度降低，使阻尼力矩减小，故阻力起负阻尼作用。M 主要与静力矩有关，角运动的频率主要取决于此项，并与飞行稳定性有关。T 主要与升力及马格努斯力矩有关，常称为升力和马格努斯力矩耦合项，它影响动态稳定性。

式（2-82）是一个关于复攻角的线性变系数非齐次方程，由此方程可求解弹丸在各种因素影响下的运动规律和稳定性。在求得攻角后，再将其代入复偏角方程式（2-74）中积分，即可求得偏角的变化规律，就可以分析各种因素对弹丸质心速度和坐标的影响规律。

习　题

（1）简述两种常见的描述弹丸运动规律的坐标系。

(2) 作用于弹丸上的力和力矩有哪些？写出其表达式。

(3) 列出弹丸一般运动微分方程组假设。

(4) 简述弹丸绕质心运动组成。

(5) 分析陀螺稳定性条件。

(6) 何种情况下会出现反转力矩？如何避免其产生？

(7) 何种情况下会出现稳定力矩？

(8) 从外弹道学上，怎样提高火炮的射程？

(9) 阐述初速测量方法的基本原理、方法以及特征。

第3章
弹丸空中运动分析

3.1 引　言

本章通过对第2章推导得到的弹丸质心平动运动方程式（2－71）、转动运动方程式（2－75）、章动运动方程式（2－82）等进行近似求解，以获得旋转稳定弹丸角运动规律与弹丸结构参数、气动参数以及射击初始条件之间的显式关系，为飞行稳定性和射弹散布分析等打下基础。

弹丸攻角方程（2－82）是一个二阶变系数非齐次常微分方程，目前对于变系数方程还没有统一形式的求解方法，常采用系数冻结法来进行求解，其基本原理是在弹道上某点附近一段不太长的弧段（$s_0 \to s$）上，将这些系数近似认为不变的常量，这样，角运动方程即变为常系数方程组。系数冻结法虽无严格的数学依据，但只要所讨论的区间较小，对于大多数工程问题，不会造成本质上的错误，大量工程实践也证实采用此法是可行的。考虑到弹丸气动参数、结构参数、质心平动运动参数等在弹道上的变化是比较缓慢的，比弹丸角运动参数 δ_1、δ_2、φ_1、φ_2、ψ_1、ψ_2 的变化要缓慢得多，因此，对弹丸弹道上角运动方程的求解，可采用系数冻结法。

由对常系数微分方程的求解方法可知，方程（2－82）的解由齐次解和非齐次特解两部分叠加而成，齐次解表示由初始条件引起的稳定运动，而非齐次解表示由各种强迫因素造成的特殊运动。初始条件或初始扰动是一种瞬时扰动，而强迫因素是一种长期的扰动。本章的求解中初始条件（s_0）并不一定指炮口处的扰动，任一要研究的弧段的起点都可看作是初始扰动点。由于系数冻结法在所研究的一段不太长的弹道上有效，故方程的解也只在冻结系数点的附近是正确的。为了了解全弹道上弹丸的角运动特性，常在弹道上取若干个点，将弹道分成若干段来进行考察，一般将这些点选在一些特殊点上，例如炮口点、弹道顶点、弹道落点等。

方程（2－82）的右端各项分别代表重力、赤道阻尼力矩和陀螺力矩等的强迫干扰作用项，根据常微分方程解的叠加性原理，可以将这些项进行分别研究，然后进行综合合成，即可获得系统的综合解，以及其解的结果对弹丸质心运动的影响。

3.2 弹丸运动速度的变化规律

严格地讲，在一段弹道上，弹丸质心速度是变化的，对角运动也会产生影响，故本节先研究在一个弧段上质心速度的变化规律。

弹丸质心速度变化方程可用理想弹道方程式（2－79）中的第一式，利用变换 $\mathrm{d}v/\mathrm{d}t=v\mathrm{d}v/\mathrm{d}s$ 公式，将时间自变量改为弧长 s 变量，得

$$\frac{\mathrm{d}v}{\mathrm{d}s}=-\left(b_x+\frac{g\sin\theta}{v^2}\right)v \tag{3-1}$$

沿弹道数值积分可得速度变化规律。但在一段不长弧段（$s_0\to s$）上，将 b_x、θ、v 取平均值，对上式积分

$$\int_{v_0}^{v}\frac{\mathrm{d}v}{v}=\int_{s_0}^{s}-\left(b_x+\frac{g\sin\theta}{v^2}\right)\mathrm{d}s$$

经整理，可得

$$v=v_0\mathrm{e}^{-(b_x+g\sin\theta/v^2)(s-s_0)} \tag{3-2}$$

式中，v_0 为 $s=s_0$ 处的速度值。对于水平射击，当 $s_0=0$ 时，有 $\theta\approx 0$，则有

$$v=v_0\mathrm{e}^{-b_x s} \tag{3-3}$$

上式表明弹丸速度大致随弧长 s 呈指数衰减，特别当存在攻角时，诱导阻力可使弹丸运动速度 v 衰减加快。

3.3 弹丸自转速率的变化规律

严格地讲，在一段弹道上，弹丸转速是变化的，对弹丸的陀螺运动也会产生影响，故本节先研究在一个弧段上弹丸转速的变化规律。

弹丸飞离炮口后，在极阻尼气动力矩的作用下，其绕弹轴的转速不断减小，对于旋转稳定弹，令转速变化方程式（2－83）中的极阻尼系数为零，即 $k_{xw}=0$，得 $\mathrm{d}\dot{\gamma}/\mathrm{d}t=-k_{xz}v\dot{\gamma}$，再将时间自变量改为弧长 s 自变量，得

$$\frac{\mathrm{d}\dot{\gamma}}{\mathrm{d}s}=-k_{xz}\dot{\gamma},\ k_{xz}=\frac{\rho Sl}{2J}m'_{xz} \tag{3-4}$$

对于旋转稳定榴弹，其极阻尼系数 m'_{xz} 非常小，约为0.003。在弧长为 s_0 的一段弹道弧长上，可将 m'_{xz} 作为常值，对上式积分，得

$$\dot{\gamma}=\dot{\gamma}_0\mathrm{e}^{-k_{xz}(s-s_0)} \tag{3-5}$$

式中，$\dot{\gamma}_0$ 为所选定弧段上 $s=s_0$ 处的转速。

此式表明，转速随着弹道飞行弧长或飞行时间（$s=vt$）宏观上呈指数规律减小，又由式（3－2）知，飞行速度 v 随飞行弧长 s 也大致呈指数规律减小，故弹道上的比值

$$\frac{\dot{\gamma}}{v}=\frac{\dot{\gamma}_0}{v_0}\mathrm{e}^{-(k_x-b_x-g\sin\theta/v^2)(s-s_0)}$$

变化很缓慢。不过因升弧段上速度衰减比转速衰减得更快，因而 $\dot{\gamma}/v$ 的值在炮口处最小；在弹道顶点处，由1.2.3节中弹道顶点的速度估算公式 $v_s=X/T$ 可知达到最小值，因此 $\dot{\gamma}_s/v_s$ 达到最大值；此后，在弹道降弧段上，由于速度 v 增大，$\dot{\gamma}/v$ 又开始减小。转速 $\dot{\gamma}$ 的准确变化需沿弹道弧长上对式（3－4）积分得到。

3.4 攻角方程齐次解的一般形式

3.4.1 攻角方程的齐次解

令攻角方程式（2－82）右端项为零，得到其齐次方程为

$$\Delta'' + (H - \mathrm{i}P)\Delta' - (M + \mathrm{i}PT)\Delta = 0 \tag{3-6}$$

式中，符号 H、P、M、T 的定义见式（2－83），分别代表弹丸角运动阻尼系数、弹丸抗干扰能力系数、弹丸静力矩系数、升力和马格努斯力矩耦合项等。对于旋转稳定弹，静力矩为翻转力矩，故方程（3－6）中的静力矩系数 $M = k_z > 0$。

假设式（3－6）的解具有以下一般形式

$$\Delta = C\mathrm{e}^{l(s-s_0)}$$

将上式代入式（3－6），得式（3－6）的特征方程为

$$l^2 + (H - \mathrm{i}P)l - (M + \mathrm{i}PT) = 0 \tag{3-7}$$

解得两根为

$$l_{1,2} = \frac{1}{2}\left[-(H - \mathrm{i}P) \pm \sqrt{H^2 - P^2 + 4M + \mathrm{i}2P(2T - H)}\right] \tag{3-8}$$

根据复数的平方根运算，当 $a \geqslant 0$、$b \geqslant 0$ 时，下式成立

$$\sqrt{a \pm \mathrm{i}b} = x \pm \mathrm{i}y \Rightarrow \begin{cases} x = \dfrac{1}{\sqrt{2}}\sqrt{a + \sqrt{a^2 + b^2}} \\ y = \dfrac{1}{\sqrt{2}}\sqrt{-a + \sqrt{a^2 + b^2}} \end{cases}$$

利用上述表达式，式（3－8）可改写成

$$\begin{cases} l_1 = \lambda_1 + \mathrm{i}\omega_1 \\ l_2 = \lambda_2 + \mathrm{i}\omega_2 \end{cases} \tag{3-9A}$$

式中

$$\begin{cases} \lambda_1 = -\dfrac{1}{2}\left(H - \dfrac{1}{\sqrt{2}}A_1\right) \\ \lambda_2 = -\dfrac{1}{2}\left(H + \dfrac{1}{\sqrt{2}}A_1\right) \\ \omega_1 = \dfrac{1}{2}\left(P + \dfrac{1}{\sqrt{2}}A_2\right) \\ \omega_2 = \dfrac{1}{2}\left(P - \dfrac{1}{\sqrt{2}}A_2\right) \end{cases} \tag{3-9B}$$

$$\begin{cases} A_1 = \sqrt{-(H^2 - P^2 + 4M) + \sqrt{(H^2 - P^2 + 4M)^2 + 4P^2(2T - H)^2}} \\ A_2 = \sqrt{(H^2 - P^2 + 4M) + \sqrt{(H^2 - P^2 + 4M)^2 + 4P^2(2T - H)^2}} \end{cases} \tag{3-9C}$$

于是得到攻角方程的解为

$$\Delta = C_1\mathrm{e}^{(\lambda_1 + \mathrm{i}\omega_1)(s-s_0)} + C_2\mathrm{e}^{(\lambda_2 + \mathrm{i}\omega_2)(s-s_0)} \tag{3-10}$$

式中，C_1、C_2 为待定复数系数，由起始条件确定，即 $s=s_0$ 时，有

$$\begin{cases}\Delta(s_0)=\Delta_0=\delta_0 e^{i\nu_0}\\ \dot{\Delta}(s_0)=\Delta'_0\nu_0=(\dot{\delta}_0+i\delta_0\dot{\nu}_0)e^{i\nu_0}\end{cases} \tag{3-11}$$

将式（3－11）代入式（3－10），解得

$$\begin{cases}C_1=\dfrac{\Delta'_0-\Delta_0(\lambda_2+i\omega_2)}{(\lambda_1-\lambda_2)+i(\omega_1-\omega_2)}=(A_3+iB_3)e^{i\nu_0}=K_{10}e^{i\varphi_{10}}\\ C_2=\dfrac{\Delta'_0-\Delta_0(\lambda_1+i\omega_1)}{(\lambda_2-\lambda_1)+i(\omega_2-\omega_1)}=(A_4+iB_4)e^{i\nu_0}=K_{20}e^{i\varphi_{20}}\end{cases} \tag{3-12}$$

式中

$$\begin{cases}K_{10}=\sqrt{A_3^2+B_3^2},K_{20}=\sqrt{A_4^2+B_4^2}\\ \phi_{10}=\left(\nu_0+\arctan\dfrac{B_3}{A_3}\right),\phi_{20}=\left(\nu_0+\arctan\dfrac{B_4}{A_4}\right)\end{cases} \tag{3-13}$$

$$\begin{cases}A_3=\dfrac{(\dot{\delta}_0-\delta_0\lambda_2)(\lambda_1-\lambda_2)+(\dot{\nu}_0-\delta_0\omega_2)(\omega_1-\omega_2)}{(\lambda_1-\lambda_2)^2+(\omega_1-\omega_2)^2}\\ A_4=\dfrac{(\dot{\delta}_0-\delta_0\lambda_1)(\lambda_2-\lambda_1)+(\dot{\nu}_0-\delta_0\omega_1)(\omega_2-\omega_1)}{(\lambda_1-\lambda_2)^2+(\omega_1-\omega_2)^2}\\ B_3=\dfrac{-(\dot{\delta}_0-\delta_0\lambda_2)(\omega_1-\omega_2)+(\dot{\nu}_0-\delta_0\omega_2)(\lambda_1-\lambda_2)}{(\lambda_1-\lambda_2)^2+(\omega_1-\omega_2)^2}\\ B_4=\dfrac{-(\dot{\delta}_0-\delta_0\lambda_1)(\omega_2-\omega_1)+(\dot{\nu}_0-\delta_0\omega_1)(\lambda_2-\lambda_1)}{(\lambda_1-\lambda_2)^2+(\omega_1-\omega_2)^2}\end{cases} \tag{3-14}$$

将式（3－12）代入式（3－10），复攻角 Δ 又可写成如下形式

$$\begin{cases}\Delta=K_{10}e^{\lambda_1(s-s_0)}e^{i[\omega_1(s-s_0)+\phi_{10}]}+K_{20}e^{\lambda_2(s-s_0)}e^{i[\omega_2(s-s_0)+\phi_{20}]}=\Delta_1+\Delta_2\\ \Delta_1=K_1e^{i\phi_1}\\ \Delta_2=K_2e^{i\phi_2}\end{cases} \tag{3-15}$$

式中

$$\begin{cases}K_j=K_{j0}e^{\lambda_j(s-s_0)}\\ \phi_j=\phi_{j0}+\omega_j(s-s_0)\end{cases},j=1,2 \tag{3-16}$$

式（3－9B）给出了 λ_1、λ_2、ω_1、ω_2 与气动参数 H、P、M、T 之间的关系式，据此可以讨论气动参数或参数 λ_1、λ_2、ω_1、ω_2 对弹丸的运动规律。

根据复数的基本原理，复数 $\boldsymbol{C}=\boldsymbol{A}+\boldsymbol{B}e^{i\phi}$ 表示圆心为 A、半径为 $|\boldsymbol{B}|$、幅角为 ϕ 的一个旋转矢量，矢量的初相位为 $\phi_0=\arctan\mathrm{Re}(\boldsymbol{B})/\mathrm{Im}(\boldsymbol{B})$。根据式（3－16），复攻角 $\Delta=\Delta_1+\Delta_2$。表达式（3－15）右边两项分别表示半径为 K_1、K_2，基于弧长 s 的角频率 ω_1、ω_2 的可变半径的两个圆运动的合成，由于 $\omega_1>\omega_2$，因此，第一个圆为快圆运动、第二个圆为慢圆运动。若 $\lambda_1<0$、$\lambda_2<0$，由式（3－16）可知，此两圆运动的半径 K_1、K_2 不断变小，呈收敛的螺旋线。两圆运动合成的结果是攻角半径 $|\Delta|=\delta$ 不断缩小、Δ 矢端不断收缩稳定的外摆线。相反，若 λ_1、λ_2 中有一个大于零，则相应的一个或两个圆运动的半径就变成不稳定、攻角 δ 无限增大的螺旋线。

特别地，当系统无阻尼，并且不考虑马格努斯力矩系数时，有 $H=T=0$，此种工况对应于 $A_1=0$、$\lambda_1=\lambda_2=0$、$K_1=K_{10}$ 和 $K_2=K_{20}$，式（3－15）对应的复攻角 $\boldsymbol{\Delta}$ 矢量合成如图3－1所示，其合成的复攻角向量矢端轨迹即是我们所熟知的圆的外摆线（静不稳定弹丸）。

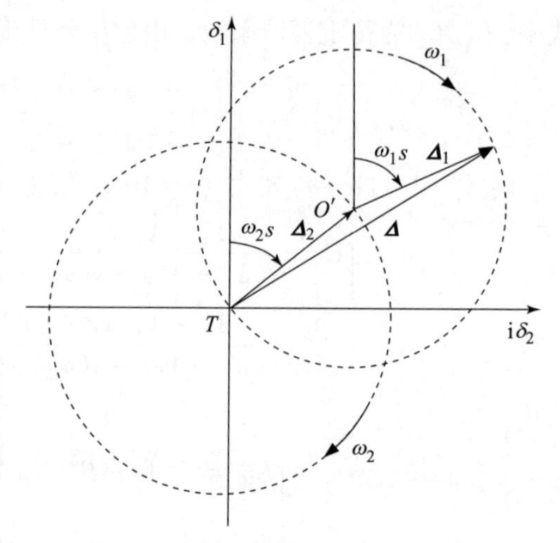

图3－1 模态矢量和二圆运动合成

在复数表达式中，称式（3－15）右端两个复数为模态矢量，K_1、K_2 称为模态振幅，λ_1、λ_2 称为阻尼指数，ω_1、ω_2 称为对弧长 s 的模态频率。每个模态矢量都是攻角方程（3－6）的解，由于特征解为非重根（$A_1\neq0$），因此，攻角运动齐次方程的解是两个线性无关解的线性组合。

3.4.2 复攻角与进动角运动的关系

利用欧拉公式，将式（3－15）展开，经整理，可改写成以下形式

$$\begin{cases}\Delta=\delta e^{i\upsilon}=\Delta_1+\Delta_2\\ \Delta_1=K_1\cos\phi_1+iK_1\sin\phi_1\\ \Delta_2=K_2\cos\phi_2+iK_2\sin\phi_2\end{cases}\tag{3-17}$$

式中，δ 为复攻角的模；υ 为攻角平面的进动角。如图3－2所示。

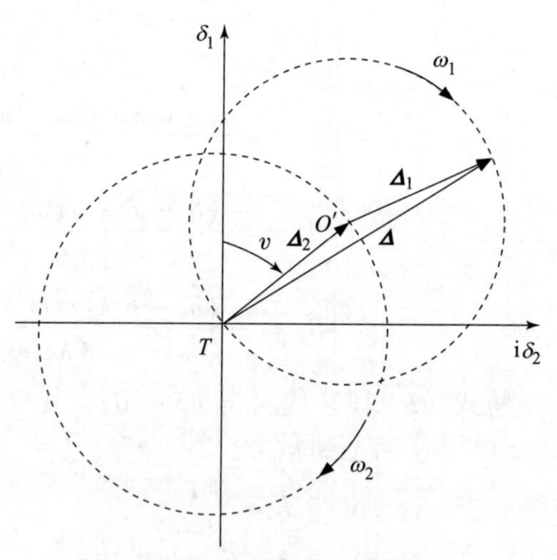

图3－2 复攻角与进动角

由此可得

$$\delta^2=|\Delta|^2=K_1^2+K_2^2+2K_1K_2\cos\Delta\phi\tag{3-18}$$

$$\upsilon=\arctan\left(\frac{K_1\sin\phi_1+K_2\sin\phi_2}{K_1\cos\phi_1+K_2\cos\phi_2}\right)\tag{3-19}$$

$$\Delta\phi=\phi_1-\phi_2=(\omega_1-\omega_2)(s-s_0)+(\phi_{10}-\phi_{20})\tag{3-20}$$

由式（3－18）知，攻角的最大值 $\delta_{\max}$ 出现在 $\Delta\phi=0$ 时，攻角的最小值 $\delta_{\min}$ 出现在 $\Delta\phi=\pi$ 时，故有

$$\begin{cases}\delta_{\max}^2=(K_1+K_2)^2\\ \delta_{\min}^2=(K_1-K_2)^2\\ \delta_{\max}^2-\delta_{\min}^2=4K_1K_2\\ \delta_{\max}^2\delta_{\min}^2=(K_1^2-K_2^2)^2\end{cases}\tag{3-21}$$

如果用 $\delta_{\max}$ 和 $\delta_{\min}$ 来表示 δ，利用三角函数关系，经整理，有

$$\delta^2=K_1^2+2K_1K_2+K_2^2+2K_1K_2(\cos\Delta\phi-1)$$

$$= \delta_{\max}^2 - (\delta_{\max}^2 - \delta_{\min}^2)\sin^2 \frac{1}{2}\Delta\phi$$

$$= \delta_{\min}^2 + (\delta_{\max}^2 - \delta_{\min}^2)\sin^2 \frac{1}{2}(\Delta\phi + \pi) \tag{3-22}$$

3.4.3　气动参数与角运动参数间的关系

当已知弹丸空气动力系数 H、P、M、T 时，利用式（3－9）即可计算得到角运动频率 ω_j 和阻尼系数 $\lambda_j, j = 1、2$，这个过程称为正问题。在实际研究过程中，我们常常利用靶场射击试验得到的角运动频率 ω_j 和阻尼系数 $\lambda_j, j = 1、2$ 来推演得到弹丸空气动力系数 H、P、M、T，这个过程称为反问题。本节利用反问题求解，给出弹丸空气动力系数 H、P、M、T 的公式。

若通过靶场射击试验，获得了弹丸角运动频率 ω_j 和阻尼系数 $\lambda_j, j = 1、2$，由韦达定理，特征方程式（3－7）的系数有如下关系

$$\begin{cases} l_1 + l_2 = \lambda_1 + \lambda_2 + \mathrm{i}(\omega_1 + \omega_2) = -(H - \mathrm{i}P) \\ l_1 \cdot l_2 = (\lambda_1\lambda_2 - \omega_1\omega_2) + \mathrm{i}(\lambda_1\omega_2 + \lambda_2\omega_1) = -(M + \mathrm{i}PT) \end{cases}$$

由此解出如下四个重要的关系式

$$\begin{cases} H = -(\lambda_1 + \lambda_2) \\ P = \omega_1 + \omega_2 \\ M = \omega_1\omega_2 - \lambda_1\lambda_2 \\ T = -\dfrac{\omega_2\lambda_1 + \omega_1\lambda_2}{\omega_1 + \omega_2} \end{cases} \tag{3-23}$$

式（3－23）是确定性问题的一种具体表达式，在靶场试验测试中，ω_j 和 λ_j（$j = 1、2$）常以均值 μ_{ω_j} 和方差 σ_{λ_j} 的形式给出，这样式（3－23）可改写成以下形式。

弹丸空气动力系数的均值为

$$\begin{cases} \mu_H = -(\mu_{\lambda_1} + \mu_{\lambda_2}) \\ \mu_P = \mu_{\omega_1} + \mu_{\omega_2} \\ \mu_M = \mu_{\omega_1}\mu_{\omega_2} - \mu_{\lambda_1}\mu_{\lambda_2} \\ \mu_T = -\dfrac{\mu_{\omega_2}\mu_{\lambda_1} + \mu_{\omega_1}\mu_{\lambda_2}}{\mu_{\omega_1} + \mu_{\omega_2}} \end{cases} \tag{3-24}$$

弹丸空气动力系数的方差为

$$\begin{cases} \sigma_H^2 = \sigma_{\lambda_1}^2 + \sigma_{\lambda_2}^2 \\ \sigma_P^2 = \sigma_{\omega_1}^2 + \sigma_{\omega_2}^2 \\ \sigma_M^2 = \mu_{\omega_1}^2\sigma_{\omega_2}^2 + \mu_{\omega_2}^2\sigma_{\omega_1}^2 + \mu_{\lambda_1}^2\sigma_{\lambda_2}^2 + \mu_{\lambda_2}^2\sigma_{\lambda_1}^2 \\ \sigma_T^2 = \dfrac{\mu_{\omega_2}^2\sigma_{\lambda_1}^2 + \mu_{\omega_1}^2\sigma_{\lambda_2}^2 + (\mu_{\lambda_2}^2 - \mu_T^2)\sigma_{\omega_1}^2 + (\mu_{\lambda_1}^2 - \mu_T^2)\sigma_{\omega_2}^2}{(\mu_{\omega_1} + \mu_{\omega_2})^2} \end{cases} \tag{3-25}$$

3.5 翻转力矩作用下攻角方程的齐次解

在所有空气力矩中，静力矩占主导地位，只考虑静力矩时，即令 $H = T = 0$，则由式（2－82）得到复攻角运动的齐次方程为

$$\Delta'' - \mathrm{i}P\Delta' - M\Delta = 0 \tag{3-26}$$

将 $H = T = 0$ 代入式（3－9），得到特征根为

$$\lambda_1 = \lambda_2 = 0 \tag{3-27}$$

$$\begin{cases}\omega_1 = (P + \sqrt{P^2 - 4M})/2 \\ \omega_2 = (P - \sqrt{P^2 - 4M})/2\end{cases} \tag{3-28}$$

式中，ω_j（$j = 1、2$），是对飞行弧长 s 的角频率，又记 ω_{1t} 和 ω_{2t} 为对时间 t 的角频率，则有

$$\begin{cases}\omega_{1t} = \omega_1 v = \alpha v(1 + \sqrt{\sigma}) \\ \omega_{2t} = \omega_2 v = \alpha v(1 - \sqrt{\sigma})\end{cases} \tag{3-29}$$

式中

$$\alpha = \frac{P}{2} = \frac{J\dot{\gamma}}{2Iv},\ \sigma = 1 - \frac{4M}{P^2} = 1 - \frac{k_z}{\alpha^2},\ \omega_1 - \omega_2 = \sqrt{P^2 - 4M} = 2\alpha\sqrt{\sigma} \tag{3-30}$$

方程（3－25）的解为

$$\begin{cases}\Delta = \Delta_1 + \Delta_2 \\ \Delta_1 = C_1 \mathrm{e}^{\mathrm{i}\omega_1(s-s_0)} = C_1 \mathrm{e}^{\mathrm{i}\omega_{1t}(t-t_0)} \\ \Delta_2 = C_2 \mathrm{e}^{\mathrm{i}\omega_2(s-s_0)} = C_2 \mathrm{e}^{\mathrm{i}\omega_{2t}(t-t_0)}\end{cases} \tag{3-31}$$

这表示复攻角 Δ 由角频率分别为 ω_1、ω_2（或 ω_{1t}、ω_{2t}）的两个圆运动合成。因为对于旋转稳定的弹丸，压心在质心之前，静力矩为翻转力矩，故 $M = k_z > 0$，而由式（3－28）可见，如果弹丸不旋转或转速不够高，使 $P^2 - 4M < 0$，则根号下为负数，其平方根可写为 $\sqrt{P^2 - 4M} = \mathrm{i}\sqrt{4M - P^2}$，这样，第二个特征根所描述的圆运动为

$$\Delta_2 = C_2 \mathrm{e}^{\mathrm{i}\omega_2(s-s_0)} = C_2 \mathrm{e}^{\mathrm{i}P(s-s_0)/2} \mathrm{e}^{\sqrt{4M-P^2}(s-s_0)/2} \to \infty,\ (\forall s \to \infty)$$

由此可见，随着飞行弹道弧长增大或飞行时间增大，攻角 Δ 的幅值将无限增大，致使弹丸运动出现不稳现象。因此，对于静不稳定弹 $M = k_z > 0$，必须使其高速旋转，确保

$$P^2 - 4M > 0 \tag{3-32}$$

才能保证弹丸运动为稳定的周期运动，该运动称为陀螺稳定运动，式（3－32）称为陀螺稳定条件。

若 $M = k_z > 0$，则式（3－32）可改写成

$$S_g > 1 \text{ 或 } 1/S_g < 1 \tag{3-33}$$

$$S_g = \frac{P^2}{4M},\ P = \frac{J\dot{\gamma}}{Iv} = 2\alpha,\ M = k_z \tag{3-34}$$

式中，S_g 称为陀螺稳定因子。

由式（3－34）可见，S_g 的分子 $P^2 = [J\dot{\gamma}/(Iv)]^2$ 为陀螺转速项，它表示陀螺效应的强

度；S_g 的分母 $M = k_z$ 表示翻转力矩的作用。前者保证弹丸稳定飞行的作用，后者使弹丸产生翻转运动的作用，S_g 即为两种效应作用之比。若 $S_g > 1$，即表示陀螺效应大于翻转力矩的作用，弹丸做周期性运动而不会翻倒，运动稳定；若 $S_g < 1$，则表示陀螺效应不足以抵抗翻转力矩的作用，于是发生运动不稳，攻角无限增大。

若 $P^2 - 4M > 0$，由式（3-28）知，$\omega_1 > 0$, $\omega_2 > 0$，且 $\omega_1 > \omega_2$，即两个圆运动的转向相同，并且第一个圆运动的角频率大于第二个圆运动的角频率，故称第一个圆运动为快圆运动，第二个圆运动为慢圆运动。

将角频率用 S_g 来表达，则式（3-28）改写成如下形式

$$\begin{cases}\omega_1 = \dfrac{P}{2}\left(1 + \sqrt{1 - \dfrac{1}{S_g}}\right)\\ \omega_2 = \dfrac{P}{2}\left(1 - \sqrt{1 - \dfrac{1}{S_g}}\right)\end{cases} \tag{3-35}$$

对于高速旋转稳定的弹丸，由于弹道上 S_g 较大（5~50），因而其倒数 $1/S_g$ 为小量，将式（3-35）以 $1/S_g$ 为变量进行一阶线性展开，忽略其高阶项，得

$$\begin{cases}\omega_1 \approx \dfrac{P}{2}\left(1 + 1 - \dfrac{1}{2S_g}\right) \approx P\\ \omega_2 \approx \dfrac{P}{2}\left(1 - 1 + \dfrac{1}{2S_g}\right) = \dfrac{M}{P}\end{cases} \tag{3-36}$$

由此可见，快圆运动的角频率 ω_1 近似为 P，而 P 的大小与弹丸自转速率成正比，因此角频率 ω_1 主要由弹丸自转速率产生，而慢圆运动的角频率 ω_2 则主要由静力矩项 M 产生，并且与 M 成正比，转速越高（ P 越大），则角频率 ω_2 越小，且当 $M = 0$ 时，$\omega_2 = 0$。

式（3-31）中的待定常数 C_1 和 C_2 由起始条件 Δ_0、Δ'_0确定。根据线性常微分方程的特性，其解可认为是由 Δ_0、Δ'_0两种解的线性叠加。下面对初始条件 Δ_0、Δ'_0单独作用时的解作进一步的讨论。

3.5.1 起始攻角速度产生的角运动

对于一般线膛火炮，起始攻角速度 $\dot{\delta}_0$ 可达十几弧度每秒，故本节对单独考虑由 Δ'_0产生的角运动进行分析。

当 $s = s_0 = 0$ 时，有 $\Delta_0 = 0$, $\Delta'_0 = \dot{\Delta}_0/v_0 = \dot{\delta}_0 e^{i\upsilon_0}/v_0$，将 Δ_0、Δ'_0以及 $\lambda_1 = \lambda_2 = 0$, $\omega_1 - \omega_2 = \sqrt{P^2 - 4M}$ 代入式（3-12）中，得

$$C_1 = -C_2 = \Delta'_0/(\mathrm{i}\sqrt{P^2 - 4M}) \tag{3-37}$$

将 C_1、C_2 代入式（3-10），得复攻角表达式

$$\begin{cases}\Delta = \Delta_1 + \Delta_2 = \dfrac{2\dot{\delta}_0}{v_0\sqrt{P^2 - 4M}} e^{\mathrm{i}\left(\frac{P}{2}s + \upsilon_0\right)} \sin\dfrac{\sqrt{P^2 - 4M}}{2}s\\ \Delta_1 = \dfrac{\dot{\delta}_0 e^{\mathrm{i}\upsilon_0}}{\mathrm{i}v_0\sqrt{P^2 - 4M}} e^{\frac{\mathrm{i}}{2}(P + \sqrt{P^2 - 4M})s}\\ \Delta_2 = -\dfrac{\dot{\delta}_0 e^{\mathrm{i}\upsilon_0}}{\mathrm{i}v_0\sqrt{P^2 - 4M}} e^{\frac{\mathrm{i}}{2}(P - \sqrt{P^2 - 4M})s}\end{cases} \tag{3-38}$$

同样，令 $s=v_0t$，利用式（3－28）、式（3－29）、式（3－34），并利用三角函数转换，经整理，式（3－38）可改写成

$$\begin{cases}\Delta=\dfrac{\dot{\delta}_0}{2\alpha v_0}[\mathrm{e}^{\mathrm{i}\left(\omega_{1t}t+v_0+\frac{3\pi}{2}\right)}+\mathrm{e}^{\mathrm{i}\left(\omega_{2t}t+v_0+\frac{\pi}{2}\right)}]=\dfrac{\dot{\delta}_0}{\alpha v_0\sqrt{\sigma}}\mathrm{e}^{\mathrm{i}(\alpha v_0 t+v_0)}\sin(\alpha v_0\sqrt{\sigma}t)\\ \Delta_1=\dfrac{\dot{\delta}_0}{2\alpha v_0}\mathrm{e}^{\mathrm{i}\left(\omega_{1t}t+v_0+\frac{3\pi}{2}\right)}\\ \Delta_2=\dfrac{\dot{\delta}_0}{2\alpha v_0}\mathrm{e}^{\mathrm{i}\left(\omega_{2t}t+v_0+\frac{\pi}{2}\right)}\end{cases}\tag{3-39}$$

由式（3－39）可见，复攻角 Δ 轨迹由两个半径相等（$K_1=K_2=\dot{\delta}_0/(2\alpha v_0\sqrt{\sigma})$）的快慢圆运动的轨迹叠加而成。弹轴与复平面的交点 B（图2－4）沿中心在 O'（图3－3）、半径为 K_1 的圆周做快速圆运动（$\omega_{1t}=\alpha v_0(1+\sqrt{\sigma})>0$）的同时，此圆心 O' 又绕速度轴上点 T、半径为 K_2 的圆周做慢圆运动（$\omega_{2t}=\alpha v_0(1-\sqrt{\sigma})>0$），它们的初相位分别为 $\phi_{10}=v_0+3\pi/2$ 和 $\phi_{20}=v_0+\pi/2$，即初相位相差 $\Delta\phi_0=\phi_{10}-\phi_{20}=\pi$，其初始条件如图3－3（a）所示，攻角最大幅值 $\delta_{\max}=K_1+K_2=2K=\dot{\delta}_0/(\alpha v_0\sqrt{\sigma})$，最小幅值为 $\delta_{\min}=K_1-K_2=0$，即攻角曲线要通过坐标原点 T（图3－3），这样，弹轴就在复平面上画出了通过原点而最大幅值为 $\dot{\delta}_0/(\alpha v_0\sqrt{\sigma})$ 的圆外摆线。图3－3（b）给出了任意时刻弹轴的摆动运动规律。

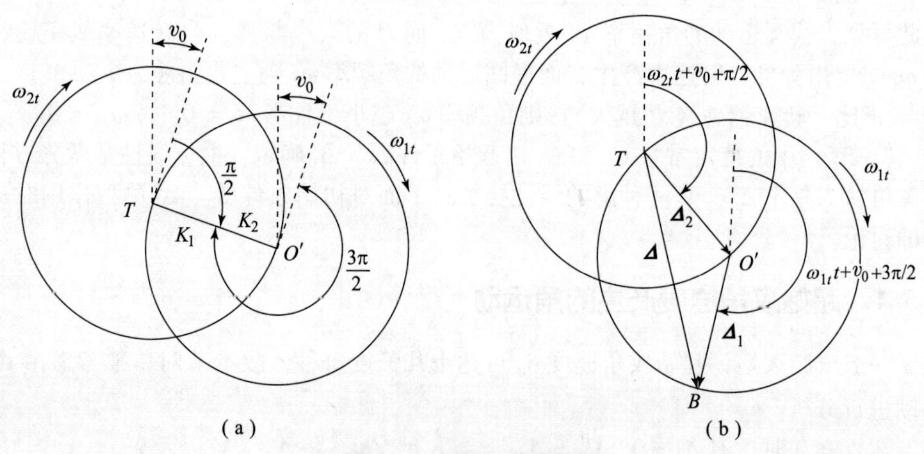

图3－3　快慢二圆运动

对于高速旋转弹，攻角大小的变化称为章动，攻角面的转动方位角 υ 的变化称为进动，δ 和 υ 的变化如图3－4（a）所示，图3－4（b）为章动角取绝对值时进动角 υ 的变化情况。

攻角变化的时间周期为

$$T=\frac{2\pi}{\alpha v_0\sqrt{\sigma}}\tag{3-40}$$

在一周期内弹丸飞过的距离称为波长 λ_m，则有

$$\lambda_m=Tv_0=\frac{2\pi}{\alpha\sqrt{\sigma}}\tag{3-41}$$

旋转弹攻角变化的波长既与静力矩有关，也与转速有关。如果已知弹丸结构参数及炮口

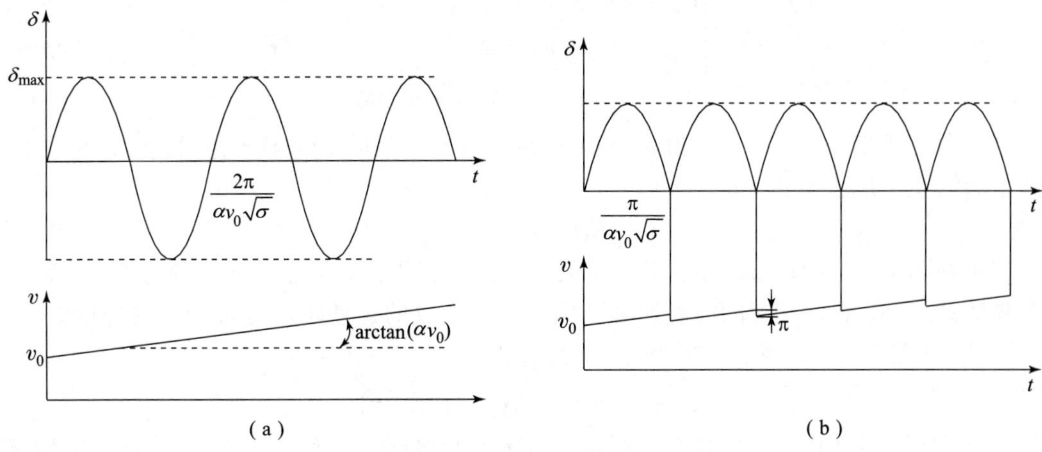

图3-4　章动角 δ 和进动角 υ

转速，再由攻角纸靶试验或其他攻角试验测得波长 λ_m 和攻角最大值 $\delta_{\max}$，则由式（3-41）和攻角最大幅值的表达式 $\delta_{\max} = \dot{\delta}_0/(\alpha v_0\sqrt{\sigma})$，即可求得翻转力矩系数 k_z 和起始扰动 $\dot{\delta}_0$

$$k_z = \alpha^2 - (2\pi/\lambda_m)^2,\ \dot{\delta}_0 = \delta_{\max}\alpha v_0\sqrt{\sigma}$$

3.5.2　起始攻角产生的角运动

对于一般线膛火炮，起始攻角 δ_0 只有几分，但对于从飞机、军舰上向与飞行方向垂直的方向射击，以及带有牵连横向速度的转管炮、大风条件发射，弹道顶点附近有大的横风情况下，起始攻角 δ_0 的数值也较大，必须予以考虑。

假定，在 $s=0$ 处 $\Delta_0 = \delta_0 e^{i\upsilon_0}$、$\Delta_0'=0$，$\lambda_1 = \lambda_2 = 0$，$\omega_1 - \omega_2 = \sqrt{P^2-4M}$，代入式（3-12），得待定常数

$$\begin{cases} C_1 = \dfrac{-\Delta_0\omega_2}{\sqrt{P^2-4M}} = \dfrac{\delta_0}{2\sqrt{\sigma}}(1-\sqrt{\sigma})e^{i\upsilon_0} \\ C_2 = \dfrac{\Delta_0\omega_1}{\sqrt{P^2-4M}} = \dfrac{\delta_0}{2\sqrt{\sigma}}(1+\sqrt{\sigma})e^{i\upsilon_0} \end{cases}$$

于是得攻角为

$$\begin{cases} \Delta = \Delta_1 + \Delta_2 \\ \Delta_1 = K_1 e^{i(\omega_1 s+\pi)} e^{i\upsilon_0} \\ \Delta_2 = K_2 e^{i\omega_2 s} e^{i\upsilon_0} \end{cases} \tag{3-42A}$$

式中

$$K_{1,2} = \frac{1\mp\sqrt{\sigma}}{2\sqrt{\sigma}}\delta_0,\ \omega_{1,2} = \alpha(1\pm\sqrt{\sigma}) \tag{3-42B}$$

这时弹轴的运动仍由两个圆运动组成，并且两个圆运动方向相同（因 $\omega_1>0$、$\omega_2>0$），相位差为 π，弹轴在复数平面上画出的曲线仍为圆外摆线，如图3-5（a）所示。攻角的最大幅值、最小幅值、最大变化分别为

$$\begin{cases}\delta_{\max} = K_1 + K_2 = \delta_0/\sqrt{\sigma} \\ \delta_{\min} = K_2 - K_1 = \delta_0 \\ \Delta\delta = \delta_0(1-\sqrt{\sigma})/\sqrt{\sigma} = 2K_1\end{cases} \tag{3-43}$$

故攻角曲线相当于一个半径为 K_1 的小圆在一个半径为 K_2 的大圆外边滚动时，小圆上点 B 画出的轨迹。并且由于

$$K_1\omega_1 = K_2\omega_2 \tag{3-44}$$

可见在两个圆的运动过程中，其半径矢端的速度相等，因而小圆在半径为 K_2 的大圆上将只做滚动运动，而无相对的滑动运动，因此，所形成的运动轨迹是带尖点的外摆线（或正外摆线）（图3-5）。两个圆运动的半径之比为

$$K_1/K_2 = (1-\sqrt{\sigma})/(1+\sqrt{\sigma})$$

当 σ 越接近于1时，比值越小。例如，当 $\sigma = 0.49$ 时，$K_1/K_2 = 0.342$；当 $\sigma = 0.64$ 时，$K_1/K_2 = 0.219$；当 $\sigma = 0.85$ 时，$K_1/K_2 = 0.081$。故 σ 越大时，高频圆运动幅值越小，弹轴的摆动就越接近于只有慢圆运动。

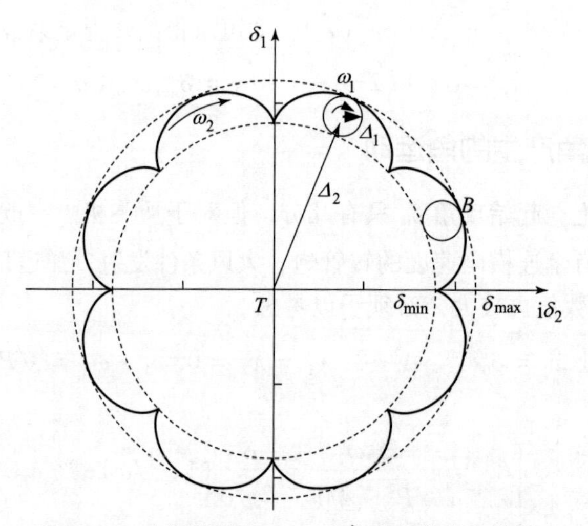

图3-5　由起始扰动 $\Delta_0 = \delta_0 e^{i\nu_0}$ 产生的攻角曲线

3.6　动力平衡攻角

若攻角方程（2-82）中仅考虑重力作用，则由此得到的非齐次解 Δ_p 称为重力产生的动力平衡攻角，简称动力平衡角。由式（2-82）可得重力非齐次项的角运动方程为

$$\Delta'' + (H - \mathrm{i}P)\Delta' - (M + \mathrm{i}PT)\Delta = -\frac{\ddot{\theta}}{v^2} - \frac{\dot{\theta}(k_{zz} - \mathrm{i}P)}{v} \tag{3-45}$$

式中，$\dot{\theta}$ 和 $\ddot{\theta}$ 由理想弹道方程求出，其表达式为 $\dot{\theta} = -g\cos\theta/v$、$\ddot{\theta} = \dot{v}\theta(b_x + 2g\sin\theta/v^2)$，由此可见，$\dot{\theta}$、$\ddot{\theta}$ 是由重力产生的。方程（3-45）的解是齐次方程通解和非齐次方程特解 Δ_p 之和，即

$$\Delta = C_1 e^{l_1(s-s_0)} + C_2 e^{l_2(s-s_0)} + \Delta_p \tag{3-46}$$

式中，$l_{1,2} = \lambda_{1,2} + \mathrm{i}\omega_{1,2}$ 仍为齐次方程的特征根，由式（3－9）给出。由式（3－46）可知，初始条件和重力非齐次项产生的攻角运动 Δ 仍由两个圆运动组成，但圆的中心平移了 Δ_p，故特解 Δ_p 被认为是弹轴的平均位置。特别是当弹丸动态稳定（$\lambda_1 < 0$、$\lambda_2 < 0$）时，这两个圆运动会逐渐衰减而消失，剩下的只有特解 Δ_p。

3.6.1　动力平衡角的具体表达式

为了求解 Δ_p，首先略去式（3－45）中较小的项 $\ddot{\theta}$，则 $\dot{\theta}$ 近似为常数，若再略去小项 T 和 H，得到只考虑静力矩 M 和 $\dot{\theta}$ 的方程为

$$\Delta'' - \mathrm{i}P\Delta' - M\Delta = -\dot{\theta}(-\mathrm{i}P)/v \tag{3-47}$$

利用系数冻结法，在一段弹道上 v、P、M、$\dot{\theta}$ 为常数，若令 $\Delta'=0$、$\Delta''=0$，则易得出特解为

$$\Delta_p = \mathrm{i}\frac{P|\dot{\theta}|}{Mv} \tag{3-48}$$

此特解为一纯虚数，对于右旋静不稳定弹，$\dot{\gamma} > 0$、$P = J\dot{\gamma}/(Iv) > 0$、$M = k_z > 0$，则 Δ_p 位于虚轴上的正方向位置，即 $\delta_{1p} = 0$、$\delta_{2p} = P|\dot{\theta}|/(Mv)$，也即弹轴偏向速度线右侧；此外，对于左旋静不稳定弹，$\dot{\gamma} < 0$、$P < 0$、$M > 0$，则 Δ_p 位于虚轴上的负方向位置，即 $\delta_{1p} = 0$、$\delta_{2p} = P|\dot{\theta}|/Mv$，弹轴将偏向速度线左侧；对于有一定转速的尾翼弹，因为静力矩是稳定力矩，$M_z<0$，当右旋时，$\dot{\gamma} > 0$，弹轴偏左；当左旋时，弹轴偏右。实际上，如将 $M = k_z = \rho Slm'_z/(2I)$ 和 $P = J\dot{\gamma}/(Iv)$ 代入上式，可得

$$\frac{1}{2}\rho v^2 Slm'_z\Delta_p - \mathrm{i}J\dot{\gamma}|\dot{\theta}| = 0 \tag{3-49}$$

此式表明，由攻角 Δ_p 产生的翻转力矩与由重力引起的弹道倾角速度 $\dot{\theta}$ 产生的陀螺力矩相平衡，故称 Δ_p 为动力平衡角。

当进一步考虑 $\ddot{\theta}$ 时，根据微分方程的求解理论，式（3－45）的特解 Δ_p 仍具有以下形式

$$\Delta_p = -\mathrm{e}^{l_{1,2}(s-s_0)}\int_{s_0}^{s}\frac{1}{(l_1-l_2)^2}\left[\frac{\ddot{\theta}}{v^2} + \frac{\dot{\theta}(k_{zz}-\mathrm{i}P)}{v}\right]\mathrm{e}^{-l_{1,2}(s-s_0)}\mathrm{d}s \tag{3-50}$$

式中只对 $\dot{\theta}$、$\ddot{\theta}$ 进行积分，并且 l_1、l_2 仍满足以下条件

$$\begin{cases} l_{1,2}^2 + (H-\mathrm{i}P)l_{1,2} - (M+\mathrm{i}PT) = 0 \\ l_1 + l_2 = -(H-\mathrm{i}P) \\ l_1 \cdot l_2 = -(M+\mathrm{i}PT) \end{cases} \tag{3-51}$$

考查以下公式

$$\int_{s_0}^{s}\ddot{\theta}\mathrm{e}^{-l_{1,2}(s-s_0)}\mathrm{d}s = \frac{1}{-l_{1,2}}\left(\ddot{\theta}\mathrm{e}^{-l_{1,2}(s-s_0)} - \int_{s_0}^{s}\mathrm{e}^{-l_{1,2}(s-s_0)}\frac{\dddot{\theta}}{v}\mathrm{d}s\right) \tag{3-52}$$

式中，$\ddot{\theta}$ 很小；$\dddot{\theta}$ 更小，可以忽略不计。于是得

$$\int_{s_0}^{s}\ddot{\theta}\mathrm{e}^{-l_{1,2}(s-s_0)}\mathrm{d}s = -\frac{\ddot{\theta}}{l_{1,2}}\mathrm{e}^{-l_{1,2}(s-s_0)} \tag{3-53}$$

同样，可得

$$\int_{s_0}^{s}\dot{\theta}\mathrm{e}^{-l_{1,2}(s-s_0)}\mathrm{d}s = -\frac{1}{l_{1,2}}\left(\dot{\theta}\mathrm{e}^{-l_{1,2}(s-s_0)} + \frac{\ddot{\theta}}{vl_{1,2}}\mathrm{e}^{-l_{1,2}(s-s_0)}\right) \tag{3-54}$$

将式（3－59）、式（3－60）代入式（3－50），得特解为

$$\Delta_{\mathrm{p}}=-\frac{\ddot{\theta}}{v^2}\frac{1}{l_1l_2}-(k_{zz}-\mathrm{i}P)\frac{\ddot{\theta}}{v^2}\left(\frac{l_1+l_2}{l_1^2l_2^2}\right)-\frac{\dot{\theta}}{v}(k_{zz}-\mathrm{i}P)\frac{1}{l_1l_2}\tag{3-55}$$

利用式（3－51），上式进一步简化成

$$\Delta_p=\frac{1}{M+\mathrm{i}PT}\left[\frac{\ddot{\theta}}{v^2}+\frac{\dot{\theta}}{v}(k_{zz}-\mathrm{i}P)\right]+\frac{k_{zz}-\mathrm{i}P}{v^2}\frac{H-\mathrm{i}P}{(M+\mathrm{i}PT)^2}\ddot{\theta}\tag{3-56}$$

对于旋转稳定弹，阻尼力矩项 H 远小于重力陀螺力矩项 P 的影响，故可略去 H，这样上式简化成

$$\Delta_{\mathrm{p}}=\frac{1}{M+\mathrm{i}PT}\left(\frac{\ddot{\theta}}{v^2}-\mathrm{i}\frac{\dot{\theta}}{v}P\right)-\frac{P^2}{v^2}\frac{\ddot{\theta}}{(M+\mathrm{i}PT)^2}\tag{3-57}$$

将上式分母实数化，并注意到 $M^2\gg P^2T^2$，得

$$\Delta_{\mathrm{p}}=\frac{1}{M^2}\left(\frac{\ddot{\theta}}{v^2}-\mathrm{i}\frac{P\dot{\theta}}{v}\right)(M-\mathrm{i}PT)-\frac{P^2}{v^2}\frac{\ddot{\theta}}{M^4}(M-\mathrm{i}PT)^2\tag{3-58}$$

或

$$\Delta_{\mathrm{p}}=-\left(\frac{P^2}{M^2v^2}-\frac{P^4T^2}{M^4v^2}-\frac{1}{Mv^2}\right)\ddot{\theta}-\frac{P^2T}{M^2v}\dot{\theta}+\mathrm{i}\left(-\frac{PM}{M^2v}\dot{\theta}-\frac{PT}{M^2v^2}\ddot{\theta}+\frac{2P^3T}{M^3v^2}\ddot{\theta}\right)\tag{3-59}$$

若只考虑静力矩的作用，并且注意到 $P=2\alpha$、$M=k_z$，将上式实部和虚部分开后，得到仅考虑静力矩时的动力平衡角的侧向分量 $\delta_{2\mathrm{p}}$ 和高低分量 $\delta_{1\mathrm{p}}$

$$\begin{cases}\delta_{2\mathrm{p}}=-\dfrac{P}{Mv}\dot{\theta}=-\dfrac{2\alpha}{k_z}\dfrac{\dot{\theta}}{v}\\ \delta_{1\mathrm{p}}=\dfrac{1}{Mv^2}\ddot{\theta}-\left(\dfrac{P}{Mv}\right)^2\ddot{\theta}\approx-\left(\dfrac{P}{Mv}\right)^2\ddot{\theta}\approx\dfrac{P}{Mv}\dot{\delta}_{2\mathrm{p}}\end{cases}\tag{3-60}$$

3.6.2 动力平衡角的变化规律

由 $\delta_{1\mathrm{p}}$ 的表达式（3－60）可见，$\delta_{1\mathrm{p}}$ 的正负号只与 $\ddot{\theta}$ 有关，而与弹丸是右旋（$P>0$）还是左旋（$P<0$），是静不稳定（$M>0$）还是静稳定（$M<0$）无关。将 $\ddot{\theta}=\dot{v}\theta(b_x+2g\sin\theta/v^2)$ 代入式（3－60）中，得

$$\delta_{1\mathrm{p}}=-\left(\frac{P}{Mv}\right)^2v\dot{\theta}(b_x+2g\sin\theta/v^2)$$

或

$$\delta_{1\mathrm{p}}=\delta_{2\mathrm{p}}\frac{P}{M}(b_x+2g\sin\theta/v^2)\tag{3-61}$$

因为 $P\in(0.1,1.0)$、$M\in(10^{-2},10^{-3})$、$(b_x+2g\sin\theta/v^2)\in(10^{-3},10^{-4})$，因此，$|\delta_{1\mathrm{p}}|\ll\delta_{2\mathrm{p}}$，故总的动力平衡角 $\delta_p\approx\delta_{2p}$。

在弹道升弧段上，因 $\theta>0$、$\dot{\theta}<0$，故 $\delta_{1p}>0$，即弹轴在速度线上方；在弹道顶点，$\theta=0$，仍有 $\delta_{1\mathrm{p}}>0$；此后，$\theta<0$，在 $b_x+2g\sin\theta/v^2>0$ 以前，仍有 $\delta_{1\mathrm{p}}>0$，直至 $b_x+2g\sin\theta/v^2=0$，此后 $\delta_{1\mathrm{p}}<0$，这时弹轴转到速度线的下方。

对于右旋静不稳定弹，$\delta_{2\mathrm{p}}>0$，动力平衡角永远偏右侧。将 $M=k_z=\rho Slm_z'/(2I)$、$P=J\dot{\gamma}/(Iv)$、$\dot{\theta}=-g\cos\theta/v$ 代入式（3－60）中，得

$$\delta_{2p}=\frac{2J\dot{\gamma}}{\rho Slm_z'}\frac{g\cos\theta}{v^3}\tag{3-62}$$

由式可见，动力平衡角 δ_{2p} 随空气密度 ρ、飞行速度 v、弹道倾角 θ 变化而变化。在弹道顶点附近，ρ、v、θ 都达到最小，因此，δ_{2p} 达到极大值；而在弹道起点和落点附近，ρ、v、θ 较大，δ_{2p} 较小。

事实上，因动力平衡角是由弹道倾角 θ 引起的，故弹道倾角 θ 越大的地方，动力平衡角越大，而同一弹道上，顶点处弹道倾角最大，在最大射角时，不同弹道在其弹道顶点处的动力平衡角达到最大值，可达 $9° \sim 12°$。

由于动力平衡角过大，将使阻力和升力增大，偏流及偏流散布加大，对中大口径旋转稳定弹，在十几千米射程上偏流可达数百米，由 δ_{2p} 产生的向上或向下的马格努斯力还可以影响射程散布，使密集度变坏。因此，旋转稳定弹的射角不能过大，一般要小于 70°。

旋转弹的动力平衡角还与转速 $\dot{\gamma}$ 成比例，为了使动力平衡角不致过大，必须对转速加以限制，这就导出了火炮膛线缠度下限 $\eta_{下}$。

正常情况下，马格努斯力矩和升力的组合项 $T = b_y - k_y$ 对动力平衡角 Δ_p 的影响是较小的，式（3－59）实部中有以下两项

$$\frac{P^4 T^2}{M^2 v^2}\ddot{\theta} - \frac{P^2 T}{M^2 v}\dot{\theta} \tag{3-63}$$

上式中第一项较小，可仅考虑第二项。因 $-\dot{\theta} > 0$、$T = b_y - k_y I/J$，可见升力 b_y 将向上增大高低方向动力平衡角，当 $k_y < 0$ 时，马格努斯力矩项也向上增大高低方向动力平衡角。如果马格努斯力矩很大，则不能忽略式（3－59）虚部中含马格努斯力矩的两项，它们也随弹道升高，ρ、v、θ 减小而增大，并且因分母中含 ρ、v 的幂次更高，可能导致在弹道顶点处这两项很大，而使右旋静不稳定弹的动力平衡角偏左。

3.7 全部载荷和起始扰动共同作用时的攻角运动

前面几节讨论了仅考虑静力矩、重力矩作用时，弹丸在起始扰动作用下的运动，它基本上确定了弹丸的主要运动规律。本节进一步考虑在全部力矩作用下弹丸的运动，分析它与仅考虑静力矩时的运动差别。当考虑全部外力矩时，弹丸运动的齐次攻角方程为

$$\Delta'' + (H - iP)\Delta' - (M + iPT)\Delta = 0 \tag{3-64}$$

式中，H、P、M、T 的表达式为式（2－83）。方程（3－64）的特征根由式（3－8）给出，其表达式为

$$\begin{cases} l_1 = \lambda_1 + \mathrm{i}\omega_1 \\ l_2 = \lambda_2 + \mathrm{i}\omega_2 \end{cases}$$

式中的 λ_1、λ_2，ω_1、ω_2 可以直接由式（3－9）得到，由此得到的表达式非常冗长，在此利用式（3－23）给出其近似表达式。

由于 $\omega_1\omega_2 \gg \lambda_1\lambda_2$，故在式（3－23）的 M 表达式中可略去 $\lambda_1\lambda_2$，由此可得

$$M = \omega_1\omega_2,\ P = \omega_1 + \omega_2$$

联立求解述两式，可得

$$\omega_{1,2} = \frac{1}{2}(P \pm \sqrt{P^2 - 4M}) = \frac{P}{2}(1 \pm \sqrt{\sigma}),\ \sigma = 1 - 1/S_g \tag{3-65}$$

式中，$S_g = P^2/(4M)$ 为陀螺稳定因子。

式（3-65）是略去了阻尼项 H 和马格努斯力矩项 T 以后的结果，与3.4节中仅考虑静力矩时的结果式（3-28）完全相同。由此得

$$\omega_1-\omega_2=2\omega_1-P=-2\omega_2+P=\sqrt{P^2-4M}=P\sqrt{\sigma} \tag{3-66}$$

再联立求解式（3-23）中的第一式和第四式，得

$$\begin{cases}\lambda_1=\dfrac{-(\omega_1H-PT)}{\omega_1-\omega_2}=\dfrac{-(\omega_1H-PT)}{2\omega_1-P}\\[2ex]\lambda_2=\dfrac{-(\omega_2H-PT)}{\omega_2-\omega_1}=\dfrac{-(\omega_2H-PT)}{2\omega_2-P}\end{cases} \tag{3-67}$$

或

$$\begin{cases}\lambda_1=-\dfrac{1}{2}\left[H-\dfrac{P(2T-H)}{2\omega_1-P}\right]=-\dfrac{H}{2}\left(1-\dfrac{S_d}{\sqrt{1-1/S_g}}\right)\\[2ex]\lambda_2=-\dfrac{1}{2}\left[H+\dfrac{P(2T-H)}{2\omega_2-P}\right]=-\dfrac{H}{2}\left(1+\dfrac{S_d}{\sqrt{1-1/S_g}}\right)\end{cases} \tag{3-68}$$

式中，$S_d=2T/H-1$，为动态稳定因子。

由此得

$$\lambda_1-\lambda_2=\frac{HS_d}{\sqrt{1-1/S_g}}=\frac{P(2T-H)}{\sqrt{P^2-4M}} \tag{3-69}$$

有了阻尼指数 λ_1、λ_2 和角频率 ω_1、ω_2 的近似值，就可以计算攻角随弧长或随时间的变化公式

$$\Delta=\delta_1+\mathrm{i}\delta_2=\delta\mathrm{e}^{\mathrm{i}\nu}=C_1\mathrm{e}^{\lambda_1(s-s_0)}\mathrm{e}^{\mathrm{i}\omega_1(s-s_0)}+C_2\mathrm{e}^{\lambda_2(s-s_0)}\mathrm{e}^{\mathrm{i}\omega_2(s-s_0)} \tag{3-70}$$

此解的形式与式（3-10）的形式完全一样，可见对于飞行稳定的弹丸（$\lambda_1<0$, $\lambda_2<0$），在考虑全部外力和外力矩时，两个圆运动半径将不断减小，由 $\dot{\Delta}_0$ 产生的角运动的合成复攻角曲线如图3-6所示，图中是 $\dot{\Delta}_0=1$ 时的情况。

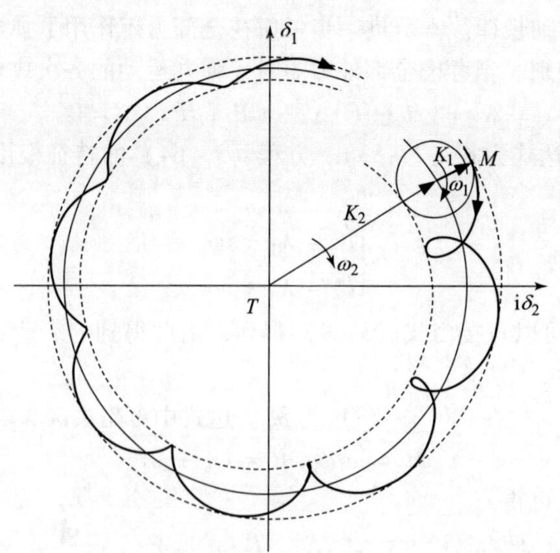

图3-6　考虑全部外力和外力矩时 $\dot{\Delta}_0$ 产生的复攻角曲线

可见，其攻角的极大值 δ_{max} 在不断减小，而攻角的极小值 δ_{min} 在不断增大，逐渐地趋近于一个圆运动。这从式（3－21）和式（3－22）中也可得到解释，因为

$$\delta_{max}^2 = (K_1 + K_2)^2, \delta_{min} = (K_1 - K_2)^2, \delta_{max}^2 - \delta_{min}^2 = 4K_1K_2$$

而

$$K_1 = K_{10}e^{\lambda_1(s-s_0)}, K_2 = K_{20}e^{\lambda_2(s-s_0)}$$

因此，随弹道弧长 s 增大，δ_{max}^2 将不断减少；但因 $\lambda_1 \neq \lambda_2$，K_1 与 K_2 的差值越来越大，δ_{min}^2 就不断增大；最大值 δ_{max}^2 与最小值 δ_{min}^2 之差显然随 $4K_1K_2$ 不断减小而趋于零。

3.8　起始扰动对偏角的影响

前面几节用二圆运动或章动、进动描述了弹轴相对于速度线的运动，得到了攻角的变化规律。有了攻角，就会产生升力和马格努斯力，升力在攻角面内，而马格努斯力垂直于攻角面。由于攻角面不断地绕速度线旋转，升力和马格努斯力的方向也就不断地改变，导致速度方向也向侧方旋转改变。描述速度方向变化的方程式为（2－86）。如只考虑最大的升力项，则有

$$\dot{\boldsymbol{\Psi}} = b_y v\Delta，或，\boldsymbol{\Psi}' = b_y\Delta \tag{3-71}$$

这个方程表示在复平面上偏角曲线的切线方向（即 $\boldsymbol{\Psi}'$ 的方向）与攻角曲线的割线方向（即 Δ 方向）是一致的，其原因是攻角曲线的割线就是攻角平面与复平面的交线，此交线垂直于速度线，而升力也恰在攻角面内垂直于速度线，故升力方向与复攻角 Δ 方向一致，在此升力作用下，质心速度矢量必沿此方向改变，复平面上偏角 $\boldsymbol{\Psi}$ 曲线，就是速度矢量方向改变在复平面上画出的曲线，故 $\boldsymbol{\Psi}$ 曲线的切线方向（$\boldsymbol{\Psi}'$ 的方向）必平行于攻角 Δ 的方向，如图 3－7 所示。只要把不同的攻角表达式代入方程（3－71）中积分，即可得到相应的偏角变化规律。

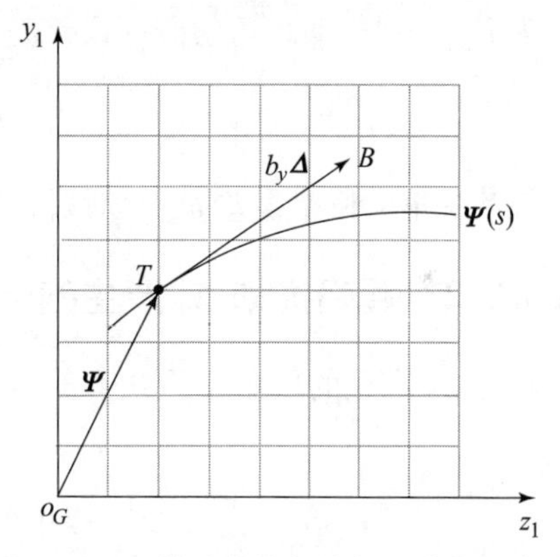

图 3－7　$\boldsymbol{\Psi}$ 轨迹曲线与攻角 $\boldsymbol{\Delta}$ 方向示意图

3.8.1　起始扰动 $\dot{\boldsymbol{\Delta}}_0$ 产生的平均偏角

将仅由起始扰动 $\dot{\Delta}_0$ 产生的攻角 Δ 的表达式（3－39）代入偏角方程（3－71）中，得

$$\dot{\boldsymbol{\Psi}}_{\dot{\delta}_0} = \frac{1}{2}b_y v_0 \delta_{max} e^{i\nu_0}\left[e^{i\left(\omega_{1t}t+\frac{3}{2}\pi\right)} + e^{i\left(\omega_{2t}t+\frac{\pi}{2}\right)}\right] \tag{3-72}$$

式中

$$\delta_{max} = \dot{\delta}_0/(\alpha v_0\sqrt{\sigma}), \omega_{1t,2t} = \alpha v_0(1 \pm \sqrt{\sigma}), \sigma = \sqrt{1 - 1/S_g}$$

从 0 到时刻 t 对上式积分，得

$$\boldsymbol{\Psi}_{\dot{\delta}_0} = \frac{1}{2}b_y v_0 \delta_{max} e^{i\nu_0}\left[\frac{e^{i(\omega_{1t}t+\pi)}}{\omega_{1t}} + \frac{e^{i\omega_{2t}t}}{\omega_{2t}} - \frac{\omega_{1t} - \omega_{2t}}{\omega_{1t}\omega_{2t}}\right] \tag{3-73}$$

由此可见，偏角曲线前两项也由两个圆运动合成，两圆的半径比也为 $(1-\sqrt{\sigma})/(1+\sqrt{\sigma})$，并且 $K_1\omega_{1t}=K_2\omega_{2t}$，故也形成带尖点的外摆线。

式（3－73）括号内的第三项为一负实数（因 $\omega_{1t}>\omega_{2t}$），记为

$$\bar{\psi}_{\dot{\delta}_0}=-\frac{1}{2}b_y v_0\delta_{\max}\frac{\omega_{1t}-\omega_{2t}}{\omega_{1t}\omega_{2t}}=-\frac{b_y}{k_z}\frac{\dot{\delta}_0}{v_0} \tag{3-74}$$

故当 $\upsilon_0=0$ 时，上述二圆运动合成曲线将向负实轴方向平移一个距离 $|\bar{\psi}_{\dot{\delta}_0}|$，由于偏角围绕这一个值变化，故称它为平均偏角。如果 $\upsilon_0\neq 0$，则平均偏角位置也转过 υ_0（即 $e^{i\upsilon_0}$），与起始章动角速度 $\dot{\Delta}_0=\dot{\delta}_0 e^{i\upsilon_0}$ 的方向相反。

平均偏角是跳角的一个重要组成部分，也常称为气动力跳角。气动跳角是由起始扰动 $\dot{\delta}_0$ 引起、弹轴运动产生的，如将 b_y 和 k_z 的表达式代入，并记 $R_I=\sqrt{I/m}$ 为赤道回转半径，则式（3－74）可改写为

$$|\bar{\psi}_{\dot{\delta}_0}|=\dot{\delta}_0\frac{R_I^2}{hv_0} \tag{3-75}$$

由此可见，气动跳角与起始扰动 $\dot{\delta}_0$ 成正比，与压心到质心的距离 h 成反比，因此，减小 $\dot{\delta}_0$ 和增大 h 可以减小气动跳角，从而减小由跳角产生的弹着点散布。由式（3－75）可知，由于起始扰动 $\dot{\delta}_0$ 的大小和方向是随机的，故气动跳角 $|\bar{\psi}_{\dot{\delta}_0}|$ 也是随机的，记 $\dot{\delta}_0$ 的概率误差为 $E_{\dot{\delta}_0}$，则气动跳角的概率误差为

$$E_{\bar{\psi}_{\dot{\delta}_0}}=E_{\dot{\delta}_0}\frac{R_I^2}{hv_0} \tag{3-76}$$

气动跳角的概率误差 $E_{\bar{\psi}_{\dot{\delta}_0}}$ 对射弹散布的影响，将再第5章中讨论。

3.8.2 起始扰动 $\boldsymbol{\Delta}_0$ 产生的气动跳角

将由 Δ_0 产生的攻角表达式（3－42）代入偏角方程（3－71）中积分，即可得偏角表达式

$$\boldsymbol{\Psi}_{\delta_0}=b_y v_0 e^{i\left(v_0+\frac{3\pi}{2}\right)}\left(\frac{K_1}{\omega_{1t}}e^{i(\omega_{1t}t+\pi)}+\frac{K_2}{\omega_{2t}}e^{i\omega_{2t}t}+\frac{K_1\omega_{2t}-K_2\omega_{1t}}{\omega_{1t}\omega_{2t}}\right) \tag{3-77}$$

此式表明，由起始扰动 δ_0 产生的复偏角也是由两个圆运动组成的外摆线，其快慢圆运动的角频率仍为 ω_{1t}、ω_{2t}，半径分别为 $b_y v_0 K_1/\omega_{1t}$、$b_y v_0 K_2/\omega_{2t}$，相位相差为 π，此外，还有一个不变的平均值

$$\bar{\psi}_{\delta_0}=b_y v_0 e^{i\left(v_0+\frac{3}{2}\pi\right)}\frac{K_1\omega_{2t}-K_2\omega_{1t}}{\omega_{1t}\omega_{2t}} \tag{3-78}$$

将 ω_{1t}、ω_{2t}、K_1、K_2 代入后得

$$\bar{\psi}_{\delta_0}=\frac{2\alpha}{k_z}b_y\delta_0 e^{i\left(v_0+\frac{\pi}{2}\right)} \tag{3-79}$$

此偏角就是由 Δ_0 产生的平均偏角或气动跳角，其相位超前起始攻角平面 $\pi/2$，而大小为

$$|\bar{\psi}_{\delta_0}|=\delta_0\frac{R_J^2\dot{\gamma}_0}{hv_0} \tag{3-80}$$

式中，$R_J=\sqrt{J/m}$ 是极回转半径。由式（3－80）可见，增大 h 也可减小由 δ_0 产生的气动跳角，因此，将弹尾做成船尾形、弹头壁厚减薄同样有利于减小由 δ_0 产生的方向散布。

3.9　起始攻角影响弹丸质心运动

由于弹轴绕速度线周期性运动，使攻角平面绕速度线旋转，相应的升力使速度方向也不断改变，从而导致质心运动轨迹也将周期性改变。

速度线的方位用复偏角 $\boldsymbol{\Psi}$ 描述，如图3－8所示，速度在铅垂面和侧向平面内的分量将由复平面（垂直于速度）上复偏角的实部和虚部分别确定

$$\begin{cases}\mathrm{d}y/\mathrm{d}t=v_y=v\psi_1\\ \mathrm{d}z/\mathrm{d}t=v_z=v\psi_2\end{cases}$$

故得

$$\dot{y}+\mathrm{i}\dot{z}=v(\psi_1+\mathrm{i}\psi_2)=v\boldsymbol{\Psi} \tag{3-81}$$

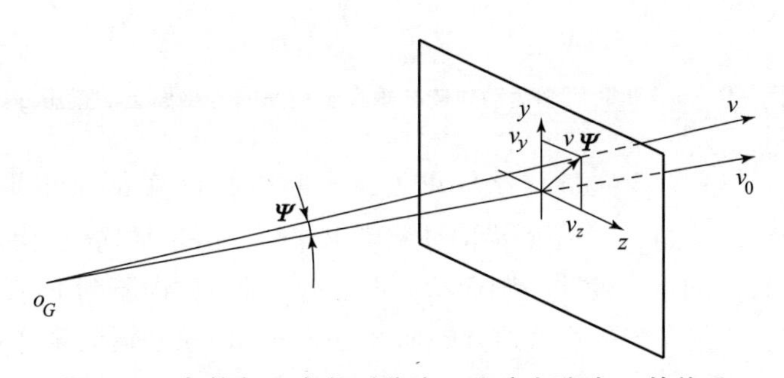

图3－8　复偏角 $\boldsymbol{\Psi}$ 与铅垂分速 v_y 和方向分速 v_z 的关系

将 $\boldsymbol{\Psi}$ 表达式代入上式，对时间从0到 t 积分，即得到质心坐标的变化规律。对于由起始 $\dot{\delta}_0$ 产生的偏角，将式（3－73）代入上式，积分得

$$\begin{aligned}y+\mathrm{i}z&=\frac{b_yv^2\delta_{\max}}{2}\mathrm{e}^{\mathrm{i}\upsilon_0}\left[\frac{\mathrm{e}^{\mathrm{i}(\omega_{1t}t+\pi)}}{\mathrm{i}\omega_{1t}^2}+\frac{\mathrm{e}^{\mathrm{i}\omega_{2t}t}}{\mathrm{i}\omega_{2t}^2}+\mathrm{i}\frac{\omega_{1t}^2-\omega_{2t}^2}{\omega_{1t}^2\omega_{2t}^2}-\frac{\omega_{1t}-\omega_{2t}}{\omega_{1t}\omega_{2t}}t\right]\\&=\frac{b_yv^2\delta_{\max}}{2}\mathrm{e}^{\mathrm{i}\left(\upsilon_0+\frac{\pi}{2}\right)}\left(\frac{\mathrm{e}^{\mathrm{i}\omega_{1t}t}}{\omega_{1t}^2}-\frac{\mathrm{e}^{\mathrm{i}\omega_{2t}t}}{\omega_{2t}^2}\right)+\mathrm{i}\frac{b_yv^2\delta_{\max}}{2}\mathrm{e}^{\mathrm{i}\upsilon_0}\frac{\omega_{1t}^2-\omega_{2t}^2}{\omega_{1t}^2\omega_{2t}^2}-\frac{b_yv^2\delta_{\max}}{2}\mathrm{e}^{\mathrm{i}\upsilon_0}\frac{\omega_{1t}-\omega_{2t}}{\omega_{1t}\omega_{2t}}t\end{aligned}$$

由上式可见，质心运动在复平面上投影的轨迹也是一个二圆运动。所形成外摆线的快、慢圆运动的角频率 ω_{1t}、ω_{2t} 为式（3－29），而半径比为

$$\frac{K_1}{K_2}=\frac{\omega_{2t}}{\omega_{1t}}=\frac{1-\sqrt{\sigma}}{1+\sqrt{\sigma}} \tag{3-82}$$

设 $\sigma=0.6$，则 $K_1/K_2=0.127$。因此，快圆运动的幅值比慢圆运动的小得多，可以忽略不计，即这个外摆线可近似看作是一个半径等于慢速圆运动半径的圆。

$$K=K_2=b_yv^2\delta_{\max}/(2\omega_{2t}^2) \tag{3-83}$$

当 $\upsilon_0=0$ 时，其圆心在复平面上如下复数的矢端处。

$$y_t + \mathrm{i}z_t = \left(-\frac{b_y v^2 \delta_{\max}}{2}\frac{\omega_{1t} - \omega_{2t}}{\omega_{1t}\omega_{2t}}t\right) + \mathrm{i}\left(\frac{b_y v^2 \delta_{\max}}{2}\right)\mathrm{e}^{\mathrm{i}\nu_0}\frac{\omega_{1t}^2 - \omega_{2t}^2}{\omega_{1t}^2\omega_{2t}^2} \tag{3-84}$$

由此可见，圆心的纵坐标 y_t 将沿 y 轴负向不断下降，但横坐标 z_t 不变。这样质心轨迹将在复平面上呈现如图 3－9 所示的曲线。

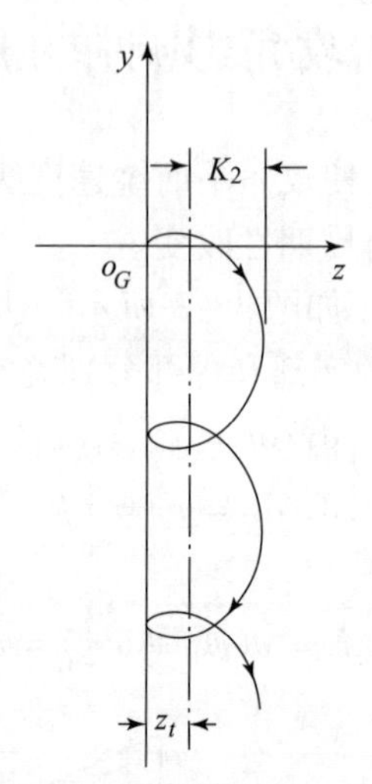

图 3－9　$v_0=0$ 时质心运动轨迹在垂直于初速的复平面上的投影曲线

由式（3－84）与式（3－75）比较可见，圆心坐标的实部是由平均偏角 $|\bar{\psi}_{\dot{\delta}_0}| = -b_y v\delta_{\max}(\omega_{1t}-\omega_{2t})/(2\omega_{1t}\omega_{2t})$ 产生的横向分速度引起的，由于平均偏角的方向与 $\dot{\delta}_0$ 方向相反，当 $v_0=0$ 时，速度向下，使质心圆运动的中心沿 y 轴负方向不断下移。如果沿着平均偏角所指的方向看过去，则在与平均偏角方向垂直的平面上，质心运动轨迹的投影正好是一个圆，如图 3－10（b）所示。

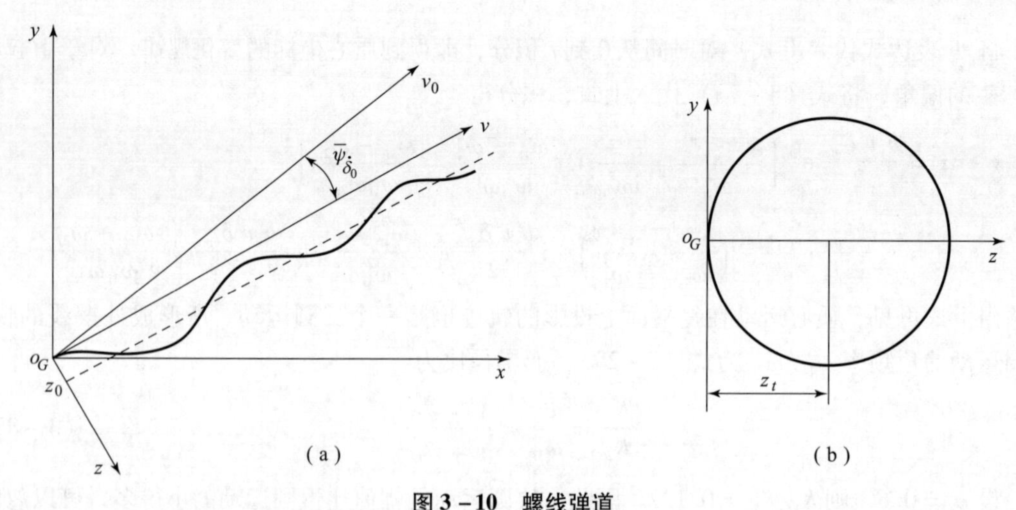

图 3－10　螺线弹道

因此，弹丸质心运动轨迹近似为一条螺线，螺线的轴平行于平均偏角方向线，而向侧方偏出一个微小的距离 z_t^*，这个小距离可忽略不计。当 $v_0 \neq 0$ 时，以上图形都向右转过

v_0 角。

螺线圆运动的直径和周期分别为

$$2K_2 = \frac{v_0^2 b_y \delta_{\max}}{\omega_{2t}^2} = \frac{b_y \delta_{\max}}{\alpha^2(1-\sqrt{\sigma})^2},\ T = \frac{2\pi}{\omega_{2t}} = \frac{2\pi}{\alpha v_0(1-\sqrt{\sigma})} \tag{3-85}$$

如果由靶道试验或攻角纸靶试验已测得攻角幅值 $\delta_{\max}$、质心圆运动直径 $2K_2$ 和周期 T，则当已知结构参数 I、J、d，炮口速度 v_0，膛线缠度 η 及空气密度 ρ 时，就可由式（3-85）第二式获得 $\sigma = 1 - P^2/(4M)$ 的静力矩系数导数 m_z'，再由式（3-85）第一式获得升力系数导数 c_y'。

3.10　动力平衡角引起弹道偏流

线膛火炮发射弹丸，其落点偏离射击面，而且右旋弹偏右，左旋弹偏左，这种偏离现象称为偏流。

当弹轴运动形成攻角时，立即产生升力和马格努斯力。升力和马格努斯力都垂直于速度，前者在攻角平面内，后者与攻角面垂直。在弹道弯曲时，右旋弹产生了向右的动力平衡角 δ_{2p} 和向上（或向下）的动力平衡角 δ_{1p}。由 δ_{2p} 产生向右的升力和向上的马格努斯力，由 δ_{1p} 产生向上（ $\delta_{1p} > 0$ 时）或向下（ $\delta_{1p} < 0$ 时）的升力和指向左（ $\delta_{1p} > 0$ 时）或向右（ $\delta_{1p} < 0$ 时）的马格努斯力。它们将使弹丸质心速度方向改变、弹道发生扭曲，形成侧偏轨迹，影响纵向射程。由于 $\delta_{2p} \gg \delta_{1p}$，向右的动力平衡角升力主要指向右方，从而使弹道右偏，形成偏流。

描述速度方向变化规律的方程仍为式（2-82），现在当考虑重力非齐次项产生的动力平衡角对炮弹质心速度和弹道轨迹的影响时，应将动力平衡角 $\Delta_p = \delta_{1p} + i\delta_{2p}$ 代入其中积分。因只考虑重力的影响，故需要考虑方程（2-82）右端重力项，于是得偏角方程为

$$\boldsymbol{\Psi}' - \frac{g\sin\theta}{v^2}\boldsymbol{\Psi} = \left(b_y - ib_z\frac{\dot{\gamma}}{v}\right)\boldsymbol{\Delta}_p \tag{3-86}$$

上述方程为一阶线性非齐次方程，其解为

$$\boldsymbol{\Psi} = e^{\int_0^s (g\sin\theta/v^2)ds}\int\left(b_y - ib_z\frac{\dot{\gamma}}{v}\right)\boldsymbol{\Delta}_p e^{-\int_0^s (g\sin\theta/v^2)ds}ds + \boldsymbol{\Psi}_0 \tag{3-87}$$

式中

$$\int_0^s \frac{g\sin\theta}{v^2}ds = \int_{\theta_0}^{\theta}\frac{g\sin\theta}{v^2}\frac{ds}{dt}\cdot\frac{dt}{d\theta}\cdot d\theta = \ln\frac{\cos\theta}{\cos\theta_0}$$

上式中利用了公式 $\dot{\theta} = -g\cos\theta/v$。

假定 $\boldsymbol{\Psi}_0 = 0$，得

$$\boldsymbol{\Psi} = \cos\theta\int_0^s \frac{(b_y - ib_z\dot{\gamma}/v)}{\cos\theta}\Delta_p ds \tag{3-88}$$

由式（3-81）可知，在垂直于理想弹道切线的复平面内有如下关系式

$$\dot{y} + i\dot{z} = v_y + iv_z = v\boldsymbol{\Psi}$$

将上式积分并代入关系式 $\cos\theta ds = dx$，得

$$y + iz = \int_0^x \left[\int_0^s \frac{b_y - ib_z\dot{\gamma}/v}{\cos\theta} (\delta_{1p} + i\delta_{2p}) ds \right] dx \tag{3-89}$$

下面分别考查上述被积函数积分。考虑到升力 b_y 比马格努斯力 b_z 大得多，向右的动力平衡角 $\delta_{2p} \gg \delta_{1p}$，首先考虑侧向动力平衡角 δ_{2p} 和升力 b_y 对质心运动的影响。利用关系式 $ds = vdt = v(dt/d\theta)d\theta$，并注意到虚部对应于落点的横向，即坐标的 z 方向，于是有横向落点坐标 Z_c 为

$$Z_c = \int_0^{X_c} \left[\int_{\theta_0}^{\theta_c} \left(\frac{-b_y}{Ik_z} \frac{J\dot{\gamma}}{v_x} \right) d\theta \right] dx$$

将上式中被积函数取一个全弹道的平均值，并取 $v_x = X_c/T$（X_c 为全射程，T 为全飞行时间），得

$$Z_c = \left(\frac{\bar{b}_y}{I\bar{k}_z} J\bar{\dot{\gamma}} \right) (\theta_0 + |\theta_c|) T$$

式中，$\dot{\gamma} = \dot{\gamma}_0 e^{-k_{xz}s}$。由 b_y 和 k_z 的定义，以及 $m_z' \approx c_y' h/l$、$J = mR_J^2$，得

$$Z_c = \frac{R_J^2}{h/l} \dot{\gamma}_0 (e^{-k_{xz}s}) (\theta_0 + |\theta_c|) T \tag{3-90}$$

此式表明，弹丸压心到质心的距离 h 越小，极回转半径 R_J 越大，炮口转速 $\dot{\gamma}_0$ 越高，射角 θ_0 和落角 θ_c 越大，飞行时间 T 越长，极阻尼力矩系数 k_{xz} 越小，则偏流越大；反之，则偏流越小。

同理，在式（3-89）的被积式中还有实部 $b_z\dot{\gamma}\delta_{2p}/v$、$b_y\delta_{1p}$，再取 $v_x = dx/dt$，并将 δ_{2p}、δ_{1p} 的具体表达式代入，于是得任意时刻弹丸质心偏离理想弹道的高度

$$y = \int_0^t \int_0^\theta \left[b_z \frac{J\dot{r}^2}{IMv} + b_y \frac{J^2 r^2}{I^2 M^2 v} \left(b_x + \frac{2g\sin\theta}{v^2} \right) \right] d\theta dt \tag{3-91}$$

可见马格努斯力 b_z 将使弹道升高、射程增大，这是因为动力平衡角始终向右（对应静不稳定弹），它所产生的马格努斯力始终向上。因此，尽管马格努斯力不大，但在弹道上的累积作用效果将使弹道抬高，射程增大，对远程火炮弹丸的射程有一定的影响。

至于 b_y 对弹道高的影响，要视 δ_{1p} 正负号不同而不同，升弧段上，$\delta_{1p} > 0$，升力使弹道抬高；降弧段上，大部分弧段 $\delta_{1p} < 0$，升力使弹道下降一些。

习　题

（1）攻角的含义是什么？

（2）弹丸稳定飞行，必须满足的条件是什么？

（3）作用在弹丸上的压力中心是什么？旋转稳定弹和尾翼稳定弹的压力中心分别有什么特点？

（4）请解释弹丸旋转稳定及尾翼稳定飞行原理。

（5）弹轴与速度矢量不重合时，空气会对弹丸产生哪些力和力矩？如何计算？

(6) 简述马格努斯效应，并解释其形成的原因。
(7) 为什么实际弹丸的飞行总是偏离理想弹道?
(8) 简要说明弹丸动力平衡角形成的原因，并分析影响此角的因素。
(9) 飞行稳定性良好的弹丸一般具有什么特征?
(10) 只计入翻转力矩的条件下，弹丸绕质心运动由哪三部分组成?
(11) 火炮的膛线形式有哪几类?其膛线展开式有什么特点?
(12) 简述膛线缠度和旋转弹丸飞行稳定性的关系。

第4章
弹道散布与射击误差分析

4.1 弹道散布及其特性

4.1.1 基本概念

外弹道方程式（2-70）、式（2-71）给出了弹丸空中飞行所遵循的运动规律，根据微分方程的求解原理，影响微分方程解的因素主要有弹丸飞离炮口的初始条件、弹丸的物理特性和弹丸飞行过程中的空气动力等3个方面的因素。根据第3章的讨论可知，初始条件影响弹丸运动的齐次解；弹丸的物理特性影响弹丸运动微分方程中状态变量前的系数；空气动力对应于作用在弹丸上的外载荷，此载荷对系统的作用对应于系统强迫响应的特解；而弹丸的运动是齐次解与特解之和。

若火炮在规定的时间内发射一组n发弹丸，若这n发弹丸的物理特性、弹丸飞离炮口的初始条件、弹丸空中飞行的空气动力等完全相同，则这n发弹丸在空中飞行的状态就完全相同，这意味着n发弹丸的弹道曲线完全重合。然而，由于目前加工工艺的限制，n发弹丸的物理特性与其平均值存在一定的偏离程度；同样，火炮发射过程中存在许多不确定因素，n发弹丸的炮口的初始条件与其平均值存在一定的偏离程度；由于气象条件的多变性、弹带与身管膛线作用后表面形状的不一致性，n发弹丸空中飞行的空气动力与其平均值存在一定的偏离程度；由此得到的n发弹丸的运动响应与其平均值存在一定的偏离程度。状态参数与其平均值的偏离程度称为散布。目前能刻画系统状态参数均值和偏离量的特征的常数统称为数字特征，状态参数常用的数字特征主要有数学期望值（均值）、方差和相关系数；方差主要用于描述状态参数的散布程度，方差越小，则散布就越小，反之，方差越大，散布就越大；相关系数主要用于描述状态参数之间的相关联程度，相关系数为零，则两状态参数之间不相关，相关系数为1，则两状态参数之间完全相关；相关系数也被用来描述两个状态参数之间的线性相关程度，系数越大，线性相关程度就越大，反之，则越小。

n发弹丸空中飞行状态变量与其平均值存在的偏离程度称为弹道散布，弹道上任意时刻t对应的散布称为该时刻的散布，弹丸落点的散布称为落点散布。研究弹道散布的目的是研究弹丸对目标点的命中精度，命中精度也称为射击精度，射击精度是n发弹丸对目标点M偏离的方差。假定目标点距弹道坐标原点的位置矢量为

$$\boldsymbol{x}_M = x_M\boldsymbol{e}_x + y_M\boldsymbol{e}_y + z_M\boldsymbol{e}_z \tag{4-1}$$

n发弹丸在落点的位置矢量为

$$\boldsymbol{x}_i = x_i\boldsymbol{e}_x + y_i\boldsymbol{e}_y + z_i\boldsymbol{e}_z,\ i = 1,2,\cdots,n \tag{4-2}$$

则根据射击精度定义，有

$$\Sigma = \frac{1}{n}\sum_{i=1}^{n}(\boldsymbol{x}_i - \boldsymbol{x}_M)(\boldsymbol{x}_i - \boldsymbol{x}_M)^{\mathrm{T}} \tag{4-3}$$

式中，Σ 为度量射击精度的协方差矩阵。

记弹丸落点的均值为 $\bar{\boldsymbol{x}}$，其数值表达式为

$$\bar{\boldsymbol{x}} = \frac{1}{n}\sum_{i=1}^{n}\boldsymbol{x}_i \tag{4-4}$$

这样式（4-3）可改写成

$$\begin{aligned}
\Upsilon &= \frac{1}{n}\sum_{i=1}^{n}[(\boldsymbol{x}_i - \bar{\boldsymbol{x}}) + (\bar{\boldsymbol{x}} - \boldsymbol{x}_M)][(\boldsymbol{x}_i - \bar{\boldsymbol{x}}) + (\bar{\boldsymbol{x}} - \boldsymbol{x}_M)]^{\mathrm{T}} \\
&= \frac{1}{n}\sum_{i=1}^{n}\begin{bmatrix}(\boldsymbol{x}_i - \bar{\boldsymbol{x}})(\boldsymbol{x}_i - \bar{\boldsymbol{x}})^{\mathrm{T}} + (\bar{\boldsymbol{x}} - \boldsymbol{x}_M)(\boldsymbol{x}_i - \bar{\boldsymbol{x}})^{\mathrm{T}} \\ + (\boldsymbol{x}_i - \bar{\boldsymbol{x}})(\bar{\boldsymbol{x}} - \boldsymbol{x}_M)^{\mathrm{T}} + (\bar{\boldsymbol{x}} - \boldsymbol{x}_M)(\bar{\boldsymbol{x}} - \boldsymbol{x}_M)^{\mathrm{T}}\end{bmatrix} \\
&= \frac{1}{n}\sum_{i=1}^{n}(\boldsymbol{x}_i - \bar{\boldsymbol{x}})(\boldsymbol{x}_i - \bar{\boldsymbol{x}})^{\mathrm{T}} + (\bar{\boldsymbol{x}} - \boldsymbol{x}_M)(\bar{\boldsymbol{x}} - \boldsymbol{x}_M)^{\mathrm{T}} = \Pi + \Upsilon
\end{aligned} \tag{4-5}$$

式中

$$\Sigma = \frac{1}{n}\sum_{i=1}^{n}(\boldsymbol{x}_i - \bar{\boldsymbol{x}})(\boldsymbol{x}_i - \bar{\boldsymbol{x}})^{\mathrm{T}},\ \Pi = (\bar{\boldsymbol{x}} - \boldsymbol{x}_M)(\bar{\boldsymbol{x}} - \boldsymbol{x}_M)^{\mathrm{T}} \tag{4-6}$$

分别称 Σ、Π 为密集度协方差矩阵和准确度协方差矩阵。

由式（4-5）可见，弹丸对目标点的命中精度可以分解为弹丸相对于散布中心的密集度 Σ 和散布中心相对于目标点的准确度 Π。射击精度、射击密集度、射击准确度间的关系如图 4-1 所示。

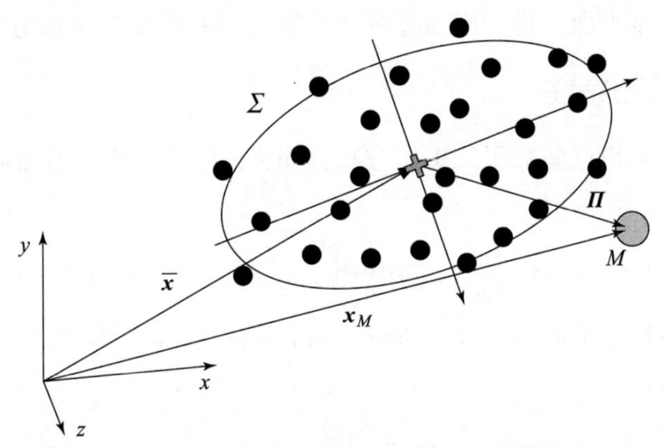

图 4-1　射击精度、射击密集度、射击准确度间的关系

展开式（4-6），得如下矩阵形式的密集度和准确度的协方差矩阵

$$\Sigma = \begin{bmatrix}\sigma_x^2 & \rho_{xy}\sigma_x\sigma_y & \rho_{xz}\sigma_x\sigma_z \\ \rho_{xy}\sigma_x\sigma_y & \sigma_y^2 & \rho_{yz}\sigma_y\sigma_z \\ \rho_{xz}\sigma_x\sigma_z & \rho_{yz}\sigma_y\sigma_z & \sigma_z^2\end{bmatrix},$$

$$\Pi = \begin{bmatrix}(\bar{x} - x_M)^2 & (\bar{x} - x_M)(\bar{y} - y_M) & (\bar{x} - x_M)(\bar{z} - z_M) \\ (\bar{x} - x_M)(\bar{y} - y_M) & (\bar{y} - y_M)^2 & (\bar{y} - y_M)(\bar{z} - z_M) \\ (\bar{x} - x_M)(\bar{z} - z_M) & (\bar{y} - y_M)(\bar{z} - z_M) & (\bar{z} - z_M)^2\end{bmatrix} \tag{4-7}$$

式中

$$\sigma_x^2 = \frac{1}{n}\sum_{i=1}^{n}(x_i - \bar{x})^2,\ \sigma_y^2 = \frac{1}{n}\sum_{i=1}^{n}(y_i - \bar{y})^2,\ \sigma_z^2 = \frac{1}{n}\sum_{i=1}^{n}(z_i - \bar{z})^2 \tag{4-8}$$

$$\bar{x} = \frac{1}{n}\sum_{i=1}^{n}x_i,\ \bar{y} = \frac{1}{n}\sum_{i=1}^{n}y_i,\ \bar{z} = \frac{1}{n}\sum_{i=1}^{n}z_i \tag{4-9}$$

$$\rho_{xy} = \frac{\frac{1}{n}\sum_{i=1}^{n}(x_i - \bar{x})(y_i - \bar{y})}{\sigma_x\sigma_y},\ \rho_{xz} = \frac{\frac{1}{n}\sum_{i=1}^{n}(x_i - \bar{x})(z_i - \bar{z})}{\sigma_x\sigma_z},$$

$$\rho_{yz} = \frac{\frac{1}{n}\sum_{i=1}^{n}(y_i - \bar{y})(z_i - \bar{z})}{\sigma_y\sigma_z} \tag{4-10}$$

$$\sigma_x = \sqrt{\frac{1}{n}\sum_{i=1}^{n}(x_i - \bar{x})^2},\ \sigma_y = \sqrt{\frac{1}{n}\sum_{i=1}^{n}(y_i - \bar{y})^2},\ \sigma_z = \sqrt{\frac{1}{n}\sum_{i=1}^{n}(z_i - \bar{z})^2} \tag{4-11}$$

由于式（4-8）对状态参数的估算是有偏的，即存在误差，特别是当 n 较小时，估算误差偏大，若在其公式前乘以系数 $n/(n-1)$，则所得到的估算是无偏的。在以后的估算计算中，采用以下公式进行方差估算

$$\sigma_x^2 = \frac{1}{n-1}\sum_{i=1}^{n}(x_i - \bar{x})^2,\ \sigma_y^2 = \frac{1}{n-1}\sum_{i=1}^{n}(y_i - \bar{y})^2,\ \sigma_z^2 = \frac{1}{n-1}\sum_{i=1}^{n}(z_i - \bar{z})^2 \tag{4-12}$$

若要考虑在某一平面（如地面、任意时刻过空中弹道上任意方位上的平面等）上的射击精度问题，若已知该平面方程，则通过联立求解式（4-7）与平面方程，即可得到。

4.1.2 弹道散布特性

依大数定理，弹丸炸点坐标服从正态分布，即弹丸纵向、横向散布服从正态分布，概率密度函数为

$$f(\boldsymbol{x}) = \frac{1}{(2\pi)^{3/2}(\det\boldsymbol{\Sigma})^{1/2}}\exp\left[-\frac{1}{2}(\boldsymbol{x} - \bar{\boldsymbol{x}})^{\mathrm{T}}\boldsymbol{\Sigma}^{-1}(\boldsymbol{x} - \boldsymbol{x})\right] \tag{4-13}$$

若考虑在地面这样的平面内的分布函数，且假定 $\bar{\boldsymbol{x}} = 0$，则在平面内，x、z 两个坐标方向的概率密度函数分别为

$$\begin{cases} f_x = \dfrac{1}{\sqrt{2\pi}\sigma_x}\mathrm{e}^{-\frac{x^2}{2\sigma_x^2}} \\ f_z = \dfrac{1}{\sqrt{2\pi}\sigma_z}\mathrm{e}^{-\frac{z^2}{2\sigma_z^2}} \end{cases} \tag{4-14}$$

由此可得

$$f(\boldsymbol{x}) = f_x f_z = \frac{1}{2\pi\sigma_x\sigma_z}\mathrm{e}^{-\frac{1}{2}\left(\frac{x^2}{\sigma_x^2}+\frac{z^2}{\sigma_z^2}\right)} \tag{4-15}$$

一般情况下，二维概率密度函数表达式为

$$f(x,z) = \frac{1}{2\pi\sigma_x\sigma_z\sqrt{1-\rho^2}}\mathrm{e}^{-\frac{1}{2(1-\rho^2)}\left[\frac{(x-\bar{x})^2}{\sigma_x^2} - 2\rho\frac{(x-\bar{x})(z-\bar{z})}{\sigma_x\sigma_z} + \frac{(z-\bar{z})^2}{\sigma_z^2}\right]} \tag{4-16}$$

式中，ρ 为 x、z 方向的状态变量的相关系数。

根据概率理论，正态分布的弹丸落点中有近 68% 的分布在以均值为中心的 $\pm\sigma$ 范围之内，若要计算得到 50% 弹丸落点分布在以均值为中心的区间长度时，该长度对应的误差称为中间差，或概率误差，记为 E, E 与 σ 的关系式为

$$E = 0.6745\sigma \tag{4-17}$$

图 4-2 给出了以概率误差 E 为变量的平面正态分布的概率密度函数，该分布有以下规律：

（1）散布形状是对称的。射弹落点位于椭圆中，在散布中心前后面有同样多的弹坑，在散布中心左右也有同样多的弹坑。

（2）散布位置是不均匀的。在散布椭圆范围内，越靠近散布面中心，落点越密集，离中心越远，落点越少。

（3）有 50% 的弹丸落点分布在以均值为中心的 $\pm E$ 范围之内，将近有 99.97% 的弹丸落点分布在以均值为中心的 $\pm 3\sigma = \pm 4.45E$ 范围之内。

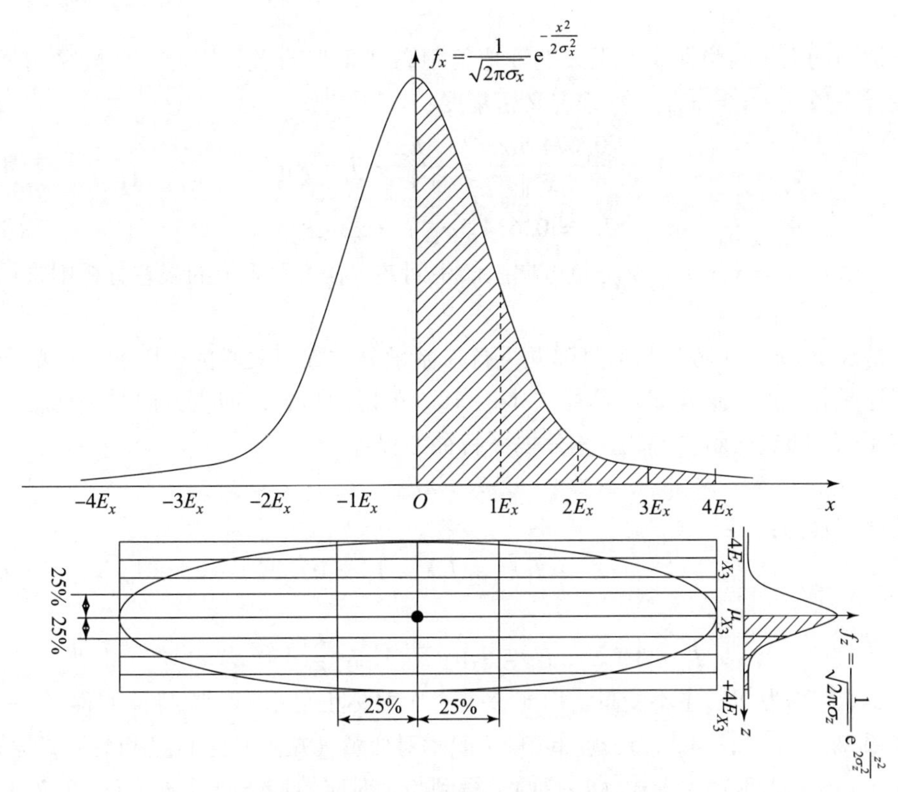

图 4-2　弹丸落点的平面正态分布

4.1.3　射击密集度主方向

式（4-7）给出的协方差矩阵 Σ 为非对角矩阵，其密集度主方向与射击坐标系不平行。假定弹丸空中运动位置矢量 $\boldsymbol{x}$ 的三个分量线性无关，则 $\boldsymbol{x}$ 的各分量方向为散布主方向，并与射击坐标系的方向重叠，如图 4-3（a）所示，协方差矩阵 Σ 具有以下形式：

$$\boldsymbol{\Sigma}=\begin{bmatrix}\sigma_x^2 & 0 & 0\\ 0 & \sigma_y^2 & 0\\ 0 & 0 & \sigma_z^2\end{bmatrix} \tag{4-18}$$

式中，$\boldsymbol{\sigma}_x$、$\boldsymbol{\sigma}_y$、$\boldsymbol{\sigma}_z$ 为弹丸炸点位置 $\boldsymbol{x}$ 在坐标轴 x、y、z 方向各个分量方向上的均方差，也称为该方向的散布。

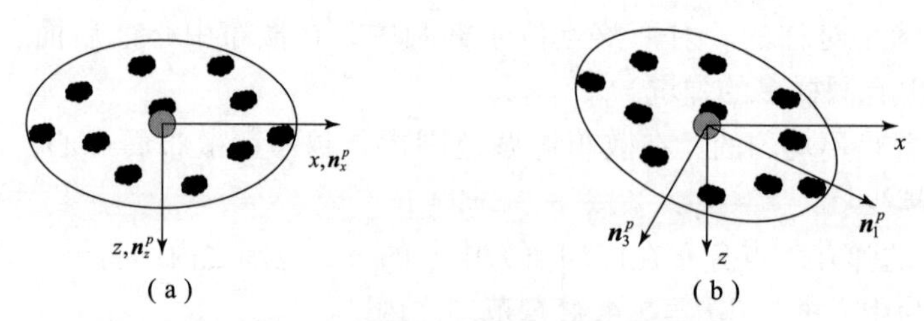

图4-3　二维散布的主方向示意图

由于散布的大小与弹丸炸点距火炮阵地的距离 $\|\bar{\boldsymbol{x}}\|$ 有关，因此，一般采用考虑距离影响的变异系数 A_i（$i=x,y,z$）来定义密集度：

$$A_i=\frac{0.674\,5\sigma_i}{\|\bar{\boldsymbol{x}}\|}=\frac{E_i}{\|\bar{\boldsymbol{x}}\|},\ i=x,y,z \tag{4-19A}$$

$$E_i=0.674\,5\sigma_i,\ i=x,y,z \tag{4-19B}$$

式中，E_i 为第 i（$i=x,y,z$）个分量方向上的中间差，在炮兵系统的误差分析中常用中间差来描述。

一般情况下，$\boldsymbol{x}$ 三个分量是通过弹丸飞行控制微分方程相关联的，因此，这些变量虽然独立，但还是相关的。这样 Σ 不具备式（4-18）的对角形式，即主方向与坐标轴方向不一致，如图4-3（b）所示。为此，构建以下特征方程：

$$\boldsymbol{\Sigma\phi}=\lambda\boldsymbol{\phi} \tag{4-20}$$

特征值方程为：

$$\lambda^3-J_1\lambda^2+J_2\lambda-J_3=0 \tag{4-21}$$

式中

$$J_1=\mathrm{tr}(\Sigma),\ J_2=J_3\mathrm{tr}(\Sigma^{-1}),\ J_3=\det(\Sigma) \tag{4-22}$$

其中，J_1、J_2、J_3 称为 Σ 的主不变量。由于 Σ 是一个对称正定矩阵，则特征方程（4-21）具有三个实根 λ_i（$i=1,2,3$），$\mathrm{tr}(\cdot)$、$\det(\cdot)$ 表示对变量（矩阵）进行迹和行列式运算。

将 λ_i（$i=1,2,3$）代入式（4-21），得到与之对应的特征向量 $\boldsymbol{\phi}_i$（$i=1,2,3$），记：

$$\boldsymbol{n}_i^p=\frac{1}{\|\boldsymbol{\phi}_i\|}\boldsymbol{\phi}_i \tag{4-23}$$

$\boldsymbol{n}_i^p$（$i=1,2,3$）即为密集度 Σ 的三个主方向矢量，由于是两两正交，因此，也可作为基矢量。

记：

$$\boldsymbol{n}_p=[\boldsymbol{n}_1^p\quad \boldsymbol{n}_2^p\quad \boldsymbol{n}_3^p] \tag{4-24}$$

将上式代入式（4-20），并左乘 $\boldsymbol{n}_p^{\mathrm{T}}$ 得：

$$n_p^{\mathrm{T}}\Sigma n_p = \begin{bmatrix} \lambda_1 & 0 & 0 \\ 0 & \lambda_2 & 0 \\ 0 & 0 & \lambda_3 \end{bmatrix} \tag{4-25}$$

这样，对一般形式的密集度 Σ 表达式（4-7），由式（4-25）可知，可以表达成在 n_i^p（$i=1,2,3$）方向上的均方差 σ_i（$i=x,y,z$），或中间差 $E_i=0.674\,5\sigma_i$；若用变异系数表示，则在主方向的变异系数依旧可用式（4-19）来表示。

特别地，当要关注地面射击密集度时，Σ 可以表示成

$$\Sigma = \begin{bmatrix} \sigma_x^2 & \rho\sigma_x\sigma_z \\ \rho\sigma_x\sigma_z & \sigma_z^2 \end{bmatrix} \tag{4-26}$$

由此解得

$$\lambda_{1,3} = \frac{1}{2}\left(\sigma_x^2+\sigma_z^2 \pm \sqrt{(\sigma_x^2+\sigma_z^2)^2+4(1-\rho^2)\sigma_x^2\sigma_z^2}\right),$$

$$n_1^p = \frac{1}{\sqrt{1+\dfrac{(\sigma_x^2-\lambda_1)^2}{\rho^2\sigma_x^2\sigma_z^2}}}\begin{Bmatrix} 1 \\ \dfrac{\lambda_1-\sigma_x^2}{\rho\sigma_x\sigma_z} \end{Bmatrix},\ n_3^p = \frac{1}{\sqrt{1+\dfrac{(\sigma_z^2-\lambda_3)^2}{\rho^2\sigma_x^2\sigma_z^2}}}\begin{Bmatrix} \dfrac{\lambda_3-\sigma_z^2}{\rho\sigma_x\sigma_z} \\ 1 \end{Bmatrix} \tag{4-27}$$

由此可得主方向偏离射击坐标系的方向角 α 为

$$\tan\alpha = \frac{\lambda_1-\sigma_x^2}{\rho\sigma_x\sigma_z} \tag{4-28}$$

由此可见，二维散布主方向角 α 不仅与纵向和横向散布密集度 σ_x、σ_z 有关，还与纵向和横向散布的相关系数 ρ 有关，如图4-4所示。

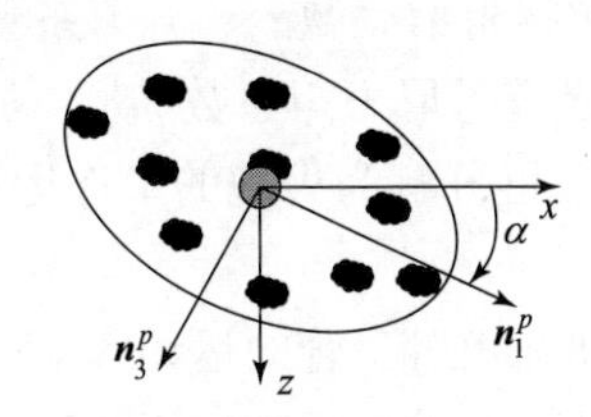

图4-4　二维散布主方向角 α 示意图

4.1.4　射击准确度主方向

与式（4-22）相类似，式（4-7）给出的准确度 Π 的三个不变量为

$$J_1=\mathrm{tr}(\Pi),\ J_3=\det(\Pi)=0,\ J_2=J_3\mathrm{tr}(\Pi^{-1})=0 \tag{4-29}$$

Π 的特征值分别为 $\lambda_{A_1}=\mathrm{tr}(\Pi),\ \lambda_{A_2}=\lambda_{A_3}=0$，定义

$$\sigma_A=\sqrt{\lambda_{A_1}},\ E_A=0.674\,5\sigma_A \tag{4-30}$$

为弹丸炸点位置 $\boldsymbol{x}$ 的均值 $\bar{\boldsymbol{x}}$ 距目标点 $\boldsymbol{x}_M$ 的距离，其中，σ_A、E_A 分别为准确度的均方差和中间差。

将 λ_{Ai}（$i=1,2,3$）代入特征方程，得到与之对应的特征向量 $\boldsymbol{\phi}_i^A$（$i=1,2,3$），记

$$n_i^A = \frac{1}{\|\boldsymbol{\phi}_i^A\|}\boldsymbol{\phi}_i^A \tag{4-31}$$

式中，n_i^A（$i=1,2,3$）即为准确度 Π 的三个主方向矢量，特别是 n_1^A 确定了 λ_{A_1} 的方向。

事实上，由式（4-29）可得

$$\lambda_{A1}=(\bar{x}-x_M)^2+(\bar{y}-y_M)^2+(\bar{z}-z_M)^2 \tag{4-32}$$

几何意义上 $\bar{x}-x_M$、$\bar{y}-y_M$、$\bar{z}-z_M$ 准确度在三个坐标方向上的分量如图4-5所示。

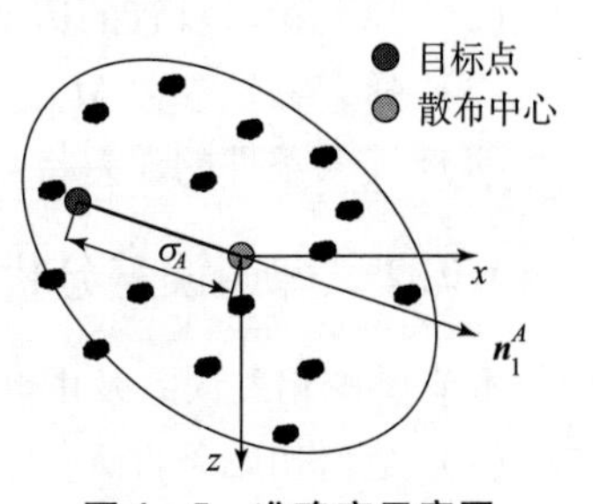

图4-5　准确度示意图

因此，有

$$\boldsymbol{n}_{A_1} = \frac{1}{\sigma_{A_1}}\{\bar{x} - x_M \quad \bar{y} - y_M \quad \bar{z} - z_M\}^{\mathrm{T}} \tag{4-33}$$

4.2 弹道误差及误差传递

4.2.1 基本原理

火炮发射将弹丸运动分解成弹丸膛内运动和空中飞行两个阶段。弹丸空中飞行可用式（2-70）、式（2-71）给出的六自由度刚体运动模型来精确描述，式（2-70）、式（2-71）可概括成如下一般表达式

$$\dot{\boldsymbol{X}} = \boldsymbol{M}^{-1}\boldsymbol{f}(\boldsymbol{X}_0, \boldsymbol{X}, \boldsymbol{C}, t) \tag{4-34}$$

其中，$\boldsymbol{f}(\cdot)$ 为式（2-70）、式（2-71）中的函数表达式；$\boldsymbol{X}$ 为弹丸运动状态参数，包括理想弹道倾角 θ，质心运动位置矢量 $\boldsymbol{x}$（x、y、z），速度矢量 $\boldsymbol{v}$ 的模 v，速度偏角及偏角速度 ψ_1、ψ_2、$\dot{\psi}_1$、$\dot{\psi}_2$，弹轴运动角位移及角速度 γ、φ_1、φ_2、$\dot{\gamma}$、$\dot{\varphi}_1$、$\dot{\varphi}_2$ 等；$\boldsymbol{M}$ 为弹丸的物理参数，包括质量 m，转动惯量 I、J，偏心距 $\boldsymbol{x}_G$ 等；$\boldsymbol{X}_0$ 为弹丸运动状态参数 $\boldsymbol{X}$ 的初始条件；$\boldsymbol{C}$ 为空气动力系数，包括阻力系数 c_x、升力系数 c_y'、马格努斯力系数 c_z''、俯仰力矩系数 m_z'、极阻尼力矩系数 m_{xz}'、赤道阻尼力矩系数 m_{zz}'、马格努斯力矩系数 m_y'' 等。

$\boldsymbol{X}_0$ 可分解为火炮的牵连运动 $\boldsymbol{X}_{10}$ 与弹丸相对身管的运动 $\boldsymbol{X}_{20}$ 之和：

$$\boldsymbol{X}_0 = \boldsymbol{X}_{10} + \boldsymbol{X}_{20} \tag{4-35}$$

弹丸相对身管的运动 $\boldsymbol{X}_{20}$ 直接影响弹带的形貌，而该形貌又影响空气动力系数 $\boldsymbol{C}$。计算或测试空气动力系数所用的弹丸形貌为射击前的形貌，而弹丸空中飞行的形貌是弹丸在膛内与身管相互作用、弹带经过塑性变形后的形貌，显然经与身管相互作用后的弹丸形貌直接与空气动力系数 $\boldsymbol{C}$ 有关，因此，弹丸相对身管的运动 $\boldsymbol{X}_{20}$ 影响空气动力系数 $\boldsymbol{C}$。

第3章利用系数冻结法给出了弹丸空中运动微分方程的求解方法，系数冻结法虽无严格的数学依据，但只要所讨论的区间较小，对大多数工程问题不会造成本质上的错误，大量工程实践也证实采用此法是可行的。这样，微分方程（4-34）可简化成常系数微分方程，常系数微分方程的解 $\boldsymbol{X}$ 可以分解成通解 $\boldsymbol{Y}_1$ 和特解 $\boldsymbol{Y}_2$ 之和；初始条件 $\boldsymbol{X}_0$ 影响通解 $\boldsymbol{Y}_1$，空气动力系数 $\boldsymbol{C}$ 影响特解 $\boldsymbol{Y}_2$。

由此得到弹道误差传递分析的基本思路如下。

（1）火炮发射初始条件 $\boldsymbol{X}_0$ 的误差将影响通解 $\boldsymbol{Y}_1$ 的精度；

（2）弹丸相对身管的运动 $\boldsymbol{X}_{20}$ 的误差将影响特解 $\boldsymbol{Y}_2$ 的精度；

（3）弹丸物理参数 $\boldsymbol{M}$ 的误差既影响通解 $\boldsymbol{Y}_1$ 的精度，又影响特解 $\boldsymbol{Y}_2$ 的精度；

（4）气象条件的误差将影响解 $\boldsymbol{X}$ 的精度。

4.2.2 弹道误差分析

本节讨论相关误差及由此引起的弹道解 $\boldsymbol{X}$ 的误差分析方法。

（1）炮口初始条件 $\boldsymbol{X}_0$ 的误差。如图4-6所示，θ_0 为射前身管的静态指向角，当弹丸飞离炮口瞬间，由于系统的强迫响应，身管轴线发生变化，已由静态的高低角 θ_0 变化成高低

和方向角 θ_{10}、θ_{20}，身管角速度为 $\dot{\theta}_{10}$、$\dot{\theta}_{20}$；此时弹丸飞离炮口时的质心位置矢量为 $\boldsymbol{x}_0$，初速大小为 v_0，高低和方向偏角 ψ_{10}、ψ_{20}，弹丸滚转角及滚转角速度 γ_0、$\dot{\gamma}_0$，高低和方向攻角 φ_{10}、φ_{20}，高低和方向攻角速度 $\dot{\varphi}_{10}$、$\dot{\varphi}_{20}$。

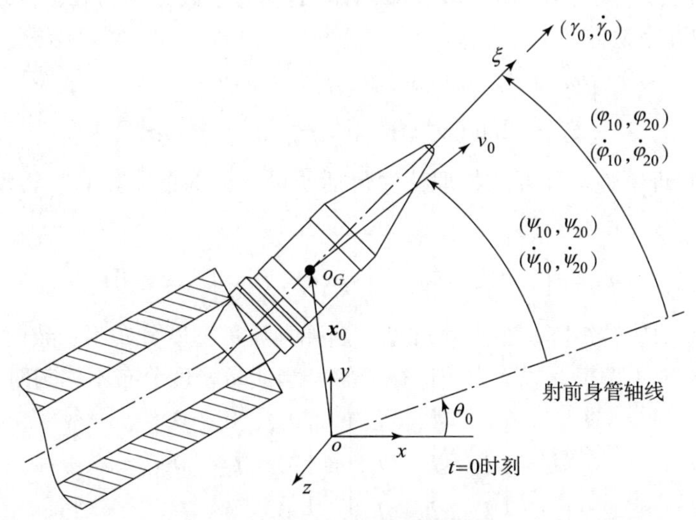

图 4-6　弹丸炮口初始条件

由于弹丸滚转角速度 $\dot{\gamma}_0$ 与初速大小 v_0 由如下约束关系，由此可得其均值 $\mu_{\dot{\gamma}_0}$ 和均方差 $\sigma_{\dot{\gamma}_0}$ 与初速 v_0 均值 μ_{v_0} 和均方差 μ_{v_0} 的运算关系

$$\begin{cases}\dot{\gamma}_0 = \dfrac{2\pi}{\eta d}v_0\\ \mu_{\dot{\gamma}_0} = \dfrac{2\pi}{\eta d}\mu_{v_0}\\ \sigma_{\dot{\gamma}_0} = \dfrac{2\pi}{\eta d}\mu_{v_0}\end{cases} \tag{4-36}$$

式中，η 为身管膛线在炮口处的缠度。可见，$\dot{\gamma}_0$ 与 v_0 是两个不独立变量，在以下的讨论中，取 v_0 为独立变量，利用式（4-36）的约束条件来考虑 $\dot{\gamma}_0$ 对弹丸散布的影响。

滚转角 γ_0、弹丸质心位置矢量为 $\boldsymbol{x}_0$ 等对弹丸飞行散布的影响可以忽略。

弹丸章动角和弹丸偏角、摆角之间存在约束关系式 $\boldsymbol{\Phi} = \boldsymbol{\Psi} + \Delta$、$\dot{\boldsymbol{\Phi}} = \dot{\boldsymbol{\Psi}} + \dot{\Delta}$，由式（2-59）可知，$\dot{\psi}_{10}$、$\dot{\psi}_{20}$ 与空气动力载荷有关系，而空气动力载荷与章动角、空气动力系数、弹丸飞行速度等有关，因此为不独立的变量。

这样对弹丸飞行散布有影响的独立的初始条件为 v_0、ψ_{10}、ψ_{20}、φ_{10}、φ_{20}、$\dot{\varphi}_{10}$、$\dot{\varphi}_{20}$，其中 θ_{10}、θ_{20}、$\dot{\theta}_{10}$、$\dot{\theta}_{20}$ 的影响已包含在上述 6 个角运动的变量中了，其原因是这 6 个角运动变量是以射前身管的指向为度量基准的，如图 4-6 所示。

由于火炮发射的随机性，因此，弹丸炮口初始条件 X_0 也是随机的，其均值和方差记为

$$\begin{cases}\boldsymbol{\mu}_{X_0} = (\mu_{v_0},\mu_{\psi_{10}},\mu_{\psi_{20}},\mu_{\varphi_{10}},\mu_{\varphi_{20}},\mu_{\dot{\varphi}_{10}},\mu_{\dot{\varphi}_{20}})\\ \boldsymbol{\Sigma}_{X_0} = \mathrm{diag}(\sigma^2_{v_0},\sigma^2_{\psi_{10}},\sigma^2_{\psi_{20}},\sigma^2_{\varphi_{10}},\sigma^2_{\varphi_{20}},\sigma^2_{\dot{\varphi}_{10}},\sigma^2_{\dot{\varphi}_{20}})\end{cases} \tag{4-37}$$

（2）空气动力系数 $\boldsymbol{C}$ 误差。第 2 章给出了空气阻力 $\boldsymbol{R}_x$、升力 $\boldsymbol{R}_y$、马格努斯力 $\boldsymbol{R}_z$、静力

矩$\boldsymbol{M}_z$、赤道阻尼力矩$\boldsymbol{M}_{zz}$、极阻尼力矩$\boldsymbol{M}_{xz}$、马格努斯力矩$\boldsymbol{M}_y$等的表达式，由此可知，影响空气阻力的主要因素有阻力系数、空气密度和风速，其中，空气密度和风速可视为系统误差，在此不加以讨论。

与空气动力$\boldsymbol{R}_x$、$\boldsymbol{R}_y$、$\boldsymbol{R}_z$、$\boldsymbol{M}_z$、$\boldsymbol{M}_{zz}$、$\boldsymbol{M}_{xz}$、$\boldsymbol{M}_y$对应的动力系数分别为c_x、c'_y、c''_z、m'_z、m'_{xz}、m'_{zz}、m''_y等，其均值和均方差记为

$$\begin{cases}\boldsymbol{\mu}_C = (\mu_{c_x},\mu_{c'_y},\mu_{c''_z},\mu_{m'_z},\mu_{m'_{xz}},\mu_{m'_{zz}},\mu_{m''_y}) \\ \boldsymbol{\Sigma}_C = \mathrm{diag}(\sigma^2_{c_x},\sigma^2_{c'_y},\sigma^2_{c''_z},\sigma^2_{m'_z},\sigma^2_{m'_{xz}},\sigma^2_{m'_{zz}},\sigma^2_{m''_y})\end{cases} \tag{4-38}$$

（3）弹丸的物理特性。弹丸的物理特性包括质量m、质心位置$\boldsymbol{x}_G$、转动惯量矩阵$\boldsymbol{I}$等，其表达式为

$$m = \int_{\Omega_Q}\rho \mathrm{d}V,\ m\boldsymbol{x}_G = \int_{\Omega_Q}\rho\boldsymbol{x}\mathrm{d}V,\ I = \int_{\Omega_Q}\rho\,\tilde{\boldsymbol{x}}\tilde{\boldsymbol{x}}^{\mathrm{T}}\mathrm{d}V \tag{4-39}$$

式中，$\tilde{\boldsymbol{x}}$为矢量$\boldsymbol{x}$的旋转矩阵。由上式可见，当弹丸质量密度分布不一致时，其质量、质心和转动惯量均为出现不偏离，以$\boldsymbol{I}$为例进行分解，当质量密度分布不均匀时，有

$$\boldsymbol{I} = \begin{bmatrix} I_{xx} & I_{xy} & I_{xz} \\ I_{xy} & I_{yy} & I_{yz} \\ I_{xz} & I_{yz} & I_{zz}\end{bmatrix} \neq \begin{bmatrix} I_{xx} & 0 & 0 \\ 0 & I_{yy} & 0 \\ 0 & 0 & I_{zz}\end{bmatrix} \tag{4-40}$$

$\boldsymbol{I}$中的非对角元素的存在会对弹丸空中飞行产生附加的动力效应，影响弹丸的飞行性能。

弹丸的物理特性也具有较大的随机性，其均值和均方差记为

$$\begin{cases}\boldsymbol{\mu}_M = (\mu_m,\boldsymbol{\mu}_{x_G},\boldsymbol{\mu}_I) \\ \boldsymbol{\Sigma}_M = \mathrm{diag}(\sigma^2_m,\boldsymbol{\Sigma}_{x_G},\boldsymbol{\Sigma}_I)\end{cases} \tag{4-41}$$

4.2.3 弹道误差传递

记

$$\begin{cases}\boldsymbol{R} = (\boldsymbol{X}_0,\boldsymbol{C},\boldsymbol{M}) \\ \boldsymbol{\mu}_R = (\boldsymbol{\mu}_{\mathrm{X}_0},\boldsymbol{\mu}_{\mathrm{C}},\boldsymbol{\mu}_{\mathrm{M}}) \\ \boldsymbol{\Sigma}_R = \mathrm{diag}(\boldsymbol{\Sigma}_{X_0},\boldsymbol{\Sigma}_C,\boldsymbol{\Sigma}_M)\end{cases} \tag{4-42}$$

求解式（4-34）得弹丸在空中飞行的位置矢量$\boldsymbol{x} = \boldsymbol{x}(t)$，显然$\boldsymbol{x}(t)$既是时间的函数，也是$\boldsymbol{R}$的函数，记为

$$\boldsymbol{x} = \boldsymbol{x}(\boldsymbol{R},t) \tag{4-43}$$

将式（4-43）在均值$\boldsymbol{\mu}_R$处一阶线性展开，有

$$\boldsymbol{x}(t) = \boldsymbol{\mu}_x(t) + \frac{\partial \boldsymbol{x}(\boldsymbol{\mu}_R,t)}{\partial \boldsymbol{R}}\cdot(\boldsymbol{R}-\boldsymbol{\mu}_R) \tag{4-44}$$

式中，$\partial\boldsymbol{x}(\boldsymbol{\mu}_R,t)/\partial\boldsymbol{R}$表示求导后在$\boldsymbol{R} = \boldsymbol{\mu}_R$处取值。

将上式右端第一项移到等式左端，等式两端同时右乘右端转置项，并利用变量间的独立、线性无关特性，得

$$(\boldsymbol{x}-\boldsymbol{\mu}_x)\cdot(\boldsymbol{x}-\boldsymbol{\mu}_x)^{\mathrm{T}} = \frac{\partial \boldsymbol{x}(\boldsymbol{\mu}_R,t)}{\partial \boldsymbol{R}}\cdot(\boldsymbol{R}-\boldsymbol{\mu}_R)\cdot(\boldsymbol{R}-\boldsymbol{\mu}_R)^{\mathrm{T}}\cdot\left(\frac{\partial \boldsymbol{x}(\boldsymbol{\mu}_R,t)}{\partial \boldsymbol{R}}\right)^{\mathrm{T}}$$

对上式求期望值，得

$$\boldsymbol{\Sigma} = \frac{\partial \boldsymbol{x}(\boldsymbol{\mu}_R, t)}{\partial \boldsymbol{R}} \cdot \boldsymbol{\Sigma}_R \cdot \left(\frac{\partial \boldsymbol{x}(\boldsymbol{\mu}_R, t)}{\partial \boldsymbol{R}}\right)^{\mathrm{T}} \tag{4-45}$$

将上式展开，得

$$\boldsymbol{\Sigma} = \frac{\partial \boldsymbol{x}(\boldsymbol{\mu}_R, t)}{\partial \boldsymbol{X}_0} \cdot \boldsymbol{\Sigma}_{X_0} \cdot \left(\frac{\partial \boldsymbol{x}(\boldsymbol{\mu}_R, t)}{\partial \boldsymbol{X}_0}\right)^{\mathrm{T}} + \frac{\partial \boldsymbol{x}(\boldsymbol{\mu}_R, t)}{\partial \boldsymbol{C}} \cdot \boldsymbol{\Sigma}_C \cdot \left(\frac{\partial \boldsymbol{x}(\boldsymbol{\mu}_R, t)}{\partial \boldsymbol{C}}\right)^{\mathrm{T}} + \frac{\partial \boldsymbol{x}(\boldsymbol{\mu}_R, t)}{\partial \boldsymbol{M}} \cdot \boldsymbol{\Sigma}_M \cdot \left(\frac{\partial \boldsymbol{x}(\boldsymbol{\mu}_R, t)}{\partial \boldsymbol{M}}\right)^{\mathrm{T}} \tag{4-46}$$

上式表明，弹丸飞行散布$\boldsymbol{\Sigma}$由弹丸炮口误差$\boldsymbol{\Sigma}_{X_0}$、弹丸空气动力参数误差$\boldsymbol{\Sigma}_C$、弹丸物理特性误差$\boldsymbol{\Sigma}_M$这3部分组成，这些误差分别经传递系数$\partial \boldsymbol{x}(\boldsymbol{\mu}_R,t)/\partial \boldsymbol{X}_0$、$\partial \boldsymbol{x}(\boldsymbol{\mu}_R,t)/\partial \boldsymbol{C}$、$\partial \boldsymbol{x}(\boldsymbol{\mu}_R,t)/\partial \boldsymbol{M}$传递，得到弹丸在弹道上任意时刻$t$的散布，当$t = t_C$时，得到弹丸在落点的散布。系数$\partial \boldsymbol{x}(\boldsymbol{\mu}_R,t)/\partial \boldsymbol{X}_0$、$\partial \boldsymbol{x}(\boldsymbol{\mu}_R,t)/\partial \boldsymbol{C}$、$\partial \boldsymbol{x}(\boldsymbol{\mu}_R,t)/\partial \boldsymbol{M}$也称为弹丸飞行散布对参数的灵敏度系数，系数越大，参数误差被传给弹丸的弹道散布就越大，因此，式（4-46）称为弹丸散布误差的传递公式。

4.3　炮口初始条件对弹道的影响

4.3.1　初速对弹道的影响

4.3.1.1　初速误差产生的原因

弹丸和火药的质量都是在一定公差范围内变化的，都会产生初速误差。弹丸质量变化不仅影响弹道系数，而且影响初速，两者引起的射程偏差符号是相反的，射表中的修正量是综合两者影响算出的总的修正量。在利用射表中的修正量进行修正时，只能得到部分修正，仍将引起散布。每发弹的火药质量都是随机变化的，并且每组火药质量的平均值也不相同，由内弹道学知火药的质量也将影响初速。射表中没有对火药质量的修正，火药质量的误差不仅会引起散布，而且可以改变平均弹着点的位置，产生射击误差。

火药温度偏离表定值也会产生初速误差。药温的误差可以利用射表中的修正量进行修正，但由于很难精确测出火药内部的温度，所以修正仍会有一定的误差，这一误差将造成射击误差。如果每发弹的药温不完全相同，则射击时还会产生散布。

每发弹的最大直径皆不相同，弹炮间隙也各不相同，由于漏出火药气体质量的多少不同也会影响初速，此初速误差随机性较大。

此外，随着火炮射击发数的增加，身管的磨损和药室容积的变化使初速逐渐减小，此初速误差称为初速减退量，这一误差可以利用射表中的修正量进行修正。但由于初速减退量存在测量误差，因而仍将存在一定的系统误差，即射击误差。

4.3.1.2　射程对初速的敏感程度

射程随初速的增大而增大，在不同的弹道条件下，其敏感程度有所不同。表4-1列出了不同初速和射角下射程对初速的敏感因子$Q_{v_0} = \partial \| \boldsymbol{x}(t_C) \| / \partial v_0$，即初速变化1 m/s时射程$\boldsymbol{x}(t_C)$模的增量，斜线下为对应射程敏感因子的相对值，即$100Q_{v_0}/\| \boldsymbol{x}(t_C) \|$（$\| \boldsymbol{x}(t_C) \|$

为射程）。从表4－1看出，Q_{v_0} 随射角增大而增大，大射角时略有减小，但其相对量变化不大；随着弹道系数的减小，Q_{v_0} 及其相对量都将增大，这说明阻力影响减小后，射程对初速将更敏感。由此可知，对于底部排气弹（弹道系数小），如果不降低初速的概率误差，则初速引起的射程散布必然很大。

表4－1　射程对初速的敏感因子 Q_{v_0}

C_{43} = 0.4						
θ_0/(°) \ v_0/(m·s^{-1})	5	15	30	45	60	70
200	10.9/1.56	18.8/0.96	30.8/0.93	34.6/0.92	29.8/0.92	22.2/0.92
600	14.2/0.28	24.6/0.23	29.9/0.19	33.7/0.19	32.9/0.20	25.6/0.21
1 000	16.3/0.14	25.2/0.12	37.8/0.13	57.0/0.17	65.1/0.19	55.5/0.20
1 400	15.1/0.09	23.0/0.08	46.6/0.10	91.7/0.14	102/1.15	
C_{43} = 0.8						
θ_0/(°) \ v_0/(m·s^{-1})	5	15	30	45	60	70
200	6.7/0.97	17.5/0.93	27.4/0.89	29.9/0.86	25.6/0.86	19.2/0.86
600	10.3/0.24	14.4/0.18	16.8/0.14	18.8/0.15	16.5/0.15	12.9/0.15
1 000	10.2/0.12	13.0/0.09	16.2/0.09	19.3/0.09	20.6/0.11	17.3/0.12
1 400	8.5/0.07	10.8/0.06	14.8/0.06	21.7/0.08	32.3/0.11	

4.3.2　射角对弹道的影响

4.3.2.1　射角对射程的影响及最大射程角

弹丸无扰动条件下的射角为 θ_0，θ_0 也称为仰角，是发射前身管轴线与水平面的夹角。本节在讨论射角与射程的关系时，所指的射角为 θ_0。

当初速一定时，随着射角的增大，射程将逐渐增大，当射程增大到某一数值后，射角继续增大时，射程将逐渐减小，极值点对应的射程称为最大射程，记为 $X_m = \| \boldsymbol{x}(t_C) \|$。图4－7给出了 $v_0 = 200$ m/s，弹道系数分别为 $C = 0$ 和 $C = 1.0$ 的两条曲线。

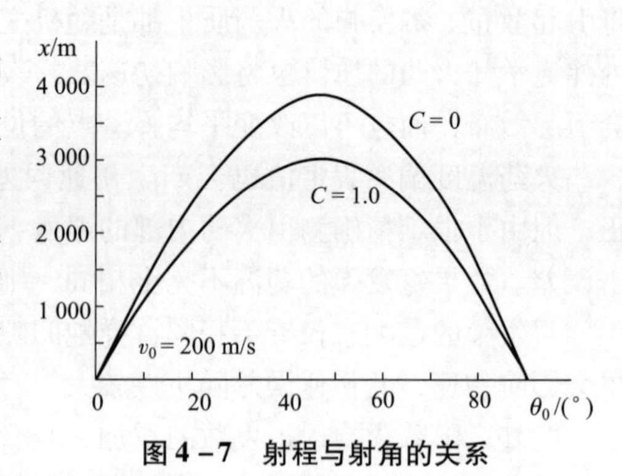

图4－7　射程与射角的关系

最大射程是武器的重要性能指标之一，与最大射程对应的射角称为最大射程角，以 θ_{0X_m} 表示。最大射程和最大射程角都是初速弹道系数、口径的函数。

图4－8给出了中小口径火炮最大射程角随初速和弹道系数的变化曲线。真空弹道（即弹道系数等于零时）的最大射程角永远是45°，当弹道系数和初速都很小时，空气阻力对弹道影响很小，最大射程角接近45°。随着初速和弹道系数的增大，最大射程角逐渐减小；但

当初速很大时，最大射程角又逐渐增大，甚至大于45°，这是因为初速很大时，弹丸可以很快穿过稠密的大气层而到达近似真空的高空，此时到达近似真空的高空时，其弹道倾角才能近似等于45°。

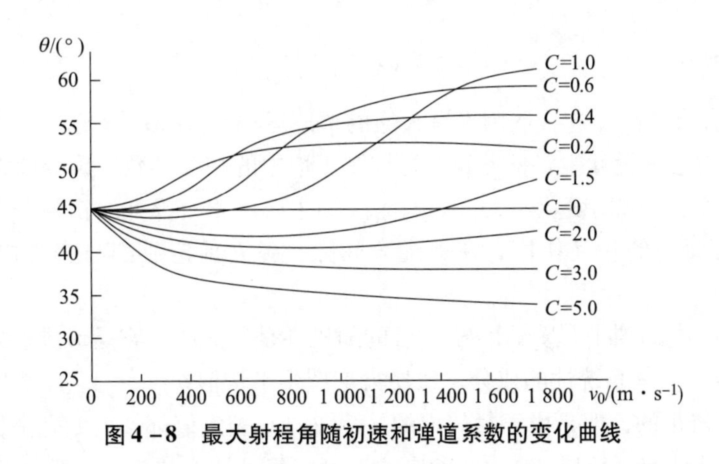

图4-8　最大射程角随初速和弹道系数的变化曲线

对于如155 mm的大口径榴弹炮，其最大射程角在51°。

对于发射其他带动力的弹丸，其最大射程角还需根据具体情况来确定其发射的最大射程角。

4.3.2.2　射角误差产生原因及跳角形成机理

由式（2-70）的第2式可知高度方向射角的初始条件由仰角 θ_0 和偏角 ψ_{10} 两部分组成，由式（2-70）的第3式可知方向射角的初始条件为 ψ_{20}，工程实际中，ψ_{10} 也称为跳角。

1. 仰角误差

仰角误差是由瞄准具的系统误差、瞄准具的安装误差和炮手的操作误差三部分原因产生的。

由于瞄准具零部件加工过程中与实际图纸要求会产生一定的偏差，总装总调过程中，由于总装工艺存在缺陷，导致总装产品产生误差，这些误差是不可避免的，只能控制。由于瞄准具的安装误差，其光轴不可能与身管轴线完全平行；在用象限仪赋予火炮仰角时，炮尾平台与身管轴线也有一定的不平行度，这些都能产生系统的仰角误差。炮手的操作误差，既能产生随机误差，也可能有系统误差。上述三种误差都是无法修正的，由此将产生射击误差。

2. 偏角误差

假定身管运动为刚体运动，由此给出弹丸膛内运动的绝对速度 $\boldsymbol{v}_Q$ 的表达式

$$\boldsymbol{v}_Q = \boldsymbol{v}_D + \boldsymbol{\omega}_D \times \boldsymbol{x}_Q + \boldsymbol{v}_{DQ} \tag{4-47}$$

式中，$\boldsymbol{v}_D$、$\boldsymbol{\omega}_D$ 分别为火炮发射过程中身管的牵连运动速度和角速度；$\boldsymbol{x}_Q$ 为弹丸膛内运动的位置矢量；$\boldsymbol{v}_{DQ}$ 为弹丸相对于身管的相对运动速度。

将式（4-47）在弹丸飞离炮口时刻取值（下标取为0），则有

$$\boldsymbol{v}_0 = \boldsymbol{v}_{D0} + \boldsymbol{\omega}_{D0} \times \boldsymbol{x}_{Q0} + \boldsymbol{v}_{DQ0} \tag{4-48}$$

式（4－48）还可改写成形式

$$\begin{cases}\boldsymbol{v}_0=v_0\boldsymbol{e}_{x_2},v_0=\|\boldsymbol{v}_{D0}+\boldsymbol{\omega}_{D0}\times\boldsymbol{x}_{Q0}+\boldsymbol{v}_{DQ0}\|\\ \boldsymbol{e}_{x_2}=\cos(\theta_0+\psi_{10})\cos\psi_{20}\boldsymbol{e}_x+\sin(\theta_0+\psi_{10})\cos\psi_{20}\boldsymbol{e}_y+\sin\psi_{20}\boldsymbol{e}_z\\ \sin\psi_{20}=\dfrac{\boldsymbol{v}_0\cdot\boldsymbol{e}_z}{\boldsymbol{v}_0},\sin(\theta_0+\psi_{10})=\dfrac{\boldsymbol{v}_0\cdot\boldsymbol{e}_y}{\boldsymbol{v}_0\cos\psi_{20}}\end{cases}\tag{4-49}$$

由上式可见，影响 ψ_{20}、ψ_{10} 的因素有火炮的牵连运动 $\boldsymbol{v}_{D0}+\boldsymbol{\omega}_{D0}\times\boldsymbol{x}_{Q0}$、弹丸相对身管的运动速度 $\boldsymbol{v}_{DQ0}$。火炮总体设计主要任务是通过控制火炮中的相关参数，确保弹丸飞离炮口瞬间 $\boldsymbol{v}_{D0}$、$\boldsymbol{\omega}_{D0}$ 的大小较小、方向变化不大。影响 $\boldsymbol{v}_{DQ0}$ 的主要因素有弹丸的初始卡膛状态参数、弹带与身管内膛表面间的相互作用、弹炮配合间隙、弹丸前定心部与身管内膛间的接触碰撞等。

由 ψ_{20}、ψ_{10} 的形成原因可以看出 ψ_{20}、ψ_{10} 的随机性是很大的，它是形成射角散布的重要原因，ψ_{20}、ψ_{10} 中也有一些系统性的成分，致使火炮产生平均值 $\mu_{\psi_{20}}$、$\mu_{\psi_{10}}$。此平均值 $\mu_{\psi_{20}}$、$\mu_{\psi_{10}}$ 的影响本来是可以修正的，但是由于每门炮的 $\mu_{\psi_{20}}$、$\mu_{\psi_{10}}$ 与表定值都不可能完全相同，而且平均 $\mu_{\psi_{20}}$、$\mu_{\psi_{10}}$ 很难准确测量，所以 ψ_{20}、ψ_{10} 的影响不可能得到完全修正，以致成为射角误差的主要来源之一。

4.3.2.3 射角对射程的敏感程度

在不同射角下，射角对射程变化的敏感程度是不同的。由图 4－7 和图 4－8 可以看出，在最大射程角附近，$X_m-\theta_0$ 曲线的斜率很小，此时射角误差对射程影响很小；相反，在射角接近 0°或 90°时，曲线的斜率很大，此时射角的微小变化可以引起较大的射程变化。射程对射角的偏导数 $\partial\|\boldsymbol{x}(t_C)\|/\partial\theta$（即 $\|\boldsymbol{x}(t_C)\|-\theta_0$ 曲线的斜率）称为射程对射角的敏感因子，也叫射程对射角的修正系数，用 Q_{θ_0} 表示。Q_{θ_0} 是 C、v_0 和 θ_0 的函数，有了这 3 个量即可从火炮外弹道表中查出对应的 Q_{θ_0} 值。为了具体说明 Q_{θ_0} 的变化规律，表 4－2 列出了 Q_{θ_0} 的部分数值。从表 4－2 可以看出，小射角时 Q_{θ_0} 的数值都比较大，因此，小射角射击时，射角误差引起的散布和射击误差都很大。

表 4－2　射程对射角的敏感因子 Q_{θ_0}

	$C=0.4$						$C=0.8$					
$\theta_0/(°)$ \ $v_0/(\mathrm{m\cdot s^{-1}})$	5	15	30	45	60	70	5	15	30	45	60	70
200	2.3	1.9	1.0	−0.04	−1.1	−1.7	2.2	1.8	0.9	−0.07	−0.99	−1.5
600	13.3	7.1	3.9	0.34	−4.6	−7.9	9.4	5.1	2.5	−0.17	−3.4	−5.5
1 000	24.2	11.3	7.5	3.8	−6.1	−15.2	13.9	6.4	3.6	0.36	−4.7	−8.8
1 400	31.6	16.6	19.3	17.5	−11.7		16.0	7.9	5.3	3.1	−3.8	

以上规律在分析实际问题时是经常用到的。例如，在小射角下，根据实测射程反求弹道系数时，所得的弹道系数离散程度往往很大，有时甚至出现负值。其原因在于小射角时射角误差对射程影响过大，将此射程误差归入弹道系数便会导致过大的弹道系数误差。因此，这样测得的弹道系数是没有意义的。

4.3.3　攻角及攻角速度对弹道的影响

在第3章弹丸空中运动分析中已经讨论了弹丸起始攻角及攻角速度对弹丸飞行过程中攻角、弹丸质心运动的影响规律，因此本节不再讨论攻角及攻角速度产生的原因、攻角及攻角速度对射程的影响规律等，而是重点讨论攻角及攻角速度对射程的敏感程度。

在不同射角下，攻角对射程变化的敏感程度是不同的。射程对攻角的偏导数 $\partial\|\boldsymbol{x}(t_C)\|/\partial\delta_1$、$\partial\|\boldsymbol{x}(t_C)\|/\partial\delta_2$ 称为射程对攻角的敏感因子，分别用 $Q_{\delta_{10}}$、$Q_{\delta_{20}}$ 表示。为了具体说明 $Q_{\delta_{10}}$、$Q_{\delta_{20}}$ 的变化规律，表4－3、表4－4列出了 $Q_{\delta_{10}}$、$Q_{\delta_{20}}$ 的部分数值。从表4－3、表4－4可以看出，小射角时，$Q_{\delta_{10}}$、$Q_{\delta_{20}}$ 的数值都比较大，因此，小射角射击时，攻角误差引起的散布很大。

表4－3　射程对高低攻角的敏感因子 $Q_{\delta_{10}}$

	$C=0.4$					$C=0.8$				
$v_0/(\mathrm{m\cdot s^{-1}})$ \ $\theta_0/(°)$	5	15	30	45	60	5	15	30	45	60
200	－59	－50	－25	4.4	30	－58	－47	－20	7.7	34
600	－376	－201	－105	－17	131	－270	－142	－79	－5.1	121
1 000	－747	－363	－261	－149	267	－447	－192	－111	－29	154
1 400	－1 094	－619	－885	－579	653	－565	－263	－223	－256	349

表4－4　射程对方向攻角的敏感因子 $Q_{\delta_{20}}$

	$C=0.4$					$C=0.8$				
$v_0/(\mathrm{m\cdot s^{-1}})$ \ $\theta_0/(°)$	5	15	30	45	60	5	15	30	45	60
200	－1.7	－0.99	0.66	2.2	3.0	－3.5	－2.1	0.68	3.1	6.3
600	－13	－4.8	0.21	5.3	15	－19	－9.0	－2.3	7.2	25
1 000	－29	－12	－3.4	8.7	41	－35	－13	－1.7	14	50
1 400	－40	－20	－22	7.6	58	－42	－16	－4.9	11	88

在不同射角下，攻角速度对射程变化的敏感程度是不同的。射程对攻角速度的偏导数 $\partial\|\boldsymbol{x}(t_C)\|/\partial\dot{\delta}_1$、$\partial\|\boldsymbol{x}(t_C)\|/\partial\dot{\delta}_2$ 称为射程对攻角速度的敏感因子，分别用 $Q_{\dot{\delta}_{10}}$、$Q_{\dot{\delta}_{20}}$ 表示。为了具体说明 $Q_{\dot{\delta}_{10}}$、$Q_{\dot{\delta}_{20}}$ 的变化规律，表4－5列出了 $Q_{\dot{\delta}_{10}}$ 的部分数值。从表4－5可以看出，小射角时，$Q_{\dot{\delta}_{10}}$ 的数值都比较大，因此，小射角射击时，攻角速度误差引起的散布很大；而 $Q_{\dot{\delta}_{20}}$ 对射程散布的影响很小。

表4-5　射程对高低攻角的敏感因子 $Q_{\dot{\delta}_{10}}$

θ_0/(°) \ v_0/(m·s^{-1})	C = 0.4					C = 0.8				
	5	15	30	45	60	5	15	30	45	60
200	-0.05	-0.03	0.02	0.05	0.05	-0.10	-0.06	0.01	0.06	0.13
600	-0.12	-0.04	-0.01	0.02	0.06	-0.19	-0.09	-0.04	0.01	0.09
1 000	-0.16	-0.07	-0.04	-0.01	0.09	-0.20	-0.08	-0.05	-0.01	0.08
1 400	-0.16	-0.09	-0.12	-0.07	0.09	-0.17	-0.08	-0.06	-0.07	0.11

4.3.4　炮口初始条件对弹丸飞行散布的综合影响

在本节的讨论中，以某155 mm火炮为例子，并假定气象条件是稳定的、弹丸的物理特征是稳定的，以标准的六自由度刚体外弹道理论为基础，以 v_0、$\boldsymbol{\Psi}_0$、$\boldsymbol{\Phi}_0$、$\dot{\boldsymbol{\Phi}}_0$ 等7个变量为初始条件，以最大射程 $\|\boldsymbol{x}(t_C)\|$ 密集度的变异系数 A_x、A_z 为检验对象，研究在 $A_x \in [0,1/300]$、$A_z \in [0,1]$ mil 范围之内，A_x、A_z 随7个炮口变量均方差的变化规律。

在数值计算中，基本参数取值如下：

（1）口径 $d = 2r_d = 155$ mm，弹丸质量 $m = 45.5$ kg，转动惯量 $I = 0.158\ \text{kg}\cdot\text{m}^2$，$J = 1.775\ \text{kg}\cdot\text{m}^2$；

（2）最大射程角 $\theta_0 = 51°$；

（3）最大射程 $\|\boldsymbol{x}(t_C)\| = 30$ km；

（4）7个炮口变量取值为：$\mu_{v_0} = 930$ m/s，$\mu_{\psi_{10}} = \mu_{\psi_{20}} = \mu_{\varphi_{10}} = \mu_{\varphi_{20}} = \mu_{\dot{\varphi}_{10}} = \mu_{\dot{\varphi}_{20}} = 0$；其他5个状态变量取值为：$\boldsymbol{\mu}_{x_0} = \boldsymbol{0}$，$\mu_\gamma = [y(x_G) - y(x_0)]/r_d$，$\mu_{\dot{\gamma}} = \pi\mu_{v_0}/(\eta_D r_d)$，$x_0 = 1.0$ m，$x_G = 8.06$ m，缠度 $\eta = 20$，$y = y(x)$ 为膛线展开函数。

4.3.4.1　单因素对最大射程密集度的影响

1. 弹丸初速对最大射程密集度的影响

弹丸初速 $\boldsymbol{v}_0$ 误差 $\boldsymbol{\sigma}_{v_0}$ 对最大射程密集度 A_x、A_z 的影响规律，计算结果如图4-9所示。由图可见，$[\boldsymbol{\sigma}_{v_0}] = 2.4$ m/s 是密集度 $A_x = 1/300$ 时的单因素阈值，$\boldsymbol{\sigma}_{v_0} = 1/300$ 对横向密集度 A_z 的影响不大。

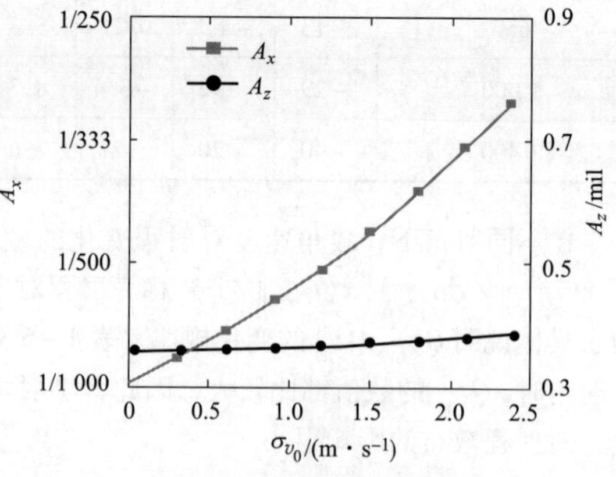

图4-9　初速误差的影响

2. 偏角对最大射程密集度的影响

弹丸初速偏角 ψ_1、ψ_2 误差 $\boldsymbol{\sigma}_{\psi1}$、$\boldsymbol{\sigma}_{\psi2}$ 对最大射程密集度 A_x、A_z 的影响规律如图4-10和图4-11所示。由图可见，$[\boldsymbol{\sigma}_{\psi1}] = 20$ mil 是密集度 $A_x = 1/300$ 时单因素阈值，$[\boldsymbol{\sigma}_{\psi2}] = 0.86$ mil 是密集度 $A_z = 1$ mil 的单因素阈值，$\boldsymbol{\sigma}_{\psi2}$ 对纵向密集度 A_x 的影响不大。

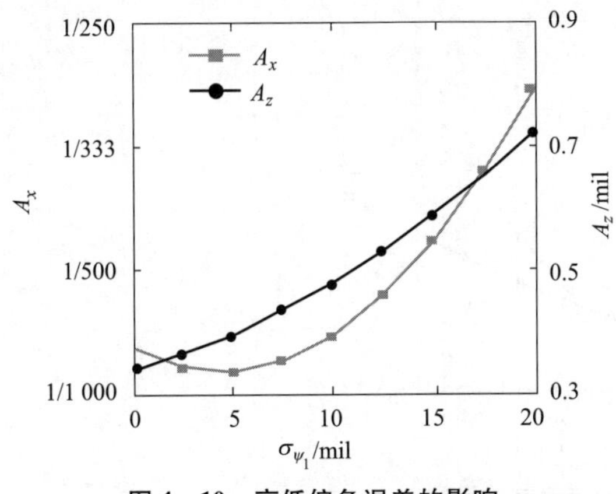

图 4－10　高低偏角误差的影响

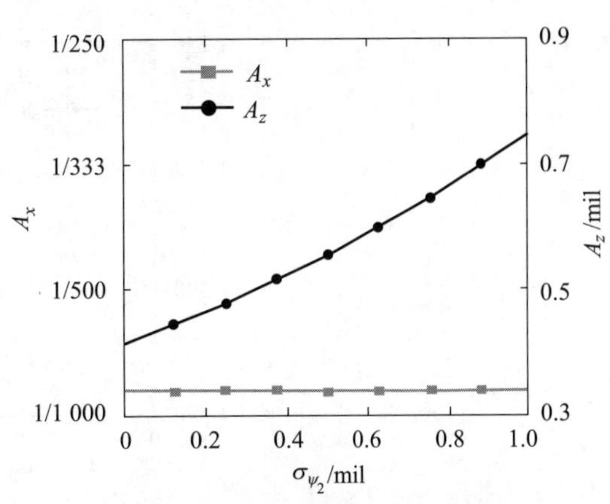

图 4－11　方向偏角误差的影响

3. 弹丸摆角及摆角速度对最大射程密集度的影响

弹轴摆角 φ_1、φ_2 误差 $\sigma_{\varphi1}$、$\sigma_{\varphi2}$ 对最大射程密集度 A_x、A_z 的影响规律如图 4－12 和图 4－13 所示。由图可见，$[\sigma_{\varphi1}] = [\sigma_{\varphi2}] = 23$ mil 是密集度 $A_x = 1/300$ 时的单因素阈值，$\sigma_{\varphi2}$ 对横向密集度 A_z 的影响不大。

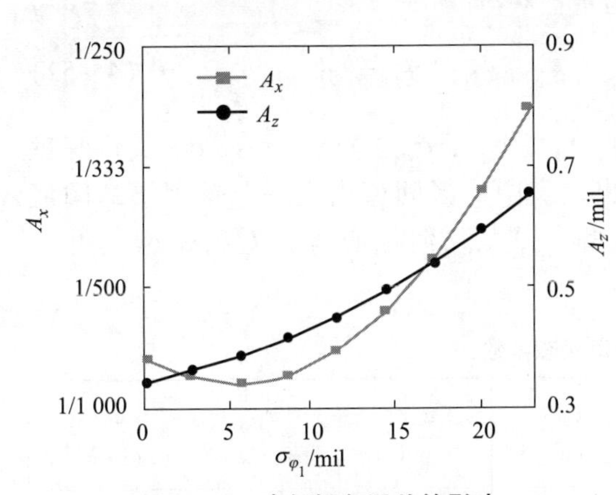

图 4－12　高低摆角误差的影响

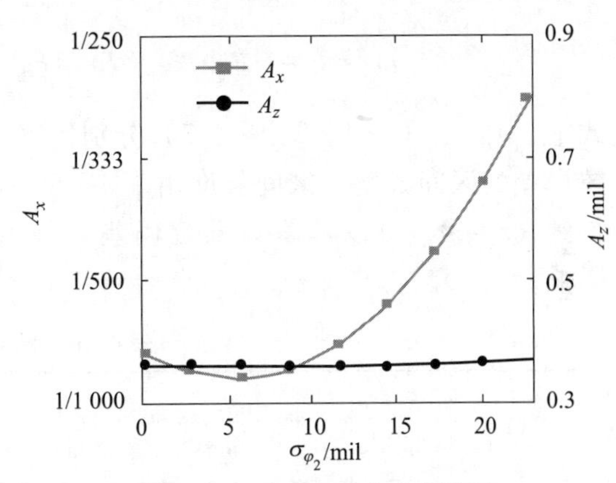

图 4－13　方向摆角误差的影响

弹轴摆角速度 $\dot{\varphi}_1$、$\dot{\varphi}_2$ 误差 $\sigma_{\dot{\varphi}_1}$、$\sigma_{\dot{\varphi}_2}$ 对最大射程密集度 A_x、A_z 的影响规律如图 4－14 和图 4－15 所示。由图可见，$[\sigma_{\dot{\varphi}_1}] = [\sigma_{\dot{\varphi}_2}] = 3.1$ rad/s 是密集度 $A_x = 1/300$ 时的单因素阈值，$\sigma_{\dot{\varphi}_1}$ 对横向密集度 A_z 的影响不大。

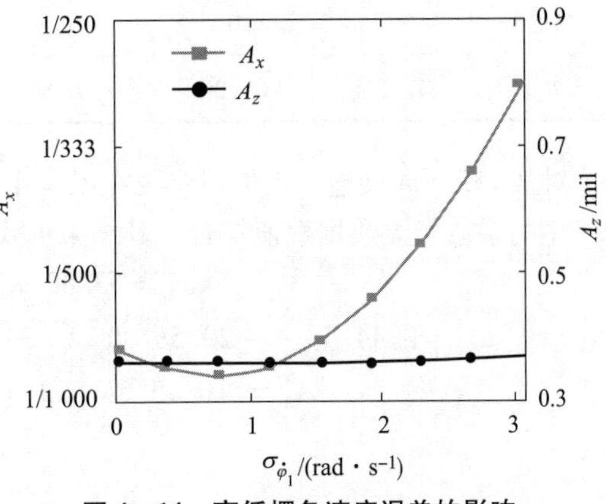

图 4－14　高低摆角速度误差的影响

4.3.4.2　多因素对最大射程密集度的综合影响

当要同时考虑 σ_{v_0}、σ_{ψ_1}、σ_{ψ_2}、σ_{φ_1}、σ_{φ_2}、$\sigma_{\dot{\varphi}_1}$、$\sigma_{\dot{\varphi}_2}$ 7 个误差对密集度的综合影响

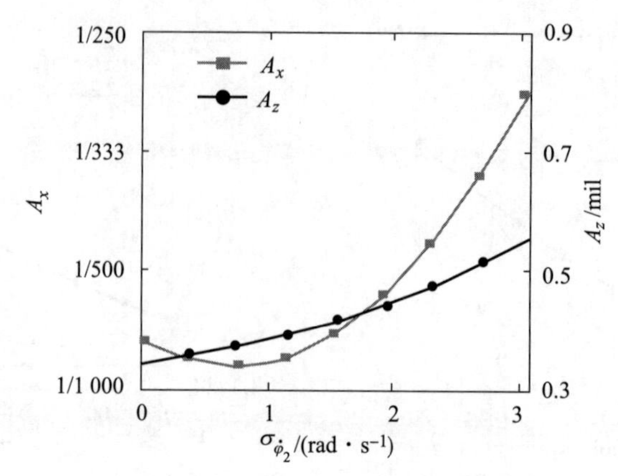

图 4 - 15 方向摆角速度误差的影响

时，可构建弹丸的 σ_{v_0}、σ_{ψ_1}、σ_{ψ_2}、σ_{φ_1}、σ_{φ_2}、$\sigma_{\dot{\varphi}_1}$、$\sigma_{\dot{\varphi}_2}$ 7 个炮口状态参数均方差与弹丸炸点散布 σ_x、σ_z之间的映射关系，考虑到上一节得到的单因素对密集度的影响规律，该映射关系具有以下二次形式：

$$\sigma_x = \sigma_{x_0} + \boldsymbol{A}_1^{\mathrm{T}}\boldsymbol{\xi} + \boldsymbol{\xi}^{\mathrm{T}}\boldsymbol{B}_1\boldsymbol{\xi} \tag{4-50}$$

$$\sigma_z = \sigma_{z_0} + \boldsymbol{A}_3^{\mathrm{T}}\boldsymbol{\xi} + \boldsymbol{\xi}^{\mathrm{T}}\boldsymbol{B}_3\boldsymbol{\xi} \tag{4-51}$$

$$\xi = \{\xi_{v_0} \quad \xi_{\psi_1} \quad \xi_{\psi_2} \quad \xi_{\varphi_1} \quad \xi_{\varphi_2} \quad \xi_{\dot{\varphi}_1} \quad \xi_{\dot{\varphi}_2}\}^{\mathrm{T}}, \xi_i = \frac{\sigma_i}{\xi_i^l} \tag{4-52}$$

式中，σ_i、ξ_i^l（$i=1, 2, \cdots, 7$）分别代表 σ_{v_0}、σ_{ψ_1}、σ_{ψ_2}、σ_{φ_1}、σ_{φ_2}、$\sigma_{\dot{\varphi}_1}$、$\sigma_{\dot{\varphi}_2}$及这些参数误差的区间长度，区间长度由表 4 - 6 中给出，表中的区间值由上一节单因素的阈值得到，σ_{x_0}、σ_{z_0} 可以理解为系统偏差（弹道模型、弹丸几何偏心等）对射击密集度的影响。

表 4 - 6 弹丸炮口状态参数

参数	v_0/(m · s^{-1})	ψ_1/mil	ψ_2/mil	φ_1/mil	φ_2/mil	$\dot{\varphi}_1$/(rad · s^{-1})	$\dot{\varphi}_2$/(rad · s^{-1})
分布类型	正态	正态	正态	正态	正态	正态	正态
均值	930	0	0	0	0	0	0
均方差范围	[0, 2.4]	[0, 20]	[0, 0.86]	[0, 23]	[0, 23]	[0, 3.1]	[0, 3.1]

对某 155 mm 火炮，当炮口参数在见表 4 - 6 中的区间内取值时，式（4 - 50）、式（4 - 51）中的系数经大数据数值拟合，其结果见式（4 - 53）。

$$\sigma_{x_0} = 53.80 \text{ m}, \ \sigma_{z_0} = 16.62 \text{ m} \tag{4-53A}$$

$$\begin{aligned} \boldsymbol{A}_1^{\mathrm{T}} &= \{44.58 \quad -29.58 \quad 0 \quad -32.63 \quad 10.49 \quad -15.88 \quad -24.88\}, \\ \boldsymbol{A}_3^{\mathrm{T}} &= \{0 \quad 5.63 \quad 13.39 \quad 3.05 \quad 0 \quad 0 \quad 2.09\} \end{aligned} \tag{4-53B}$$

$$
\boldsymbol{B}_1 = \begin{bmatrix} 48.75 & -23.87 & 0 & -11.29 & -38.02 & 1.41 & -18.03 \\ -23.87 & 124.6 & 0 & 27.33 & -25.59 & -30.99 & 30.68 \\ 0 & 0 & 0 & 0 & 0 & 0 & 0 \\ -11.29 & 27.33 & 0 & 118.8 & -36.38 & -15.12 & 35.92 \\ -38.02 & -25.59 & 0 & -36.38 & 101.6 & 26.76 & -22.69 \\ 1.41 & -30.99 & 0 & -15.12 & 26.76 & 99.8 & -14.91 \\ -18.03 & 30.68 & 0 & 35.92 & -22.69 & -14.91 & 107.0 \end{bmatrix},
$$

$$
\boldsymbol{B}_3 = \begin{bmatrix} 0 & 0 & 0 & 0 & 0 & 0 & 0 \\ 0 & 11.21 & -7.40 & -2.38 & 0 & 0 & -1.45 \\ 0 & -7.40 & 18.19 & -4.27 & 0 & 0 & -4.37 \\ & 0 & -2.38 & -4.27 & 8.80 & 0 & 0 \\ 0 & 0 & 0 & 0 & 0 & 0 & 0 \\ 0 & 0 & 0 & 0 & 0 & 0 & 0 \\ 0 & -1.45 & -4.37 & 0.05 & 0 & 0 & 5.74 \end{bmatrix} \tag{4-53C}
$$

4.4　弹丸物理特性对弹道的影响

4.4.1　弹道系数对弹道的影响

由弹道系数的定义 $C = id^2 \times 10^3/m$ 可以看出，弹道系数与弹丸质量 m 及弹丸直径 d 直接关联；而弹道系数也反映空气阻力对弹道特性影响的程度，可见 m、d 的变化会引起弹道系数 C 的变化，C 的变化又引起空气阻力的变化。

4.4.2　弹道系数对弹道特性的影响

在真空条件下，或者当弹道系数为零时，弹道曲线是一条抛物线，弹道的升弧段与降弧段完全对称，落角 θ_c 与射角 θ_0 相等（图 4 - 16），落速 $\|\boldsymbol{v}_c\|$ 与初速 $\|\boldsymbol{v}_0\|$ 相等。弹道对称的原因在于，当弹道系数为零时，$\mathrm{d}v_x/\mathrm{d}t = 0$，$v_x$ 为常量；而 v_y 的变化完全取决于重力，在升弧段上，$\boldsymbol{v}_y$ 逐渐减小，降弧段上，$|v_y|$ 逐渐增大，在同一高度上，升弧段与降弧段 $|v_y|$ 相等。因而是同一高度上弹道倾角 $|\theta| = \arctan(|v_y|/v_x)$ 相等，并且飞行速度 $\boldsymbol{v} = \sqrt{v_x^2 + v_y^2}$ 相等，所以落角 θ_c 等于射角 θ_0，落速 $\|\boldsymbol{v}_c\|$ 等于初速 $\|\boldsymbol{v}_0\|$，弹道顶点的速度最小。

当弹道系数不为零时，射程将明显减小，并且弹道不再对称，降弧比升弧陡，落角比射角大（$\theta_c > \theta_0$），落速比初速小（$\|\boldsymbol{v}_c\| < \|\boldsymbol{v}_0\|$）。弹道系数越大，则射程越小，并且弹道不对称性明显。弹道不对称的原因主要在于 v_x 的迅速减小，降弧上 v_x 远小于升弧，因而使降弧上 $|\theta|$ 增大，v 减小。此时弹道顶点也不再是速度最小点。弹道顶点之后，在阻力作用下，速度继续减小，在弹道顶点之后的某点处，速度达到最小值，且弹道系数越大，此点离弹道顶点越远。

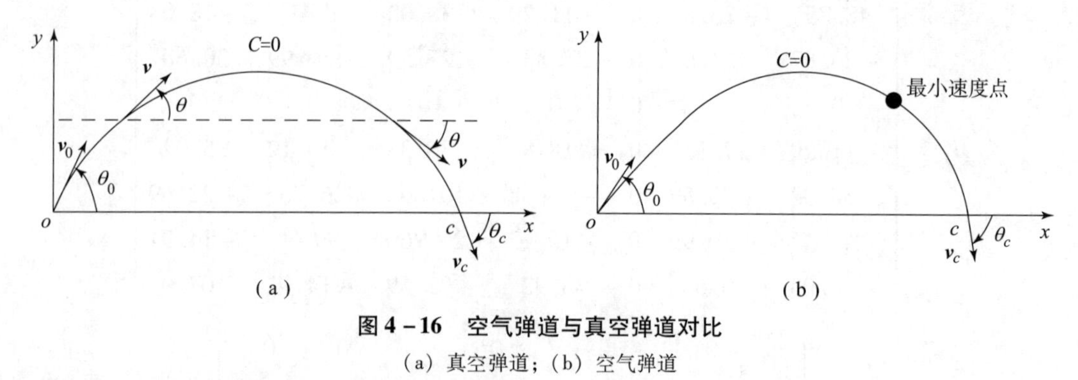

图 4－16　空气弹道与真空弹道对比

(a) 真空弹道；(b) 空气弹道

4.4.3　口径和弹丸质量对弹道的综合影响

由弹道系数的定义 $C = id^2 \times 10^3/m$ 来看，似乎口径 d 越大，则弹道系数越大，其实不然，随着口径的增大，弹丸质量必然同时增大，而且增大得更多。对于同种类型的弹丸（例如同为穿甲弹），弹丸质量近似为 d^3 成正比，所以，当口径增大时，弹道系数公式的分母比分子增大得更多，故而口径越大，弹道系数越小。对于不同类型弹丸，以上规律不能永远成立，但大体上还是对的。例如枪弹，因为其口径很小，弹道系数很大，尽管其初速很大，但射程仍然很近。这并非因为枪弹所受的空气阻力大，而是其空气阻力加速度大的缘故。

4.4.4　弹道系数对散布的影响

弹丸的最大直径、弹丸形状和质量的任何随机变化都能引起弹道系数的变化和射程散布。例如，弹丸最大直径在公差范围内的变化都能引起射程散布。弹丸质量的误差虽然可以根据射表中的弹丸质量分级加以修正，但也只能得到部分修正。弹丸质量在同一个等级中仍是变化的，也会引起散布。此外，由于每发弹丸质心位置和转动惯量等结构上的差异，引起弹丸飞行中攻角变化规律的不一致性，攻角大小的变化可以改变空气阻力的大小，也将产生散布。在不同初速和射角下，射程对弹道系数的敏感程度也是不同的，表 4－7 列出了不同初速和射角下的射程对弹道系数的敏感因子（或称修正系数）Q_C，即当弹道系数变化 1% 时射程增量的绝对值。斜线下为对应射程敏感因子的相对值，即 $100Q_C/\|\boldsymbol{x}(t_C)\|$。由表中数值看出，在小射角下，$Q_C$ 及其相对值都比较小，这是因为弹道系数是通过改变弹丸速度来影响弹道的，而它改变弹丸速度需要一段时间过程。小射角时，由于飞行时间很短，弹道系数尚未来得及充分发挥作用，因而对弹道影响小。当射角增大时，Q_C 逐渐增大，在超过某一射角后，Q_C 有所减小，但其相对值仍在继续增大。只有在初速和射角都很大时，其相对值才有所下降，原因是在此情况下弹道高很高，很大一部分弹道是在稀薄空气中，因而空气阻力影响变小。但这种情况实际中是很少出现的，如此高速的火炮一般不会在很大射角下射击。随着初速的增大，空气阻力的影响增大，Q_C 及其相对值将很快增大。

表 4-7　射程对弹道系数的敏感因子 Q_C

$C=0.4$						
$v_0/(\mathrm{m\cdot s^{-1}})$ \ $\theta_0/(°)$	5	15	30	45	60	70
200	0.1/0.01	0.8/0.04	2.2/0.07	3.0/0.08	2.7/0.07	2.0/0.08
600	10.3/0.20	39.7/0.37	61.2/0.39	75.0/0.42	71.9/0.46	55.6/0.46
1 000	39.7/0.35	121/0.58	207/0.71	291/0.85	289/0.85	224/0.82
1 400	81.7/0.47	214/0.70	436/0.95	702/1.10	653/1.00	
$C=0.8$						
$v_0/(\mathrm{m\cdot s^{-1}})$ \ $\theta_0/(°)$	5	15	30	45	60	70
200	0.2/0.03	1.4/0.07	3.6/0.12	5.0/0.14	4.5/0.15	3.3/0.15
600	13.4/0.32	33.6/0.41	54.1/0.47	66.3/0.52	61.2/0.55	47.0/0.55
1 000	42.2/0.50	84.1/0.61	121/0.66	149/0.74	157/0.86	132/0.92
1 400	73.8/0.61	133/0.72	195/0.80	281/1.00	384/1.34	

4.5　气象条件对弹道的影响

4.5.1　气象条件对散布和射击误差的影响

气温和气压都是缓慢变化的，在一组弹的射击过程中可以认为是不变的，它们对散布没有影响。但是测量气温的误差和层权的误差使气温的影响不可能得到准确的修正，因而将产生一定的射击误差。

风的变化比气温、气压的变化快，因而可能产生散布。风的变化主要在低空，高空风是比较恒定的，越靠近地面，风的阵性越大。考虑地面炮的层权是上面大、下面小，也就是高空风起作用大、低空风起作用小，当弹道比较高时，风对炮弹散布的影响是比较小的。

目前气球测风的误差是比较大的，而且由于测风与射击的地点和时间上的差异，又会造成一定的系统误差，再加上近似层权的误差，所以风修正的不准确性对火炮都可能造成较大的射击误差。

4.5.2　弹道对气象条件的敏感程度

气压直接影响空气密度，而且成正比关系。由空气阻力加速度的一般表达式（1-36）、式（1-50）可知，空气密度和弹道系数对空气阻力加速度的影响是相同的。可以证明射程对地面气压的敏感因子与 Q_C 完全相同。Q_C 也可当成当地面气压变化 1% 时射程的变化量。

射程对纵风的敏感因子 Q_{W_x} 及弹道对横风的敏感因子 Q_{W_z} 的变化规律与 Q_C 的相似，即在小射角时，Q_{W_x}、Q_{W_z} 及其相对值都比较小；当射角增大时，Q_{W_x} 和 Q_{W_z} 逐渐增大，在超过某一

射角时有所减小，但其相对值仍继续增大，只有在初速和射角都很大时，其相对值才有所下降。它们与 Q_C 相似并非偶然，原因在于纵风和横风都是通过改变空气阻力加速度的大小或方向来影响弹道的。表4-8和表4-9分别列出了 Q_{Wx} 和 Q_{Wz} 的数值，斜线下为对应射程敏感因子的相对值，即 $Q_{Wx}/\|\boldsymbol{x}(t_C)\|$ 和 $Q_{Wz}/\|\boldsymbol{x}(t_C)\|$。由表看出，一般情况下，$Q_{Wx}$ 和 Q_{Wz} 皆随弹道系数增大而增大，只有个别情况下才略有减小，但其相对值仍是增大的。

表4-8　射程对纵风的敏感因子 Q_{Wx}

$C_{43}=0.4$						
$v_0/(\mathrm{m\cdot s^{-1}})$ \ $\theta_0/(°)$	5	15	30	45	60	70
200	0	0.7/0.04	2.1/0.06	3.1/0.08	3.4/0.11	2.9/0.12
600	2.5/0.05	13.8/0.13	32.9/0.21	43.3/0.25	41.6/0.26	36.6/0.30
1 000	6.7/0.06	25.8/0.12	50.6/0.17	67.3/0.20	71.3/0.21	62.4/0.23
1 400	12.1/0.07	38.7/0.13	73.3/0.16	95.0/0.15	88.9/0.13	
$C_{43}=0.8$						
$v_0/(\mathrm{m\cdot s^{-1}})$ \ $\theta_0/(°)$	5	15	30	45	60	70
200	0.3/0.04	1.3/0.07	3.7/0.12	5.6/0.16	6.0/0.20	5.2/0.23
600	7.7/0.18	17.5/0.21	34.2/0.29	43.4/0.34	44.3/0.40	41.7/0.49
1 000	16.5/0.20	26.1/0.19	47.5/0.26	62.9/0.31	70.0/0.38	69.4/0.49
1 400	25.9/0.21	34.3/0.19	60.5/0.25	85.1/0.30	97.4/0.34	

表4-9　射程对横风的敏感因子 Q_{Wz}

$C_{43}=0.4$						
$v_0/(\mathrm{m\cdot s^{-1}})$ \ $\theta_0/(°)$	5	15	30	45	60	70
200	0	0.3/0.02	1.0/0.03	1.7/0.05	2.1/0.06	2.1/0.09
600	1.6/0.03	8.3/0.08	17.6/0.11	24.1/0.14	28.1/0.18	29.3/0.24
1 000	4.4/0.04	18.5/0.09	36.9/0.13	49.9/0.15	54.3/0.16	54.4/0.20
1 400	7.8/0.04	27.9/0.09	52.1/0.11	64.4/0.10	67.6/0.10	
$C_{43}=0.8$						
$v_0/(\mathrm{m\cdot s^{-1}})$ \ $\theta_0/(°)$	5°	15	30	45	60	70
200	0.1/0.01	0.6/0.03	1.8/0.06	3.0/0.09	3.7/0.12	3.8/0.17
600	2.5/0.06	9.6/0.12	19.3/0.17	27.0/0.21	32.3/0.29	34.1/0.40
1 000	5.9/0.07	18.9/0.14	34.2/0.19	47.2/0.23	57.4/0.31	61.9/0.43
1 400	9.3/0.08	26.1/0.14	46.6/0.19	66.6/0.24	80.5/0.28	

气温一方面通过改变空气密度影响弹道，另一方面又通过改变声速和阻力系数影响弹道。且在 $C_{x0}(Ma)$ 曲线的上升段和下降段其影响又不相同，所以射程对气温敏感因子 Q_τ 的变化规律较为复杂。不过由于空气密度的变化还是起主导作用的，所以 Q_τ 总的变化规律与 Q_C 相似。只有在初速和射角都比较大的情况下才偶尔出现负值，这种情况在实际中很少遇见，参见表 4 - 10。

表 4 - 10　射程对气温的敏感因子 Q_τ

$C_{43}=0.4$						
$\theta_0/(°)$ \ $v_0/(\mathrm{m\cdot s^{-1}})$	5	15	30	45	60	70
200	0	0.3/0.02	0.7/0.02	1.0/0.03	0.9/0.03	0.6/0.02
600	2.7/0.05	11.8/0.11	23.0/0.15	26.0/0.15	21.0/0.13	14.9/0.12
1 000	10.9/0.10	28.6/0.14	35.3/0.12	20.3/0.06	4.5/0.01	-1.9/0.007
1 400	24.4/0.14	50.0/0.16	46.1/0.10	1.1/0.002	-10.6/0.02	
$C_{43}=0.8$						
$\theta_0/(°)$ \ $v_0/(\mathrm{m\cdot s^{-1}})$	5	15	30	45	60	70
200	0.1/0.01	0.5/0.03	1.2/0.04	1.7/0.05	1.5/0.05	1.0/0.04
600	3.8/0.09	13.5/0.16	22.7/0.20	25.1/0.20	21.4/0.19	16.0/0.19
1 000	11.4/0.14	25.2/0.18	35.2/0.19	36.5/0.18	27.7/0.15	19.6/0.14
1 400	21.5/0.18	37.9/0.20	48.9/0.20	44.9/0.16	21.3/0.07	

4.6　气动参数对弹道的影响

弹丸在空气中以一定的马赫数和攻角进行飞行，在弹丸表面上会产生一定的表面压力。图 4 - 17 给出了作用在弹丸表面上理论计算的压力云图，记这些压力分布为 $p(\boldsymbol{x}_Q,t)$。由图可见，高速飞行时，在弹丸头部产生了一系列压力激波，在弹体表面折转处以及弹体尾部产生了一系列的膨胀波，弹体尾部产生了明显的低压区并伴有回流现象。图 4 - 18 给出了弹丸周围空气流动速度的变化规律，从中可以清楚地看到由于弹丸表面折转而形成的气流折转，以及弹尾部的低速区。

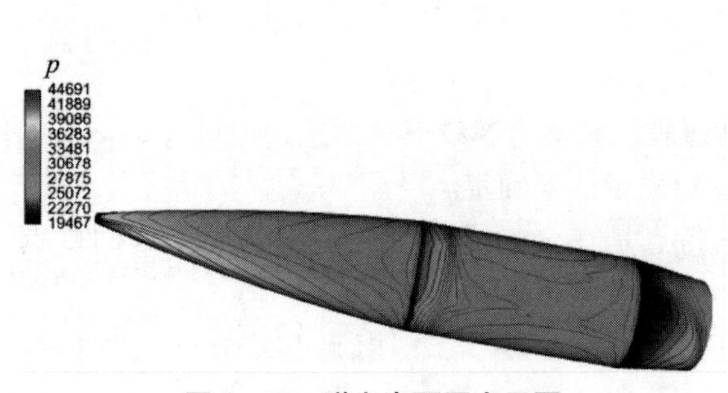

图 4 - 17　弹丸表面压力云图

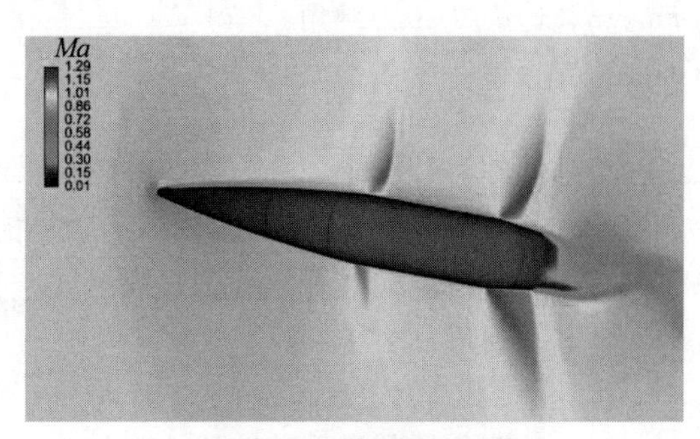

图 4 - 18　马赫数云图

阻力系数和阻力矩系数影响着空气动力和动力矩的变化。获取这些阻力系数方法有两种：一种是空气动力学计算，另一种是风洞试验。随着数值分析计算精度的不断提升和科学测试仪器的不断进步，已能非常方便地精确获取这些阻力系数。尽管这样，在采用阻力系数时还存在着各种误差，主要有以下几个方面的原因。

（1）线性阻力系数的误差。在所有的空气动力和动力矩公式中，力和力矩与变量之间的关系为线性关系，比例系数即为阻力系数，当章动角较大时，这与实际的空气动力和动力矩之间存在误差，这种误差需要通过实弹校验来修正。

（2）模型误差。在数值模型计算或风洞试验测试时，通常使用发射前的弹丸来进行建模和用作风洞测试模型，但经身管发射飞行的弹丸的外形与发射前是不同的，若用发射前由弹丸外形得到的阻力系数来计算发射过程中的弹丸气动力和力矩，将形成较大的误差。这种误差也需要通过实弹校验来修正。

图 4－19 给出了发射前后弹带的外形比较图，其中，图 4－19（a）为发射前的弹带外形、图 4－19（b）为发射后的弹带外形，两者比较可见其外形差别很大。弹带造成弹丸结构外形折转处的气流较大，阻力变化也大，若采用发射前弹丸的阻力系数，则将造成较大的误差。图 4－19（c）、图 4－19（d）分别为弹带全部脱落和弹带翻边后的外形，可见其外形也发生较大的改变，阻力系数也将随之发生改变。通过对某 155 mm 弹丸最大射程计算发现，弹带全部脱落后，弹丸的飞行距离将增加 1 148 m。当弹带出现翻边、部分损伤或部分脱落等情况时，造成阻力系数的均值 $\boldsymbol{\mu}_{\mathrm{C}}$ 和方差 $\boldsymbol{\Sigma}_{\mathrm{C}}$ 较大的散布，由此引起最大射程的散布。

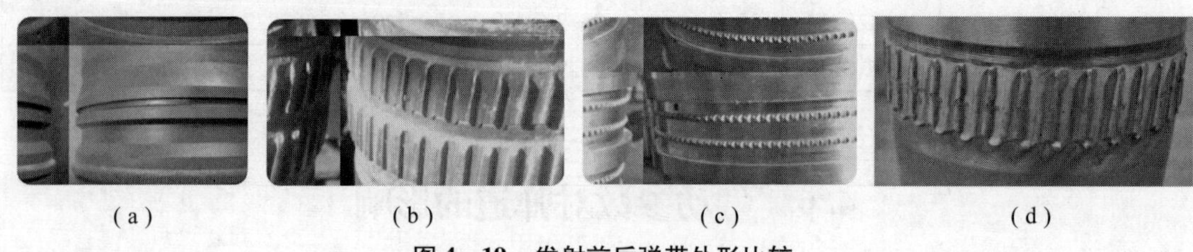
(a) (b) (c) (d)

图 4－19　发射前后弹带外形比较

影响发射后，变形弹带外形的主要因素反映在弹带与身管界面的接触特性上，如卡膛姿态与卡膛深度、弹带结构形状、弹带材料特性、膛线沿身管轴线的变化规律（缠度）和膛线深度。

膛线缠度的展开式用 $y = y(x)$ 来表示，假定弹丸绕身管轴线旋转一周、弹丸沿身管轴线运动的距离为 $\eta(x)d$，其中，d 为膛线阳线的直径，$\eta(x)$ 为缠度。由几何关系 $\tan\alpha = y' = \pi d/[\eta_D(x)d]$（$\alpha$ 为缠角），得

$$\eta_D(x) = \frac{\pi}{y'(x)} \tag{4-54}$$

目前膛线按缠度来划分，有等齐膛线、渐速膛线和混合膛线三种形式，炮口（$x = x_G$）缠度 $\eta(x_G)$ 由弹丸空中飞行的陀螺稳定性和追随稳定性来确定。

等齐膛线。膛线展开方程为线性形式，其特点是在全膛线，即由起点 $x = x_0$ 到炮口点 $x = x_G$ 上，缠角 α 为常量。

渐速膛线。膛线展开方程为二次形式，其特点是在全膛线，即由起点 $x = x_0$ 到炮口点 $x = x_G$ 上，缠角 α 随身管轴线线性变化。

混合膛线。混合膛线在身管轴线上由渐速膛线和等齐膛线两部分组成；一般在膛线起始位置（$x = x_0$）至身管上某一点A位置（$x = x_\eta$）采用渐速膛线，点A至炮口（$x = x_G$）采用等齐膛线。

图4-20给出了膛线缠度形式对弹丸绕身管轴向的转动角加速度随其行程的变化规律。由图可见，在三种不同形式的膛线中，等齐膛线对弹丸转动角加速度的增速开始快，后续比较平稳下降；其余两种膛线对弹丸转动角加速度的增速呈非线性增加，但混合膛线在$x = x_\eta$处出现角加速度突变，其原因是$y''^{-}(x_\eta) \neq y''^{+}(x_\eta)$，即二阶导数不连续，角加速度的突变会对弹丸运动产生冲击，造成弹带塑性变形的保形性能下降；由于在炮口处$y''(x_G) \neq 0$，使得在相同的炮口缠度下，渐速膛线对弹丸炮口处的转动角加速度大于其余两种膛线的角加速度达80.54%。

图4-21给出了膛线缠度形式对弹带宽度方向上的变形挤压角加速度$\delta\ddot{\alpha}$随行程的变化规律，由图可知，等齐膛线全程在弹带宽度方向上的变形挤压角$\delta\ddot{\alpha} = 0$，表明膛线对弹带无挤压作用；渐速膛线全程上$\delta\ddot{\alpha} \neq 0$，最大值达$\delta\ddot{\alpha} = 1\ 400\ \text{rad/s}^2$，表明其对弹带挤压作用明显；混膛线最大挤压角加速度达$\delta\ddot{\alpha} = 1\ 500\ \text{rad/s}^2$，且在$x = x_\eta$处出现挤压角加速度$\delta\ddot{\alpha}$突变；较大的$\delta\ddot{\alpha}$意味着膛线对弹丸运动存在较大的作用载荷，该载荷作用会引起弹丸膛内运动冲击，导致弹丸章动速度增加。

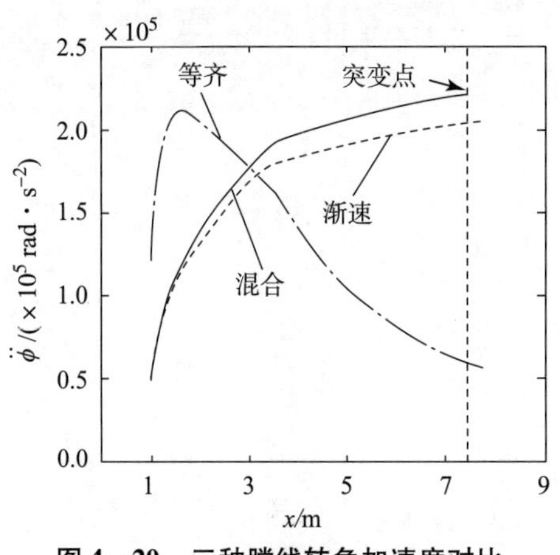

图4-20 三种膛线转角加速度对比

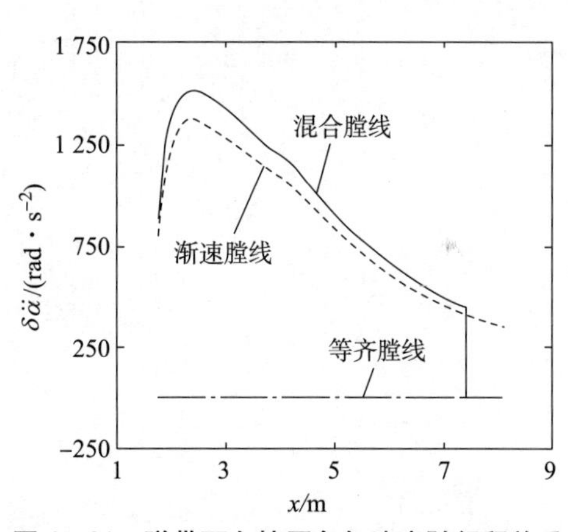

图4-21 弹带环向挤压角加速度随行程关系

由此可见，等齐膛线对弹丸的作用效果最好，有利于提高弹带塑性变形的保形性能，具有稳定一致的弹丸空气阻力系数的均值$\boldsymbol{\mu}_\mathrm{C}$和方差$\boldsymbol{\Sigma}_C$，其余两种类型的膛线均会降低弹带塑性变形的保形性能，会导致弹丸空气阻力系数均值$\boldsymbol{\mu}_\mathrm{C}$和方差$\boldsymbol{\Sigma}_C$的不一致性。上述这些特性需要在火炮总体设计时加以控制的。

习　题

(1) 随着初速和弹道系数的增大，最大射程角逐渐减小，但当初速很大时，最大射程角又逐渐增大，甚至大于45°，请简要说明原因。

(2) 射角由仰角和跳角两部分组成，简要说明跳角和仰角是如何导致射角误差的。

（3）为什么在小射角下根据实测射程反求弹道系数时，所得的弹道系数离散程度往往很大，甚至出现负值?

（4）请分析小射角情况下，射程对弹道系数的修正系数及其相对值对弹道影响都比较小的原因。

（5）分析弹道系数对散布的影响。

（6）简述气象条件对弹道的影响。

（7）射程散布的计算公式是什么？其中的变量分别表示什么物理意义？如何获取?

（8）请解释射击精度、射击准确度、射击密集度的含义。

（9）请简要说明初速误差产生的原因有哪些。

（10）请简要概括射击误差包括哪几个方面。

（11）请简述弹道刚性原理，并简要分析产生原因。

第 5 章

射表及其编拟方法简介

5.1 有关射表的基本知识

5.1.1 射表的作用与用途

射表是指挥射击所必需的基本文件。当目标位置及气象条件等为已知时，利用射表即可得知命中目标所需的射角和射向。射表中还包含其他一些指挥射击所需的基础数据。射表精确与否直接影响射击效果，特别是在现代战争对炮兵提出首发命中要求的情况下，提高射表精度并正确使用射表具有更加重要的意义。

射表也是射击指挥和火控系统设计的依据。因为指挥系统和火控计算机是以射表的数据为基础设计出来的，没有精确的射表，就不可能有良好的设计。对于指挥系统和火控计算机的设计人员，不但需要了解射表的内容及其正确含义，而且为了更方便、合理地处理射表数据，对射表编拟方法及其所需的原始数据也应有所了解。

5.1.2 标准射击条件

影响弹道的因素很多，包括火炮、弹药以及气象等各方面的因素。在炮兵射击时，这些因素又是变化的，这给编拟射表造成了困难。为此，必须规定一定的标准射击条件作为编表的依据。当射击时的实际条件与标准条件不一致时，再根据其差别大小进行修正。

标准射击条件包括标准气象条件和标准弹道条件，此外，还有标准地球和地形条件。

标准气象条件就是第 1 章第 1.1 节中所述炮兵标准气象条件，此处不再重述。

标准弹道条件的内容包括表定弹丸质量、表定药温、表定初速和表定跳角。

由于生产中存在加工误差，每发弹的质量都不相同，其数据在一定范围内变化。为此，必须选取一个适中的数值作为标准值，并按弹丸质量的变化范围分为若干等级。在标准值附近的为正常级，射击时不需要修正。比标准弹重的弹分四个等级，根据其与标准值偏差的大小分别在弹上标有“+”“++”“+++”或“++++”；比标准弹轻的也分四个等级，分别在弹上标有“-”“--”“---”或“----”。射击时，根据弹丸上的标志进行修正。

火药的温度对初速有明显的影响，在确定表定初速之前，先确定表定药温。我国表定药温统一规定为 15 ℃。当射击时的实际药温与标准温度有差别时，需要进行药温修正。

同一种火炮，其各门炮的初速并不完全相同。而且同一门火炮随着射击发数的增加，其初速也是在缓慢变化的。在表定药温下火炮初速随射击发数的变化规律如图 5-1 所示。表定初速应该选在曲线比较平的部分，以便使火炮在使用过程中尽可能长的时间内无须进行初速修正。每一门火炮在执行作战任务前都必须测出其实际初速，在测定实际初速时应注意所使用弹药的质量和药温必须符合表定值。如果该炮的实际初速与表定初速不相等，在对目标射击时，必须进行初速修正。

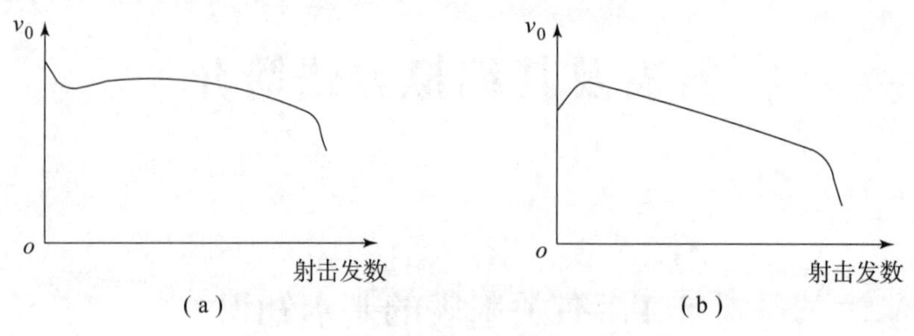

图5-1　初速随射击发数的变化规律

跳角是射角的组成部分。发射前身管的轴线称为仰线，仰线与水平面的夹角称为仰角。由于发射过程中火炮的牵连角运动、弹丸膛内的摆动运动等原因，弹丸出炮口时初速方向并不完全与仰线重合，而有一个小的夹角，初速矢量与仰线的夹角称为跳角。此跳角可分解为纵向（高低）分量和横向分量，横向分量使射击方向发生变化，而纵向分量则构成射角的一部分。射角即为仰角与跳角纵向分量之和。跳角的纵向分量也称定起角。跳角的随机性比较大，每门炮的跳角都不相等，每发弹的跳角也不完全相同。但它也有系统分量，表定跳角是若干门火炮系统分量的平均值。在编制射表中，计算弹道时所用的射角即仰角与表定纵向跳角之和。对于直接瞄准的反坦克炮，为了提高射击精度，应采用校炮的方法来修正本门火炮的平均跳角与表定跳角之差。特别是无后坐力炮的平均跳角是随射击发数的增加在逐渐变化的，因此，在射击比较多的发数后，还应重新校炮，以修正该炮变化后的平均跳角与表定跳角之差。

所谓标准地球和地形条件，指的是不考虑科氏惯性力的影响，地面是平坦的，或者说目标在炮口水平面上。当目标不在炮口水平面上时，则需进行修正。还有一点，即重力加速度取标准值，目前我国炮兵采用的标准值为9.80 m/s^2。实际上，不同纬度的重力加速度还略有不同，但由于变化较小，射表中一般不考虑此项修正，如需修正，可在对科氏惯性力的修正项中一并进行。

5.1.3　射表的内容与格式

射表的主要内容包括基本诸元和修正诸元两大部分。此外，还包含一些射击指挥时所需的其他内容。

所谓基本诸元，即在标准射击条件下射程与仰角的关系。为了说明射表的内容和格式，作为一个例子，表5-1列出了某榴弹炮射表的一部分。表5-1（a）中左面第一列（栏）中的“射距离”就是射程，当目标不在炮口水平面内时，指的是炮目距离；第二、三、四列中的“表尺”即为与各射程对应的火炮仰角，其中第二列为当炮位海拔高度为零时的情况，其地面标准气压和气温按炮兵标准气象条件规定的标准分布定律确定，其数值已在表中标出。当射击时的实际气压和气温与表中所标数值不符时，需进行气压和气温的修正。第三、第四列分别为当炮位在海拔高度为500 m和1 000 m时的情况。当海拔高于1 500 m时，另外编有相应的射表。

表 5－1（b）的“修正量算成表”中所列的即为修正诸元。表的左侧给出了对应的射程（4 000 m 和 5 000 m），此射程间隔比表 5－1（a）大 5 倍。表中的修正量分两类。第一类包括弹丸质量修正量和带冲帽及未涂漆的修正量，列在表的左侧。第二类包括横风、纵风、气压、气温、药温和初速修正量，第二类给出了不同大小的偏差量所对应的修正量。这样可以使修正计算更方便，同时也便于考虑偏差量与射程修正量之间的非线性关系。所有修正量的单位都是 m，为了换算成射角的修正量，可利用表 5－1（a）左面第五列所列的数据进行转换。此外，表 5－1（a）中左面第六列为目标不在炮口水平面时仰角的修正量（炮目高差 10 m 的高低修正量）。当目标偏离炮口水平面更多时，另有专门修正量表。关于地球自转（即科氏惯性力）的修正量，也另有修正量表。以上都属于修正量诸元的范围。

表 5－1　射表格式

（a）基本射表

海拔/m	0	500	1 000	高角变化 mil 的距离改变量	炮目高差 10 m 的高低修正量	飞行时间	落角	落速	公算偏差			最大弹道高	偏流
气压/kPa	98.7	93.0	87.6						距离	高低	方向		
气温/℃	15	12	9										
射距离	表尺	表尺	表尺										
m	mil	mil	mil	m	mil	s	(°)	m·s^{-1}	m	m	m	m	mil
4 000	107.0	105	103	26	2.38	10	9.0	311	20	3.3	2.1	135	2
200	114.7	112	110	25	2.26	11	9.8	307	21	3.6	2.2	153	2
400	122.6	120	118	24	2.16	12	10	304	21	3.9	2.3	173	3
600	130.7	128	125	24	2.07	12	11	301	22	4.3	2.4	194	3
800	139.1	136	133	23	1.98	13	12	298	22	4.7	2.6	216	4
5 000	147.6	144	141	23	1.91	14	13	296	23	5.2	2.7	241	3
200	156.4	153	150	22	1.83	14	14	293	23	5.6	2.8	266	3
400	165.4	162	158	22	1.77	15	15	291	24	6.1	2.9	294	3
600	174.5	171	167	21	1.71	16	15	289	24	6.5	3.0	323	3
800	183.9	180	176	21	1.65	17	16	286	24	7.0	3.1	354	4

（b）修正量算成表

射击条件		偏差量											
		1	2	3	4	5	6	7	8	9	10	11	12
4 000 m 冲帽 4 弹丸质量 +5 未涂漆 21	横风	1	1	2	2	3	4	4	5	6	6	12	19
	纵风	5	10	15	19	24	29	34	39	44	49	99	150
	气压	2	3	5	6	8	9	11	12	14	16	31	46
	气温	4	8	12	16	20	24	28	32	36	40	78 83	116 126
	药温	5	9	14	18	23	27	32	36	41	46	91	137
	初速	6	11	17	23	28	34	40	46	51	57	114	171

续表

射击条件		偏差量											
		1	2	3	4	5	6	7	8	9	10	11	12
5 000 m 冲帽7 弹丸质量+4 未涂漆28	横风	1	2	2	3	4	5	5	6	7	8	15	23
	纵风	8	16	24	32	40	48	56	64	72	80	162	246
	气压	2	4	6	8	10	13	15	17	19	21	41	62
	气温	6	12	19	25	31	37	43	49	55	61	122	180
												127	193
	药温	5	10	15	21	26	31	36	41	46	51	103	180
	初速	6	13	19	26	32	39	45	51	58	64	129	193

表中还包含一些射击中所需的数据，包括飞行时间、落角、落速、散布、最大弹道高和偏流。

射表的格式不是一成不变的。确定射表格式的原则应该是计算准确、使用方便。

5.2　射表编拟方法简介

5.2.1　概述

如果完全靠射击试验来编拟射表不仅需要消耗过多的弹药，而且由于无法进行各方面条件的修正，射表误差也必然很大。外弹道学为射表编拟奠定了理论基础。外弹道学中建立了各种质点弹道方程和更精确的刚体弹道方程，这些都为计算射表创造了有利条件。但是完全靠理论计算也还不能编出精确的射表。其原因一方面是由于数学模型还不够精确，在建立运动方程时曾做了一些假设；另一方面，即便使用精确的数学模型，由于原始数据不够精确，也会造成很大的射表误差。例如，对于初速等于500 m/s，最大射程为11 500 m的弹道，如果阻力系数的误差为5%，就能产生250 m的射程误差；当初速增大一倍时，上述阻力系数误差引起的射程误差就能达到800 m。

单纯靠试验或理论计算都不可能编出精确的射表，故射表编拟一般都采用理论计算与射击试验相结合的办法，即采用调整某些原始数据的办法使计算结果与试验结果相一致。这项工作在射表编拟中称为“符合计算”。被调整的原始数据称为符合系数，或符合参数。采取这一步骤的目的之一是修正某些不够精确的原始数据，同时，对由于数学模型的不完善所造成的误差也进行了补偿。符合计算的方法可以有多种，选取更合理的符合方法是改善射表编拟方法和提高射表精度的重要环节。

5.2.2　确定射表编拟方法时应考虑的问题

既然编拟射表的基本方法是理论计算与试验相结合，所以，确定编拟方法时，考虑的问题应包括以下三个方面：一是根据计算工具的发展及所编射表的类型选取与之相适应的数学模型；二是根据测试技术的发展水平制订合理的试验方案，以便提高关键数据的测试精度；三是合理地拟定符合方法，以便使理论计算与试验有机地结合起来。现对这三方面问题分述如下。

5.2.2.1　数学模型的选取

在第 1 章中建立了质点弹道方程组，它是在攻角恒等于零的假设下建立的，因而有较大的误差。在第 2 章中建立了考虑攻角影响的刚体弹道方程，但方程越精确，则数值积分时的步长越小，所需的计算时间越长，而且需要的原始数据也比较多。

在过去测试技术和计算工具不发达的年代，只能使用质点弹道方程，数学模型不精确，编拟射表时必然要消耗大量弹药，而且编拟周期很长，射表精度也不高。现在计算机已高度发展，有可能使用更精确的弹道方程来改进编拟方法。但是也并非所用方程越精确越好，使用刚体弹道方程计算时间长，需要的原始数据多，延长编拟周期，因而需要根据所编射表的类型选取适当的数学模型。

例如，对于穿甲弹射表，由于弹道低伸，攻角对弹道影响较小，有可能继续使用质点弹道方程。对于远程榴弹射表，由于弹道弯曲，其攻角对弹道有很大影响，此时使用刚体弹道方程更为适宜。其他各种射表必须根据其弹道特点选取合适的数学模型，以便为改进编拟方法打下良好的基础。

5.2.2.2　试验方案的制订

试验的目的是获取所需数据。这些数据包括两方面：一是原始数据；二是射击结果数据。原始数据包括计算弹道所需的一切数据，数据的范围与选取的数学模型有关。如初速、射角（包括仰角和跳角）、弹丸质量、尺寸和空气阻力系数（使用刚体弹道方程时还有弹丸的转动惯量、质心位置及其他空气动力系数）。此外，还有射击时的气温、气压、风速、风向及其随高度的分布。射击结果数据包括落点坐标和飞行时间等。如果弹着点不在炮口水平面内，还需测出弹着点与炮口的高差等。

为了提高所测数据的精度和可靠性，应随时注意把测试技术方面的新成果、新设备应用到弹道测试中去，对于一些关键性数据，还应制订计划研制专门的测试设备。有时由于采用某种新的测试设备，有可能使编拟方法得到重大革新。

在现有条件下，为了提高射表的精度，应注意合理、巧妙地制订试验方案，例如，为了避免跳角的随机性对射程的影响，可采用与最大射程对应的射角射击，在此情况下，射角误差对射程的影响最小。

5.2.2.3　符合方法的选择

符合计算是联系数学模型和试验结果的中间纽带。符合方法是否合理对于整个编拟方法的优劣起着关键作用。但这三个方面是互相联系又互相制约的，应该通盘考虑。

符合方法的选择包括两方面问题：一是选择哪些射击结果作为符合对象；二是选择哪些原始数据作为符合参数。

符合对象应该是射击结果中对命中目标起决定作用的量（如地炮榴弹的射程、穿甲弹的立靶弹道高、高炮的空中坐标），以及对这些量起重要作用的量或中间结果。符合系数应该是对符合对象起作用的参数中影响最大的那些量。符合系数应该与符合对象个数相等。

5.2.3　射表编拟过程

现在结合射表编拟的过程来说明每个阶段的工作和应考虑的问题。

5.2.3.1 准备工作和静态测试

编拟试验之前的准备工作包括火炮弹药、场地及测试设备等方面的准备，有关资料的收集及靶场试验以外数据的获取，如风洞试验数据或空气动力计算结果等。

静态测试是指射击试验之前应测的数据，如弹丸质量和尺寸等。

5.2.3.2 射击试验

射击试验分两大类，即弹道射和距离射。

所谓弹道射，指的是为了获取弹道计算所需原始数据进行的射击试验，即测定初速和跳角的试验。所谓距离射，即为了获取射击结果数据而进行的试验，如地炮的落点数据和高炮的空中坐标测试都称为距离射。

由于过去没有在大射角条件下测初速的设备，必须在平射条件下利用测速靶来测定初速，因而必须组织专门的测初速的试验，现在有了测速用的多普勒雷达，可以在距离射的同时测初速，所以现在的弹道射中已不再进行测初速的试验。将来如果能研制出大射角条件下测跳角的设备，则跳角也可以在距离射的同时测定，那时就可能取消弹道射了。

取消弹道射的意义不仅在于节约了这一部分弹药，更重要的是，在距离射的同时测初速和跳角，可以提高距离射结果的使用价值，使射表精度得到提高。实际上，利用弹道射时所测的初速和跳角代替距离射时的初速和跳角是存在很大误差的，特别是由于跳角的随机性大，不同组之间相差较大，此种代替误差更大。况且大射角时和小射角时的跳角从理论上也未必相等，所以这种代替本来就是不合理的，只是由于条件所限，不得已才这样做的。

为了减小随机性的影响，试验应分组进行，将被测量的组平均值作为试验结果。每组发数多少取决于所测数据的离散程度，即散布大小，散布越大，则每组发数应越多。

为了降低试验条件对射击结果的影响，同一试验项目应在不同时间重复试验数次。因为如在同一天一次试验完毕，则当天的试验条件误差（如气象条件的测试误差等）就可能使射击结果产生系统误差，此误差即当日误差。如果在不同日期重复试验，则由于试验条件的变化，当日误差就变成了随机误差。将几天试验结果平均后，此误差就减小了。

5.2.3.3 符合计算

下面以地炮榴弹射表为例，结合我国原有的编拟方法来说明符合计算的方法和应考虑的问题。

对地炮榴弹来说，符合对象当然应该是射程。由于对射程影响最大的是阻力系数，因而原有编拟方法选取弹道系数为符合系数，即通过调整弹道系数来使计算出的射程与试验结果一致，这些显然都是合理的。但由于原有方法采用的是质点弹道的数学模型，而且阻力系数又用的是43年阻力定律，所以计算误差很大。显然，经符合计算后，在试验射角下计算的射程能与试验结果一致，但是用符合后的弹道系数来计算其他射角下的射程时，必然存在很大的误差，这就是模型误差。为了减小这一误差，原有方法需要在5个射角下进行距离射，并进行符合计算，将所求5个射角下的符合系数当支撑点作弹道系数与射角的关系曲线 $C-\theta_0$，然后用曲线上的弹道系数来计算弹道。这样不仅需要消耗大量弹药，而且在试验射角以外的其他射角下计算弹道时，仍将产生较大的插值误差。

在远距离多普勒雷达用于弹道试验后，测阻力系数已经很方便了，故现在编射表可以不再用43年阻力定律，这无疑是一个进步。但如果不改进数学模型，编拟方法仍然难有大的提高。因为质点弹道方程假设攻角时刻保持为零，这与实际情况是不相符的，特别在大射角时将造成较大误差。采用质点弹道模型条件下，尽管用多普勒雷达测阻力系数，如果只在一个射角下进行距离射和符合计算，仍将造成很大的模型误差。所以，仍然需要在多射角下进行距离射和符合计算，仍然需要作 $C-\theta_0$ 曲线。既然要作曲线，如果支撑点的点数太少，则曲线是很难作准的，因而比原有方法不可能有大的改进。要想使编拟方法有大的提高，必须采用更精确的数学模型。计算机的高度发展已为采用更精确的数学模型提供了方便条件。

原有方法在符合计算之前还需进行标准化计算，即根据距离射时的试验条件与标准条件之差对试验结果进行修正，将试验结果换算到标准条件下。这是由于原有方法最早是用弹道表来计算弹道的，而弹道表是在标准条件下编出的。在采用计算机计算弹道后，标准化计算对编拟射表已不是必需的了，符合计算也可在距离射时的实际条件下进行。

5.2.3.4　射表计算

在符合计算之后，利用所得符合系数在标准条件下计算弹道即可得射表的基本诸元。然后再分别在各种非标准条件下计算弹道，求出该条件下的射程与标准条件下射程之差，即可得修正诸元。

5.3　射表误差初步分析

5.3.1　射表误差源

从射表的编拟过程中可以看出，射表编拟的许多环节都有误差。现将射表误差产生的原因及其性质分几方面简述如下。

由于射表符合计算的依据是距离射的结果，因而距离射结果的可信程度直接影响射表的可信程度。影响弹道的因素很多，这些因素中很多都是随机的，因而射击结果本身是一个随机量。即便在相同射击条件下射击，每发弹的射程也皆不相同，很难肯定射击条件下的准确射程究竟是多少。在射击试验中，通常是取该射击条件下所有各发弹射程的平均值作为射击结果，但这只是一种估值方法。结果的可信程度取决于射程散布的大小和射击发数的多少。散布越大，则该结果的误差越大；而射击发数越多，则结果误差越小。所以，散布越大，所需射击的发数越多。设相同条件下射击 n 发弹，其散布（即射程的概率误差）为 E，则其平均值作为射程的估值误差为 $\sqrt{E^2/n}$，此误差是结果的随机性引起的，称为随机误差。

设不同条件下射击 m_1 组，每组 n 发，则射击总发数为 $m_1\times n$。若其平均散布为 E，则 m_1 组总平均值的随机误差为

$$E_1=\sqrt{E^2/(m_1n)} \tag{5-1}$$

式中，E_1 为由随机误差引起的射表误差。

除了射击结果的随机误差外，初始条件的测量误差也是随机性的。例如，初速测量的随机误差，使所测出的初速不能完全反映真实的初速，这也能影响符合计算的结果，因而影响表定初速下的射程。仰角测量的随机误差也有同样的作用。这些误差的大小都与射击发数的多少有关。

5.3.2　当日误差

如上节所述，试验条件的误差对当天的试验结果能产生系统误差。例如，试验时气压测

量偏高，而实际气压低于测试值，则实际射程将大于计算射程。如果将实测射程换算到标准条件下，将使射程产生一个正误差。因为这次试验气压测量都偏高，所以这一误差是系统误差，不能靠增加射击发数来减小当日误差。但是如果在不同日期反复试验，每次试验条件的测试误差不可能是相同的，所以，当日误差就成了随机性的。求出不同日期试验结果的总平均值作为试验结果，即可减小当日误差的影响。

设在不同日期共试验 m_2 组，每次的当日误差为 Δ_1，则由当日误差引起的射表误差为

$$E_2 = \sqrt{\Delta_1^2/m_2} \tag{5-2}$$

式中，Δ_1 为总的当日误差，引起当日误差的因素除了气象条件的测试误差外，还包括跳角的误差等。跳角的大小与很多因素有关。由于每次试验时火炮的支撑情况不可能完全相同，因而跳角必然有差别。现在还无法在距离射的同时测跳角，只能用弹道射时的跳角来代替，因而将产生系统误差。如果在不同日期反复试验，则可减小跳角的系统误差。此外，初速测量除了有随机误差外，也存在当日误差。

5.3.3 模型误差

数学模型的误差主要来自建立运动方程时所作的假设。这些假设不同程度地都将造成弹道计算误差。

如果距离射只在一个射角下进行，经过符合计算后，在该试验射角下模型误差已不存在。但在利用符合计算结果计算其他射角时，模型误差就会出现。这时模型的优劣将起很大作用。

如果距离射在几个射角下进行，这时模型误差主要体现在 $C-\theta_0$ 曲线的拟合误差上。模型误差越大，则 C 随 θ_0 的变化越大，变化的规律性也越差，因而曲线拟合误差越大。经验表明，利用同样的符合计算结果作支撑点，用不同的拟合方法所得的 $C-\theta_0$ 曲线计算出的射程是有明显差别的。这一误差应归属于模型误差。此误差的大小与射击的组数和发数都没有关系。

5.3.4 射表误差的综合计算

通过以上分析，可以对射表误差有一个初步的了解。实际上，误差来源可能还不止于此。但概括起来，射表的误差源不外乎以上三种类型，即，第一种是与距离射总发数有关的误差，统称为随机误差，用 E 表示；第二种是与射击组数有关的误差，统称为当日误差，用 Δ_1 表示；第三种是与距离射的射击组数和发数皆无关的误差，统称为模型误差，用 Δ_2 表示。例如运动方程中某些原始数据，有的来自理论计算，有的来自地面试验，它们都有误差。此误差与距离射的组数及发数皆无关系，也可以列入模型误差的范围。

综上所述，由式（5-1）、式（5-2）可得射表总误差为

$$E_\Sigma = \sqrt{E^2/(m_1 n) + \Delta_1^2/m_2 + \Delta_2^2} \tag{5-3}$$

习　题

（1）简述射表的作用和用途。

（2）简要概括标准射击条件包括哪些。

(3) 画出射表的基本格式，并解释其含义。

(4) 简述射表编拟过程。

(5) 分析射表误差来源。

(6) 写出射表误差的综合计算公式，并解释各个变量的物理含义。如何获取？

第6章
外弹道设计

外弹道设计是整个火炮系统综合设计的一个重要组成部分。在某种火炮或火炮系统设计中，外弹道设计的优劣往往处于举足轻重的地位，它既影响整个火炮系统最终战技指标的先进性与合理性，又为火炮的各分系统设计提供基本参数。

6.1 外弹道设计的任务和程序

通常外弹道设计的工作是在整个火炮系统设计时最先进行的，并且在全系统设计过程中不断修改、完善，并确定最终设计。

从狭义上说，外弹道设计的任务主要是根据射程或射高等火炮主要战技指标要求确定火力系统的三项重要弹道参数，即，火炮的口径 d、弹丸的质量 m 和弹丸的初速 v_0，这些弹道参数的确定将因火炮的种类和用途不同而异。一般野战火炮应满足其最大射程的要求，高射火炮应满足最大射高及飞行时间的要求，而坦克炮和反坦克炮则应满足着速及飞行时间的要求。在确定了这些重要弹道参数之后，就可以分别进行弹药和火炮的设计。对弹药设计而言，其设计任务是保证使规定质量弹丸在规定的初速条件下，保障飞行的稳定性和落点的初速，使弹药对目标实现所要求的毁伤效果；对于火炮设计而言，其后续设计任务是内弹道设计，它是在保证使规定质量弹丸获得规定的初速条件下，设计有关的炮膛结构诸元和装药量，给出相应的内弹道诸元，然后才能进行火炮结构设计和装药结构设计。

根据我国多年来各种新型火炮系统研制的经验，外弹道设计只是考虑满足火炮的最大射程或最大射高的指标要求已经不够，在外弹道设计时，不论对哪种火炮，还应该综合考虑火炮射击时的散布和精度的指标要求。这样，外弹道设计就具有了更为广泛的含义和覆盖了更为全面的内容。因此，更为严格意义下的外弹道设计任务是：在满足射程或射高以及射击密集度要求的条件下，除确定弹径、弹丸质量、弹丸初速等参数之外，还要尽可能合理而科学地确定弹形、弹长、弹丸结构及形式、弹丸质心位置、转动惯量、气动参数及飞行稳定性因子等性能参数。而后面这些参数的选择判断往往没有较完整的理论指导，而较多地依靠经验积累，以及对现有弹丸和外弹道性能参数的大量统计与分析比较。

实际上，外弹道设计的全过程更多地与弹丸设计的过程相重叠，并且相互影响、促进、迭代，使最终获得更为优良的战技指标。

外弹道设计的程序如图6-1所示。整个程序一般分为四部分：第一部分为基本参数与弹丸外形结构等的预定；第二部分为弹道诸元的计算，并对气动力、稳定性和散布进行估算和分析；第三部分是用风洞和靶道技术对方案进行试验检验，如不符合要求，则修改方案；第四部分是最后综合评定方案并定型。

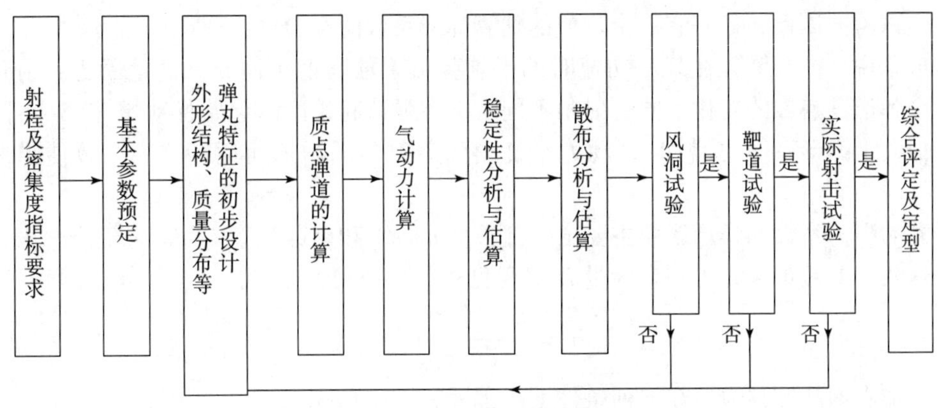

图 6－1　外弹道设计的程序

以上说明，外弹道设计是理论与试验相结合，并需经多次反复才能完成的。在进行外弹道分析时，往往只能事先明确一些诸如弹丸结构特征量及气动力特征等参数，但弹丸在实际设计过程及加工工艺实现中不一定恰好完全符合所确定的这些参数，只有经过一定的反复及迭代，理论计算结果才会与实际结果相一致，才能进一步对弹道参数或弹丸结构做一定的方案调整，最后获得各方面性能良好的方案。

本章仅对上述内容中的一些主要问题作一些讨论。

6.2　外弹道基本参数的预定

6.2.1　加农炮或榴弹炮合理弹丸质量及初速范围的选定

加农炮或榴弹炮在给定火炮口径 d，合理选定弹形系数 i 的前提下，应在满足最大射程能实现的条件下，使炮口动能或炮口动量最小为原则确定合理的弹丸质量及初速。炮口动能 $E_0 = mv_0^2/2$ 的大小影响膛内火药气体做功的大小，炮口动能大，则要求较长的身管或较高的最大膛压，这对于火炮的炮身设计不利。因此，从炮身设计合理性要求出发，炮口动能越小越好。炮口动量 $M_0 = mv_0$ 的大小则影响火炮架体承受的后坐阻力冲量的大小，后坐阻力冲量大，则要求较长的火炮后坐长度或较高的最大后坐阻力，这对于火炮的架体设计不利。因此，从架体设计合理性要求出发，炮口动量应越小越好。此外，最大膛压将影响弹丸的弹体强度和炸药底层应力的大小，因而也要求炮口动能尽可能小。

6.2.1.1　弹形系数 i_{43} 的选定

弹形系数在第 1 章中已有所说明，在进行外弹道设计时，选定适当的弹形系数是十分重要的。弹形系数大于实际值，将使火炮的设计增加难度，而弹形系数过小，又使弹丸设计增加困难，如果在实际设计后达不到规定的要求，则难以达到规定的射程。

实际弹丸在不同马赫数时的阻力系数与标准弹的阻力系数的比值并不是一个常数。尽管某种弹形的阻力系数 $C_x(Ma)$ 可以用理论方法计算，也可用试验方法（风洞试验或射击法）测定。但不管是理论方法或试验方法，都是在一定马赫数时进行的，与估算全弹道所用的平均阻力系数或平均弹形系数不同。特别是在弹丸未制成前，只可用模型弹做风洞试验而无法进行射击试验。因此，最好有一个近似的估算弹形系数的经验方法。

一般来说，同一弹丸在某一初速时的平均弹形系数随射角而异。这是因为：射角不同时，沿全弹道马赫数的变化不同；射角不同时，在弹道起始段的起始扰动 δ_0 和 $\dot{\delta}_0$ 不同（章动角 δ 加大，弹形系数也增加），动力平衡角随着射角的增加而逐渐增大，致使弹形系数增加。

弹丸的阻力系数和弹形系数主要由头部长度 $h_r(d)$ 和尾锥长度 $E(d)$ 来确定。根据我国经验，这两个参数可合并为一个参量 $H(d)$（见式（1－34））

$$H = \frac{h_r + E}{d} - 0.30 \tag{6-1}$$

对于加农炮和榴弹炮，在下列条件下：

（1）头部母线为圆弧线。

（2）全装药初速 $v_0 \geqslant 500$ m/s。

（3）$\theta_0 \approx \theta_{0Xm}$。

对43年阻力定律的弹形系数可用式（6－1）求 H，再用下述经验公式估算：

$$i_{43} = 2.90 - 1.373H + 0.32H^2 - 0.0267H^3 \tag{6-2}$$

由式（6－2）可获得阻力系数 i_{43} 随 H 的变化规律，如图6－2所示。由图6－2可见，阻力系数 i_{43} 随着 H 的增大而减小，说明弹丸头部长度和尾锥长度越长，阻力系数就越小。

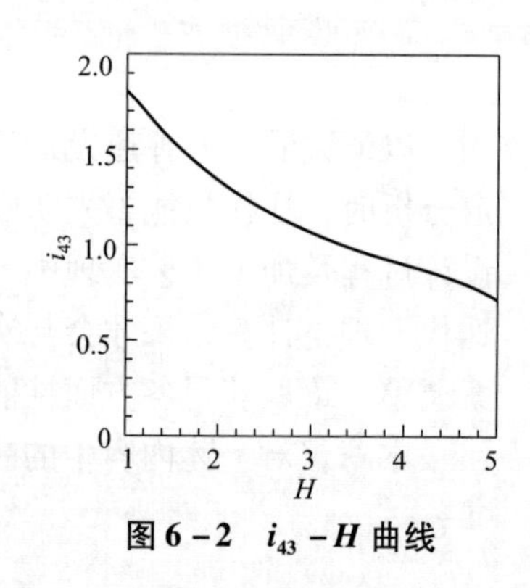

图6－2　i_{43}－H 曲线

6.2.1.2　弹丸质量和初速范围的选定

在给定最大射程及火炮口径的条件下，合理的弹丸质量和初速范围的确定步骤如下：

（1）选定弹形系数 i。

（2）选定弹丸质量系数 C_m。对于加农炮或榴弹炮，其主要弹种通常是杀伤爆破榴弹。根据第1章的介绍，从弹丸设计的统计结果来看，杀伤爆破榴弹的弹丸质量系数 C_m 在12～15范围之内。为了有较宽的选择范围，可以将 C_m 值的大小上下各放宽1。这样 C_m 可在11～16范围的基础上计算出弹丸质量 m 的范围：

$$m = C_m d^3 \times 10^3 \tag{6-3}$$

（3）根据所选定的弹形系数 i、弹丸质量系数的范围 C_m 或弹丸的质量范围 m 以及弹径 d，计算出弹道系数 C_i 的变化范围：

$$C_i = i/(C_m d) \tag{6-4}$$

$$C_i = \frac{id^2}{m} \times 10^3 \tag{6-5}$$

（4）确定最大射程角 θ_{0Xm}。对于中口径中等初速的火炮，最大射程角一般可取45°；对于大口径大初速的火炮，由于弹丸可能有较长时间在稀薄大气中飞行，最大射程角可能达到50°～55°。为了有把握可以在所选定的弹形系数 i_{43} 或适中的弹道系数 C_i 的条件下，利用某预估的初速值 v_{0i}，用查阅弹道表或用计算机试算的方法比较哪个射角可以达到最大射程，从而确定最大射角。

（5）在相同最大射角的条件下，在前面的弹丸质量 m 或弹道系数 C_i 范围内选择等间隔的数值，根据最大射程的需要，查阅外弹道表或用计算机求得对应的初速值 v_0。

（6）由 v_0 及对应的弹丸质量 m 计算炮口动能 E_0 和炮口动量 M_0：

$$E_0 = mv_0^2/2 \tag{6-6}$$

$$M_0 = mv_0 \tag{6-7}$$

（7）作 E_0-m 和 M_0-m 曲线，通常 M_0 随弹丸质量 m 的增加而增大，而在通常的 C_m 范围内，E_0 则可能出现极小值，这时应在最小 E_0 附近选择合理的弹丸质量及所对应的初速。

现以GC45 155 mm加农榴弹炮为例来说明这一过程。取 $d=155$ mm，$X_m=30\ 000$ m，弹形系数取 $i_{43}=0.74$（此时全弹长约在 $5.5d \sim 5.9d$ 范围内）。根据 C_m 的范围在12～15，将 C_m 的值上下各放宽1，在11～16范围内，由式（6－3）可计算出弹丸的质量 m 在41～60 kg范围内。由此，根据不同的弹丸质量 m，由外弹道程序计算得到达到最大射程30 000 m时相应的初速值 v_0，从而可以求得 E_0 和 M_0，见表6－1。

表6－1 （$\theta_{0Xm}=50°$，$X_m=30\ 000$ m）

m/kg	v_0/(m·s^{-1})	E_0/(×10^6 J)	M_0/(×10^3 kg·m·s^{-1})
41	971.1	19.3	39.8
43	949.1	19.4	40.8
45	929.4	19.4	41.8
47	911.5	19.5	42.8
49	895.4	19.6	43.9
51	880.0	19.7	44.9
53	866.4	20.0	45.9
55	853.5	20.0	46.9
57	842.5	20.2	48.0
59	830.9	20.4	49.0
60	826.0	20.5	49.6

绘出的 E_0-m 及 M_0-m 的曲线图，如图6－3所示。

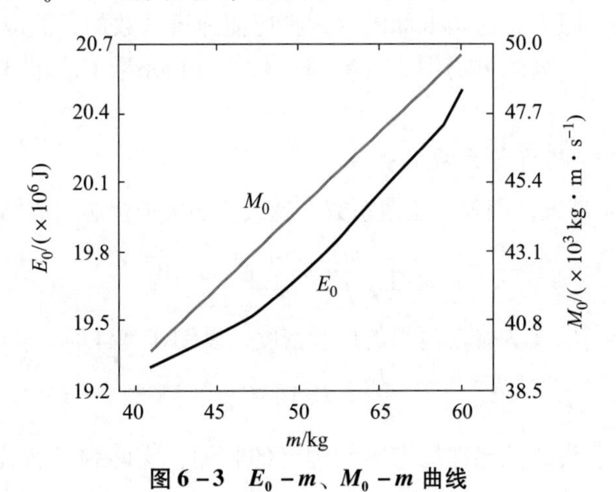

图6－3 E_0-m、M_0-m 曲线

从图可以看出，最小炮口的动能出现在弹丸质量偏小的一侧，而炮口动量则呈线性上升的趋势，因而最适宜弹丸质量应取在41～45 kg范围内（考虑到弹丸的杀伤爆破威力的需要以及弹体强度的可能性，弹重也不宜过小）。由弹药结构设计并经综合考虑，GC45 155 mm加农榴弹炮的弹重为45.54 kg。

6.2.2 穿甲弹弹丸质量及初速范围的确定

坦克炮和反坦克炮均以坦克为主要作战目标，因而其主要弹种是穿甲弹，穿甲弹中又以次口径脱壳穿甲弹为主要动能穿甲弹，它以极高的着速（可达1 600～1 900 m/s）及高硬度大长细比的弹芯来获得极大穿透厚度的效果。为了获得极高的着速，必须使整个弹丸（含带尾翼的弹芯及支撑弹芯使之在炮膛内获得良好导向的卡瓣）获得极高的初速 v_0，因而坦克炮和反坦克炮均为高膛压炮，其膛压可高达400～700 MPa。穿甲弹的外弹道设计是在保证某一射距上获得一定穿甲厚度的战技指标要求下，最好选择全弹和弹芯质量以及相应的初速。显然，此时应以最小炮口动能为选择最佳弹丸质量与初速的原则。

由于尾翼式超速脱壳穿甲弹的弹丸质量涉及弹芯（弹体）与卡瓣（弹托）的质量分配、弹芯长细比的确定等问题，因此，它的外弹道设计与计算应紧密地与弹丸设计相结合。此处则仅着重从外弹道设计的角度来说明。

6.2.2.1 基本公式的选取

1. *弹形系数和弹道系数*

脱壳穿甲弹出炮口的瞬时，卡瓣立即脱落，仅剩弹芯（弹体）在空中飞行并撞击目标，因此只考虑弹芯的弹形系数和弹道系数。

弹芯的弹形系数在初步估算时可取1.2，但100 mm和120 mm滑膛炮脱壳穿甲弹的弹芯的弹形系数可达1.0左右。

弹道系数仍用以前的公式

$$C = \frac{id_c^2}{m_c} \times 10^3 \tag{6-8}$$

式中，d_c 为弹芯直径（m）；m_c 为弹芯质量（kg）。

实际上，由于弹芯有外廓远大于 d_c 的尾翼，又由于弹芯有很大的长细比，在有攻角的情况下，也会增大空气阻力。这两方面的因素都应使弹道系数加大而应做某些修正。由于只做外弹道方案选择比较，因此可仍用式（6-8）计算弹道系数 C，此时可适当增大弹形系数 i 来修正。

2. *长细比 l/d 与弹芯质量系数的关系*

弹芯的长细比 l/d 越大，则弹芯质量系数就越大。如果把弹芯当成圆柱体，显然可以得到

$$\frac{l}{d_c} = \frac{4}{\pi\gamma}\frac{m_c}{d_c^3} = \frac{4}{\pi\gamma}C_{mc} \times 10^3 \tag{6-9}$$

式中，$C_{mc} = m_c \times 10^{-3}/d_c^3$，$\gamma$ 为弹芯材料的质量密度，以钢作弹体时，$\gamma = 7.8 \times 10^3\ \text{kg/m}^3$，则

$$\frac{l}{d_c} = 0.163C_{mc}$$

实际上，由于弹芯头部及尾部均有不同程度的收缩，实际弹长将比圆柱体要长，因此，实际弹丸长细比应为

$$\lambda = \frac{l}{d_c} = \xi C_{mc} \tag{6-10}$$

通常 $\xi = 0.2 \sim 0.25$，可根据实际情况选取。

目前世界上各国脱壳穿甲弹的长细比 λ 变化范围较大，可在 12 ~ 25 之间，因而式（6 - 10）可作为选择弹芯质量系数 C_{mc} 的依据。

3. 弹托质量比

弹托质量比为

$$\mu = \frac{m_T}{m} \tag{6-11}$$

式中，m_T 为弹托质量；m 为全弹丸质量，为弹芯与弹托质量之和。

目前制式弹 $\mu \approx 0.28$，一般可在 0.3 ~ 0.4 的范围选择。

4. 穿甲公式

穿甲公式是常用的德马尔经验公式，为了适应杆式穿甲弹的设计，对德马尔公式进行了适当的修正，有

$$v_c = K\frac{d_c^{0.75}b^{0.7}}{m_c^{0.5}\cos\alpha} \tag{6-12}$$

式中，v_c 为要求的极限穿透速度，即着速（m/s）；K 为与钢甲有关的常数，其值为 2 200 ~ 2 400，一般对于渗碳钢，$K \approx 2\,400$；d_c 为弹芯直径（dm）；b 为钢甲厚度（dm）；α 为弹头向前时弹轴与钢甲平面法线间的夹角。

5. 已知着速 v_c 求初速 v_0

速度衰减也可用指数公式进行计算

$$v_0 = v_c 10^{CX/18\,697} \tag{6-13}$$

式中，C 为弹道系数，由式（6 - 8）计算获得；X 为射程；v_c 为着速。由此可确定在已知 C 和 X 条件下，为达到 v_c 所需的 v_0。此时，射角的变化 θ_0 对它们的估算影响不大，可取 $\theta_0 \leqslant 5°$。

6.2.2.2　弹丸质量和初速的合理确定

合理确定弹丸质量和初始的基本步骤如下。

（1）选定弹芯的弹形系数 i_c，并根据长细比的范围选择弹芯的质量系数 C_{mc}，以便计算弹道系数 C。

（2）选定弹芯直径 d_c，并根据穿甲厚度要求利用式（6 - 12）计算所需的着速 v_c。

（3）利用式（6 - 13），根据射程反算初速 v_0。

（4）根据弹托质量比，利用式（6 - 11）估算全弹丸质量 m，并用全弹丸质量计算炮口动能并做分析比较。

以某 120 mm 滑膛为例，分析确定弹丸的质量和直径。设计某 120 mm 滑膛反坦克炮，要求在2 000 m 处能击穿均质钢甲厚度 400 mm（着角 $\alpha = 0°$）时较合理的弹丸质量与初速的范围。

解：取弹芯的弹形系数 $i_c = 1.1$，l/d_c 取在 15 ~ 25 之间，则取 $\xi = 0.22$ 时，由式(6 - 10)可计算弹芯质量系数 C_{mc}，其对应的范围为 68 ~ 114，如弹芯直径 d_c 分别取为 32 mm、35 mm 和 38 mm 三种，则由式 $C_{mc} = m_c \times 10^{-3}/d_c^3$，可计算对应于 C_{mc} 的弹芯质量范围：

d_c /mm	32	35	38
m_c /kg	2.2 ~ 3.7	2.9 ~ 4.9	3.7 ~ 6.3

在上述弹芯直径 d_c 及弹芯质量 m_c 的范围内，可以进一步利用式（6-12）计算着速 v_c（取 $K=2\ 400$），利用式（6-13）计算初速 v_0，在选定弹托质量比 $\mu=0.3$ 条件下，可计算弹丸的质量 $m=m_c/(1-\mu)$，并据此进一步计算弹丸的炮口动能 E_0，现将计算结果列于表6-2，其曲线如图6-4所示。

表6-2　脱壳穿甲弹的数据

弹芯直径/mm	弹芯质量/kg	弹道系数	着速/(m·s^{-1})	初速/(m·s^{-1})	全弹质量/kg	炮口动能/(×10^6 J)
32	2.2	0.512	1 816.8	2 061.0	3.1	6.7
	2.5	0.451	1 704.3	1 904.3	3.6	6.5
	2.8	0.402	1 610.4	1 778.2	4.0	6.3
	3.1	0.363	1 530.5	1 673.8	4.4	6.2
	3.4	0.331	1 461.4	1 585.7	4.9	6.1
	3.7	0.304	1 400.9	1 510.0	5.3	6.0
35	2.9	0.465	1 692.4	1 897.6	4.1	7.5
	3.3	0.408	1 586.5	1 754.4	4.7	7.3
	3.7	0.364	1 498.3	1 638.9	5.3	7.1
	4.1	0.329	1 423.4	1 543.4	5.9	7.0
	4.5	0.299	1 358.6	1 462.6	6.4	6.9
	4.9	0.275	1 302.0	1 393.2	7.0	6.8
38	3.7	0.429	1 593.6	1 771.4	5.3	8.3
	4.1	0.387	1 513.9	1 665.5	5.9	8.1
	4.5	0.353	1 445.1	1 576.3	6.4	8.0
	4.9	0.324	1 384.8	1 499.9	7.0	7.9
	5.3	0.300	1 331.5	1 433.5	7.6	7.8
	5.7	0.279	1 284.0	1 375.2	8.1	7.7
	6.1	0.260	1 241.2	1 323.4	8.7	7.6
	6.5	0.244	1 202.4	1 277.0	9.3	7.6

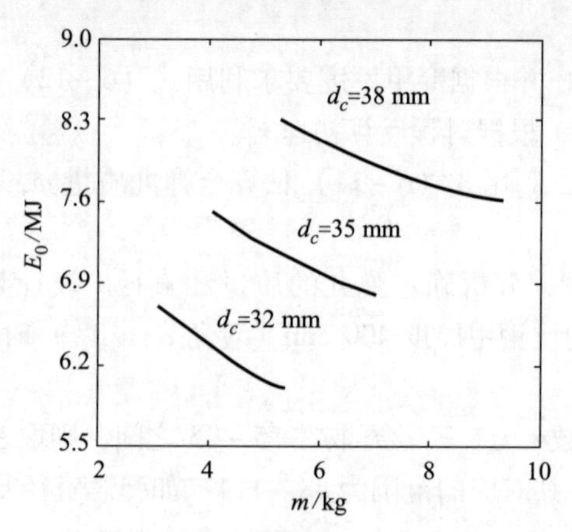

图6-4　脱壳穿甲弹 E_0-m 曲线

可见脱壳穿甲弹以弹芯直径小的为好，而且长细比越大越为有利，即长细比的增大，所需的炮口动能可以减小，但减小的幅度逐渐变小。

6.2.3　高射炮弹丸质量和初速范围的选定

6.2.3.1　选定原则

高射炮弹道要求在某一高度上有尽可能大的射击平面区。所谓在某一高度的射击平面区，是指在战术技术指标要求所限定的某一飞行时间 $t_{限}$ 内，弹丸飞达该高度 Y 的水平面内的一个环形区域，如图 6－5 所示。显然，环形区域内缘射角最大而到达指定高度 Y 的时间 t_1 最短，此射角应是高炮结构所允许的最大射角（一般在 85°~87°范围内）；随着射角的减小，弹道逐渐弯曲，到达指定高度 Y 的时间也加大 $t_1 < t_2 < t_3 \cdots$；减至某一射角时，弹丸飞达指定高度的时间已达 $t_{限}$，这就是射击平面区的外边缘。

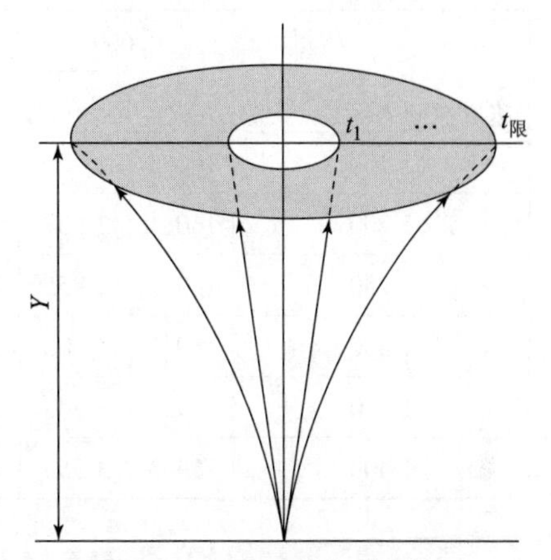

图 6－5　不同弹丸质量的射击平面范围及 M_0、E_0

高射炮的合理弹丸质量和初速的选定原则是：

（1）在战技指标要求的射高与飞行时间限制范围内，获得尽可能大的射击平面区。

（2）在各种方案中，炮口动能与炮口动量尽可能小。

6.2.3.2　设计的一般步骤

弹丸质量和初速范围设计的一般步骤如下：

（1）根据战术技术要求，参考已有资料分析可能实现的条件，选取一系列初速值 v_{01}，v_{02}，…，v_{0i}。

（2）根据火炮的口径及高射炮主用弹丸的种类来确定弹丸质量系数的范围，从中选取一系列弹丸质量值 m_1，m_2，…，m_j。

（3）参考现有火炮按对应的口径和初速选定弹形系数 i。

（4）上述初速与弹丸质量可共有 $i \times j$ 个组合，对于每一种组合，可由最大射角 $\theta_{0\max} = \theta_{01}$，逐渐减小选取一系列射角 θ_{02}，…，θ_{0k} 进行弹道计算。

（5）从计算结果中找出各组合所对应的射击平面区外边缘相应的水平距离 X_{11}，X_{12}，…，X_{ij}，该组合的炮口动量 M_{011}，M_{012}，…，M_{0ij}，以及炮口动能 E_{011}，E_{012}，…，E_{0ij}。

（6）从各组合中选定射击平面区 X_{ij} 大和炮口动能 E_{0ij} 小的方案，确定合理的弹丸质量和初速范围。

以某 35 mm 高炮为例进行讨论。设计某 35 mm 口径高炮，设计有效射高为 3 000 m、飞行时间不大于 6 s 时合理的弹丸质量及初速范围。

解：（1）目前小口径高炮的初速已达 1 100 ~ 1 400 m/s，弹丸质量系数 C_m 可选择 14、15、16、17、18 等五种，从而求得弹丸质量为 0.600 kg、0.643 kg、0.686 kg、0.729 kg、0.772 kg。

（2）对于各组弹丸质量和初速，计算射角为 87°（一般高炮的最大射角）时飞达 3 000 m 高度时的距离 X_{87}。

（3）对应各组弹丸质量和初速，变换射角求得射高达3 000 m时飞行时间正好等于6 s的射角及所对应的射击距离X_{max}；

（4）计算各组弹丸的炮口动量和动能；

（5）将计算结果列成表格并绘出曲线或表格，见表6－3、表6－4及图6－5，并进行分析比较。

表6－3　不同初速和弹丸质量的射击平面区

质量/kg 速度/(m·s^{-1})	0.600		0.643		0.686		0.729		0.772	
	X_{87}	X_{max}	X_{87}	X_{max}	X_{87}	X_{max}	X_{87}	X_{max}	X_{87}	X_{max}
1 150	161.5	2 460	161.2	2 632	160.2	2 793	160.1	2 929	160.1	3 061
1 200	160.1	2 658	160.1	2 827	159.9	2 993	159.8	3 141	159.8	3 260
1 250	159.9	2 855	159.7	3 023	159.7	3 184	159.6	3 326	159.5	3 458
1 300	159.7	3 008	159.5	3 192	159.5	3 360	159.4	3 506	159.3	3 633
1 350	159.5	3 243	159.4	3 362	159.3	3 529	159.2	3 670	159.2	3 804
1 400	159.3	3 353	159.2	3 532	159.1	3 960	159.0	3842	159.0	3 982

表6－4　不同初速和弹丸质量的炮口参数

质量/kg 速度/(m·s^{-1})	0.600		0.643		0.686		0.729		0.772	
	M_0	E_0	M_0	E_0	M_0	E_0	M_0	E_0	M_0	E_0
1 150	690.0	396.8	739.2	425.2	788.9	453.6	838.4	482.1	887.8	510.5
1 200	720.0	432.0	771.6	463.0	832.2	493.9	874.8	524.9	926.4	555.8
1 250	750.0	468.8	803.8	502.3	857.5	535.9	911.3	569.5	965.0	603.1
1 300	780.0	507.0	835.9	543.3	891.8	579.7	947.7	616.0	1 003.6	652.3
1 350	810.0	546.8	868.0	585.9	926.1	625.1	984.2	664.3	1 042.2	703.5
1 400	840.0	588.0	900.2	630.1	960.4	672.3	1 020.6	714.4	1 080.8	756.6

由计算结果可见：

（1）各种不同弹丸质量和初速在最大射角87°，射高到达3 000 m时的射击距离十分接近，均在160 m左右。

（2）随着弹丸质量和初速的增加，在6 s飞行时间内恰巧射高达3 000 m时的射击距离X_{max}、炮口动能E_0和炮口动量M_0均单调递增。

（3）最理想的弹丸质量与初速应根据上述情况，结合火炮主要战技指标要求、弹丸的结构设计，综合考虑确定。

6.2.4　野战火炮的初速分级

对于地面压制火炮（包括加农炮、榴弹炮、加榴炮及迫击炮），在确定了弹丸质量及达到最大射程所需的初速以后，实际上只解决了火炮的最大装药（全装药）的后续设计问题。但是为了充分发挥地面野战火炮的作战效能，经常在同一火炮、同一弹种的情况下，给火炮配备多种不同装药，使之具有不同的初速。例如：PL96 式 122 mm 榴弹炮由全装药、一号至四号共 5 种装药组成，相应具有 5 种不同的初速，其中，全装药的初速最高，一号装药的初速其次，四号装药的初速最小。再如：PLZ45 155 mm 自行加榴炮装药从小到大依次为 M3A1 四号、五号，M4A2 六号、七号，M2 八号、九号，M11 十号，其中，M11 十号装药为初速最高的全装药。对野战火炮而言，为了模拟高温条件下全装药的最大膛压条件，考验火炮的强度，还常采用一种称为强装药的装药结构，这种装药结构的装药量比全装药的装药量大。由于强装药结构纯粹是为火炮的强度试验所用，因此，其所对应的初速不在初速分级的范围。

因此，对于野战火炮来说，外弹道设计在完成了全装药的弹丸质量与初速的设计以后，还要进行初速分级的计算，以便为内弹道及装药设计提供进一步的起始数据。由于在原华约国家和北约国家中，装药号与初速的关系不同，因此，为了便于讨论，本书假定初速由大到小排列，其所对应的装药号分别为全装药、一号装药、二号装药等。

6.2.4.1　初速分级的原因

对于野战火炮，要求在不变更发射阵地的条件下，能灵活地支援步兵战斗，即除了要求最大射程尽可能大以外，还希望最小射程尽可能小，以保证火炮具有良好的火力机动性。如果只有单一的最大初速，尽管理论上也能对近距离目标射击，但其落角绝对值可能过小而产生跳弹，因而影响射击效果；又由于小射角时弹道比较低伸，不能消灭遮蔽物后的目标而有较大的死角；而且不论远近目标，都用最大初速射击，不仅消耗装药多，而且对火炮寿命不利。

根据上述原因，在战技指标要求的最大射程与最小射程的整个射程范围内，分成若干个距离区段，对于每一个区段，采用各自的初速（装药）进行射击，至于同一区段中射击距离变化的要求，则用变化射角的办法来实现，如图 6－6 所示。为了避免两个区段结合部出现射击空白，应使结合部存在以两个相邻的初速都能射击到的一段距离，称此距离为射程重叠量。

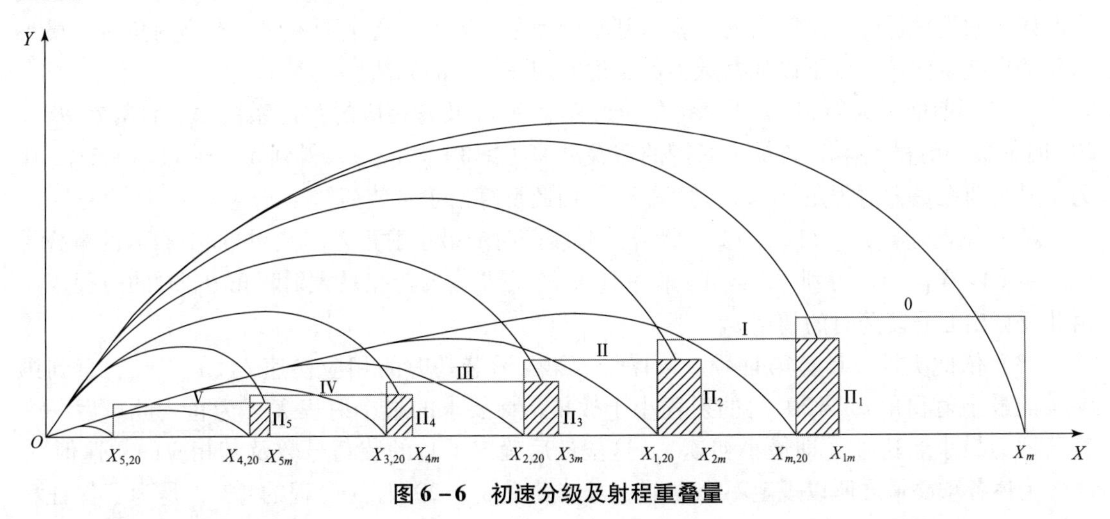

图 6－6　初速分级及射程重叠量

6.2.4.2　选定射程重叠量的原则

由于数值计算的射程都是理论射程，而实际射弹有一定的散布，因此，所规定的理论射程重叠量应是在两种初速的射弹即使出现最极端的散布情况，也不会出现火力空白区。因此，选定重叠量的原则，就是确保在火炮射击存在散布的实际条件下，也不出现空白区。

对于i、$i+1(i=0, \mathrm{I}, \mathrm{II}, \cdots, \mathrm{V})$ 两相邻初速 v_{i0} 和 $v_{(i+1)0}$，保证不出现空白区的条件为

$$X_{(i+1)m实} \geqslant X_{i,20°实} \tag{6-14}$$

式中，下标为“实”的射程为实弹射击的射程，上式的含义是 $i+1$ 号装药实弹射击的最大射程应大于 i 号装药实弹射击的最小射程，最小射程角为20°。

由射击概率理论得知，假定第 i 装药号的理论射程为 X_{im}，则实际射弹距离 $X_{im实}$ 将落在 $X_{im} \pm 4E_X$ 的区域内，其中，E_X 为射程的中间偏差。由此可推演

$$(X_{(i+1)m实})_{\min} = X_{(i+1)m} - 4E_X \tag{6-15}$$

$$(X_{i,20°实})_{\max} = X_{i,20°} + 4E_X \tag{6-16}$$

依据式（6-14），为了确保射程重叠，下式应成立

$$(X_{(i+1)m实})_{\min} \geqslant (X_{i,20°实})_{\max}$$

将式（6-15）、式（6-16）代入上式，可得

$$\Pi_i = X_{(i+1)m} - X_{i,20°} \geqslant 8E_X \tag{6-17}$$

假定火炮采用第 i 号装药发射距离为 X_i，其散布的变异系数 A_{X_i} 为

$$A_{X_i} = \frac{E_{X_i}}{X_i}，或 E_{X_i} = A_{X_i}X_i \tag{6-18}$$

式中，A_{X_i} 由试验得到，射程 X_i 越小，E_{X_i} 也越小。

代入式（6-17），则有

$$\Pi_i \geqslant 8E_{X_i} = 8A_{X_i}X_i \tag{6-19}$$

6.2.4.3 初速分级的方法

下面来讨论初速分级的方法。对于加榴炮，由于它的射角变化范围大（-5°~ +70°），既可在低射界射击，又可在高射界射击，因此，都应保证射程的重叠量。但由于加榴炮在满足低射角的重叠量时，高射角的重叠量基本能满足，因此，通常不考虑其在高射角时的最小射程的重叠量问题。以下以加榴炮为例来说明初速分级的方法。

（1）用前面最大射程 X_0 所确定的全装药初速 v_0 及其相应的弹道系数 C_i，计算在 $\theta_1 = 20°$ 时的最小射程 $X_{0,20°}$，再加上必需的重叠量 $\Pi_0(\geqslant 8A_{X_0}X_{0,20°})$，得到 $X_{\mathrm{I}} = X_{0,20°} + \Pi_0$，作为Ⅰ号装药在最大射程角 θ_{I} 时的射程 X_{I}，由此反算出Ⅰ号装药初速 v_{I}。

（2）用上述 C_i、v_{I} 和 $\theta_{\mathrm{I}} = 20°$ 计算Ⅰ号装药时的最小射程 $X_{\mathrm{I},20°}$，再加上必需的重叠量 $\Pi_{\mathrm{I}}(\geqslant 8A_{X_{\mathrm{I}}}X_{\mathrm{I},20°})$，得到 $X_{\mathrm{II}} = X_{\mathrm{I},20°} + \Pi_{\mathrm{I}}$，作为Ⅱ号装药在最大射程角 θ_{II} 时的射程 X_{II}，由此反算出Ⅱ号装药时的初速 v_{II}。

（3）依此类推，计算第Ⅲ号、第Ⅳ号、第Ⅴ号装药时的相应初速 v_{III}、v_{IV}、v_{V}，直到第Ⅴ号的最小射程角 $\theta_{\mathrm{V}} = 20°$时的射程小于战技指标要求的最小射程 $X_{\min}$ 为止。此最后一个装药即为最小装药号（即最小初速）。这就最后确定了总的装药号数及其相应的初速值。

上述各重叠量之所以规定不小于前一号装药在 $\theta_0 = 20°$时的射程的4%，是为了保证相邻两个装药间在任何情况下射程均能衔接而不会出现空白区，从上面的推导可以看出，重叠量与射击密集度有关，因此可以大于4%。至于大多少，则没有一个统一的规定，这是为了便于在装药设计时有更大的自由。按上述方法只是初步确定了初速的分级，此后还要在内弹

道设计中做相应的调整，使每个装药号只差相同的装药质量，以便设计相同大小的药包，便于在实战中使用。最后的射程重叠量可能各级间的百分比不相同，但必须满足前面所述的原则。

算例：已知某152 mm加榴炮弹的质量 $m=43.56$ kg，弹道系数 $C=0.506\ 5$，试确定在 $X_{max}=17\ 500$ m，$X_{min}=4\ 500$ m的初速分级。

解：由外弹道程序反求，可得在射角 $\theta_0=45°$，弹的质量 $m=43.56$ kg，弹道系数 $C=0.506\ 5$ 时，能获得 $X_{max}=17\ 500$ m所对应的初速为 $v_0=655$ m/s，由此，采用外弹道程序计算可得表6－5中所列数据。

表6－5　速度分级

装药号	θ_0/(°)	X/m	v_0/(m·s^{-1})
全装药 v_0	45° 20°	17 500 12 823 $\Pi_{\text{I}}(=4\%X_{m20°})$	655
一号装药 $v_{0\text{I}}$	45° 20°	13 336 9 479 $\Pi_{\text{II}}(=4\%X_{\text{I}20°})$	502
二号装药 $v_{0\text{II}}$	45° 20°	9 858 6 834 $\Pi_{\text{III}}(=4\%X_{\text{II}20°})$	375
三号装药 $v_{0\text{III}}$	45° 20°	7 107 4 914 $\Pi_{\text{IV}}(=4\%X_{\text{III}20°})$	292
四号装药 $v_{0\text{IV}}$	45° 20°	5 111 3 476 4 500$(=X_{min})$	241

6.3　旋转弹丸的飞行稳定性设计

第3章讨论了弹丸飞行的稳定性问题，飞行稳定性是指弹丸在空中飞行受到扰动后，攻角的幅值能逐步衰减，或使攻角能保持在一个较小的数值范围之内。为了确保弹丸飞行的稳定性，需要保证弹丸飞行的动态稳定性和追随稳定性。为了满足动态稳定性和追随稳定性要求，弹丸的滚转角速度必须在适当的范围内，此滚角转速范围与作用在弹丸上的静力矩系数有关，弹丸的滚转角速度又与膛线的缠度和初速有关。因此，弹丸的飞行稳定性设计归结为在初速确定后，实现对炮口膛线缠度的设计。

6.3.1 稳定性设计区域

第3章式（3－34）定义了陀螺稳定因子 S_g 的表达式，式（3－33）给出了满足陀螺稳定性的条件，陀螺稳定因子 S_g 与俯仰力矩有关，动态稳定因子 S_d 则反映了马格努斯力矩、赤道阻尼力矩，以及升力、阻力以及重力切向分量对弹丸围绕质心运动的影响。

由式（3－68）可知，若其特征解 λ_1、λ_2 永远为负值，则系统是收敛稳定的，为此，需要确保 $1-1/S_g>0$，由此可得

$$\frac{1}{S_g}<1 \tag{6-20}$$

同时，还须确保

$$1-\frac{S_d}{\sqrt{1-1/S_g}}>0 \tag{6-21}$$

由此解得

$$-\sqrt{1-\frac{1}{S_g}}<S_d<\sqrt{1-\frac{1}{S_g}} \tag{6-22}$$

如果以 S_d 为横轴，$1/S_g$ 为纵轴，原点为（0，0）组成平面直角坐标系 $o-S_d-1/S_g$，则在该坐标平面上的每一点（S_d,$1/S_g$），都表示弹丸的一种稳定状态，由式（6－21），若取

$$\frac{1}{S_g}=1-S_d^2 \tag{6-23}$$

则上式在上述平面上描绘一条抛物线，如图6－7所示。此抛物线将坐标平面分成内、外两大部分。抛物线内部的点满足不等式（6－21），为动态稳定区；抛物线外部的点为动态不稳区；抛物线上的点为稳定的临界情况。

在横坐标轴以上，纵坐标小于1，即

$$0<\frac{1}{S_g}<1$$

的区域内为陀螺稳定区，抛物线内部向下至横坐标轴为界，即

$$0<\frac{1}{S_g}<1,\ -\sqrt{1-\frac{1}{S_g}}<S_d<\sqrt{1-\frac{1}{S_g}}$$

的区域内为旋转弹的动态稳定区；横坐标轴以下的整个区域，即

$$\frac{1}{S_g}<0$$

的半平面内为静态稳定区；横坐标轴以下的抛物线与横坐标轴围成的区域，为尾翼弹的动态稳定区。图6－7清楚地表明了陀螺稳定性、静态稳定性与动态稳定性之间的区别和联系。

为了保证弹丸的飞行稳定性，要求在整个弹道上都满足动态稳定条件。在很长的弹道上，空气密度、弹丸飞行马赫数和弹丸滚转角速度都在变化，而动态稳定条件是按常系数方程导出的，故需将弹道分成若干小段，在每一小段上将系数作为常数来处理，逐段考察其动态稳定性。

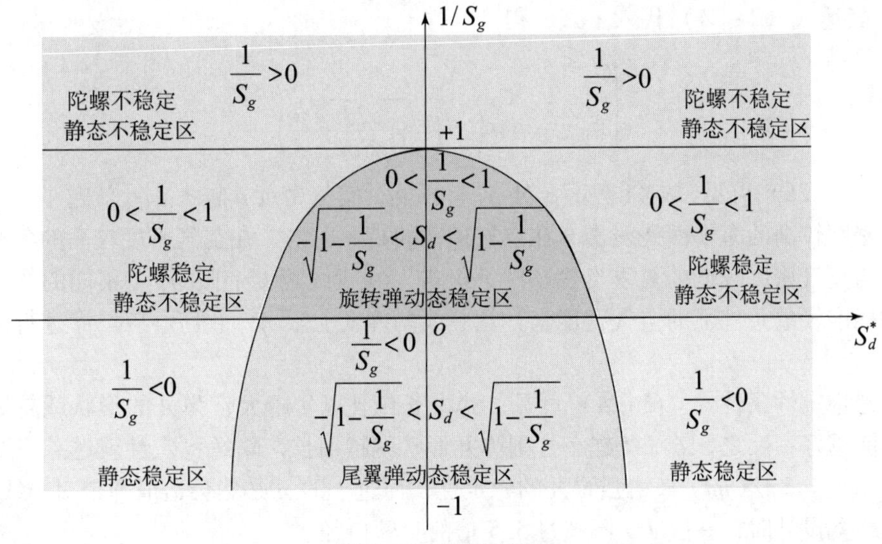

图 6－7　稳定区域图

6.3.2　膛线缠度设计

6.3.2.1　膛线缠度上限设计

对于旋转稳定弹丸，为保证其陀螺稳定性，就要求陀螺稳定因子 S_g 至少大于 1，由 S_g 的表达式（3－34），可得

$$S_g = \frac{P^2}{4M} = \frac{1}{4k_z}\frac{J^2}{I^2}\left(\frac{\dot{\gamma}}{v}\right)^2 > 1 \tag{6-24}$$

由弹丸稳定区域图 6－7 可知，S_g 越大，$1/S_g$ 就越小，相应的稳定区域越接近于横坐标轴，稳定区域就越大，动态稳定性就越好。因此，S_g 越大，动态稳定性就越好。

由表达式（6－24）可见，S_g 是沿全弹道变化的。为此，选择炮口处、弹道上升段、弹道顶点、弹道下降段、终点处等 5 个特殊点进行讨论。

（1）炮口处。由于 $v = v_0$、$\dot{\gamma} = \dot{\gamma}_0 = 2\pi v_0/(\eta d)$，因此，$\dot{\gamma}/v = \dot{\gamma}_0/v_0 = 2\pi/(\eta d)$ 为常量，但 k_z 较大，因此 S_g 较小，稳定性较差。

（2）弹道上升段。由于 $\dot{\gamma}$ 以指数形式衰减，衰减指数系数较小，而阻力加速度直接与空气阻力系数、v^2 和质量密度成正比，因此，v 的下降速度大于 $\dot{\gamma}$ 的下降速度，因而比值 $\dot{\gamma}/v$ 不断增大，S_g 较大，达到 1.3 以上，稳定性较好。

（3）弹道顶点。此时速度为水平方向，其大小减小到全弹道的平均水平速度，而弹丸转速继续缓慢下降，因此，比值 $\dot{\gamma}/v$ 不断增大，S_g 较大，达到 4 以上，稳定性较好。

（4）弹道下降段。由于重力的作用，弹丸速度开始增大，但弹丸转速继续缓慢下降，因此，比值 $\dot{\gamma}/v$ 不断下降，直到终点，因而在落点附近，S_g 更小。

经过大量理论分析计算发现，除了远程火炮外，大多数火炮在落点处的 S_g 仍大于炮口，因此，在弹道设计时，只要保证炮口处满足了陀螺稳定性条件，也就能在全弹道上满足陀螺稳定性条件。因此，将炮口条件 $\dot{\gamma}/v = \dot{\gamma}_0/v_0 = 2\pi/(\eta d)$ 代入式（6－24），经整理得

$$\eta < \frac{J}{I\sqrt{k_z}}\frac{\pi}{d} \tag{6-25}$$

将 k_z 表达式（2-24）代入上式，得到

$$\begin{cases}\eta < \eta_{上} \\ \eta_{上} = \max\left(\sqrt{\left(\dfrac{J}{I}\right)\dfrac{2J}{\rho Slm'_z}}\dfrac{\pi}{d}\right)\end{cases} \tag{6-26}$$

从式（6-26）可见，空气密度 ρ 对 $\eta_{上}$ 有影响，空气密度 ρ 越大，$\eta_{上}$ 就越小。因此，火炮在空气密度较高的海平面处射击与在空气稀薄的高原射击，在空气密度较高的冬季严寒条件下射击与空气密度较低的夏季炎热条件下射击，其膛线缠度上限 $\eta_{上}$ 是不同的。一般取海平面处的标准气象条件下的空气密度来计算膛线的缠度上限 $\eta_{上}$，然后再对 $\eta_{上}$ 进行适当的修正来得到。

由陀螺稳定性条件式（6-24）可见，弹丸长细比 J/I 越大，弹丸的形状就越短粗，陀螺稳定性就越好；反之，若 J/I 越小，则弹丸形状就越细长，陀螺稳定性就越差，此时需要通过提高 $\dot{\gamma}/v = 2\pi/(\eta d)$ 来增强弹丸的稳定性，而过小的 η 必然会造成弹带对膛线的磨损。因此，在弹丸设计时，一般 J/I 不超过5.5倍的身管口径。

6.3.2.2 膛线缠度下限设计

为了使弹丸在弹道上具有良好的追随稳定性，使飞行平稳，必须对动力平衡角的大小加以限制，由式（3-62）可知，追随稳定性必须满足以下条件

$$\delta_{2p} = \frac{2J\dot{\gamma}}{\rho Slm'_z}\frac{g\cos\theta}{v^3} < [\delta_p] \tag{6-27}$$

式中，$[\delta_p]$ 为追随稳定性的最大容许值。

将式（3-5）中的 $\dot{\gamma}$ 代入上式，并利用 $\dot{\gamma}_0 = 2\pi v_0/(\eta d)$，得

$$\eta > \frac{4\pi J v_0 e^{-k_{xz}(s-s_0)}}{d\rho Slm'_z[\delta_p]}\frac{g\cos\theta}{v^3} \tag{6-28}$$

令

$$\eta_{下} = \min\left(\frac{4\pi J v_0 e^{-k_{xz}(s-s_0)}}{d\rho Slm'_z[\delta_p]}\frac{g\cos\theta}{v^3}\right),\ \forall s \in [s_0, s_c] \tag{6-29}$$

则有

$$\eta > \eta_{下} \tag{6-30}$$

上式表明，为保证追随稳定性，身管膛线缠度至少要大于某一下限，即弹丸炮口转速不能超过某一上限值。

由式（6-29）可知，若在弹道顶点处 $\cos\theta = 1$，此处的空气密度和弹丸速度越小，则 $\eta_{下}$ 就越大，即炮口的转速就可以越低，这与弹丸运动的陀螺稳定性要求相矛盾，因此，线膛身管的最大射击不宜过大，不要超过70°，以免 $\eta_{下}$ 过大。

另外，由于高原地区弹道顶点处的空气密度较低，有可能使反转力矩减小而不足以迫使弹丸追随，丧失追随稳定性，因此，在追随稳定性设计时，需要考虑高原这种极端环境工况下的追随稳定性问题。

6.3.3 膛线缠度公式应用

对于一定结构的弹丸，在各种初速和射角条件下，都必须满足陀螺稳定性和追随稳定性要求，这时主要靠合理的膛线缠度来保证，图6-8所示阴影部分就是满足上述条件的可供

选择的膛线缠度区域。另外，从火炮身管寿命考虑出发，又不能把膛线缠度取得太小，因此，应尽可能选取较大的膛线缠度值。所以，在设计中采用将膛线缠度上限 $\eta_{上}$ 乘以小于1的安全系数 a 作为膛线缠度的计算公式，即：

$$\eta = a\eta_{上} \tag{6-31}$$

式中，a 为安全系数，其值一般约为0.75～0.85。

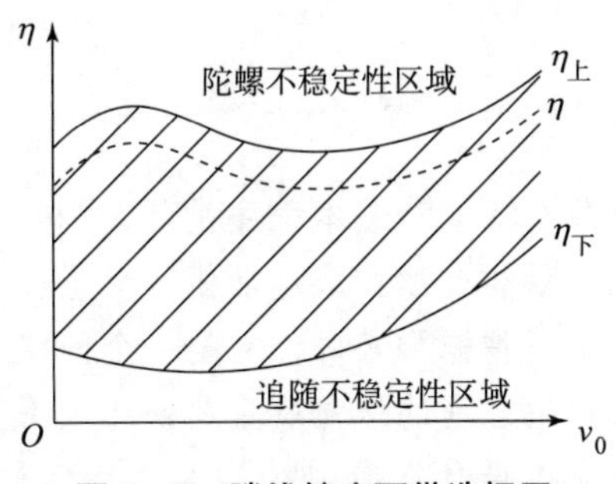

图6-8 膛线缠度可供选择区

长期以来，一直应用式（6-31）计算 η，作为确定火炮膛线缠度从而保证弹丸飞行稳定性的方法。它的优点是：方法简便，并且在仅考虑主要力矩 M_z 的条件下，揭示了膛线缠度与弹丸特性、弹道特性、气动及气象特性等有关参数之间的基本关系。而且，它实际考察了两个点：弹丸在射出点的陀螺稳定性和弹道顶点的弹丸的追随稳定性。因而它在火炮系统设计上，具有较好的实用价值。

但是，近代外弹道学稳定性理论及有关试验表明，上述方法有待补充。例如：考虑了弹丸转速的衰减和弹速的变化时，落点附近可能出现不满足陀螺稳定性的情况；当转速比 $\dot{\gamma}/v_0$ 增加时，可能出现陀螺稳定性与动力平衡角 δ_p 同时增加的矛盾；应考虑全部力矩作用下弹丸的章动角是否沿全弹道始终衰减，即动态稳定性问题。因此，在确定膛线缠度时，应在弹道更多点上全面地考察陀螺稳定性、追随稳定性和动态稳定性等问题，这样才能达到使旋转弹具备良好的飞行稳定性的目的。

（1）单级装药火炮膛线缠度的初步确定。

单级装药火炮是指仅有一个初速的火炮（如航炮、高炮、坦克炮、舰炮等）。当初步确定了弹丸结构之后，先用式（6-31）计算膛线缠度 η，再用式（6-29）计算膛线缠度下限 $\eta_{下}$，如果满足 $\eta > \eta_{下}$，则即可初步选取该 η 值。若不满足 $\eta > \eta_{下}$，则要重新调整弹丸的质量分布和外形结构等参数，直到满足 $\eta > \eta_{下}$ 为止。

（2）多级装药火炮膛线缠度的初步确定。

多级装药火炮具有多个初速，对于各个初速，都应保证弹丸在全弹道上满足陀螺稳定性和追随稳定性的要求。由于身管缠度 η 只有一个，因此，这个膛线缠度必须在所有初速分级下都满足 $\eta_{下} < \eta < \eta_{上}$，这时应在膛线缠度上下限之间合理选择。

（3）反坦克火炮膛线缠度的初步确定。

坦克炮或反坦克炮射角很小，弹道低伸，弹丸的动力平衡角很小，一般没有必要校核膛线缠度下限。因此，在大多数情况下，只需考虑 $\eta_{上}$ 即可，安全系数 a 可偏大一些，取0.85～0.88。

（4）远程榴弹炮膛线缠度的初步确定。

对于远程榴弹，不论是加农炮还是榴弹炮，都要考虑到沿全弹道较大的章动角对射程的影响，还要考虑弹丸转速衰减可能引起陀螺不稳定性。在满足陀螺稳定性的条件下，膛线缠度应选取稍大一些；或采取其他措施减小动力平衡角，如弹头加风帽、减小圆柱弹丸的质量分布系数μ及弹丸的质量系数C_m、增大h/d，或采用火箭助推、底部排气等方法，以达到增加弹道顶点速度的目的。

习　题

（1）外弹道设计的主要任务有哪些？基本程序是什么？

（2）怎样确定合理的弹丸质量和初速？炮口动能和动量应满足什么条件？

（3）什么是弹形系数？对于一种弹形来讲，它是一个固定不变的参数吗？

（4）如何选定加农炮或榴弹炮合理的弹丸质量及初速范围？

（5）穿甲弹的外弹道设计应遵循什么原则？其设计目标和榴弹炮弹丸的外弹道设计有何不同？

（6）如何选定高射炮合理的弹丸质量及初速范围？

（7）什么是野战火炮的初速分级？为什么要进行初速分级？

第2篇　内弹道学

第 7 章

内弹道学概述及火药的基本知识

7.1 内弹道学概述

7.1.1 火炮发射的内弹道过程

火药（发射药）为发射弹丸提供了能源。在适当的外界能量作用下，火药自身能在密闭条件下进行迅速而有规律的燃烧，同时生成大量高温燃气。在内弹道过程中，身管中的固体火药通过燃烧将蕴含在火药中的化学能转变为热能，弹后空间中的热气急剧膨胀，驱动弹丸在身管内高速前进。

为了发射弹丸，首先要点燃发射药。击发是整个弹道过程的开始，通常利用机械方式（或用电、光、波）作用于底火（或火帽），使点火药着火。在现代大口径或者大威力火炮中普遍采用中心传火管，这对于提高药床的点火一致性、减小压力波、提高发射的安全性，具有非常重要的意义。图 7－1 显示了不同尺寸的底火和传火管。

传统底火被击发后，底火产生的火焰穿过底火盖而引燃火药床中的点火药，使点火药燃烧产生高温高压的燃气和灼热的固体微粒，通过对流换热的方式，首先将靠近点火源的发射药首先点燃；然后，点火药和发射药的混合燃气逐层地点燃整个火药床，这就是内弹道过程开始阶段的点火和传火过程。

在完成点、传火过程之后，火药燃烧产生许多高温、高压燃气，推动弹丸运动。弹丸开始启动瞬间的压力称为启动压力。弹丸启动后，因弹带的直径略大于膛内阴线的直径，弹带必须逐渐挤进膛线。当弹带全部挤进时，弹带已被膛线刻成沟槽并与膛线紧密吻合（图 7－2），此时相应的燃气压力称为挤进压力。这个过程也称为挤进过程。

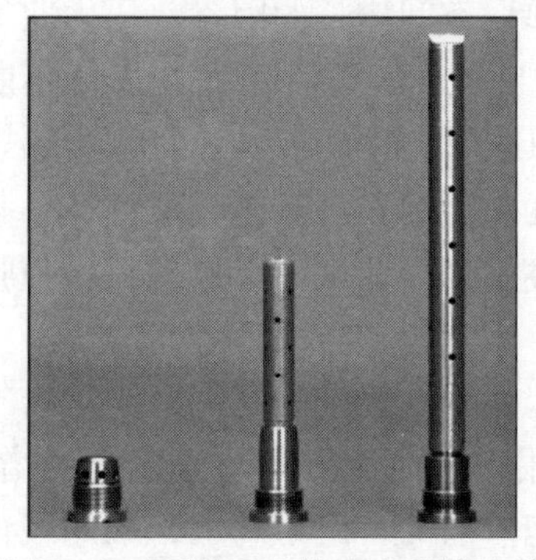

图 7－1　不同尺寸的底火和传火管

图 7－2　被雕刻的弹带

弹带全部挤入膛线后，弹后空间的火药固体仍在继续燃烧而不断补充高温燃气，高温高压气体的急速膨胀做功，使火炮以及身管膛内产生了多种形式的复杂运动，这包括弹丸的直线运动和旋转运动（对于线膛身管），弹带与膛线之间的摩擦，正在燃烧的药粒和燃气的运动，火炮后坐部分的后坐运动，火药气体与身管、身管与外界的热交换，身管的弹性振动等。所有这些运动既同时发生，又相互影响，形成了复杂的射击现象。不同阶段的内弹道过程如图7－3所示。

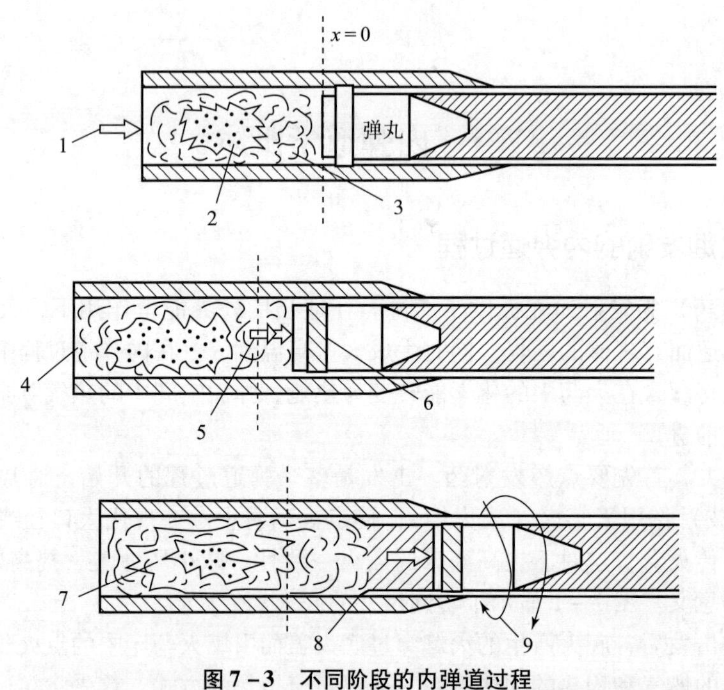

图7－3　不同阶段的内弹道过程

1—击针击发引燃火药；2—燃气生成；3—药室内压力和热量急速递增；
4—压力15～80 MPa；5—弹丸开始运动；6—弹带被刻槽，挤进阻力导致弹后压力增加；
7—高压导致火药燃速增加；8—弹速增加，弹后空间容积增加；9—膛线强迫弹丸旋转

膛内不同现象的相互制约和相互作用，形成了膛内燃气压力变化的特性。其中，火药燃气生成速率和由于弹丸运动而形成的弹后空间增加的速率，是决定这种变化的两个主要因素。前者的增加使压力上升，后者的增加使压力下降，而压力的变化又反过来影响火药的燃烧和弹丸的运动。在开始阶段，燃气生成速率的影响超过弹后空间增长的因素，压力曲线将不断上升。当这两种相反效应达到平衡时，膛内达到最大压力 p_m。而后随弹丸速度不断增大，弹后空间增大的影响超过燃气生成速率的影响，膛内压力开始下降。当火药全部燃完时，膛压曲线随弹丸运动速度的增加而不断下降，直至弹丸射出炮口，至此，就完成了整个内弹道过程。这时的燃气压力称为炮口压力 p_g，弹丸速度称为炮口速度 v_g。典型膛压与弹丸速度曲线如图7－4所示。

当弹丸飞出炮口之后，在它后面的火药气体也随着一起流出（图7－5），由于这时气体的速度大于弹丸的速度，所以对弹丸仍然起一定的推动作用，从而使弹丸的速度继续增加。但是，由于气体出炮口之后，要向四周迅速扩散，因而在炮口前的一定距离上，火药气体的速度即很快地衰减到小于弹丸运动的速度，对弹丸不再起加速作用，这时弹丸就达到射击过

程中的最大速度。

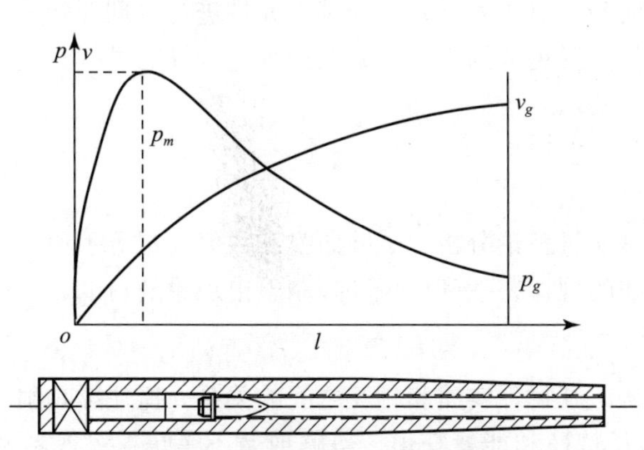

图 7－4　典型膛压与弹丸速度曲线

图 7－5　弹丸出炮口瞬间的烟圈

7.1.2　内弹道学的研究内容及任务

在火炮发射时，发生了复杂的物理、化学、传热以及机械现象，不同形式能量之间发生了非常迅速的转化：固体火药的化学能首先转化为火药燃气的热能，然后转化为“弹丸－火药－后坐部分”系统运动的动能。

内弹道过程所经历的时间是非常短暂的，只有几毫秒到十几毫秒的时间。因此，从一般力学的范围来看，膛内的各种相互作用和输运现象具有瞬态特征，它属于瞬态力学范畴；从热力学范围来看，膛内射击过程是一个非平衡态不可逆过程；从流体力学的观点来看，膛内射击现象又属于一个带化学反应的非定常的多相流体力学问题。

根据内弹道过程中所发生的各种现象的物理实质，内弹道学所要研究的内容可归纳为以下几个方面的问题：

①有关点火药和火药的热化学性质、燃烧机理以及点火、传火的规律。

②有关火药燃烧及燃气生成的规律。

③有关枪炮膛内火药燃气和火药颗粒的多维多相流动及其相间输运现象。

④有关膛内压力波产生机理、影响因素及抑制技术。

⑤有关弹带挤进膛线的受力变形现象、弹丸以及炮身的运动规律。

⑥有关膛内能量转换及传递的热力学现象、燃气与膛壁之间的热传导现象。

在这些现象研究的基础上，建立起反映内弹道过程中物理化学实质的内弹道数学模型和相应方程。

根据内弹道理论和实践的要求，内弹道学研究的主要任务有以下三个方面：

①弹道计算，也称为内弹道正面问题。即已知枪炮内膛结构诸元和装填条件，计算膛内燃气压力变化规律和弹丸运动规律，为武器弹药系统设计及弹道性能分析提供基本数据。

②弹道设计，也称为内弹道反面问题。在已知口径 d、弹丸质量 m、初速 v_0 及指定最大膛压 p_m 的条件下，计算出能满足上述条件的武器内膛构造诸元（如药室容积 W_0、弹丸行程长 l_g、药室长度 l_{W_0} 及内膛全长 L_{nt} 等）和装填条件（如装药质量 ω、火药的压力全冲量 I_k、火药厚度 $2e_1$ 等）。弹道设计是多解的，在满足给定条件的情况下，可有很多个设计方案。因此，在设计过程中需对各方案进行比较和选择。

③装药设计。在内弹道设计的基础上，为实现给定的武器内弹道性能和保证内弹道性能的稳定性与射击安全性，必须对选定的发射药、点火系统及装药辅助元件进行合理匹配和装药元件空间配置的结构设计，这一过程称为内弹道装药设计。它是内弹道设计的继续，是武器弹药系统设计的重要组成部分。

7.1.3 内弹道学的研究方法

内弹道学和其他自然科学一样，主要是通过理论分析、试验研究和数值模拟等手段，以掌握射击过程的物理化学本质，找出其内在的规律，达到认识和控制射击现象的目的。

1. 理论分析

通过对射击过程中各种现象的分析，认识其物理实质和相互之间的关系。抓住影响射击过程的主要因素，例如不同能量之间的相互转换和能量守恒，忽略或暂不考虑某些次要因素，给出反映射击过程的物理模型，再根据流体力学、热力学、传热学、化学及数学等基础学科构造出数学模型。也就是建立起描述膛内射击过程的内弹道基本方程。

对于内弹道学问题，可以运用不同层次的气体动力学模型来进行求解，这包括零维模型、一维（1D）模型、二维（2D）模型和三维（3D）模型。零维气体动力学模型假定某一瞬间的整个弹后空间的气流状态参数（p、W、T 和 ρ）可以用其平均值来表示，这是经典内弹道理论解决问题所采用的典型方法。一维模型假定参数 p、W、T 和 ρ 只随时间 t 变化，二维模型假定这些参数随两个坐标的变化而变化，三维模型假定这些参数随空间的三个坐标变化。

经典内弹道数学模型是建立在以下几个基本假设的基础之上的：

①火药燃烧服从几何燃烧定律，即整个发射药同时点火，并按平行层或同心层逐步燃烧。

②火药的燃烧是在弹后空间中的瞬态平均压力下进行的，燃烧速度与压力成正比或呈指数式关系。

③弹后空间火药和火药气体的质量是均匀分布的，从而可以推得，弹后空间速度呈线性分布，弹后压力呈抛物线分布。

④火药气体服从仅有余容修正项的范德瓦尔斯状态方程，即诺贝尔状态方程。火药气体的热力学量（如火药力 f、余容 α、比热比 k 等）在射击过程中被认为是常量。

⑤弹丸挤进所消耗的功不单独考虑，挤进过程被认为是瞬时完成的。

⑥火药及火药气体运动、火炮后坐、弹丸旋转和摩擦阻力等因素的影响不做细致的个别计算，而由一个总的虚拟质量系数 φ 来描述。习惯上把这些因素当作次要的。这些次要因素对能量方程和弹丸运动方程折算的虚拟系数是不一样的，并且一般是一个变量，但假定它们相等且为常量。

⑦管壁的热散失不直接计算，一般通过一个热量损失系数来考虑。

2. 数值模拟

在建立了内弹道基本方程的基础上，可以根据射击过程的初始条件和内膛结构的边界条件进行数值模拟。在经典内弹道学范畴内，主要是求解常微分方程的初值问题。

3. 试验研究

它是内弹道学的一个重要组成部分，也是检验内弹道理论和数值模拟的根本依据。由于膛内过程具有高温、高压、高速和瞬态的特点，给内弹道试验研究带来一定的困难。然而，近代光学和电子技术的高度发展，也极大地促进了弹道试验技术的发展，测压和测速技术已达到比较高的水平。试验研究包括火药的点火和燃烧，火药颗粒运动、挤压和破碎，相间传热和阻力，弹带挤进过程等基础研究，以及膛内燃气压力、弹丸运动规律和燃气温度变化的内弹道性能综合试验研究。

7.1.4　内弹道学在武器设计中的应用

内弹道学在枪炮武器设计中的作用，主要表现在以下几个方面：

（1）内弹道学是枪炮设计的理论基础。内弹道学的研究主要服务于现有武器弹道性能的改进和新武器弹道设计方案的提出。因此，内弹道学的理论和实践就是为武器设计及武器弹道性能分析提供理论基础，事实上，整个武器弹药系统的设计往往是以内弹道计算和内弹道设计作为其先导的。

（2）在武器弹药系统设计中起协调作用。火炮武器弹药系统的设计包括火炮、弹丸、引信、药筒、底火及发射装药等设计。在具体的实践当中，它们之间往往会发生各种矛盾。例如，在内弹道设计中，最大压力的确定不仅影响到火炮的内弹道性能，还直接影响到火炮、弹丸、引信和装药等设计的问题。最大压力选择是否适当将影响到武器弹药系统设计的全局。因此，可通过内弹道的优化设计将武器弹药系统之间的矛盾协调起来，在总体上实现武器弹药系统良好的弹道性能。

（3）火炮武器弹道性能的评价作用。武器的弹道性能的优劣必须通过某些弹道参量来衡量，进而评价武器弹道性能是否满足火炮武器系统总体性能的要求。内弹道性能评价标准包括：火药能量利用效率的评价标准、炮膛工作容积利用效率的评价标准、火药相对燃烧结束位置、炮口压力和身管寿命等。

射击安全性是武器弹药系统设计中一个十分重要的问题。以高膛压、高初速和高装填密度为特征的高性能火炮，在射击过程中容易产生大振幅的危险压力波，由此可能引起灾难性的膛炸事故。因此，利用内弹道的相关理论给出射击安全性评价标准是非常必要的。

（4）在火炮新发射原理研究中起指导作用。内弹道学是研究火炮发射原理的科学，在内弹道理论的发展过程中，可以派生出一些发射技术的新概念，并形成新的发射原理，如可获得超高初速的轻气炮发射技术、随行装药技术、钝化和包覆装药技术，以及液体发射药火炮、电热化学炮等新概念和新能源技术的应用，都离不开内弹道理论的指导。

7.2 火药的基本知识

7.2.1 火药的化学成分、制造过程和性能特点

传统的火炮或轻武器仍都以火药作为射击的能源。主要是因为它具有这样一些优点：首先，火药是一种固体物质，生产、贮存、运输、使用比较方便；其次，在射击过程中，经过点火作用产生急速的化学变化，分解出大量的高温气体，这些气体在一定的条件下膨胀做功，从而使炮膛中的弹丸获得较大的速度。而且还可以通过火药的成分、形状和尺寸的变化，控制它的燃烧规律，从而控制射击现象，达到所要求的弹道性能。

火药通常分为混合火药和溶塑火药两大类。

1. 混合火药

混合火药是以某种氧化剂和某种还原剂为主要成分，并配合其他成分，经过机械混合和压制成型等过程而制成的。黑火药就是一种典型的混合火药，它由硝石75%、木炭15%和硫黄10%三种成分组成。过去，这种火药曾作为发射药使用。它的能量较小，燃烧后又有较多的固体残渣使炮膛污染，因而在出现了溶塑火药之后，很快就被淘汰了。但是，由于它的着火速度很快，燃烧后所形成的炽热固体粒子易于起引燃作用，目前仍被广泛地作为点火药使用。

2. 溶塑火药

溶塑火药的基本成分是硝化纤维素。任何纤维素脱脂，用浓硝酸和浓硫酸组成的混酸处理，经过硝化作用，就可以制成硝化纤维素。由于一般都采用棉纤维为原料，习惯上都称之为硝化棉。如果混酸的组成不同，则硝化的程度又将不同，因而制成硝化棉的化学组成也就不同。通常都以单位重量硝化棉的含氮量来表示这种组成。现在溶塑火药所采用的硝化棉，按含氮量来区分，主要有以下三种：

1号棉，又称强棉，含氮量为13.0%~13.5%。

2号棉，也称强棉，含氮量为12.05%~12.4%。

3号棉，称为弱棉，或称胶棉，含氮量为11.5%~12.1%。

硝化棉溶解于某些溶剂后，可以形成可塑体，再经过一系列的加工过程，就可以制成溶塑火药。由于所用的溶剂不同，可以制成不同类型的溶塑火药。现代的溶塑火药主要有以下三类：

1）硝化棉火药

这类火药是用1号棉和2号棉的混合物溶于醇醚溶剂中，形成可塑体压制成型，再经过浸泡把醇醚溶剂排出，最后烘干而制成的。火药成品中含有少量的水分和剩余溶剂。为了防止保存期间的分解作用，还附加二苯胺这样的安定剂，所以硝化棉火药的成分一般包含：

硝化棉	94%~98%
挥发性溶剂	0.2%~5.0%
水分	0.8%~1.5%
安定剂（二苯胺）	1%~2%

硝化棉火药，按其成分来讲，硝化棉是唯一的主要成分，故称单基药。按溶剂性质来讲，醇醚属于易挥发的溶剂，故又称为挥发性溶剂火药。

硝化棉火药在制造成型时，为了使得溶剂易于排除，火药厚度不能不受到一定的限制，因而这类火药常应用于中小口径的武器中。这类火药含有挥发性溶剂和具有一定的吸湿性，因而在保存期间，随着溶剂的挥发和水分的变化，火药的弹道性能将会发生变化。所以，为了保证弹道性能的稳定性，这类火药在保存时应该具有良好的密封条件。

2）硝化甘油火药

硝化甘油是一种难挥发的液态爆炸性物质。它可以溶解含氮量较低的 3 号硝化棉，形成可塑体，硝化甘油压制成型后，可以制成溶塑火药。这类火药的成分一般包含：

硝化棉　30% ~60%

硝化甘油　25% ~40%

安定剂　1% ~5%

水分　0.5% ~0.7%

其他成分　1% ~3%

同硝化棉火药的成分相比较，这类火药具有两种主要成分，即硝化棉和硝化甘油，故称双基药。从溶剂的性质来讲，这类火药中的硝化甘油是难挥发性溶剂，为了与硝化棉火药的挥发性醇醚溶剂相区别，故又称难挥发性溶剂火药。

同硝化棉火药的性能相比较，这类火药在制造过程中没有挥发性溶剂的排除问题，因而生产周期较短，并适用于制造厚度较大的药粒，所以这类火药常应用于较大口径的火炮中。因为硝化棉和硝化甘油的比例可以在较大范围内变化，所以这类火药的能量能满足多种弹道性能的要求。但是，这种火药的燃烧温度较高，炮膛易产生烧蚀现象。此外，在保存期内，硝化甘油易于渗出，出现所谓渗油现象，影响安定性，从而增加贮存的困难。

为了降低这种火药对炮膛的烧蚀程度，可在其中加入一些降温剂。目前常用的降温剂大都是芳香族化合物，如二硝基甲苯，它们本身是缺氧物质，所以加入双基药后，能降低火药的氧平衡，从而降低了火药的燃烧温度。此外，二硝基甲苯还是增塑剂，对硝化棉有溶解能力，使火药结构更加致密，不易吸湿。这种火药可用在大口径火炮中。它们又称为双芳型火药。

事实上，现在的所谓双基药已不单纯是指硝化甘油火药，凡是与硝化甘油性质类似的，并能代替硝化甘油而与硝化棉制成溶塑体的爆发性物质，都可以制成双基药。例如，由以硝化二乙二醇作为硝化棉的溶剂所制成的硝化二乙二醇火药也是双基药。常用的硝化二乙二醇火药的型号有两种：在其中加入降温剂二硝基甲苯的称为乙芳火药，不加的就称双乙火药。

硝化二乙二醇火药的威力稍低于硝化甘油火药，但它对炮膛的烧蚀比硝化甘油火药要小，这是它的一个主要优点。

3）硝基胍火药

硝化二乙二醇火药的燃烧速度比较慢，如果在其中加入 20% ~30% 的硝基胍，则可以克服这一缺点。在硝化二乙二醇火药中加入硝基胍，就是硝基胍火药。由于硝基胍中含氢和氮比较多，含氧很少，所以硝基胍火药的燃烧温度比较低，对炮膛的烧蚀比较小，因此常称硝基胍火药为“冷火药”。又因它的主要成分有三种，即硝化棉、硝化二乙二醇和硝基胍，所以又称为三基药。

溶塑火药属于固态胶体，根据火药的成分及厚度的不同，其呈半透明或不透明状。硝化棉火药一般为灰黄色，略带绿色，硝化甘油火药为棕褐色。在强度方面，前者比较坚硬，后者比较柔软并有弹性。在外观方面，前者比较粗糙，无光泽，后者比较光滑，略有光泽。

为了增加装填密度，并避免相互摩擦产生静电，步兵武器用的小粒火药表面都滚有石墨，所以小粒枪药的外观不但光滑，而且有黑色光泽。

根据武器的弹道性能及实际装药的需要，火药都要有一定的形状和尺寸。这是因为火药燃烧时气体生成的速度是与火药的表面面积有关的，而在燃烧过程中火药的表面面积的变化取决于火药的厚度和形状。通过对火药形状和尺寸的改变来调整在单位时间内火药气体的生成量，从而调整膛内压力变化的大小和规律，以保证在射击时得到所需要的弹丸速度。因此，火药的形状和尺寸是火药分类的一个重要标志。

现代武器所应用的火药形状是多种多样的。常见的有管状、带状、片状、棍状、球状和圆环状等简单形状，以及七孔、花边形七孔、花边形十四孔等复杂形状。在大口径火炮中常用长的管状药；在中小口径火炮及大口径的轻武器中常用七孔药；在小口径的轻武器中常用短管状或球状药；在无后坐炮中根据具体的装药结构，有的用花边形七孔药或十四孔药，也有的用带状药；在迫击炮中常用圆环状药及带状药。火药的尺寸都是根据一定的要求来设计和制造的。图 7-6 表示了若干典型简单火药的形状图。为了适应大口径火炮弹药全自动装填的需要，还发展出了模块装药，如图 7-7 和图 7-8 所示。

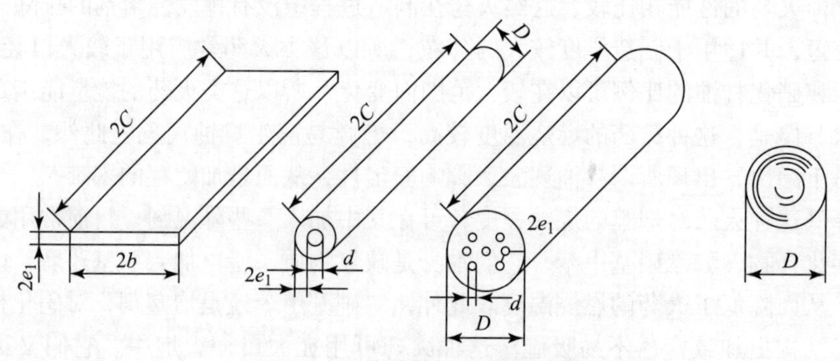

图 7-6　典型简单火药形状图

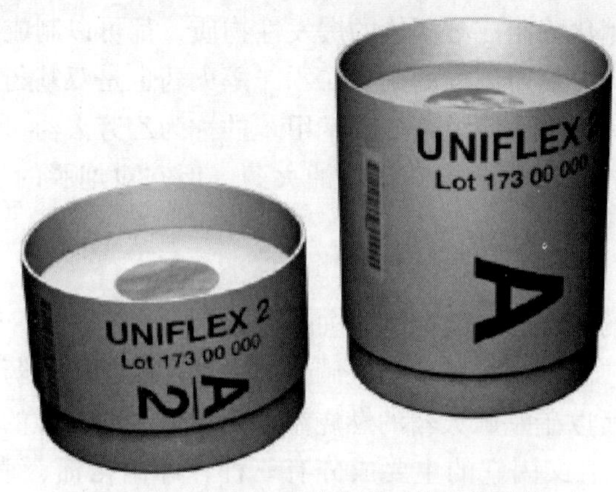

图 7-7　大口径榴弹炮所用的模块装药

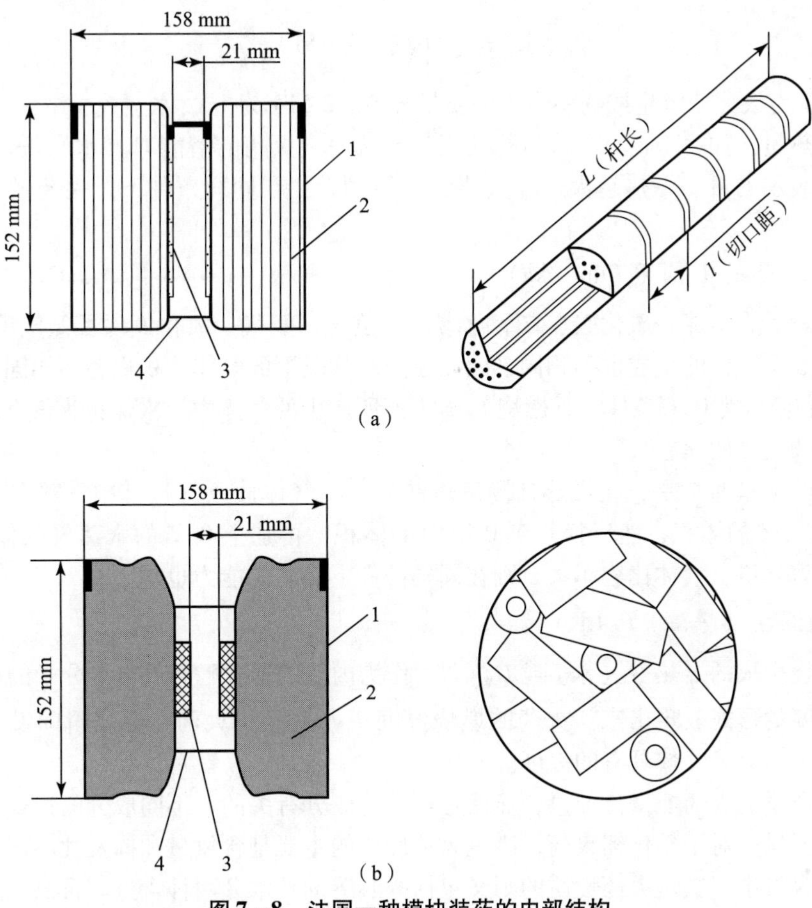

图 7－8　法国一种模块装药的内部结构

(a) TCM 模块药的内部结构：1—壳体；2—火药束；3—点火具；4—密封盖；
(b) BCM 模块药的内部结构：1—壳体；2—火药束；3—点火具；4—密封盖

7.2.2　火药的能量特征量

上面已经说过，火药的种类许多，性质各不相同，而火药的性质直接影响到武器的弹道性能，因此，必须引进一些物理量来描述火药的性质。这些描述火药性质的物理量，称为火药的特征量，其中，描述能量的就称为能量特征量。

火药之所以能在炮膛中在极短时间内完成大量的功，其原因即在于它在燃烧时能放出大量的气体和热量，所放出的热量又以增高气体温度的形式反映出来。温度越高，气体的做功能力也越大。因此，爆热、火药气体的比容、燃烧温度就是体现火药做功能力大小的三个能量特征量。对这三个量分别定义如下：

1. 爆热 Q_W(水)

1 kg 火药在定容情况下燃烧并将其气体冷却到 15 ℃时所放出的热量，称为火药的爆热。这个量通常是用量热计来测定的。但是应该指出，火药在量热计中燃烧期间所生成的水分以气态存在，冷却到 15 ℃时，水分则以液态存在。水分状态不同时，热量值也不相同，它们

之间有如下的关系

$$Q_W(\text{水}) = Q_W(\text{汽}) + 2\,514\,\frac{n}{100}$$

式中，$n/100$ 为火药分解生成物中含水的质量分数；2 514 为 1 kg 水蒸气凝结并冷却到 15 ℃时所放出的热量。如将 Q_W(水) 乘以热功当量，就得到火药的潜能 Q_W(水)。这就是爆热以功的形式所表示的量。爆热越大，即火药的潜能越大，在同样条件下，火药做功的能力也越大。

2. 火药气体的比容 $W_1(dm^3/kg)$

火药燃烧后，生成一氧化碳、二氧化碳、水蒸气、氢气、氧化氮以及氮气等各种气体。火药不同，混合气体的组成也不相同，因而在同一状况下的气体体积也各不相同。在压力为 0.098 MPa 和温度为 0 ℃条件下，燃烧 1 kg 火药所产生的气体中，水保持为汽态时所占有的体积称为火药气体的比容。

这个量的测量通常是，在量热计测量爆热后，将气体放入气量计中，并在大气压力和 15 ℃时测量气体的体积，然后换算到 0 ℃时的体积，再加上 0 ℃的水蒸气的体积。显然，从做功的能力来讲，气体比容越大，则在同样条件下做功的能力也越大。

3. 燃烧温度（爆温）T_1（K）

火药燃烧生成的爆热 Q_W(水) 或 Q_W(汽) 作为内能的形式贮存在 n g 分子的火药气体之中，并以温度的形式表现出来。火药的燃烧温度 T_1，就是指火药在燃烧瞬间没有任何能量消耗的情况下，火药气体具有的温度。

以上所列举的火药能量特征量，显然是与火药成分有关的，不同成分的火药，也就有不同的能量特征量。对于硝化棉火药，决定火药性质的主要是含氮量和挥发性溶剂含量；而在挥发性溶剂含量中，决定火药性质的则又包括醇醚溶剂及水分两种含量。含氮量越高及挥发性溶剂含量越小，火药的能量越大。对硝化甘油火药而言，火药性质主要取决于硝化甘油含量：硝化甘油含量越大，能量也越大。

除了以上的能量特征量之外，火药的密度也是一个重要的特征量。在火药的体积相同的情况下，火药密度越大，火药质量越大，所以总的能量也越大。密度的大小，不仅与火药成分有关，还与制造过程中压制成型的条件有关。

火药的各种特征量见表 7－1。

表 7－1　火药的各种特征量

特征量	硝化棉火药	硝化甘油火药
爆热 $Q_W/(MJ \cdot kg^{-1})$	3.416～3.843	4.697～5.124
气体比容 $W_1/(dm^3 \cdot kg^{-1})$	900～970	800～860
燃烧温度 T_1/K	2 500～2 800	3 000～3 500
挥发物含量 H/%	2.0～7.0	0.5
火药密度 $\delta/(kg \cdot dm^{-3})$	1.56～1.62	1.56～1.62

习　题

(1) 简述内弹道学研究的主要任务。

(2) 火药通常分为哪几类？各种火药的特点是什么？

(3) 表征火药能量的主要特征量有哪些？并解释其含义。

(4) 请画出典型的膛压曲线示意图。

第8章
密闭爆发器条件下火药燃烧的基本方程

8.1 密闭爆发器及火药在密闭爆发器内燃烧的气体状态方程

8.1.1 密闭爆发器

热静力学（Thermostatics）研究定容条件下火药固体的燃烧规律和火药气体的生成规律。热力学（Thermodynamics）研究连续变容情况下火药固体的燃烧规律和火药气体的生成规律。

热静力学环境产生于密闭爆发器中，也可以产生在弹丸开始运动前的火炮药室中。密闭爆发器用于研究火药在定容情况下的燃烧过程以及相应的火药燃烧规律。

在内弹道试验中使用的定容密闭容器称为密闭爆发器（图8-1）。密闭爆发器的本体是用炮钢制成的圆筒1，在其两端开口的内表面上制有螺纹。一端旋入点火塞2，依靠电流点燃点火药3，从而使火药4着火燃烧。火药燃烧产生的压力及其随时间变化的规律，则由另一端旋入的测压传感器5及各种记录仪器记录。图中6是排气装置。目前常用的是50 mL（内径28 mm）、100 mL（内径36 mm）和200 mL（内径为44 mm）三种容积的密闭爆发器。

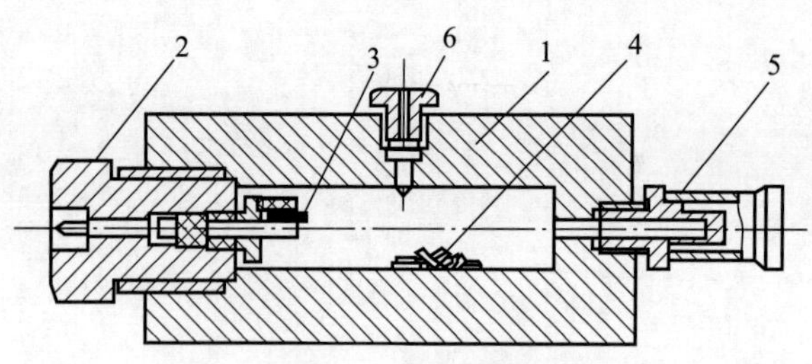

图8-1 密闭爆发器

1—圆筒；2—点火塞；3、4—火药；5—测压传感器；6—排气装置

在密闭爆发器常规试验中，试验压力一般在400 MPa以下。但随着高膛压火炮的出现，用于研究火药定容燃烧性能的密闭爆发器，其试验压力也需要相应提高。图8-2所示的是一种700 MPa以上的高压密闭爆发器。为了提高密闭爆发器的承压能力，本体采用复合层结构，内筒还经过专门的高压自紧装置自紧。外筒套在内筒上，给内筒产生一定的预紧力。经过这样处理后，本体的耐压强度得到较大幅度的提高。点火塞2和放气塞11与本体之间的密封形式也采取特殊的自动密封结构。当火药气体作用在自紧塞3和7时，自紧塞再压缩后

面的密封胶环 4、8 和密封铜垫圈 5、9。这时密封件 4、8、5、9 与本体 1 之间就产生密封力，而且这一密封力随着火药气体压力增加而增大，从而达到高压密封的目的。

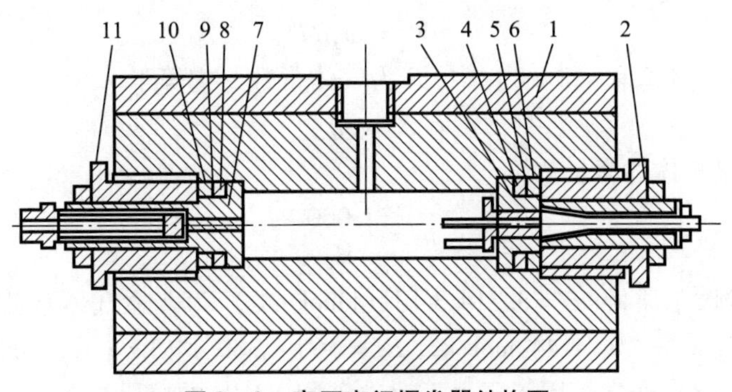

图 8－2　高压密闭爆发器结构图

1—本体；2—点火塞；3、7—自紧塞；4、8—密闭胶环；
5、9—密封铜垫圈；6、10—垫圈；11—放气塞

本节主要阐述在定容情况下火药燃烧的物理过程和相应的数学方程。

在弹丸开始运动前，火药在火炮药室中的燃烧过程与火药在密闭爆发器中的燃烧过程可以认为是相同的。

假定未装火药的火炮药室的初始容积为 W_0, ω 为装药质量。火药固体的不断燃烧产生了质量为 ω_g 的火药气体，此时的火药气体体积为

$$W = W_0 - W_{\mathrm{pwd}} \tag{8-1}$$

式中, W_{pwd} 为未燃的火药固体体积与气体分子自身所占体积之和。

引入火药相对燃烧量，即火药燃去的质量分数: $\psi = \omega_g/\omega \times 100\%$（$\omega_g$ 为燃烧过程中转变为气相的装药质量），则有

$$\omega_g = \omega\psi \tag{8-2}$$

生成的火药气体的弹道特性可由以下状态参数来描述：压力 p、密度 ρ 和温度 T，气体状态方程可以建立起这些参数之间的相互联系。

8.1.2　火药气体的状态方程

气体状态方程是如下函数关系

$$F = F(p,\rho,T) \tag{8-3}$$

它把状态参数彼此联系在一起。状态方程中一个参数的变化会导致其他参数的变化，根据这一特性，方程（8－3）也可以写为下面的形式

$$F = F(\rho,T) \tag{8-4}$$

$$F = F(p,\rho) \tag{8-5}$$

$$F = F(p,T) \tag{8-6}$$

这些方程的具体数学表达式可能有不同的形式，这取决于是理想气体还是非理想气体。所谓理想气体，指的是气体分子没有体积，并且气体分子间不存在相互作用力的一类气体。理想气体的状态方程可由下面的方程描述：

对于单位质量理想气体

$$pW = RT \tag{8-7}$$

对于气体质量为 ω_g 的理想气体

$$pW = \omega_g RT \tag{8-8}$$

在方程（8－7）和方程（8－8）中，R 为气体常数，它等于

$$R = nr \tag{8-9}$$

式中，n 为单位质量气体的摩尔数

$$n = \frac{1\ 000}{M_g} \tag{8-10}$$

式中，M_g 为气体的摩尔质量；$r = 8.314\ 3$ kJ/(kmol·K) 为普适气体常数。对于火药气体，$M_g = 23 \sim 25$ g/mol，$n = 40 \sim 44$ mol/kg，$R = 360 \sim 380$ J/(kg·K)。理想气体状态方程(8－7)和方程（8－8）通常适用于压力不超过 7～10 MPa 的情况。

火炮发射时，膛内会产生很高的气体压力，同时，膛内火药气体具有很高的密度，气体分子自身所占有的体积就必须进行考虑。在这种情况下，进行内弹道计算时就不能使用理想气体状态方程，否则，会产生很大的计算错误。考虑到火药气体的真实气体特性，必须使用真实（非理想）气体的状态方程。

真实气体状态方程具有几种不同的数学形式，在内弹道学中，常用下面形式

$$p = N_1\left(\frac{1}{\rho}\right)^{-n_1} - N_2\left(\frac{1}{\rho}\right)^{-n_2} + \frac{AT}{1/(\rho - \alpha)} \tag{8-11}$$

$$\left[p + \frac{a}{(1/\rho)^2}\right]\left(\frac{1}{\rho} - b\right) = RT \tag{8-12}$$

$$\frac{p}{\rho RT} = Z \tag{8-13}$$

$$Z = 1 + B\rho + C\rho^2 + D\rho^3 + E\rho^4 \tag{8-14}$$

$$\rho = \omega_g/W \tag{8-15}$$

式中，Z 为可压缩因子；B、C、D、E 分别为第二、第三、第四、第五维里系数；常量 N_1、N_2、n_1、n_2、A 和 α 取决于气体特性；N_1 和 N_2 反映了气体分子间的排斥和吸引力；α 是考虑了每个分子作用范围的气体分子自身所占体积，称为余容；ρ 为气体密度。

在内弹道学计算中，直接运用方程（8－11）是非常困难的，因为这个方程的计算需要若干个经验系数。而范德瓦尔斯（Van－Derwaals）状态方程（8－12）更容易使用。在该方程中，系数 a 是一个与气体分子吸引力相关的特征量，b 是一个表示气体分子自身体积的量。在高温情况下，系数 a 可以被忽略。那么方程（8－12）就转化为诺贝尔－阿贝尔（Noble－Abel）方程形式

$$p(1/\rho - b) = RT \tag{8-16}$$

在这个方程中，$b = \alpha$，于是

$$p = \frac{\omega_g RT}{W - \alpha\omega_g} \tag{8-17}$$

把 $W = \omega_g/\rho$ 代入，得

$$p = \frac{RT}{1/\rho - \alpha} \tag{8-18}$$

其中，气体常数 R 的物理意义是：1 kg 火药气体在一个大气压下，温度升高 1 ℃对外膨胀所做的功。为了能够运用状态方程，必须知道在任一时刻所产生的火药气体质量 ω_g，它的数值取决于火药燃烧过程中的气体生成速率。

8.2　火药燃烧的物理化学过程与火药的燃烧速度定律

8.2.1　火药的燃烧过程和影响燃速的因素

混合固体火药的燃烧能够在没有氧气进入燃烧室的情况下进行，并且燃烧伴随着大量的热能和气体产物的生成。

想要使火药燃烧，就应该对火药进行点火。所谓点火，就是在火药药粒表面形成一个局部“温床”，当“温床”的温度达到点火温度时，即发生点火。有烟火药在空气中的点火温度为 270～320 ℃，无烟火药在空气中的点火温度为 200 ℃左右。

燃烧反应沿火药表面蔓延被称为点火过程。对于有烟火药，点火速率为 1～3 m/s，而对于无烟火药，为 0.001～0.004 m/s。

燃烧就是指火药药粒由表层到内部的热氧化反应过程。有烟火药在常压下的燃烧速率为 1 mm/s，无烟的硝化棉火药为 0.07 mm/s，硝化甘油火药为 0.06～0.15 mm/s。

火药表面被点燃之后，火焰即向火药内部扩展，进行燃烧。火药的燃烧是一个复杂的物理化学过程。燃烧过程的特性与火药本身的组成和火药装药条件有着密切的关系。重要的火药燃烧特性有火药的燃速、压力指数、燃速温度系数以及火焰温度等。长期以来，为有效地控制火药的燃烧性质、适应武器发展对装药的要求，许多学者对火药燃烧机理进行了大量的试验和理论研究，取得了一定的成就。但是，由于火药燃烧是在高温、高压条件下进行的，受外界条件影响又很大，加之燃烧反应速度很快，燃烧区域很薄，这就使得对火药燃烧过程的深入研究变得十分困难。因此，迄今为止所建立的各种燃烧模型，都是在一定的试验观察基础上提出一系列假设，并经简化得到的，仍属半经验性质。

对均质（单基、双基）火药燃烧过程的研究证明，火药燃烧的最终产物不是瞬间一步生成的，而是从凝聚相到气相经过一系列中间化学变化才达到的。现代理论认为，均质火药的燃烧过程是多阶段的，可分为四个区域，如图 8－3 所示。它们是亚表面及表面反应区、嘶嘶区、暗区和火焰区。在这四个区中，火药进行一系列连续的物理化学变化，并且彼此相互影响，不能完全分开。

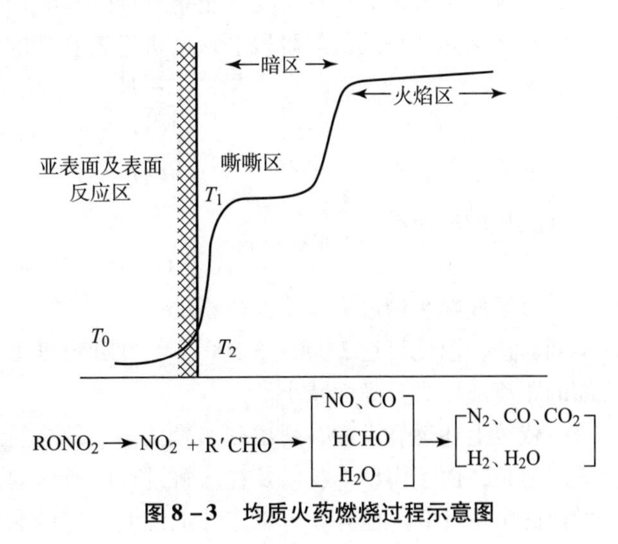

图 8－3　均质火药燃烧过程示意图

在亚表面及表面反应区，距火药燃烧表面较远的火药层中，主要发生硝酸酯的分解反应，这一反应是吸热的

$$R—ONO_2 \rightarrow NO_2 + R'—CHO$$

$$\begin{bmatrix} NC \\ NG \end{bmatrix} \qquad \begin{bmatrix} HCHO \\ CH_3CHO \\ HCOOH \end{bmatrix} \text{ 吸热反应}$$

在更接近火药燃烧表面的一层中，则进行如下放热反应

$$NO_2 + CH_2O \rightarrow NO + H_2O + CO$$

$$2NO_2 + CH_2O \rightarrow 2NO + H_2O + CO_2$$

通常情况下，该区反应的总热效应是正的（放热的），其放热量约占火药总放热量的10%。燃烧表面温度 T_s 一般在300 ℃左右，并随着压力的增大而有所提高。该区厚度随压力增加而减小。

嘶嘶区是一个混合相区。在这一区，除了固体或液体微粒熔化、蒸发等物理变化外，还发生下述化学反应

$$NO_2 + R'—CHO \rightarrow NO + C—H—O$$

$$\begin{bmatrix} HCHO \\ CH_3CHO \\ HCOOH \text{ 等} \end{bmatrix} \qquad \begin{bmatrix} CO、CO_2 \\ CH_4、H_2O \\ H_2 \text{ 等} \end{bmatrix}$$

及

$$NO_2 + H_2 \rightarrow NO + H_2O$$

$$NO_2 + CO \rightarrow NO + CO_2$$

上述反应都是放热的，使嘶嘶区形成较陡的温度梯度。该区放热量约占火药总放热量的40%，温度 T_1 可达700～1 000 ℃。嘶嘶区厚度也随压力增加而变薄。在本区中，燃烧产生大量的NO、H_2、CO，这些中间产物的还原需要高温高压条件。在太低的压力下，火药的燃烧就可能在本区结束。

在暗区，由嘶嘶区燃烧生成的中间产物的还原反应进行得很慢。因此，该区温度梯度极小，温度在1 500 ℃左右，没有光亮。暗区厚度较厚，但随压力升高，厚度显著减小。

火焰区是燃烧的最终阶段。该区进行着强烈的氧化还原放热反应

$$NO + C—H—O \rightarrow N_2 + CO_2 + H_2O$$

$$\begin{bmatrix} CO、H_2 \\ CH_4 \end{bmatrix}$$

典型的反应有

$$NO + H_2 \rightarrow 1/2N_2 + H_2O$$

该区放热量约占火药总放热量的50%。燃气在本区被加热到最高温度。随火药组分的不同，这一温度可达2 000～3 500 ℃。在此温度下，该区产生光亮的火焰。火焰区距燃烧表面的距离随压力升高而减小。

依照上述燃烧模型，列出热平衡方程，通过求解可得到均质火药燃烧速度的理论表达式。但是，由于模型本身以及在求解过程中所作的许多假设，实际上所得公式不能用来进行燃速的定量计算。但是，可以定性地说明燃速的影响因素与试验规律是基本一致的。例如，均质火药的能量越大，燃速增加；火药初温增高，燃速增加；火药密度增加，燃速降低等。

在燃烧过程中，压力对燃速的影响是最重要、最复杂的。这是因为压力不仅影响气相化学反应速度，还影响燃烧过程中的各种物理过程；而且在不同压力下，火药的燃烧火焰结构是不同的，这说明火药的燃烧机理是随压力而变化的。在高压下，燃烧经过四个区，嘶嘶区和暗区被压缩得很薄，火焰区距火药表面很近，火焰区的反应进行得很快、很完全，该区反应放出的大量热可直接反馈给凝聚相，维持火药的正常燃烧。在此情况下，火焰区的反应是火药燃烧的主导反应，是速率决定步骤。随着压力降低，暗区变厚，火焰区远离火药表面且该区反应速度减缓。当压力低至一定程度时，火焰区消失，燃烧就在暗区结束。由于暗区反应速度很慢，放热量又很少，因此，向火药燃烧表面反馈的热量主要由嘶嘶区提供。此时，嘶嘶区反应是火药燃烧的主导反应，是速率决定步骤。当压力降至很低时，嘶嘶区离燃烧表面较远，并且该区反应速度也大大减缓，火药燃烧只到嘶嘶区即结束，产生 NO_2 等大量不完全燃烧产物，通常称之为嘶嘶燃烧。在这种情况下，燃烧表面的凝聚相反应起着主导作用。

8.2.2　火药的燃烧速度定律

$u = de/dt$ 称为火药燃烧的线速度，即单位时间内沿垂直药粒表面方向燃烧的药粒厚度。火药燃烧速度定律描述了火药燃烧线速度 u 与气体压力 p 的函数关系。

研究者提出了多种燃烧速度定律的表达形式，但常用的主要有以下几种：

$$\text{指数式}\quad u = ap^{\nu} \tag{8-19}$$

$$\text{二项式}\quad u = a + bp \tag{8-20}$$

$$\text{正比式}\quad u = u_1 p \tag{8-21}$$

这里，ν、a、b、u_1 是由试验确定的常数，常用密闭爆发器试验求得。

密闭爆发器试验表明，燃烧指数 ν 变化范围为 0.85 ~ 0.95。

二项式中的系数 a 是与凝聚相反应特性有关的参数，b 为与火药初温等因素有关的参数，$b = b_0 e^{-\frac{E}{kT_1}}$（$E$ 为分子的活化能，T_1 为爆温，k 为玻尔兹曼常数）。二项式适用于 $p > 100$ MPa，并且气体温度在 2 000 ~ 4 000 K 的情况。确定二项式的难点在于 b_0 和 E 的获取。

正比式通常适用于 $p > 30$ MPa 的枪炮弹道。式（8 - 21）中的系数 u_1 的物理意义是单位压力下火药的燃烧速率，称为燃速系数，它由火药本身的性质、化学组分以及药粒温度决定。15 ℃下的若干种典型火药的燃速系数列于表 8 - 1 中。

表 8 - 1　典型火药的燃速系数

火药类型	u_1 /[mm · (MPa · s)$^{-1}$]
小口径武器使用的硝化棉火药	0.9 ~ 1.0
火炮用硝化棉火药	0.75 ~ 0.85
迫击炮用硝化甘油火药	1.15 ~ 1.20
导弹用硝化甘油火药	0.7

8.3　火药的几何燃烧定律

在大量的射击试验中，人们发现，从炮膛里抛出来的未燃完的残存药粒，除了药粒的绝对尺寸发生变化以外，它的形状仍和原来的形状相似；另外，在密闭爆发器的试验中，也发现这样的事实，图 8－4 是国外某火药药粒的原始形状与中断燃烧后的形状对比。这说明性质相同的两种火药的装填密度相同时，如果它们的燃烧层厚度分别为 $2e_1$ 和 $2e_1'$，所测得的燃烧结束时间分别为 t_k 和 t_k'，则它们近似地有如下关系

$$\frac{2e_1}{2e_1'} = \frac{t_k}{t_k'} \tag{8-22}$$

即火药燃完的时间与燃烧层厚度成正比。

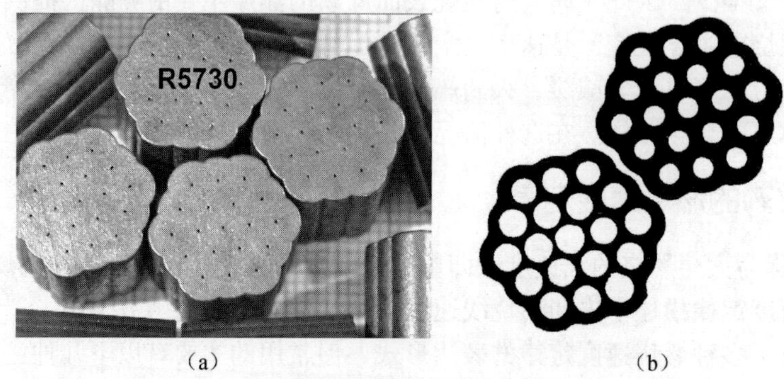

（a）　（b）

图 8－4　某火药的原始形状与中断燃烧后的形状

根据以上事实，火药的燃烧过程可以认为是按药粒表面平行层逐层燃烧的。这种燃烧规律称为皮奥伯特定律或几何燃烧定律。几何燃烧定律是理想化的燃烧模型，它是建立在下面几个假设基础上的：

①装药中的所有药粒的理化性质相同；

②装药中的所有药粒具有完全相同的几何形状和尺寸；

③所有药粒表面都同时着火；

④所有药粒沿药粒的表面法线方向按平行层燃烧，在任一瞬间都具有相同燃烧速度；

⑤药粒燃烧过程中保持其初始外形不变。

在上述假设的理想条件下，所有药粒都按平行层燃烧，并始终保持相同的几何形状和尺寸。因此，只要研究出一个药粒的燃气生成规律，就可以表达出全部药粒的燃气生成规律；而一个药粒的燃气生成规律，在上述假设下，将完全由其几何形状和尺寸所确定。这就是几何燃烧定律的实质和称其为几何燃烧定律的原因。

正是由于几何燃烧定律的建立，经典内弹道理论才形成了完备和系统的体系，才发现了药粒几何形状对于控制火药燃气生成规律的重要作用，发明了一系列燃烧渐增性良好的新型药粒几何形状，对指导装药设计和内弹道理论的发展及应用起到了重要的促进作用。

虽然几何燃烧定律只是对火药真实燃烧规律的初步近似，它给出了实际燃烧过程的一个理想化了的简化，但是由于火药的实际制造过程中，已经充分注意和力求将其形状与尺寸的不一致性减小到最低限度，在点火方面也采用了多种设计，尽量使装药的全部药粒实现其点火的同时性，因此，这些假设与实际的情况相比也不是相差太远，所以几何燃烧定律确实抓住了影响燃烧过程的最主要和最本质的影响因素。当被忽略的次要因素在实际过程中确实没有起主导作用时，几何燃烧定律就能较好地描述火药燃气的生成规律，这也是几何燃烧定律

自1880年法国学者维也里提出以来，在内弹道学领域一直被广泛应用的原因。

当然，在应用几何燃烧定律来描述火药的燃烧过程时，必须记住它只是实际过程的理想化和近似，它不能解释实际燃烧的全部现象，它与实际燃气的生成规律还有一定的偏差，有时这个偏差还相当大，所以，在历史上，几乎与几何燃烧定律提出的同时及以后，曾提出过一系列的所谓火药实际燃烧规律或称之为物理燃烧定律，表明火药燃烧规律的探索和研究一直是内弹道学研究发展的中心问题之一。

定义下列符号：

Λ_1 ——药粒燃前体积；

Λ ——药粒的当前体积；

n ——装药中的药粒总数；

δ ——固体火药密度；

Λ_c ——药粒已燃体积，即 $\Lambda_c = \Lambda_1 - \Lambda$。

于是

$$\psi = \frac{\Lambda_c \delta n}{\Lambda_1 \delta n} = 1 - \frac{\Lambda}{\Lambda_1} \tag{8-23}$$

式（8-23）中的药粒总数 n 对公式没有影响，这与假设②一致，因此，就可以单个药粒为例进行研究。如图8-5所示。

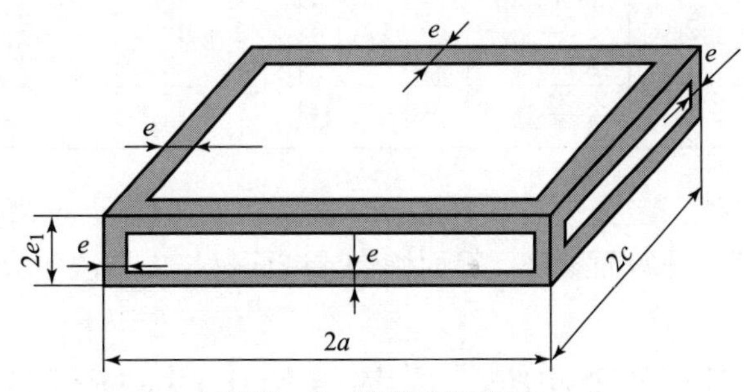

图8-5 药粒几何外形

原始体积 $\Lambda_1 = 2e_1 2a 2c$，记

$$z = e/e_1 \tag{8-24}$$

式中，z 称为相对厚度；e 为药粒烧掉厚度的一半；e_1 为药粒原始厚度的一半。

根据图8-5，可知 $\Lambda = (2e_1 - 2e)(2a - 2e)(2c - 2e)$，于是

$$\begin{aligned}\psi &= 1 - \frac{(2e_1 - 2e)(2a - 2e)(2c - 2e)}{2e_1 2a 2c} \\ &= 1 - \left(1 - \frac{2e}{2e_1}\right)\left(1 - \frac{2ee_1}{2ae_1}\right)\left(1 - \frac{2ee_1}{2ce_1}\right)\end{aligned} \tag{8-25}$$

令 $\alpha = \dfrac{2e_1}{2a}$，$\beta = \dfrac{2e_1}{2c}$，那么

$$\psi = 1 - (1 - z)(1 - \alpha z)(1 - \beta z) \tag{8-26}$$

或

$$\psi = (1 + \alpha + \beta) z \left(1 - \frac{\alpha + \beta + \alpha\beta}{1 + \alpha + \beta} z + \frac{\alpha\beta}{1 + \alpha + \beta} z^2\right)$$

令

$$\left.\begin{aligned}\chi &= 1+\alpha+\beta\\ \lambda &= -\frac{\alpha+\beta+\alpha\beta}{1+\alpha+\beta}\\ \mu &= \frac{\alpha\beta}{1+\alpha+\beta}\end{aligned}\right\}\tag{8-27}$$

有

$$\psi = \chi z(1+\lambda z+\mu z^2)\tag{8-28}$$

式中，χ、λ、μ 为仅取决于火药形状和尺寸的常量，通常称为火药形状特征量。表 8－2 给出了几种不同形状火药的形状特征量。

表 8－2　几种不同形状火药的形状特征量

序号	药粒形状	$2a$	$2c$	α	χ	λ	μ
1	管状	—	∞	0	$1+\beta$	$-\beta/(1+\beta)$	0
2	带状	—	—	—	$1+\alpha+\beta$	$-\frac{\alpha+\beta+\alpha\beta}{1+\alpha+\beta}$	$\frac{\alpha\beta}{1+\alpha+\beta}$
3	方片状	$2a=2b$	$2c=2a$	$\alpha=\beta$	$1+2\beta$	$-\frac{2\beta+\beta^2}{1+2\beta}$	$\frac{\beta^2}{1+2\beta}$
4	方棍状	$2a=2e_1$	—	1	$2+\beta$	$-\frac{1+2\beta}{2+\beta}$	$\frac{\beta}{2+\beta}$
5	立方体状	$2c=2e_1$	$2c=2e_1$	$\alpha=\beta=1$	3	-1	1/3

除上述药粒形状以外，多孔火药（7 孔、14 孔、19 孔）在火炮内弹道中也有非常广泛的应用。药粒的燃烧可以是增面燃烧、等面燃烧或减面燃烧，取决于火药药粒的几何形状。

8.4　火药燃烧线速度、火药气体生成速率与形状函数

8.4.1　火药燃烧线速度

把式（8－24）对时间 t 求导，可以得到

$$\frac{\mathrm{d}z}{\mathrm{d}t}=\frac{1}{e_1}\frac{\mathrm{d}e}{\mathrm{d}t}\tag{8-29}$$

式中，$\frac{\mathrm{d}e}{\mathrm{d}t}$ 的值反映的是火药燃烧速度的快慢，称为火药燃烧的线速度，可由方程（8－19）或式（8－21）求出。

对于指数式燃烧规律

$$\frac{\mathrm{d}z}{\mathrm{d}t}=\frac{u}{e_1}=\frac{ap^{\nu}}{e_1}\tag{8-30}$$

对于正比式燃烧规律

$$\frac{\mathrm{d}z}{\mathrm{d}t}=\frac{u}{e_1}=\frac{u_1p}{e_1}\tag{8-31}$$

在以上两个方程中，要想求得 dz/dt，需要先求出试验参数 a、ν 和 u_1。

8.4.2　气体生成速率 $d\psi/dt$

由式（8 – 23）可知，火药已燃百分数 $\psi = 1 - \frac{\Lambda}{\Lambda_1}$。为了确定参数 ψ，需要将式（8 – 24）对时间 t 求导

$$\frac{d\psi}{dt} = \frac{1}{\Lambda_1}\frac{d\Lambda_c}{dt} = \frac{1}{\omega}\frac{d\omega_g}{dt} \tag{8-32}$$

由于 $d\Lambda_c = Sde$，则

$$\frac{d\psi}{dt} = \frac{S}{\Lambda_1}\frac{de}{dt} \tag{8-33}$$

在方程右边乘以和除以 S_1，有

$$\frac{d\psi}{dt} = \frac{S_1}{\Lambda_1}\frac{S}{S_1}\frac{de}{dt} \tag{8-34}$$

记 $\frac{S}{S_1} = \sigma$，为正在燃烧的药粒表面积与药粒初始表面积之比，称为相对燃烧表面积。于是

$$\frac{d\psi}{dt} = \frac{S_1}{\Lambda_1}\sigma\frac{de}{dt} \tag{8-35}$$

式中，$d\psi/dt$ 代表单位时间内的气体生成量，称为气体生成速率。为了掌握膛内的压力变化规律，必须了解气体生成速率的变化规律，从而达到控制射击现象的目的。

在上述方程右边乘以和除以 e_1 并考虑到式（8 – 24），可得

$$\frac{d\psi}{dt} = \frac{S_1 e_1}{\Lambda_1}\sigma\frac{dz}{dt} \tag{8-36}$$

或

$$\frac{d\psi}{dt} = \frac{S_1}{\Lambda_1}\sigma\frac{de}{dt} \tag{8-37}$$

由于 $\Lambda_1 = \omega/(n\delta)$，那么式（8 – 37）可改写为

$$\frac{d\psi}{dt} = \sigma\frac{S_1 n\delta}{\omega}\frac{de}{dt} \tag{8-38}$$

在经典内弹道学中，式（8 – 37）是一个非常重要的方程。

归功于几何燃烧规律，容易建立 σ 与 z 的函数关系 $\sigma = f(z)$。

8.4.3　相对燃烧表面积 $\sigma = f(z)$ 的确定与形状函数

将式（8 – 28）对时间 t 求导，可得

$$\frac{d\psi}{dt} = \chi(1 + 2\lambda z + 3\mu z^2)\frac{dz}{dt} \tag{8-39}$$

联立式（8 – 36）和式（8 – 39），可以得到

$$\sigma\frac{dz}{dt}\frac{S_1 e_1}{\Lambda_1} = \chi(1 + 2\lambda z + 3\mu z^2)\frac{dz}{dt} \tag{8-40}$$

或

$$\sigma \frac{S_1 e_1}{\Lambda_1} = \chi(1 + 2\lambda z + 3\mu z^2) \tag{8-41}$$

当 $z = 0$, $S = S_1$ 和 $\sigma = 1$ 时，火药形状特征量

$$\chi = \frac{S_1 e_1}{\Lambda_1} \tag{8-42}$$

把式（8－42）代入式（8－41），最后得

$$\sigma = 1 + 2\lambda z + 3\mu z^2 \tag{8-43}$$

再根据式（8－36），有

$$\psi = \chi \int_0^z \sigma \mathrm{d}z = \chi z(1 + \lambda z + \mu z^2) \tag{8-44}$$

可见，如果以 z 为自变量，则 $\sigma = f_1(z)$、$\psi = f_2(z)$，因此称 f_1 和 f_2 为形状函数。

8.5　火药的增面燃烧和减面燃烧以及形状函数系数的计算

8.5.1　火药的增面燃烧和减面燃烧

火药燃烧时药粒表面的变化，可以用相对燃烧表面积来表示

$$\sigma = S/S_1 \tag{8-45}$$

其中，S 为当前药粒正在燃烧着的表面积，S_1 为药粒的初始表面积。

当火药燃烧时，σ 值可能小于 1（减面燃烧），可能等于 1（等面燃烧），也可能大于 1（增面燃烧）。表 8－2 中所给出的火药都是药粒表面不断减小的火药，即减面火药。

管状药和带状药在燃烧过程中燃烧表面积基本上保持不变。这是因为管状药燃烧时，药孔燃烧面积的增加补偿了外表面燃烧面积的减小。

存在这样的火药：药粒一开始是增面性燃烧，燃烧到一定程度后，按照几何燃烧定律，药粒会分裂成若干个小的棱柱体，这些小的棱柱体燃烧为减面性燃烧。在枪炮中广泛使用的多孔火药就属于这种类型，例如常用的 7 孔火药和 19 孔火药，如图 8－6 所示。

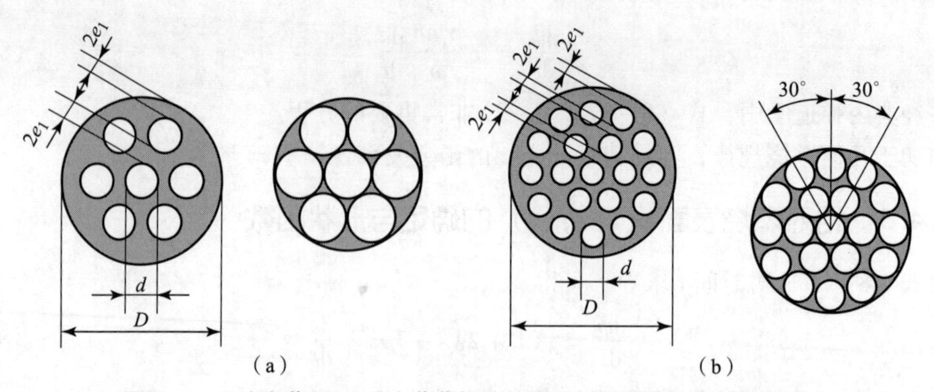

图 8－6　7 孔火药和 19 孔火药药粒的初始外形及药粒分解时的外形

几何参数 D、d 和 $2e_1$ 是火药药粒的重要特征量，计算相对厚度 z 和火药燃去质量分数 ψ 时要用到这些参数。

8.5.2　增面燃烧和减面燃烧火药的形状函数系数计算

1. 药粒分解前的形状函数系数计算

下面以没有分解的矩形多孔火药（图 8－7）为例进行讨论。将根据几何燃烧定律，给出孔数为 n，可具有任何外形的药粒的形状函数系数计算的数学表达式。

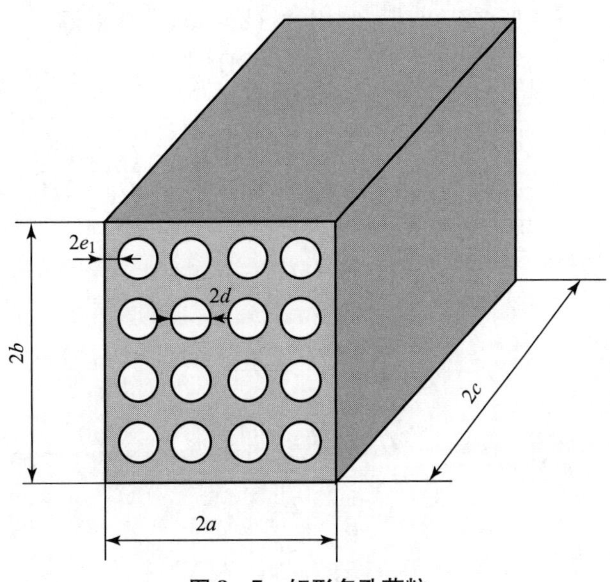

图 8－7　矩形多孔药粒

对于图 8－5 所示的药粒，方程（8－23）可以写为：

$$\psi = 1 - \frac{\left(1 - \frac{2e}{2e_1}\right)\left(1 - \frac{2e}{2c}\right)\left(1 - \frac{2e}{2a}\right) - n2b\left(1 + \frac{2e}{2a}\right)2d\left(1 + \frac{2e}{2d}\right)2c\left(1 + \frac{2e}{2c}\right)}{1 - n\frac{2b2d2c}{2e_1 2c2a}} \tag{8-46}$$

式中，$2a$、$2b$、$2c$ 为药粒的外部尺寸，$2d$、$2e_1$ 为药粒的孔道尺寸。

记

$$\alpha = \frac{2e_1}{2a}, \beta = \frac{2e_1}{2c}, \alpha_1 = \frac{2e_1}{2b}, \beta_1 = \frac{2e_1}{2d}, \theta = \frac{\alpha}{\alpha_1\beta_1} \tag{8-47}$$

在进行代数变换后，可以得到关于 n 孔火药的如下方程

$$\psi = \chi_1 z(1 + \lambda_1 z + \mu_1 z^2) \tag{8-48}$$

式中

$$\chi_1 = \frac{1 + \alpha + \beta + n\theta(\alpha + \alpha_1 + \beta_1)}{1 - n\theta} \tag{8-49}$$

$$\lambda_1 = \frac{\alpha + \beta + \alpha\beta - n\theta(\alpha_1\beta_1 + \alpha\beta_1 + \alpha\alpha_1)}{\chi_1} \tag{8-50}$$

$$\mu_1 = \frac{\alpha\beta - n\theta\alpha\alpha_1}{\chi_1} \tag{8-51}$$

对式（8－49）~式（8－51）进行简单分析可知，当 $n = 0$ 时，退化成了式（8－27）。

若 $n=1$（管状药），$\alpha\approx 0$、$\theta=0$，有：

$$\chi_1=1+\beta,\lambda_1=-\frac{\beta}{1+\beta},\mu_1=0\text{（见表 8-2）} \tag{8-52}$$

对于分裂前的火药药粒，式（8-48）~式（8-51）既可以描述减面燃烧（$n=0$ 或 $n=1$）药粒的形状函数系数，也可以描述增面燃烧（$n>1$）药粒的形状函数系数。

多孔火药属于增面性燃烧火药，这类火药的燃烧可以分为两个阶段：火药分裂前阶段和火药分裂后阶段。对于圆柱形多孔火药，利用式（8-46），容易得

$$\psi=\left(1+\frac{2\Pi_1}{Q_1}\right)\beta z+\frac{n-1-2\Pi_1}{Q_1}\beta^2z^2-\frac{n-1}{Q_1}\beta^3z^3$$

$$=\frac{Q_1+2\Pi_1}{Q_1}\beta z\left[1+\frac{n-1-2\Pi_1}{Q_1+2\Pi_1}\beta z-\frac{(n-1)\beta^2}{Q_1+2\Pi_1}z^2\right] \tag{8-53}$$

上式可以写成式（8-48）的形式

$$\psi=\chi_1 z(1+\lambda_1 z+\mu_1 z^2) \tag{8-54}$$

式中

$$\Pi_1=\frac{D+nd}{2c} \tag{8-55}$$

$$Q_1=\frac{D^2+nd^2}{(2c)^2} \tag{8-56}$$

$$\beta=\frac{2e_1}{2c} \tag{8-57}$$

$$\chi_1=\frac{Q_1+2\Pi_1}{Q_1}\beta \tag{8-58}$$

$$\lambda_1=\frac{n-1-2\Pi_1}{Q_1+2\Pi_1}\beta \tag{8-59}$$

$$\mu_1=-\frac{(n-1)\beta^2}{Q_1+2\Pi_1} \tag{8-60}$$

计算7孔或19孔火药燃烧第一阶段的形状函数系数将会用到式（8-48），以及式（8-55）~式（8-60）。

2. 增面多孔火药药粒分裂后的形状函数系数计算

为了计算火药燃烧第二阶段的形状函数系数，有如下假定：在药粒燃烧结束点，有 $\psi=1$ 和 $z_1=z_k-1$。那么，有如下等式

$$\psi=\psi_s+\chi_2 z_1(1+\lambda_2 z_1+\mu_2 z_1^2) \tag{8-61}$$

式中，χ_2、λ_2 和 μ_2 为火药分裂后的待求形状函数系数。

当 $\psi=1$ 时，有

$$1-\psi_s=\chi_2(z_k-1)\left[1+\lambda_2(z_k-1)+\mu_2(z_k-1)^2\right] \tag{8-62}$$

式中，ψ_s 为药粒分裂瞬间（$z=1$）的 ψ 值，有

$$\psi_s=\chi_1(1+\lambda_1+\mu_1) \tag{8-63}$$

为了计算系数 χ_2、λ_2 和 μ_2，还需要建立两个附加方程。其中之一可以根据燃烧结束点时相对燃烧表面积 σ 等于零得到。

根据式（8-43），在火药分裂时刻（$z=1$），有

$$\sigma = \sigma_s = 1 + 2\lambda_1 + 3\mu_1 \tag{8-64}$$

药粒分裂后

$$\sigma = 1 + 2\lambda_2 z_1 + 3\mu_2 z_1^2 \tag{8-65}$$

式中，$z_1 = z - 1, 0 \leqslant z_1 \leqslant z_k$。

在药粒燃烧结束点，有 $\sigma = \sigma_k = 0$，得到如下方程

$$1 + 2\lambda_2(z_k - 1) + 3\mu_2(z_k - 1)^2 = 0 \tag{8-66}$$

于是，为了计算 χ_2、λ_2 和 μ_2 三个未知量，得到下面的方程组

$$1 = \psi_s + \chi_2 z_1(1 + \lambda_2 z_1 + \mu_2 z_1^2) \tag{8-67}$$

$$0 = 1 + 2\lambda_2(z_k - 1) + 3\mu_2(z_k - 1)^2 \tag{8-68}$$

为了求解方程（8-67）和方程（8-68），对于分裂成棱柱形的火药残粒，俄国 G. V. Oppokov 教授建议使用二次抛物线函数来描述：

$$\Delta\psi = \chi_2 z_1(1 + \lambda_2 z_1) \tag{8-69}$$

式中，参数 χ_2 和 λ_2 为描述火药分裂后特性的常用形状函数系数。对于燃烧结束点，$\psi = 1$、$\sigma = 0$，为了求解系数 χ_2 和 λ_2，要利用下列方程组

$$1 = \psi_s + \chi_2 z_1(1 + \lambda_2 z_1) \tag{8-70}$$

$$0 = 1 + 2\lambda_2(z_k - 1) \tag{8-71}$$

这个方程组的解为

$$\lambda_2 = -\frac{1}{2(z_k - 1)} \tag{8-72}$$

$$\chi_2 = \frac{2(1 - \psi_s)}{z_k - 1} \tag{8-73}$$

为了计算系数 z_k，可以使用下式

$$z_k = \frac{e_1 + \rho_1}{e_1} \tag{8-74}$$

其中，对于多孔圆柱形药粒

$$\rho_1 = \frac{(3 - \sqrt{3})^2}{4(4 - \sqrt{3})}(d + 2e_1) = 0.177\,2(d + 2e_1) \tag{8-75}$$

对于多孔梅花形药粒

$$\rho_1 = \frac{2 - \sqrt{3}}{2\sqrt{3}}(d + 2e_1) = 0.077\,4(d + 2e_1) \tag{8-76}$$

8.6　火药的几何形状对相对燃烧表面积与火药已燃质量分数的影响

利用 8.5 节所给出的计算公式和数学方程，可以讨论药粒几何形状对相对燃烧表面积 σ、已燃质量分数 ψ，以及火药已燃相对厚度 z 的影响。

知道了不同火药的形状函数系数 χ、λ 和 μ，就可以计算 ψ 值和绘制方程 $\sigma = f(\psi)$ 和 $z = f(\psi)$ 的曲线图（图 8-8 和图 8-9）。通过对曲线图进行分析可知，减面火药在燃烧的第一阶段气体产生量比它在燃烧的第二阶段（火药分裂后）气体产生量要多。图 8-10 表示了增面火药和减面火药在膛内燃烧时所产生压力的不同特性。可以发现，使用增面火药可以降

低最大膛压，但增大了炮口压力，同时会使弹丸炮口速度减小（图8-11）。为了在不增大最大膛压的情况下达到规定的炮口速度，可以选择混合装药方式。经验表明，在混合装药中装填减面火药量与增面火药量之比为0.4∶0.6时，可以减小最大膛压值14%，增大炮口压力值3%，而炮口速度仅减小2.3%。

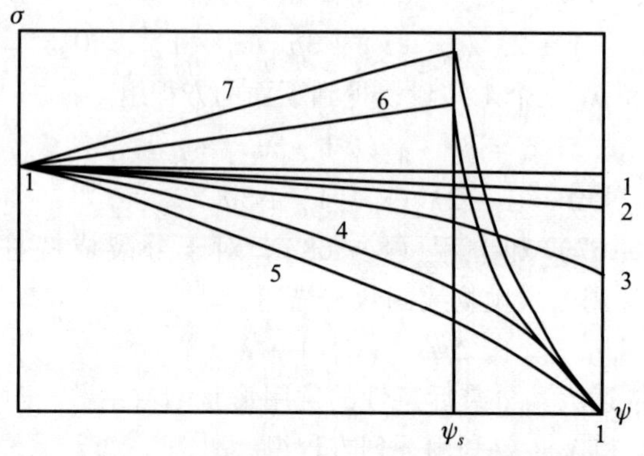

图8-8　燃烧表面 $\sigma=f(\psi)$ 的变化情况

1—管状药；2—带状药；3—方片状药；4—方棒状药；
5—立方体药；6—7孔火药；7—19孔火药

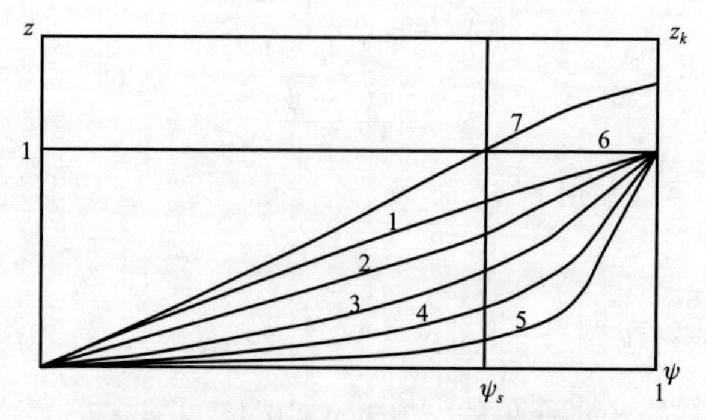

图8-9　相对厚度 $z=f(\psi)$ 的变化情况

1—管状药；2—带状药；3—方片状药；4—方棒状药；
5—立方体药；6—7孔火药；7—19孔火药

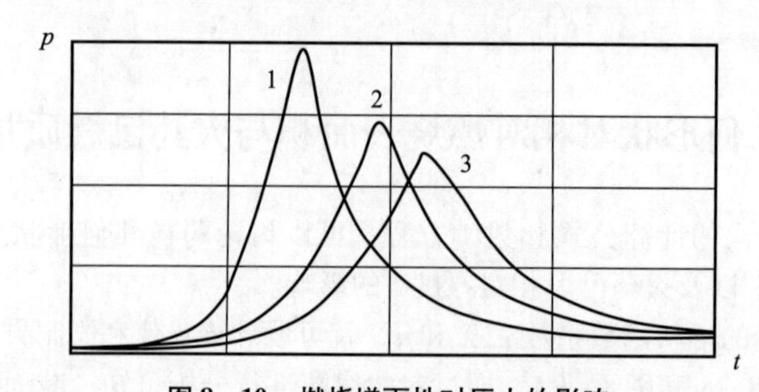

图8-10　燃烧增面性对压力的影响

1—减面燃烧；2—增面燃烧（7孔火药）；3—增面燃烧（19孔火药）

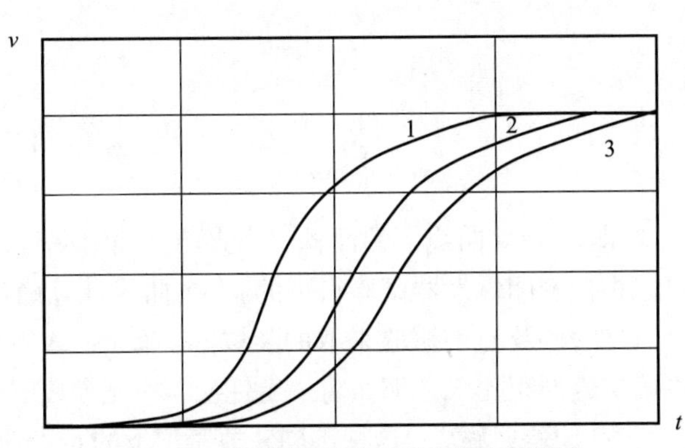

图 8－11　燃烧增面性对弹丸速度的影响

1—减面燃烧；2—增面燃烧（7 孔火药）；3—增面燃烧（19 孔火药）

在表 8－3 中，给出了 $d = e_1$、药粒长度为 2. 5D 的 7 孔和 19 孔标准多孔火药的形状函数和几何特征量的计算结果。

表 8－3　7 孔和 19 孔标准多孔火药的形状函数和几何特征量的计算结果

参数	火药类型 4/7	火药类型 11/19
e_1/mm	0. 4	1. 16
d/mm	0. 2	0. 58
D/mm	2. 2	9. 86
l/mm	5. 5	24. 65
χ_1	0. 704 3	0. 580 4
λ_1	0. 233 7	0. 416 2
μ_1	－0. 021 74	－0. 021 62
ψ_s	0. 853 6	0. 809 4
z_k	1. 531 6	1. 531 6
χ_2	0. 550 8	0. 717 0
λ_2	－0. 940 6	－0. 940 6
σ_s	1. 402 2	1. 767 0

8. 7　压力全冲量与火药气体生成速率的另一种表达形式

8. 7. 1　压力全冲量概念及燃烧速度函数的试验确定

遵循正比式燃速函数规律的燃气压力与时间的变化曲线具有一种重要的特性，在内弹道应用上有重要的意义。

$$u = \frac{de}{dt} = u_1 p \tag{8-77}$$

得

$$\frac{e}{u_1} = \int_0^t p dt = I \tag{8-78}$$

式中，I 称为压力冲量，亦即是 $p-t$ 曲线下的面积。当火药燃烧结束时，则有 $t=t_k$，而 I_k 则称为压力全冲量，它可以根据密闭爆发器试验得到的 $p-t$ 曲线计算确定，其中 I_k 对应于出现最大压力 p_m 的瞬间。显然 p_m 及 t_k 与试验采取的装填密度有关，Δ 越大，p_m 增大，而 t_k 减小；如果火药燃烧速度确实遵循正比式，那么对一定性质、一定厚度、一定温度的火药，其 I_k 应等于常量 e_1/u_1，而与装填密度无关。这种不同装填密度下的 $p-t$ 曲线全面积的等同性，正是正比式燃速函数反映在压力曲线上的特点，可以用来作为试验、判别火药燃烧是否遵循正比式燃速函数的方法。在证实可以应用正比式时，还可由该方法确定燃速系数

$$u_1 = e_1/I_k \tag{8-79}$$

由密闭爆发器试验所求出的 u_1 值，用于火炮内弹道计算时往往误差较大，膛内的燃烧速度往往大于密闭爆发器中的燃烧速度（在相同压力 p 时），所以，在实际应用时，u_1 值的选取要以实际射击试验的结果进行修正。尽管如此，用密闭爆发器测得的 u_1 值，对不同种类火药或同类火药不同批号间火药的燃速性能的比较，是有实际应用价值的。

应用密闭爆发器的实测 $p-t$ 曲线，确定火药的燃烧速度函数是内弹道发展中的一个重要标志，这个问题的解决，使火药燃烧规律的数学模型建立得以完成，为经典内弹道体系和数学模型的建立打下了基础。

根据实测的 $p-t$ 曲线，可通过气体状态方程式将它换算为 $\psi-t$ 关系式（p 要进行点火压力修正，但一般不作热散失修正），再利用形状函数可转化为 $z-t$，从而得到 $e-t$ 的变化关系，然后采用数值微分计算求得燃烧速度 u，其最简单的方法是令 $u=\Delta e/\Delta t$，这样就得到了燃烧速度 u 与压力 p（实测压力，不进行点火压力修正，它代表了火药燃烧的实际环境压力）的函数关系 $u-p$。

对满足指数函数式 $u=u_1 p^\nu$ 的燃烧速度函数而言，为确定其 u_1 和 ν，可取对数，得

$$\lg u = \lg u_1 + \nu \lg p \tag{8-80}$$

根据试验数据点作出的 $\lg u - \lg p$ 的分布近似为一直线，但不可能严格呈一直线，有些点会有一定的散布，因此，可以采用最小二乘法确定逼近试验点的回归直线，直线的截距和斜率分别代表 $\lg u_1$ 和 ν。

8.7.2 火药气体生成速率的另一种表达形式

火药气体生成速率可以用两种形式表示。第一种形式利用方程（8-46）和方程（8-48）建立，第二种形式利用方程（8-23）建立。

首先，分析第一种形式建立的过程。分别将式（8-46）和式（8-48）对时间 t 求导。

药粒分裂前

$$\frac{d\psi}{dt} = \chi_1(1 + 2\lambda_1 z + 3\mu_1 z^2)\frac{dz}{dt} \tag{8-81}$$

药粒分裂后，若忽略三次项，得

$$\frac{d\psi}{dt} = \chi_2(1 + 2\lambda_2 z)\frac{dz}{dt} \tag{8-82}$$

这里，燃烧速度 $\frac{dz}{dt}$ 是一个未知量。

因为 $z = e/e_1$，那么

$$\frac{dz}{dt} = \frac{1}{e_1}\frac{de}{dt} \tag{8-83}$$

燃烧线速度 $u = \frac{de}{dt}$ 可由式（8－19）或式（8－21）求出，两种形式都会经常用到。

把式（8－19）和式（8－21）分别代入式（8－83）中，可得

$$\frac{dz}{dt} = \frac{1}{e_1}ap^{\nu} \tag{8-84}$$

$$\frac{dz}{dt} = \frac{1}{e_1}u_1 p \tag{8-85}$$

对于 $\nu = 1$（正比式），可得积分形式

$$e = \int_0^t u dt = u_1 \int_0^t p dt = u_1 I \tag{8-86}$$

式中，I 为火药气体压力冲量

$$I = \int_0^t p dt \tag{8-87}$$

在燃烧结束点 $e = e_1$

$$I = I_k = \int_0^{t_k} p dt \tag{8-88}$$

I_k 称为压力全冲量。

于是 $e_1 = u_1 I_k$，压力全冲量

$$I_k = \frac{e_1}{u_1} \tag{8-89}$$

把式（8－89）代入式（8－85），可得

$$\frac{dz}{dt} = \frac{p}{I_k} \tag{8-90}$$

方程（8－90）也可以写成另外一种形式。由于 $e = u_1 I$ 及 $e_1 = u_1 I_k$，则

$$z = \frac{I}{I_k} \tag{8-91}$$

进一步地

$$\frac{dz}{dt} = \frac{1}{I_k}\frac{dI}{dt} \tag{8-92}$$

当 $\nu \neq 1$，即指数式时，积分形式为

$$e = \int_0^t u dt = a\int_0^t p^{\nu} dt \tag{8-93}$$

在燃烧结束点

$$e = e_1 = \int_0^{t_k} u dt = a\int_0^{t_k} p^{\nu} dt \tag{8-94}$$

记 $p'=p^{\nu}$，由式（8－94）可知

$$e=e_1=\int_0^{t_k}u\mathrm{d}t=a\int_0^{t_k}p'\mathrm{d}t \tag{8-95}$$

那么，在燃烧结束点，有

$$e_1=\int_0^{t_k}u\mathrm{d}t=aI'_k \tag{8-96}$$

则

$$I'_k=\frac{e_1}{a} \tag{8-97}$$

$$\frac{\mathrm{d}z}{\mathrm{d}t}=\frac{p^{\nu}}{I'_k} \tag{8-98}$$

$$z=\frac{I'}{I'_k} \tag{8-99}$$

$$\frac{\mathrm{d}z}{\mathrm{d}t}=\frac{1}{I'_k}\frac{\mathrm{d}I'}{\mathrm{d}t} \tag{8-100}$$

比较式（8－88）~式（8－92）和式（8－96）~式（8－100）可知，在两种情况下方程形式是相同的。

接下来分析第二种形式的建立过程。

根据式（8－23），有 $\psi=1-\frac{\Lambda}{\Lambda_1}$，把此式对时间 t 求导，得

$$\frac{\mathrm{d}\psi}{\mathrm{d}t}=-\frac{1}{\Lambda_1}\frac{\mathrm{d}\Lambda}{\mathrm{d}t} \tag{8-101}$$

或

$$\frac{\mathrm{d}\psi}{\mathrm{d}t}=\frac{1}{\omega}\frac{\mathrm{d}\omega_g}{\mathrm{d}t} \tag{8-102}$$

式中，ω_g 为由火药固体转变成的气体质量。

由于 $\mathrm{d}\Lambda_c=S\mathrm{d}e$，则

$$\frac{\mathrm{d}\psi}{\mathrm{d}t}=\frac{S}{\Lambda_1}\frac{\mathrm{d}e}{\mathrm{d}t} \tag{8-103}$$

公式右边乘以和除以 S_1，有

$$\frac{\mathrm{d}\psi}{\mathrm{d}t}=\frac{S_1}{\Lambda_1}\frac{S}{S_1}\frac{\mathrm{d}e}{\mathrm{d}t} \tag{8-104}$$

由于 $\frac{S}{S_1}=\sigma$，方程右边乘以和除以 e_1，并考虑到 $z=e/e_1$，可得

$$\frac{\mathrm{d}\psi}{\mathrm{d}t}=\frac{S_1}{\Lambda_1}\sigma\frac{\mathrm{d}e}{\mathrm{d}t} \tag{8-105}$$

那么

$$\frac{\mathrm{d}\psi}{\mathrm{d}t}=\frac{S_1e_1}{\Lambda_1}\sigma\frac{\mathrm{d}z}{\mathrm{d}t} \tag{8-106}$$

把式（8－106）与式（8－39）两式联立，得

$$\sigma\frac{S_1e_1}{\Lambda_1}=\chi(1+2\lambda z+3\mu z^2) \tag{8-107}$$

当 $z=0$ 时，$S=S_1$，也就是说，$\sigma=1$，可以利用式（8－71）求出参数 χ

$$\chi=\frac{S_1e_1}{\Lambda_1} \tag{8-108}$$

对于燃烧规律为指数式的火药，式（8－106）可写为

$$\frac{d\psi}{dt}=\chi\sigma\frac{p^{\nu}}{I'_k} \tag{8-109}$$

8.8　热力学第一定律在密闭爆发器中的应用与火药力的基本概念

在密闭爆发器中，若不计热量损失，并考虑到密闭爆发器中的装药量比较少，根据热力学第一定律，有

$$dQ=dE+pdW \tag{8-110}$$

式中，dQ 为进入工作容积内的热能变化量；dE 为气体内能的变化量；pdW 为气体膨胀做功能量的变化量。

在定容条件下，如果火药固体体积很小，则气体膨胀做功 pdW 项可以忽略。那么，方程（8－110）变为

$$dQ=dE \tag{8-111}$$

或

$$Q=E \tag{8-112}$$

也就是说，在定容条件下，火药燃烧产生的所有热能全部转化为气体的内能。

在火药燃烧过程中，气体质量 $\omega_g=\omega\psi$（见式（8－2））是不断增大的。因此，与之对应的热能也不断增多

$$Q=Q_W\omega_g \tag{8-113}$$

式中，Q_W 为火药的爆热。爆热定义为：1 kg 火药在绝热定容条件下燃烧，燃气冷却至 15 ℃所放出的热量，单位是 kJ/kg。爆热高的火药，其做功的能力也大。

在定容条件下，特别是对于密闭爆发器，气体内能可表示为

$$E=\omega_G c_V T \tag{8-114}$$

引入比热比 $k=\dfrac{c_p}{c_V}$，并考虑迈耶（Mayer）方程

$$c_p-c_V=R \tag{8-115}$$

可得 $E=\omega_g\dfrac{RT}{k-1}$，然后，再利用状态方程（8－17），有

$$E=\frac{pW}{\theta} \tag{8-116}$$

式中，$\theta=k-1$。

联立式（8－113）与式（8－116），可得

$$\frac{pW}{\theta}=Q_W\omega_g \tag{8-117}$$

又有 $\omega_g=\omega\psi$，$Q_W=c_VT_1$，则

$$\frac{pW}{\theta} = c_V T_1 \omega\psi \tag{8-118}$$

利用式（8－114）和 $c_V = \frac{R}{\theta}$，上式经变换后可得 $pW = RT_1\omega\psi$，于是

$$p = \frac{RT_1\omega\psi}{W} \tag{8-119}$$

由式（8－119）可知：在定容条件下，药室内压取决于火药已燃百分数比 ψ。

把这个压力记作 $p_\psi = p$，气体体积记作 $W_\psi = W$，那么

$$p_\psi = \frac{f\omega\psi}{W_\psi} \tag{8-120}$$

式中，$f = RT_1$。f 在内弹道学中称作“火药力”。火药力的物理意义是：1 kg 火药燃烧后的气体生成物，在一个大气压下，当温度由 0 升高到 T_1 时膨胀所做的功。f 表示单位质量火药做功的能力。由于火药的成分不同，气体常数 R 和爆温 T_1 也就不同，因而火药力 f 也就不同。表 8－4 列出了若干种火药的火药力。

表 8－4　若干种火药的火药力

火药牌号	火药类型	平均弧厚/mm	火药力计算值/（kgf·dm·kg^{-1}）	主要用途
4/1	单基药	0.30～0.55	1 032 100	59 式 152 mm 加榴炮榴弹减变装药
5/7 高	单基药	0.58～0.65	1 050 700	59 式 30 mm 航空机关炮发射药装药
7/14	单基药	0.70～0.85	1 041 400	55 式 37 mm 高射炮弹发射药装药
双芳－2－19/1	双基药	1.88～1.98	960 900	60 式 122 mm 加农炮全装药
三芳－2－15/7	三基药	1.35～1.60	1 070 000	72 式 85 mm 高射炮

在方程（8－120）中

$$W_\psi = W_0 - \frac{\omega}{\delta}(1-\psi) - \alpha\omega\psi \tag{8-121}$$

式中，W_ψ 为药室自由容积；W_0 为药室的初始容积。

分析式（8－121）可知，在 $t = 0$（火药燃烧开始前）时，有

$$W_\psi = W_0 - \frac{\omega}{\delta} \tag{8-122}$$

当 $\psi = 1$（燃烧结束点）时，有

$$W_\psi = W_0 - \alpha\omega \tag{8-123}$$

把式（8－122）与式（8－123）进行比较，可以得出结论：当 $1/\delta < \alpha$ 时，W_ψ 值不断地减小。

由热力学基本方程式（8－120）可知，定容条件下的压力最大值发生在火药燃烧结束瞬间。此时 $\psi = 1$，有

$$p_{mm} = p_{\psi=1} = \frac{f\omega}{W_0 - \alpha\omega} \tag{8-124}$$

引入装填密度概念 $\Delta = \frac{\omega}{W_0}$，代入上式，得

$$p_{mm} = \frac{f\Delta}{1 - \alpha\Delta} \tag{8-125}$$

方程（8－124）确定了最大的热静力学压力。利用这个方程，通过在密闭爆发器中做试验，可以求出火药弹道特性参量 f 和 α。为了求出这两个参量，通过试验，在两种不同火药的装填密度 Δ_1 和 Δ_2 条件下找出它们燃烧时压力最大值 p_{mm1} 和 p_{mm2}，列出方程组

$$p_{mm1} = \frac{f\Delta_1}{1 - \alpha\Delta_1} \tag{8-126}$$

$$p_{mm2} = \frac{f\Delta_2}{1 - \alpha\Delta_2} \tag{8-127}$$

求解

$$\alpha = \frac{\dfrac{p_{mm2}}{\Delta_2} - \dfrac{p_{mm1}}{\Delta_1}}{p_{mm2} - p_{mm1}} \tag{8-128}$$

$$f = \frac{p_{mm2}}{\Delta_2} - \alpha p_{mm2} \tag{8-129}$$

点火压力 p_b 对热静力学基本方程的影响可以记为 $p'_{\psi} = p_b + p_{\psi}$。在火炮中，黑火药（75% 硝酸钾、15% 碳和 10% 硫）被用作点火药。假设在压力 p_{ψ} 的作用下，点火药被瞬间点火。为了减小测试的误差，在选择 Δ_1 和 Δ_2 时，应注意到低装填密度不能选得过低，因为装填密度越小，相对热损失就越大，由此所造成的 f、α 的误差就越大。高装填密度 Δ_2 也不能太大，在此装填密度下的最大压力不能超过密闭爆发器强度所允许的数值。一般情况下，取 $\Delta_1 = 0.10\ g/cm^3$，$\Delta_2 = 0.20\ g/cm^3$。

事实上，无论取多大的装填密度进行试验，热散失总是存在的。因此，用这种方法测定火药力 f 和余容 α，所得结果 f 偏低，而 α 偏高。为了提高测定 f 和 α 的准确度，必须用理论与试验的方法确定出因热散失造成的压力降，依此来修正试验测得的最大压力值，从而使 f 和 α 接近真值。

所有上述方程只是针对单一装药给出的，下面给出混合装药的情况。

8.9　药室中混合装药燃烧的基本方程

混合装药是由多种不同火药组成的装药，这些火药可以是彼此化学性质不同，也可以是药粒几何尺寸不同，或者两者皆不同。混合装药在燃烧起始点 $t = 0$ 时具有如下初始条件：

①初始压力等于点火压力 $p = p_b$；

②气体初始温度等于点火温度 $T = T_{ign}$；

③火药已燃相对厚度 z_i 和 ω_{g_i} 均为 0；

④药室初始容积为 W_0；

⑤药室剩余容积为

$$W = W_0 - \sum_{i=1}^{N} \frac{\omega_i}{\delta_i} \tag{8-130}$$

式中，ω_i 为第 i 种火药的装药质量；δ_i 为第 i 种固体火药的密度；N 为火药种类数。

参照式（8－91），第 i 种火药的相对厚度可以表示为

$$z_i = \frac{I}{I_{ki}} \tag{8-131}$$

下面写出混合装药情况下的形状函数。第 i 种火药的 ψ_i 值的计算方法如下

当 $z_i < 1$ 时

$$\psi_i = \chi_{1i} z_i (1 + \lambda_{1i} z_i + \mu_{1i} z_i^2) \tag{8-132}$$

当 $1 \leqslant z_i \leqslant z_{ki}$ 时

$$\psi_i = \psi_{si} + \chi_{2i}(z_i - 1) + \lambda_{2i} c_{2i} (z_i - 1)^2 \tag{8-133}$$

在燃烧结束点，$\psi_i = 1$。

火药分裂点 $z_{ki} = 1$，那么就可以利用式（8－63）进行计算。火药分裂前的几何形状特征量 c_{1i}、λ_{1i}、μ_{1i} 和火药分裂后的几何形状特征量 c_{2i}、λ_{2i} 可由8.2.5节的公式求解。知道了某一时刻的 z_i 和 ψ_i 值，以下的特征量也就确定了。

①第 i 种火药生成的气体质量

$$\omega_{g_i} = \omega_i \psi_i \tag{8-134}$$

②某一时刻药室中气体总质量

$$\omega_g = \sum_N \omega_{g_i} \tag{8-135}$$

③火药气体体积

$$W = W_0 - \sum_1^N \left[\frac{\omega_i}{\delta_i}(1 - \psi_i) + \alpha_i \omega_i \psi_i \right] \tag{8-136}$$

利用能量守恒方程来计算火药气体温度

$$\frac{\mathrm{d}Q}{\mathrm{d}t} = \frac{\mathrm{d}E}{\mathrm{d}t} + p\frac{\mathrm{d}W}{\mathrm{d}t} + \frac{\mathrm{d}Q_l}{\mathrm{d}t} \tag{8-137}$$

式中，$\frac{\mathrm{d}Q}{\mathrm{d}t} = Q_W G_{pr}$ 为火药燃烧所产生的热能，$G_{pr} = \frac{\mathrm{d}\omega_g}{\mathrm{d}t}$ 为火药燃烧期间的气体生成率，单位质量火药的能量为爆热

$$Q_W = c_V T_1 \tag{8-138}$$

c_V 为火药定容比热；$\frac{\mathrm{d}E}{\mathrm{d}t}$ 为火药内能变化量；$\frac{\mathrm{d}W}{\mathrm{d}t}$ 为火药燃烧时气体体积变化量；$\frac{\mathrm{d}Q_l}{\mathrm{d}t}$ 为热量损失。

将式（8－136）对时间 t 求导，有

$$\frac{\mathrm{d}W}{\mathrm{d}t} = \sum_N \left(\frac{\omega_i}{\delta_i} - \alpha_i \omega_i \right) \frac{\mathrm{d}\psi_i}{\mathrm{d}t} \tag{8-139}$$

利用迈耶方程（8－115），有

$$c_{Vi} = \frac{R_i}{k_i - 1} \tag{8-140}$$

那么

$$Q_{Wi} = c_{Vi} T_{1i} = \frac{R_i T_{1i}}{k_i - 1} = \frac{R_i T_{1i}}{\theta_i} \tag{8-141}$$

把式（8－141）代入式（8－137）中，可得

$$\frac{\mathrm{d}Q_i}{\mathrm{d}t}=c_{Vi}T_{1i}G_{pri} \tag{8-142}$$

某一种火药燃烧时，气体质量生成率可由如下方程计算

$$\frac{\mathrm{d}\omega_{gi}}{\mathrm{d}t}=\omega_i\frac{\mathrm{d}\psi_i}{\mathrm{d}t} \tag{8-143}$$

式中，当 $z_i\leqslant 1$ 时

$$\frac{\mathrm{d}\psi_i}{\mathrm{d}t}=\chi_{1i}(1+2\lambda_{1i}z_i+3\mu_{1i}z_i^2)\frac{p}{I_{ki}} \tag{8-144}$$

当 $z_i>1$ 时

$$\frac{\mathrm{d}\psi_i}{\mathrm{d}t}=\chi_{2i}(1+2\lambda_{2i}z_{1i})^2\frac{p}{I_{ki}} \tag{8-145}$$

式中，$z_{1i}=z_i-1$。

内能变化为

$$\frac{\mathrm{d}E_i}{\mathrm{d}t}=c_{Vi}\frac{\mathrm{d}T_{gi}}{\mathrm{d}t} \tag{8-146}$$

假定经药室壁的热量损失 $\frac{\mathrm{d}Q_l}{\mathrm{d}t}$ 占输入热量的一部分，即

$$\frac{\mathrm{d}Q_l}{\mathrm{d}t}=K_q\frac{\mathrm{d}Q}{\mathrm{d}t} \tag{8-147}$$

式中

$$\frac{\mathrm{d}Q}{\mathrm{d}t}=c_VT_1G_{pr} \tag{8-148}$$

热损失系数 K_q 为

$$K_q=\frac{Q_l}{\sum_N c_{Vi}T_{1i}\omega_i} \tag{8-149}$$

混合装药生成的气体混合物符合机械混合规律（加法原理）。因此，可以利用如下关系计算气体常数、爆温、绝热系数和余容

$$R=\frac{1}{\omega_g}\sum_N R_i\omega_i\psi_i \tag{8-150}$$

式中

$$R_i=\frac{f_i}{T_{1i}} \tag{8-151}$$

f_i 为第 i 种火药的火药力；T_{1i} 为第 i 种火药的爆温

$$T_1=\frac{1}{\omega_g}\sum_N T_{1i}\omega_i\psi_i \tag{8-152}$$

$$\theta=\frac{\sum_N\frac{f_i\omega_i\psi_i}{T_{1i}}}{\sum_N\frac{f_i\omega_i\psi_i}{T_{1i}\theta_i}} \tag{8-153}$$

$$\alpha=\frac{1}{\omega_g}\sum_N\alpha_i\omega_i\psi_i \tag{8-154}$$

把所有相关公式代入式（8－137）中，即可得到计算混合气体某一瞬间的温度方程

$$\frac{\mathrm{d}T_g}{\mathrm{d}t}=\frac{G_{pr}}{\omega_g}\left\{\left[T_1(1-K_q)-T_g\right]-\frac{p\theta}{R}\left(\frac{1}{\delta}-\alpha\right)\right\} \tag{8-155}$$

8.10 火药在药室中燃烧时弹道参数的计算方法

利用前面各节所获得的公式，可以计算火药在密闭爆发器中燃烧的形状函数系数、燃烧速率和内弹道参数。下面以一般药粒形状为例，考虑上述模型的计算方法。

对于多孔火药，它的外径 D 可由下列关系式计算

$$D=\begin{cases}2e_1, & n=0\\ 2\cdot 2e_1+d, & n=1\\ 4\cdot 2e_1+3d, & n=7\\ 6\cdot 2e_1+5d, & n=19\end{cases} \tag{8-156}$$

式中，$2e_1$ 为火药弧厚；d 为药孔直径；n 为药孔数。

1. 输入数据

$2e_1$ ——火药弧厚；

$2a$ ——药粒宽度；

$2c$ ——药粒长度；

D ——药粒外径；

d ——药孔直径；

n ——药孔数；

τ ——时间积分步长；

u_1 ——火药燃烧系数（单位压力情况下的火药燃烧速度）；

p_b ——点火压力；

W_0 ——药室初始容积；

ω_{ign} ——点火药质量；

α_{ign} ——点火药气体的余容；

N ——装药种类数；

δ_i ——混合装药中第 i 种火药的密度；

α_i ——混合装药中第 i 种火药的余容；

T_{1i} ——混合装药中第 i 种火药的爆温；

f_i ——混合装药中第 i 种火药的火药力；

θ_i ——混合装药中第 i 种火药的绝热系数；

ν_i ——第 i 种火药的燃烧指数；

K_q ——热损失因子。

2. 预备计算

1）减面燃烧火药的药粒形状函数系数计算

(1) 系数 $\alpha = \frac{2e_1}{2a}$ (见 8.3 小节);

(2) 系数 $\beta = 2e_1/(2c)$ (8 - 57);

(3) $\chi = 1 + \alpha + \beta$ (8 - 27);

(4) $\lambda = -\frac{\alpha + \beta + \alpha\beta}{1 + \alpha + \beta}$ (8 - 27);

(5) $\mu = \frac{\alpha\beta}{1 + \alpha + \beta}$ (8 - 27)。

2) 增面燃烧火药的形状函数系数计算

(6) 系数 $\beta = 2e_1/(2c)$ (8 - 57);

(7) $\Pi_1 = \frac{D + nd}{2c}$ (8 - 55);

(8) $Q_1 = \frac{D^2 + nd^2}{(2c)^2}$ (8 - 56);

(9) $\chi_1 = \frac{Q_1 + 2\Pi_1}{Q_1}\beta$ (8 - 58)

(10) $\lambda_1 = \frac{n - 1 - 2\Pi_1}{Q_1 + 2\Pi_1}\beta$ (8 - 59);

(11) $\mu_1 = -\frac{(n - 1)\beta^2}{Q_1 + 2\Pi_1}$ (8 - 60);

(12) $\psi_s = \chi_1(1 + \lambda_1 + \mu_1)$ (8 - 63);

(13) $\sigma_s = 1 + 2\lambda_1 + 3\mu_1$ (8 - 64);

(14) $\rho_1 = 0.1772(d + 2e_1)$ (8 - 75);

(15) $z_k = \frac{e_1 + \rho_1}{e_1}$ (8 - 74);

(16) $\lambda_2 = -\frac{1}{2(z_k - 1)}$ (8 - 72);

(17) $\chi_2 = \frac{2(1 - \psi_s)}{z_k - 1}$ (8 - 73);

(18) $I_k = \frac{e_1}{u_1}$ (8 - 89);

(19) $\omega = \sum_1^N \omega_i$, 为总的装药质量;

(20) $R_i = \frac{f_i}{T_{1_i}}$ (8 - 151)。

(1) ~ (20) 项的计算对每种装药成分都要执行。

3. 初始条件 ($t = 0$)

压力 $p = p_b, \psi_i = 0, z_i = 0$, 以及 $W = W_0 - \sum_{i=1}^{N} \frac{\omega_i}{\delta_i}$ (8 - 130)。

4. 不同时刻的计算

(21) 当前时间 $t = t + \tau$;

（22）如果 $\nu \neq 1$，那么 $\frac{\mathrm{d}z}{\mathrm{d}t} = \frac{p^{\nu}}{I'_k}$（利用龙格－库塔（Runge－Kutta）法求解该方程可以获得当前的 z 值）；

（23）如果 $\nu = 1$，那么 $\frac{\mathrm{d}z}{\mathrm{d}t} = \frac{p}{I_k}$（利用龙格－库塔法求解该方程可以获得当前的 z 值）。

5. 对于每一种装药，计算其已燃质量分数

1）对于减面燃烧火药

（24）$\psi = \chi z(1 + \lambda z + \mu z^2)$（8－28）；

（25）$\sigma = 1 + 2\lambda z + 3\mu z^2$（8－43）；

（26）$\frac{\mathrm{d}\psi}{\mathrm{d}t} = \chi(1 + 2\lambda z + 3\mu z^2)\frac{\mathrm{d}z}{\mathrm{d}t}$（8－39）；

（27）或 $\frac{\mathrm{d}\psi}{\mathrm{d}t} = \chi\sigma\frac{p^{\nu}}{I'_k}$（8－109）；

（28）$G_{pr} = \frac{\mathrm{d}\omega_g}{\mathrm{d}t} = \omega\frac{\mathrm{d}\psi}{\mathrm{d}t}$（8－143）；

2）对于增面燃烧火药

（29）如果 $z < 1$，则有

$\psi_i = \chi_{1i}z_i(1 + \lambda_{1i}z_i + \mu_{1i}z_i^2)$（8－132）；

（30）$\frac{\mathrm{d}\psi_i}{\mathrm{d}t} = \chi_{1i}(1 + 2\lambda_{1i}z_i + 3\mu_{1i}z_i^2)\frac{p}{I_{ki}}$（8－144）；

（31）如果 $z = 1$（火药分裂瞬间），则有

$\psi_{si} = \chi_{1i}(1 + \lambda_{1i} + \mu_{1i})$（8－63）；

（32）如果 $z > 1$，那么 $z_{1i} = z_i - 1$；

$\psi_i = \psi_{si} + \chi_{2i}(z_{1i} - 1) + \lambda_{2i}\chi_{2i}(z_{1i} - 1)^2$（8－133）；

（33）$\frac{\mathrm{d}\psi_i}{\mathrm{d}t} = \chi_{2i}(1 + 2\lambda_{2i}z_{1i})p/I_{ki}$（8－145）。

6. 内弹道参数计算

（34）$W = W_0 - \sum_{1}^{N}\left[\frac{\omega_i}{\delta_i}(1 - \psi_i) + \alpha_i\omega_i\psi_i\right] - \alpha_b\omega_b$（在式（8－94）中考虑点火药气体）；

（35）$\omega_{g_i} = \omega_i\psi_i$（8－134）；

（36）$\omega_g = \sum_{N}\omega_{g_i}$（8－135）；

（37）$\rho = \frac{\omega_g}{W}$；

（38）$G_{pri} = \frac{\mathrm{d}\omega_{g_i}}{\mathrm{d}t} = \omega_i\frac{\mathrm{d}\psi_i}{\mathrm{d}t}$（8－143）；

（39）$G_{pr} = \frac{\mathrm{d}\omega_g}{\mathrm{d}t} = \omega\frac{\mathrm{d}\psi}{\mathrm{d}t}$（8－143）；

（40）$R = \frac{1}{\omega_g}\sum_{N}R_i\omega_i\psi_i$（8－150）；

(41) $\theta = \dfrac{\sum\limits_N \dfrac{f_i\omega_i\psi_i}{T_{1i}}}{\sum\limits_N \dfrac{f_i\omega_i\psi_i}{T_{1i}\theta_i}}$ (8－153)；

(42) $\alpha = \dfrac{1}{\omega_g}\sum\limits_N \alpha_i\omega_i\psi_i$ (8－154)；

(43) $\psi = \dfrac{1}{\omega}\sum\limits_N \omega_i\psi_i$；

(44) $\delta = \dfrac{1}{\omega}\sum\limits_N \omega_i\delta_i$；

(45) $p = \dfrac{f\omega\psi}{W}$ (8－120)；

(46) $\dfrac{\mathrm{d}T_g}{\mathrm{d}t} = \dfrac{G_{pr}}{\omega_g}\left\{\left[T_1(1-K_q)-T_g\right]-\dfrac{p\theta}{R}\left(\dfrac{1}{\delta}-\alpha\right)\right\}$ (8－155)；

利用 Runge－Kutta 法求解，可以求得气体温度的当前值；

(47) 如果 ψ 小于 1，需要从（21）项起重复计算。

习　题

(1) 在内弹道试验中，我们所使用的定容密闭容器的名称叫什么？

(2) 生成的火药气体的弹道特性可由哪些状态方程来描述？

(3) 均质火药的燃烧过程分为哪几个阶段？

(4) 影响火药燃速的因素有哪些？

(5) 火药燃烧速度定律描述了哪两个状态参数之间的函数关系？

(6) 什么是火药几何燃烧定律？其基本假设有哪些？

(7) 简述装填条件中火药形状变化的原因，以及对弹道性能的影响。

(8) 一定形状尺寸的火药，气体生成速率取决于哪些因素？

(9) 请写出火药燃烧线速度、火药气体生成速率与形状函数。

(10) 请举例说明火药的等面燃烧、减面燃烧和增面燃烧。

(11) 请解释火药力、余容的物理意义。

(12) 在弹道特征量测定中，如何测量火药力 f 和余容 α？在选择装填密度 Δ 时，应注意什么？

(13) 试推导圆柱多孔火药增面燃烧阶段的形状函数。

第9章
弹丸在膛内运动时期的内弹道基本方程

9.1 弹丸挤进压力

进行火炮实弹射击时，首先将炮弹装填到炮膛的正确位置。弹丸的弹带与坡膛紧密接触，使药室处于密闭状态。弹带的直径通常略大于炮膛阴线直径，有一定的过盈量，这是为了更好地密闭膛内火药气体，强制弹丸沿膛线运动。

火炮射击时，击针撞击底火，点燃点火药，根据经典内弹道学的基本假设，点火药瞬时点燃发射药，而后发射药继续燃烧，膛内气体压力逐渐上升；当达到某个值时，弹丸开始运动，弹带产生塑性变形，逐渐挤进膛线。弹带的变形阻力随弹带挤进坡膛的长度而增加，弹带全部挤进坡膛时，弹丸运动阻力达到了最大值，以 $p_{x\max}$ 表示。由于弹丸是加速运动，所以弹丸出现最大运动阻力时，此瞬时膛内火药气体压力要大于弹丸运动阻力 $p_{x\max}$。

经典内弹道学略去了弹带挤进膛线起始部的过程，假定当膛内火药气体力 $p_0 = p_{x\max}$ 时弹丸开始运动，所以定义 p_0 为弹丸挤进压力，或称为启动压力。弹丸启动压力 p_0 是内弹道学中一个很重要的特征量，标志着内弹道过程的起始状态，为求解弹道方程组提供了稳定的边界条件。从物理意义来讲，膛内火药气体压力达到 p_0 时，才能克服弹丸运动阻力 $p_{x\max}$ 使弹丸开始运动。弹带挤进坡膛过程中，弹丸运动阻力 p_x 的变化曲线如图 9－1 所示。

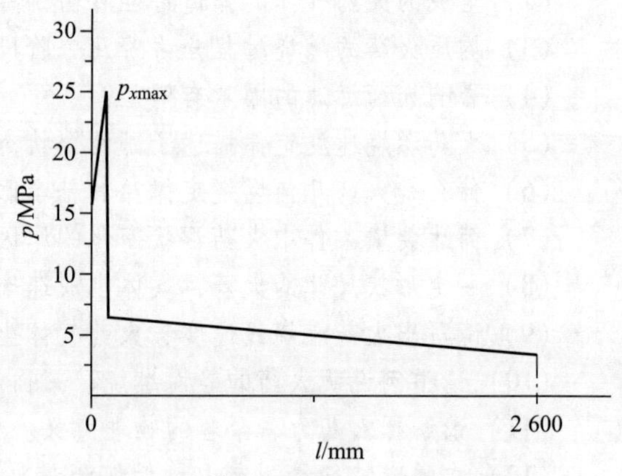

图 9－1　弹丸运动阻力 p_x 的变化曲线

该曲线为 76 mm 加农炮使用油压机推动弹丸在膛内运动过程中弹带与膛线间的运动阻力曲线。图中曲线表明，弹带挤入膛线前为弹带弹性变形阶段，阻力立刻上升到 15 MPa，随着弹带逐渐挤入，弹带处于塑性变形阶段，阻力很快上升到 25 MPa 左右。这时由于弹带已全部挤进膛线，阻力很快下降到 7 MPa 左右。在以后的弹丸行程中，阻力缓慢下降，这时的阻力主要用于克服弹丸和膛壁间的摩擦阻力，到炮口处阻力下降到 3 MPa 左右。

美 155 mm 榴弹炮阳线直径为 154. 9 mm，阴线直径为 157. 56 mm，弹带直径为 157. 91 mm，弹带材料为铜镍合金。弹丸运动阻力曲线如图 9－2 所示，射击前弹带前端与坡膛相接触，处于静止状态。弹底压力增加到一定值后，推动弹丸运动，随着弹带挤入坡膛长度的增加，弹带塑性变形量增大，阻力迅速上升；当弹带变形量不再增加时，阻力保持不变；而后弹带变形量不断减小，阻力则逐渐下降。

枪弹挤进膛线过程的原理和炮弹的是相同的。不同之处是枪弹没有弹带，相当于弹带是枪弹挤进膛线的圆柱表面层，与炮弹相比，枪弹的相对塑性变形量增加，所以，在一般情况下，枪弹挤进膛线的运动阻力比炮弹的高。

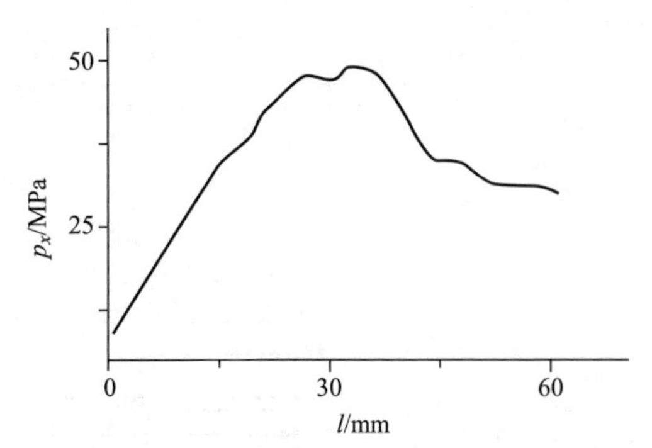

图9－2　美155 mm榴弹炮弹带挤进膛线弹丸运动阻力 p_x 变化曲线

应该指出的是，采用油压机推动弹丸挤进膛线得到的弹丸运动阻力曲线，并没有完全反映出弹丸在火药气体作用下运动阻力的变化规律，因为弹带的变形规律与膛内火药气体压力的变化规律有关。用油压机推动弹丸运动得到的弹丸运动阻力曲线基本是在平衡条件下测得的，实际上包含克服弹带与膛壁的摩擦阻力及弹带塑性变形阻力。要准确地测定弹带挤进膛线起始部的运动阻力，可以采用实弹射击的办法，测出弹底压力和弹丸的加速度，利用弹丸运动方程求出运动阻力。

影响弹丸启动压力的因素有弹带、坡膛结构和弹带材料的机械性能等。长期以来，在火炮、弹药的研究、设计中，都把弹丸启动压力作为一个符合参数来使用。依据技术特性相近火炮的启动压力值，预选一个 p_0，一般选 30 MPa 左右，轻武器的 p_0 值取 40 MPa 左右，计算出 $p-l$、$v-l$ 曲线，进行一系列技术设计。当装药结构和弹道炮加工完成后，仍需要进行大量的弹道性能试验。测量弹丸初速和膛内压力变化规律，将试验结果进行标准化处理以后，建立 $p_{试}-l$、$v_{试}-l$ 的试验曲线。以火炮内膛、弹丸、装药结构设计为基础，通过调整弹丸启动压力 p_0 的方法，求解弹道方程组，得到 $v_{理}-l$、$p_{理}-l$ 曲线。当理论计算曲线和试验曲线一致时，p_0 值即为弹丸启动压力的符合参数值，并在 p_0 条件下求出各项弹道诸元。

9.2　弹后空间气体速度与膛内气体压力分布

9.2.1　弹后气体速度分布

由于火药气体的黏性，弹底气体流动速度 v_d 应该等于弹丸速度 v。如果不知道炮膛内气流速度的分布，就不能确定气体在炮膛内的压力分布和温度分布。因此，一个必须解决的问题是：如何求出炮管内膛底到弹底之间的任一横截面上气流速度 v_x、压力 p_x 和温度 T_x。下面通过运用膛内气体流动过程的一维气动力学连续方程、动量方程和能量方程，给出上述问题的解。

首先，需要建立质量守恒方程，即连续方程。为此，在图9－3中，取一段身管进行讨论。

在图9－4中，为了更具有一般性，身管段的两个端部截面1—1和2—2具有不同的面积。根据连续性假设，流过两个截面的气体质量流量应保持不变。让我们分析图示微元体，其质量为 δ_m，截面积为 S_x，厚度为 δ_x，密度为 ρ_x。

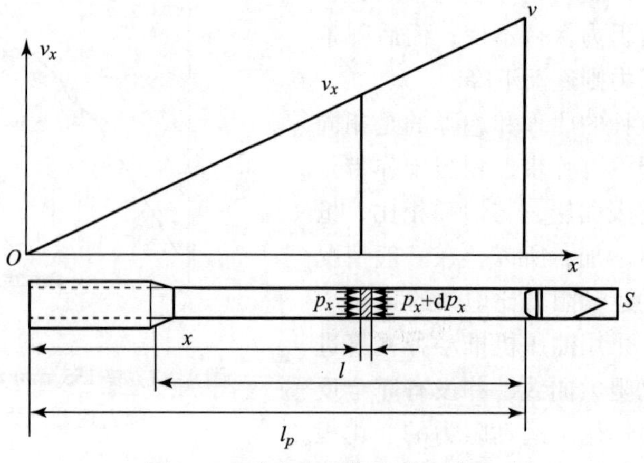

图9-3 弹丸空间气流速度分布

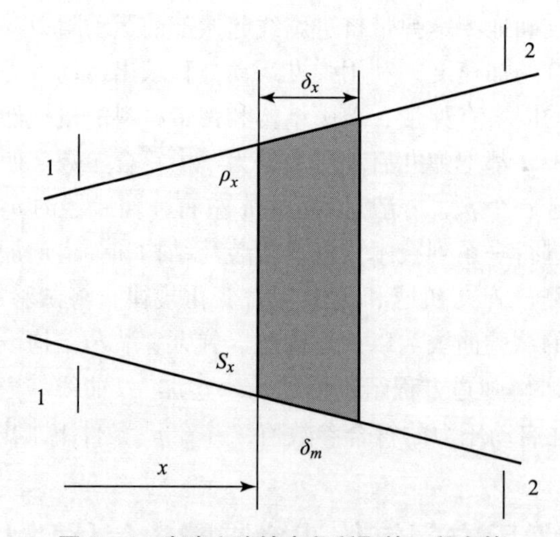

图9-4 为建立连续方程所取的一段身管

根据连续性假设，有

$$\frac{\mathrm{d}\delta_m}{\mathrm{d}t} = 0 \tag{9-1}$$

气体质量

$$\delta_m = \rho_x S_x \delta_x \tag{9-2}$$

于是

$$\frac{\mathrm{d}\delta_m}{\mathrm{d}t} = \frac{\mathrm{d}(\rho_x S_x \delta_x)}{\mathrm{d}t} \tag{9-3}$$

全微分可以用以下偏导数之和表示

$$\frac{\mathrm{d}(\rho_x S_x \delta_x)}{\mathrm{d}t} = \frac{\partial(\rho_x S_x \delta_x)}{\partial t} + v_x \frac{\partial(\rho_x S_x \delta_x)}{\partial x} \tag{9-4}$$

由此可知

$$\frac{\partial(\rho_x S_x)}{\partial t} + v_x \frac{\partial(\rho_x S_x)}{\partial x} = 0 \tag{9-5}$$

式中，$v_x = \frac{\mathrm{d}x}{\mathrm{d}t}$ 为沿 x 坐标方向上的气体流动速度；ρ_x 为截面内的气体密度。

利用连续方程（9-5），能够求出弹后身管不同横截面上的气流速度。根据弹后空间气固混合物均匀分布的假设，在任一时刻，弹底与膛底之间的气体密度可以视作一个准常量：$\rho_x = \rho$。由此，可知

$$\frac{\partial(\rho_x S_x)}{\partial t} = C_1 \tag{9-6}$$

把上式代入式（9-5）中，可以得到

$$C_1 + v_x \frac{\mathrm{d}(\rho_x S_x)}{\mathrm{d}x} = 0 \tag{9-7}$$

对上式进行积分，可得

$$C_1 x + \rho_x S_x v_x + C_2 = 0 \tag{9-8}$$

常数 C_1 和 C_2 可由边界条件求出：

当 $x = 0$ 时（膛底），$v_x = 0, \rho_x = \rho, S_x = S$；

当 $x = l_p$ 时（弹底），$v_x = v, \rho_x = \rho, S_x = S$。

由第一个条件可以得到 $C_2 = 0$，由第二个条件可以得到 $C_1 = -v\frac{\rho}{l_p}$。把求得的 C_1 和 C_2 代入式（9-8）中，可以得到

$$v_x = v\frac{x}{l_p} \tag{9-9}$$

由此可知，由于采用了膛底和弹底间气体密度为一个常量的假设，导致了弹后空间内气体速度呈线性分布规律。

9.2.2 弹丸受力与膛内气体压力分布

由于弹底压力的作用，弹丸在炮膛内发生高速向前的运动。为了建立弹丸运动方程，需要分析弹丸在膛内运动期间作用在弹丸上的力（图9-5）。

图9-5中各符号的意义如下：p_t 为膛底压力；p_d 为弹底压力；p_{cs} 为药室坡膛处压力；p_{pd} 为弹前空气阻力；p_0 为挤进压力；R_n 为弹丸运动时所受的总摩擦阻力；v 为弹丸速度；W 为后坐部分的自由后坐速度。

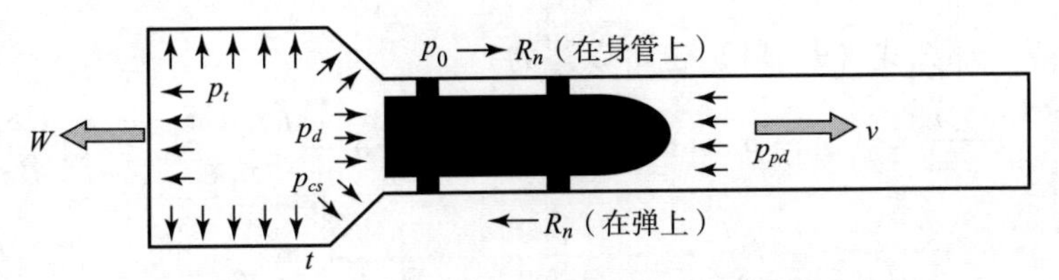

图9-5 弹丸在膛内运动时弹丸的受力图

力 $p_d = Sp_d - R_n - R_{cp}$ 推动弹丸向前运动；力 $p_t = S_t p_t - S_{cs} p_{cs} - R_n$ 使身管后坐。在该方程中，S_t 为膛底面积，S_{cs} 为药室坡膛部在垂直于身管轴线面上的投影面积。

计算表明，对于小的药室坡膛部角度，气流速度沿药室变化不大。为此，取 $p_t = p_{cs}$，所以 $p = p_t S - R_n$，这个力使身管后坐。对于线膛火炮，S 值为

$$S = n_s d^2 \tag{9-10}$$

式中，d 为身管口径；n_s 为与膛线深相关的系数。

系数 n_s 取决于膛线深度，通常它由膛线深占口径的百分比决定：对于1%膛线，$n_s = 0.80$；对于2%膛线，$n_s = 0.83$；对于滑膛身管，$n_s = \pi/4 = 0.785$。

在自由后坐条件下，假定火炮后坐部分运动时所受阻力可以忽略不计。

为了获得弹后气体的压力分布规律，需要运用气流动量方程。气流动量方程可以通过对气体微元体运用牛顿第二定律得到

$$\frac{\mathrm{d}(v_x \delta_m)}{\mathrm{d}t} = \sum_i P_i \tag{9-11}$$

其中，$\sum\limits_i P_i$ 为作用在宽度为 δ_x、质量为 δ_m 的气体微元体上的所有作用力之和。为了求解 $\sum\limits_i P_i$，对图9-6所示气体微元体进行受力分析。

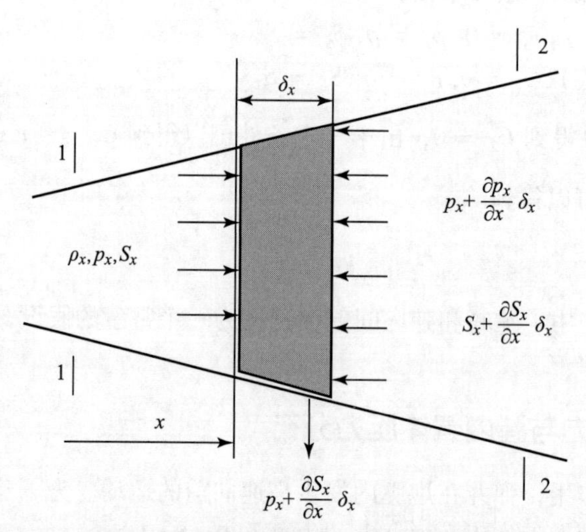

图9-6　建立动量方程所用的计算图

根据图9-6，可知

$$\sum_i P_i = p_x S_x - \left(p_x + \frac{\partial p_x}{\partial x}\delta_x\right)\left(S_x + \frac{\partial S_x}{\partial x}\delta_x\right) + p_x \frac{\partial S_x}{\partial x}\delta_x \tag{9-12}$$

由于 $\delta_m = \rho_x S_x \delta_x$，那么式（9-11）也可以写为

$$\frac{\mathrm{d}(\rho_x S_x v_x \delta_x)}{\mathrm{d}t} = p_x S_x - p_x S_x - p_x \frac{\partial S_x}{\partial x}\delta_x - S_x \frac{\partial p_x}{\partial x}\delta_x - \frac{\partial p_x}{\partial x}\frac{\partial S_x}{\partial x}\delta_x^2 + p_x \frac{\partial S_x}{\partial x}\delta_x \tag{9-13}$$

化简后可得

$$\frac{\mathrm{d}(\rho_x S_x v_x \delta_x)}{\mathrm{d}t} = -p_x \frac{\partial S_x}{\partial x}\delta_x - S_x \frac{\partial p_x}{\partial x}\delta_x + p_x \frac{\partial S_x}{\partial x}\delta_x \tag{9-14}$$

或

$$\frac{\mathrm{d}(\rho_x S_x v_x \delta_x)}{\mathrm{d}t} = -\frac{\partial(p_x S_x)}{\partial x}\delta_x + p_x \frac{\partial S_x}{\partial x}\delta_x \tag{9-15}$$

方程（9－15）的左半部分，也可以用以下方式表示。

考虑到$\delta_m = \rho_x S_x \delta_x$，那么式（9－15）的左边可以写作

$$\frac{\mathrm{d}(\delta_m v_x)}{\mathrm{d}t} = \delta_m \frac{\mathrm{d}v_x}{\mathrm{d}t} \tag{9-16}$$

把它代入式（9－15）中，将会得到

$$\delta_m \frac{\mathrm{d}v_x}{\mathrm{d}t} = -p_x \frac{\partial S_x}{\partial x}\delta_x - S_x \frac{\partial p_x}{\partial x}\delta_x + p_x \frac{\partial S_x}{\partial x} \tag{9-17}$$

展开δ_m，可得

$$\rho_x S_x \delta_x \frac{\mathrm{d}v_x}{\mathrm{d}t} = -S_x \frac{\partial p_x}{\partial x}\delta_x \tag{9-18}$$

消去$S_x\delta_x$，可以得到

$$\frac{\mathrm{d}v_x}{\mathrm{d}t} = -\frac{1}{\rho_x}\frac{\partial p_x}{\partial x} \tag{9-19}$$

由于气体速度$v_x = f(t,x)$，那么

$$\frac{\mathrm{d}v_x}{\mathrm{d}t} = \frac{\partial v_x}{\partial t} + v_x \frac{\partial v_x}{\partial x} \tag{9-20}$$

最后得

$$\frac{\partial v_x}{\partial t} + v_x \frac{\partial v_x}{\partial x} + \frac{1}{\rho_x}\frac{\partial p_x}{\partial x} = 0 \tag{9-21}$$

式中，$\frac{\partial v_x}{\partial t}$为横截面$x$上气流速度对时间$t$的偏导数，反映了截面$x$上气流速度随时间的变化；$v_x \frac{\partial v_x}{\partial x}$为牵连导数，反映了在某一瞬时气流速度随坐标$x$的变化。

方程（9－21）是经典内弹道学中的一个重要方程，用于求解弹底压力和膛底压力。在弹底与膛底之间气流速度呈线性分布的假设下，可利用方程（9－21）来建立弹后空间的压力分布规律。

下面来确定$\frac{\partial v_x}{\partial t}$。

由于$v_x = \frac{vx}{l_p}$，$l_p = f(t)$和$v = f(t)$，所以

$$\frac{\partial v_x}{\partial t} = \frac{\partial\left(\frac{vx}{l_p}\right)}{\partial t} = \frac{xl_p \frac{\mathrm{d}v}{\mathrm{d}t} - vx\frac{\mathrm{d}l_p}{\mathrm{d}t}}{l_p^2} \tag{9-22}$$

由于$v = \frac{\mathrm{d}l_p}{\mathrm{d}t}$，则

$$\frac{\partial v_x}{\partial t} = \frac{x}{l_p}\frac{\mathrm{d}^2 l_p}{\mathrm{d}t^2} - \frac{x}{l_p^2}\left(\frac{\mathrm{d}l_p}{\mathrm{d}t}\right)^2 \tag{9-23}$$

或

$$\frac{\partial v_x}{\partial t}=\frac{x}{l_p}\frac{\mathrm{d}v}{\mathrm{d}t}-\frac{x}{l_p^2}v^2 \tag{9-24}$$

下面确定 $v_x\dfrac{\partial v_x}{\partial x}$。

把式（9－9）对 x 求导，可得

$$\frac{\partial v_x}{\partial x}=\frac{v}{l_p} \tag{9-25}$$

于是

$$v_x\frac{\partial v_x}{\partial x}=\frac{vx}{l_p}\frac{v}{l_p}=\frac{x}{l_p^2}v^2 \tag{9-26}$$

把式（9－24）、式（9－25）和式（9－26）代入式（9－21）中，有

$$\frac{1}{\rho}\frac{\mathrm{d}p_x}{\mathrm{d}x}=-\left[\frac{x}{l_p}\frac{\mathrm{d}^2 l_p}{\mathrm{d}t^2}\right]=-\frac{x}{l_p}\frac{\mathrm{d}v}{\mathrm{d}t} \tag{9-27}$$

对得到的方程进行积分，可得

$$p_x=-\rho\left[\frac{x^2}{2l_p}\frac{\mathrm{d}^2 l_p}{\mathrm{d}t^2}\right]+C_3=-\rho\left[\frac{x^2}{2l_p}\frac{\mathrm{d}v}{\mathrm{d}t}\right]+C_3 \tag{9-28}$$

积分常数 C_3 可由如下边界条件求出：

当 $x=0$（膛底）时，有
$$p_x=p_t \tag{9-29}$$
当 $x=l_p$（弹底）时，有
$$p_x=p_d \tag{9-30}$$

把条件（9－29）代入方程（9－28）中，可以得到 $C_3=p_t$。于是式（9－28）可以写为

$$p_x=p_t-\frac{\rho x^2}{2l_p}\frac{\mathrm{d}v}{\mathrm{d}t} \tag{9-31}$$

由这个方程可知，当 $x=0$（膛底）、$p_x=p_t$ 时，如果 $x=l_p$，有

$$p_d=p_t-\frac{\rho l_p}{2}\frac{\mathrm{d}v}{\mathrm{d}t} \tag{9-32}$$

方程（9－28）中的系数 C_3 在边界条件（9－30）下为

$$C_3=p_d+\rho\left(\frac{l_p}{2}\frac{\mathrm{d}^2 l_p}{\mathrm{d}t^2}\right) \tag{9-33}$$

把 C_3 代入式（9－28）中，可以得到

$$p_x=p_d+\frac{\rho l_p}{2}\left(1-\frac{x^2}{l_p^2}\right)\frac{\mathrm{d}^2 l_p}{\mathrm{d}t^2} \tag{9-34}$$

考虑到 $\dfrac{\mathrm{d}l_p}{\mathrm{d}t}=v$，方程（9－34）可以改写为

$$p_x=p_d+\frac{\rho l_p}{2}\left(1-\frac{x^2}{l_p^2}\right)\frac{\mathrm{d}v}{\mathrm{d}t} \tag{9-35}$$

方程（9－35）称为 Piober 方程。

9.3 弹丸运动方程

在经典内弹道学中，方程（9－9）和方程（9－31）是两个重要方程。但是，要实际应

用这两个方程，还必须知道弹丸加速度 $\mathrm{d}v/\mathrm{d}t$，这可由弹丸运动方程求出。

对在身管中运动的弹丸应用牛顿第二定律

$$m\frac{\mathrm{d}v_a}{\mathrm{d}t} = Sp_d - R_n - R_{cp} \tag{9-36}$$

式中，S 为身管横截面面积；p_d 为弹底压力；R_n 为膛线导转侧作用在弹丸上的总阻力；R_{cp} 为弹前空气阻力；v_a 为弹丸相对于地球的速度；m 为弹丸质量。

弹丸在膛内运动过程中，气体压力呈抛物线规律分布，气流速度呈线性分布（图 9－7）。

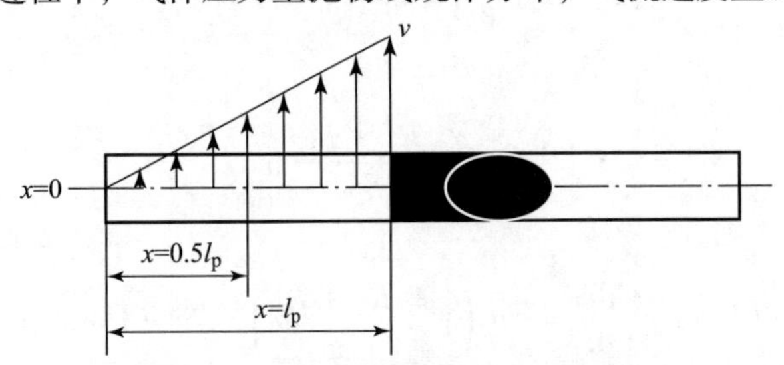

图 9－7　膛内气流速度分布示意图

弹丸绝对速度 v_a 为

$$v_a = v - V \tag{9-37}$$

式中，V 为火炮自由后坐速度。

为了计算 V，给出发射系统（弹丸－装药－身管）的动量守恒方程

$$mv_a + \omega\bar{v}_{za} + Q_0V = \text{const} \tag{9-38}$$

假如发射前系统处于静止状态，那么

$$mv_a + \omega\bar{v}_{za} + Q_0V = 0 \tag{9-39}$$

式中，Q_0 为后坐部分质量；$\bar{v}_{za}$ 为装药质心相对于地球的速度矢量。

为了求解热力学状态下零维的气体动力学问题，把任一时刻弹后空间的所有气体参数值都取为平均值，由此可得

$$\bar{v}_{za} = \frac{v}{2} - V = \frac{v_a - V}{2} \tag{9-40}$$

把 v_a 和 $\bar{v}_{za}$ 代入式（9－39）中，并改写为下面形式：

$$m(v - V) + \omega\left(\frac{v}{2} - V\right) - Q_0V = 0 \tag{9-41}$$

此式经变换后可得

$$V = \frac{m + 0.5\omega}{m + \omega + Q_0}v \tag{9-42}$$

记

$$a_1 = \frac{m + 0.5\omega}{m + \omega + Q_0} \tag{9-43}$$

可得

$$V = a_1 v \tag{9-44}$$

考虑到在实际中，$Q_0 \gg (m + \omega)$，可以采用下面更简单的方程

$$a_1 = \frac{m + 0.5\omega}{Q_0} \tag{9-45}$$

把 v_a 和式（9-45）代入式（9-36）中，可得

$$m\frac{\mathrm{d}(v - a_1 v)}{\mathrm{d}t} = Sp_d - R_n - R_{cp} \tag{9-46}$$

或

$$m(1 - a_1)\frac{\mathrm{d}v}{\mathrm{d}t} = Sp_d\left(1 - \frac{R_n + R_{cp}}{Sp_d}\right) \tag{9-47}$$

记

$$a_2 = \frac{R_n + R_{cp}}{Sp_d} \tag{9-48}$$

可得

$$m(1 - a_1)\frac{\mathrm{d}v}{\mathrm{d}t} = Sp_d\left(1 - \frac{R_n + R_{cp}}{sp_d}\right) = Sp_d(1 - a_2) \tag{9-49}$$

令

$$\varphi_1 = \frac{1 - a_1}{1 - a_2} \tag{9-50}$$

可得

$$\frac{\mathrm{d}v}{\mathrm{d}t} = \frac{Sp_d}{\varphi_1 m} \tag{9-51}$$

把式（9-51）右端乘以和除以平均压力 p，可得

$$\frac{\mathrm{d}v}{\mathrm{d}t} = \frac{Sp_d}{\varphi_1 m}\frac{p}{p} = \frac{Sp}{\varphi_1 m}\frac{p_d}{p} \tag{9-52}$$

记

$$\varphi' = \varphi_1\frac{p}{p_d} \tag{9-53}$$

最后得

$$\frac{\mathrm{d}v}{\mathrm{d}t} = \frac{sp}{\varphi' m} \tag{9-54}$$

参数 φ' 称为弹丸的虚拟质量系数，因为虚拟弹丸质量 $m' = \varphi' m$ 的引入，允许将真实的弹丸运动表示为一个质点的运动。在系数 φ' 的物理意义中，包括了后坐过程对弹丸速度的影响（通过系数 a_1）、阻力对弹丸运动的影响（通过系数 a_2），以及平均膛压与弹底压力的压力差对弹丸运动的影响。

9.4 膛底、弹底及平均膛压之间的关系

把式（9-51）代入式（9-31）中，可得

$$p_x = p_t - \frac{\rho x^2}{2l_p}\frac{Sp_d}{\varphi_1 m} \tag{9-55}$$

当 $x = l_p$, $p_x = p_d$ 时，式（9-55）的解为（其中 $l_p = l + l_{W_0}$）

$$p_t = p_d + \frac{\rho S p_d l_p}{2\varphi_1 m} \tag{9-56}$$

由于

$$\rho = \frac{\omega}{S l_p} \tag{9-57}$$

可得

$$p_t = p_d\left(1 + \frac{1}{2}\frac{\omega}{\varphi_1 m}\right) \tag{9-58}$$

亦即

$$\frac{p_t}{p_d} = 1 + \frac{1}{2}\frac{\omega}{\varphi_1 m} \tag{9-59}$$

除了膛底压力 p_t 和弹底压力 p_d 之外，平均压力 p 也常用于内弹道计算中。p 定义为弹后空间的气体压力的平均值，由下式计算

$$p = \frac{1}{l_p}\int_0^{l_p} p_x \mathrm{d}x \tag{9-60}$$

把方程（9－42）代入式（9－60）中，可以得到

$$p = \frac{1}{l_p}\int_0^{l_p}\left\{p_d + \frac{\rho l_p}{2}\left[1 - \left(\frac{x}{l_p}\right)^2\right]\frac{\mathrm{d}v}{\mathrm{d}t}\right\}\mathrm{d}x \tag{9-61}$$

把 $\rho = \dfrac{\omega}{S l_p}$ 代入上式并积分，可得

$$\frac{p}{p_d} = 1 + \frac{1}{3}\frac{\omega}{\varphi_1 m} \tag{9-62}$$

联立式（9－58）和式（9－61），可得

$$\frac{p}{p_t} = \frac{1 + \frac{1}{3}\left(\frac{\omega}{\varphi_1 m}\right)}{1 + \frac{1}{2}\left(\frac{\omega}{\varphi_1 m}\right)} \tag{9-63}$$

根据式（9－62）和式（9－63），可以用平均压力 p 求解弹底压力 p_d 和膛底压力 p_t。由式（9－53）可知，平均压力 p 与弹底压力 p_d 的关系可由系数 φ_1 和 φ' 确定

$$\frac{p}{p_d} = \frac{\varphi'}{\varphi_1} \tag{9-64}$$

虚拟质量系数 φ' 可由方程（9－63）和方程（9－64）联立求解来求得

$$\varphi' = \varphi_1 + \frac{1}{3}\left(\frac{\omega}{m}\right) \tag{9-65}$$

把由式（9－50）计算的系数 φ_1 称为阻力系数（或 Sluhotsky 系数）。这个系数的计算非常困难，因为计算它需要应用弹性和塑性理论来求解力 R_n。因此，实用弹道学计算通常会推荐使用下面所列出的一些值。对于大威力火炮，$\varphi_1 = 1.02 - 1.03$；对于中等威力火炮（$l/d > 30$），$\varphi_1 = 1.05$；对于 $l/d < 30$ 的榴弹炮，$\varphi_1 = 1.06$；对于小口径武器，$\varphi_1 = 1.10$。

利用式（9－62）和式（9－63）计算 p_t 和 p_d 时，需要知道平均膛压力 p。为了计算这个压力，需要建立射击时的能量守恒方程，即热力学基本方程。

9.5　弹丸在膛内运动过程中火药气体所做的各种功

9.5.1　射击过程中火药能量的转换，各种机械功

射击过程中火药的能量将转变为如下几种功：

①强迫弹丸向前运动；

②弹丸在线膛身管内的旋转运动；

③克服膛线与弹带之间的摩擦阻力；

④膛内气固混合物的运动；

⑤火炮后坐部分的运动；

⑥弹丸挤进膛线消耗的能量；

⑦身管的弹性变形；

⑧身管、药筒和弹丸的发热；

⑨弹丸前端空气被压缩推动；

⑩气流流出弹丸与膛壁之间间隙而造成的能量损失，从炮口流出的能量损失，或从导气管流出的能量损失。

前五个功吸收了火药燃烧能量的大部分。接下来计算这些功。

9.5.2　膛线作用在弹带上的力与枪炮射击过程中的各种功

热力学基本方程是根据火炮射击过程中的能量守恒方程获得的。在前述章节中，给出了火药在密闭爆发器条件下燃烧的能量平衡。在火炮发射过程中，弹丸运动造成了燃烧条件的变化，即火药在容积不断变化的环境下进行燃烧。

弹丸在膛内运动时的能量守恒方程可写为

$$Q = E + A \pm Q_1 + Q_L \tag{9-66}$$

式中，Q 为由于固体火药燃烧而进入弹后空间的热能；E 为气体内能；A 为弹丸在膛内运动时火药气体做的各种功；Q_1 为流入（符号为 +）或流出（符号为 -）弹后空间的能量；Q_L 为热损失。

首先，考虑火炮射击过程中的各种做功 A。

1. 作用在弹带上的力

如图 9-8 所示，当弹丸在炮膛内运动时，有如下反力作用在弹丸上：身管径向反力 Φ，膛线导转侧作用力 N。其中，d_n 为阴线直径，d 为口径（阳线直径），t 为膛线深度，a 为阴线宽度，b 为阳线宽度。Φ 表示作用在弹丸接触面上的炮管对弹丸的径向作用力，当离心力增大或身管横截面上的硬度提高时，这个力会随之增大；而当弹丸的导引元件发生磨损时，这个力会随之减小。一般情况下，在弹道

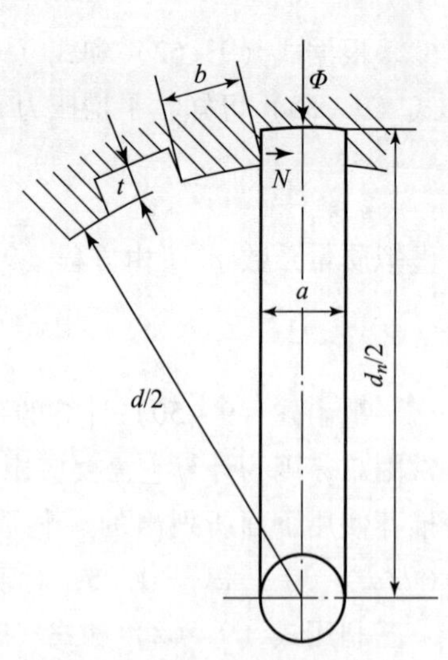

图 9-8　作用在弹带上的力

计算中，力 Φ 可以不予考虑。但是，在设计弹丸的导引元件时，这个力是非常重要的。

由法向接触应力引起的沿炮膛轴线方向的膛线对弹丸阻力 R_{bp} 可以表示为

$$R_{bp} = \frac{1}{nS}\int_0^{S_k}\sigma_k(\sin\alpha + f\cos\alpha)\,\mathrm{d}S \tag{9-67}$$

式中，σ_k 为法向接触应力（对于铜合金，$\sigma_k = 150 \sim 200\ \mathrm{N/mm^2}$；对于铁合金，$\sigma_k = 200 \sim 300\ \mathrm{N/mm^2}$；对于塑料，$\sigma_k = 100 \sim 200\ \mathrm{N/mm^2}$）；$n$ 为膛线条数；α 为缠角；S_k 为接触表面面积；f 为摩擦系数。

缠角 α 值的大小与缠度 η 的大小相关，两者间关系为 $\tan\alpha = \pi/\eta$。对于等齐膛线，缠角是常数。既有右旋膛线，也有左旋膛线。

阻力 R_{bp} 是弹丸纵向运动的阻力。这个力的变化特性取决于膛线的具体形式，如等齐膛线、渐速膛线（抛物线膛线）、正旋膛线、立方－抛物线膛线（图 9－9）。

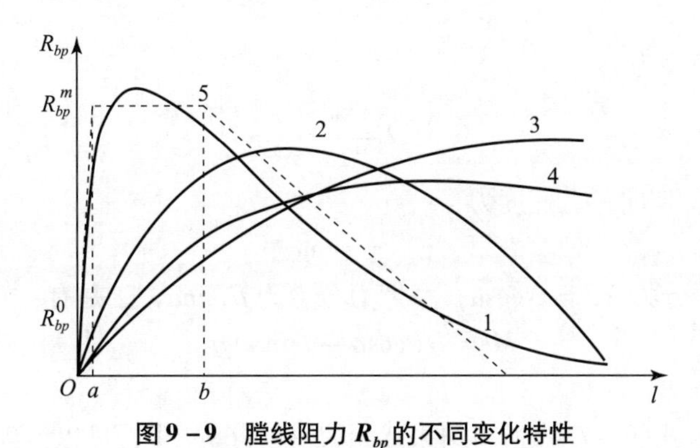

图 9－9　膛线阻力 R_{bp} 的不同变化特性

1—等齐膛线；2—立方－抛物线膛线；3—抛物线膛线；
4—正旋膛线；5—等齐膛线的梯形近似

对于等齐膛线，力 R_{bp} 的变化特性表现为一个梯形的形式：首先，力从初始值 R_{bp}^0 迅速升高至最大值 R_{bp}^m，然后在区间 $l_{bp} = [a, b]$ 内保持最大值不变，最后又很快变为 0。

膛线阻力 R_{bp} 可以由试验方法确定，即做一个推动模拟弹丸通过身管的试验。试验结果表明：这个力一开始是增大的，这是因为接触表面增大；随后，弹丸前行距离等于弹带宽度时，该阻力达到最大值，并且在 l_{bp} 区间内保持为常量。通常只有在药筒分装式和药包分装式时，才把膛线阻力初始值 R_{bp}^0 考虑在内。在这种装药的情况下，弹带必须和膛线起始部啮合卡住，以防止大射角下弹丸滑落。

当弹丸在炮管内运动时，膛线导转侧对弹丸的作用载荷的分布是不均匀的，把这些力归结为一个总力 N，它沿表面法线方向作用在膛线导转侧。图 9－10 给出了这个力的作用图示。

为了计算力 N，写出弹丸旋转运动方程

$$J\frac{\mathrm{d}\Omega}{\mathrm{d}t} = M \tag{9-68}$$

式中，M 为作用在弹丸上的旋转力矩；弹丸绕其对称轴的转动惯量为

$$J = m\rho^2 \tag{9-69}$$

m 为弹丸质量；ρ 为弹丸惯性半径。

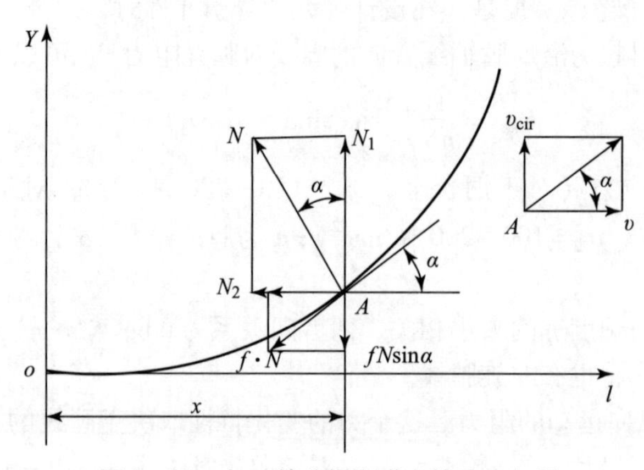

图9－10　力 N 的分解和弹丸的速度矢量

弹丸旋转的角速度为

$$\Omega = \frac{v_{\text{cir}}}{r} \tag{9-70}$$

式中，r 为弹丸半径，切向弹丸速度为

$$v_{\text{cir}} = v\tan\alpha \tag{9-71}$$

在图9－10中，分力 $N_1 = N\cos\alpha$，摩擦力分力为 $fN\sin\alpha$，于是有

$$M = N(\cos\alpha - f\sin\alpha)rn \tag{9-72}$$

式中，n 为膛线条数。

把式（9－69）~式(9－72）所得结果代入式（9－68）中，可以得到

$$\frac{m\rho^2}{r^2}\left(\tan\alpha\frac{\mathrm{d}v}{\mathrm{d}t} + v\frac{\mathrm{d}(\tan\alpha)}{\mathrm{d}t}\right) = Nn(\cos\alpha - f\sin\alpha) \tag{9-73}$$

记 $K_\alpha = \frac{\mathrm{d}(\tan\alpha)}{\mathrm{d}l}, \Lambda = \left(\frac{\rho}{r}\right)^2$，有

$$N = \frac{\Lambda}{n}\frac{m\frac{\mathrm{d}v}{\mathrm{d}t}\tan\alpha + K_\alpha mv^2}{\cos\alpha - f\sin\alpha} \tag{9-74}$$

这里的参数 Λ 是弹丸质量分布系数，反映了弹丸质量沿弹丸轴线的分布特性。

对于普通高爆榴弹，$\Lambda = 0.53$；

对于薄壁爆破高爆榴弹，$\Lambda = 0.58$；

对于高爆穿甲弹，$\Lambda = 0.52$；

对于硬芯脱壳穿甲弹，$\Lambda = 0.25 \sim 0.31$。

把弹丸运动方程（9－54）代入式（9－74）中，可得

$$\begin{aligned} N &= \frac{\Lambda}{n}\frac{pS\tan\alpha + K_\alpha\varphi' mv^2}{\varphi'(\cos\alpha - f\sin\alpha)} \\ &= \frac{\Lambda}{n}\frac{p_d S\tan\alpha + K_\alpha\varphi_1 mv^2}{\varphi_1(\cos\alpha - f\sin\alpha)} \end{aligned} \tag{9-75}$$

对式（9－75）进行仔细分析。对于一般的火炮，它的缠角通常不会超过13°。如果 $\alpha < 13°$，$\cos\alpha \approx 1$，那么 $f\sin\alpha \approx 0$；除此之外，φ' 值稍大于1，那么 $\varphi'(\cos\alpha - f\sin\alpha) \approx 1$。于

是式（9－75）可以写为

$$N = \frac{\Lambda}{n}(pS\tan\alpha + K_\alpha \varphi' m v^2) \tag{9-76}$$

如果膛线规律已知，那么可以计算出系数 K_α。例如，对于方程可以写作 $\tan\alpha = C_1 l + C_2 l^2$ 的膛线，$K_\alpha = \frac{\mathrm{d}(\tan\alpha)}{\mathrm{d}l} = C_1 + 2C_2 l$。那么，式（9－76）可以写为

$$N = \frac{\Lambda}{n}[pS(C_1 l + C_2 l^2) + (C_1 + 2C_2 l)\varphi' m v^2] \tag{9-77}$$

对于等齐膛线 $K_\alpha = 0$，那么

$$N = \frac{\Lambda}{n} pS\tan\alpha，\text{或} N = \frac{\Lambda}{n} p_d S\tan\alpha \tag{9-78}$$

而弹丸运动所受阻力为

$$R_n = Nn(\sin\alpha + f\cos\alpha) \tag{9-79}$$

2. 弹丸直线运动动能

弹丸直线运动动能

$$A_1 = \frac{m v_a^2}{2} \tag{9-80}$$

考虑到 $v_a = (1 - a_1)v$，有 $A_1 = K_1 \frac{mv^2}{2}$，其中 $K_1 = (1 - a_1)^2$。

3. 弹丸旋转动能

弹丸旋转功为

$$A_2 = \frac{J\Omega^2}{2} \tag{9-81}$$

由式（9－68）和式（9－69），可得

$$A_2 = K_2 \frac{mv^2}{2} \tag{9-82}$$

式中，$K_2 = \Lambda \tan^2\alpha$。

4. 弹丸膛内运动时摩擦力所消耗的功

为了确定这个功的大小，参见图9－11，有

$$\mathrm{d}A_3 = fNn \frac{\mathrm{d}l}{\cos\alpha} \tag{9-83}$$

对于等齐膛线，力 N 可由方程（9－78）求得。对该微分方程进行积分，可得

$$A_3 = \int_0^l f \frac{\Lambda}{n} pSn\tan\alpha \frac{1}{\cos\alpha}\mathrm{d}l \tag{9-84}$$

或

$$A_3 = f\Lambda \frac{\tan\alpha}{\cos\alpha}\int_0^l pS\mathrm{d}l$$

整理式（9－54），得

$$\frac{1}{2}\varphi' m v^2 = \int_0^l pS\mathrm{d}l \tag{9-85}$$

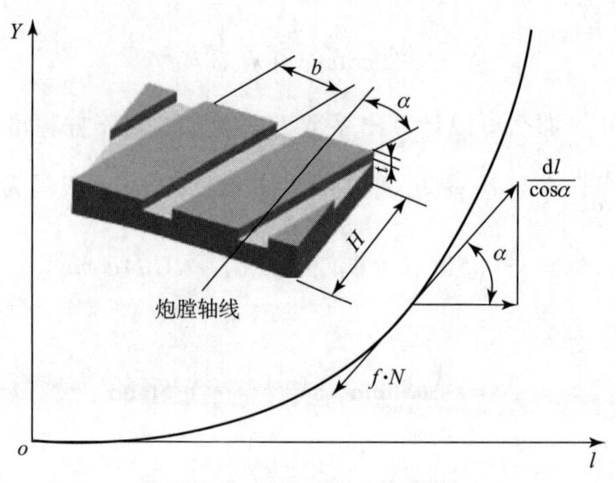

图9-11　膛线对弹丸的摩擦力

把这个方程代入 A_3 中，可得

$$A_3 = K_3 \frac{mv^2}{2} \tag{9-86}$$

式中，$K_3 = \varphi' \Lambda f \dfrac{\tan\alpha}{\cos\alpha}$。

5. 膛内气固混合物的运动动能

由图9-12可知

$$dA_4 = d\omega \frac{v_{ax}^2}{2} \tag{9-87}$$

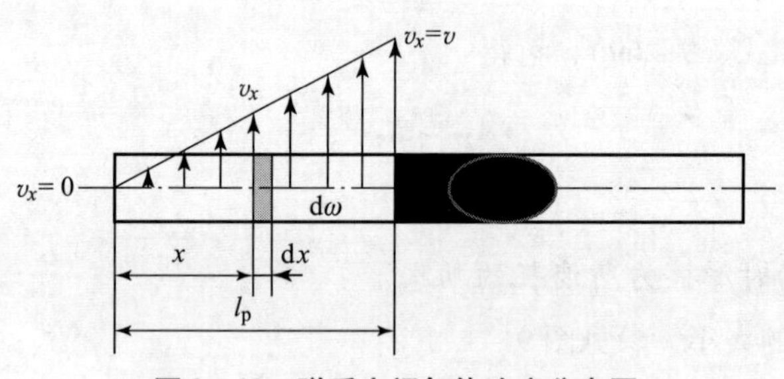

图9-12　弹后空间气体速度分布图

在离膛底距离 x 处取一微元体，它的体积为 $S\mathrm{d}x$，质量用 $\mathrm{d}\omega$ 表示：$\mathrm{d}\omega = \dfrac{\omega}{l_p}\mathrm{d}x$。考虑到 $v_{ax} = v_x - a_1 v$, $v_x = \dfrac{x}{l_p} v$，可以得到

$$dA_4 = \frac{1}{2} \frac{\omega}{l_p} v^2 \left(\frac{x}{l_p} - a_1 \right)^2 dx \tag{9-88}$$

把此方程从0到 l_p 进行积分

$$A_4 = \frac{1}{2} \frac{\omega}{l_p} v^2 \left(\frac{x^3}{3l_p^2} - \frac{2x^2 a_1}{2l_p} + a_1^2 x \right) \Bigg|_0^{l_p} \tag{9-89}$$

忽略二次项 a_1^2，可得

$$A_4 = \frac{1}{2}\frac{\omega}{l_p}v^2\left(\frac{l_p}{3} - a_1 l_p\right)\frac{m}{m} \tag{9-90}$$

或

$$A_4 = K_4 \frac{mv^2}{2} \tag{9-91}$$

式中，$K_4 = \frac{\omega}{m}\left(\frac{1}{3} - a_1\right) \approx \frac{1}{3}\frac{\omega}{m}$。

6. 火炮后坐部分运动功

$$A_5 = \frac{Q_0 V^2}{2} \tag{9-92}$$

由于 $V = a_1 v$，可得

$$A_5 = K_5 \frac{mv^2}{2} \tag{9-93}$$

式中，$K_5 = \frac{m}{Q_0}\left(1 + 0.5\frac{\omega}{m}\right)^2$。

9.6　次要功计算系数 φ 与内弹道学基本方程

9.6.1　次要功计算系数 φ

通过上面的分析推导，建立了各次要功与弹丸直线运动动能的关系。对所有功求和，可得

$$\sum_{i=1}^{5} A_i = (K_1 + K_2 + K_3 + K_4 + K_5)\frac{mv^2}{2} \tag{9-94}$$

记 $\varphi = K_1 + K_2 + K_3 + K_4 + K_5$，那么可得

$$\sum_{i=1}^{5} A_i = \varphi \frac{mv^2}{2} \tag{9-95}$$

引入系数 $K = K_1 + K_2 + K_3 + K_5$，可得

$$\varphi = K + \frac{1}{3}\frac{\omega}{m} \tag{9-96}$$

这里，系数 K 包含了除气固混合物运动动能以外的所有次要功影响，系数 φ 称为次要功计算系数。

把式（9-93）与式（9-65）进行比较，可以发现 φ 和 φ' 之间的一致性。

尽管前述的虚拟质量系数 φ' 与次要功计算系数 φ 的物理意义不同，但它们的值是相同的，在弹丸运动方程中就可以用 φ 代替 φ'，这样就可获得下面描述弹丸在膛内运动的公式。

9.6.2　内弹道学基本方程

系数 φ' 和 φ_1 用于弹丸方程，同时，系数 φ 和 K 应用于能量方程。把式（9-95）代入

式（9-66），可得

$$Q = E + \varphi \frac{mv^2}{2} \pm Q_1 + Q_L \tag{9-97}$$

假定热损失量 Q_L 与火药总能量成比例，可得

$$(1 - K_q) Q_W \omega_g = \frac{pW}{\theta} + \varphi \frac{mv^2}{2} \pm Q_1 \tag{9-98}$$

由于 $\omega_g = \omega\psi$，$Q_W = c_v T_1$ 和 $c_v = R/\theta$，把它们代入式（9-98）中，可得

$$p = \frac{(1 - K_q) f\omega\psi - \theta\varphi \frac{mv^2}{2} \pm \theta Q_1}{W} \tag{9-99}$$

记 $f_0 = (1 - K_q) f$，最终得

$$p = \frac{f_0\omega\psi - \theta\varphi \frac{mv^2}{2} \pm \theta Q_1}{W} \tag{9-100}$$

式中

$$W = W_\psi + Sl \tag{9-101}$$

$$\frac{\mathrm{d}l}{\mathrm{d}t} = v \tag{9-102}$$

药室自由容积 W_ψ 可以由药室自由容积缩径长来表示

$$W_\psi = Sl_\psi \tag{9-103}$$

式中，$l_\psi = \dfrac{W_0 - \dfrac{\omega}{\delta}(1 - \psi) - \alpha\omega\psi}{S}$，称为药室自由容积缩径长；$W = S(l_\psi + l)$。

方程（9-99）称为热力学基本方程。这个方程是由法国的弹道学家 H. Resal 在 19 世纪提出的，因此，又被称为 Resal 方程。分析 Resal 方程可知，对于弹丸在膛内运动的任一时刻，火药已燃质量分数 ψ 的变化都转化成了火药气体的内能和弹丸的动能，而平均膛压的变化取决于火药在变容情况下燃烧的条件和能量输入。由于燃烧能量的输入伴随次要功的产生，所以需要计算次要功系数 φ 或虚拟质量系数 φ'。

$$\varphi = \varphi' = K + \frac{1}{3} \frac{\omega \pm \Delta\omega}{m} \tag{9-104}$$

能量方程（9-99）不仅能够用于计算火药气体压力，还可以用于计算气体温度和弹丸极限速度。

9.6.3 膛内气体平均温度

在式（9-99）中，由于 $pW = \omega\psi RT_g, f = RT_1$，通过变换可以得到计算膛内气体平均温度的如下方程

$$T_g = (1 - K_q) T_1 - \frac{0.5\theta\varphi mv^2 \pm \theta Q_1}{R\omega\psi} \tag{9-105}$$

9.7 弹丸极限速度的概念

在没有热损失、额外气体流入以及额外能量流入的情况下，所有气体内能都用于推动弹

丸，并且 $U\to 0, p\to 0, T_g\to 0$ 和 $l_g\to\infty$，此时弹丸可以获得极限弹丸速度 v_j。在这些前提下，热力学基本关系式可以写为 $0 = f\omega - 0.5\theta\varphi mv^2$。那么

$$v_j = \sqrt{\frac{2f\omega}{\theta\varphi m}} \tag{9-106}$$

对该公式进行分析可知：为了提高弹丸速度，可以使用气体常数 R 较大的气体或者提高气体温度。

首先看一下第一种方法。由于气体常数 $R = nr$，因此可以使用相对分子质量较小的氢或者氦，能够得到大的 R 值。理论上，在常用的火药气体作用下，弹丸极限速度为 5 300 ~ 5 600 m/s。在实际情况下，传统火炮能达到的速度为 1 800 ~ 1 900 m/s，也就是说，只有极限速度的 1/3。这主要是由于弹丸速度受到身管长度、弹丸质量、装药量以及次要功的能量损失的限制。

如果使用相对分子质量小的气体，与火药气体相比，火药力 $f = RT_1$ 就会增大(对于火药的火焰温度(爆温)一定的情况而言)。例如，R 值在实际火药气体的情况下为 451.2 J/(kg · K)，而用氦代替时，为 2 079 J/(kg · K)；用氢代替时，为 4 194 J/(kg · K)。R 值是提高极限弹丸速度的重要因素。

另一种提高弹丸速度的方法可以通过增加气体能量来实现，这可以利用气体压缩或在膛内输入附加能量（如电能或电磁能）的方法来提高气体温度。

当膛内工作气体为氢或者氦时，弹丸可以获得高达 6 ~ 7 km/s 的极限速度。

习　题

(1) 影响弹丸启动压力的因素有哪些?

(2) 枪弹和炮弹挤进膛线的过程有什么区别? 为什么?

(3) 弹后气体速度分布是如何的?

(4) 简述膛内火药气体压力变化规律。

(5) 写出平均压力、弹底压力和膛底压力之间的相互关系。

(6) 写出弹丸膛内运动方程，并解释其中变量的含义。

(7) 推导理论的 $p-t$ 曲线的斜率 dp/dt 或 dp/dl 的表达式。

(8) 火炮射击过程中的热损失指什么? 火药燃气对外做功有哪几种?

(9) 推导作用在弹带上的力。

(10) 次要功包括哪些? 什么是次要功系数?

(11) 获得热力学基本方程的依据是什么?

(12) 提高火炮初速的措施有哪些? 为什么?

第 10 章
内弹道方程组及其求解

10.1　火炮射击过程的不同时期

火炮膛内射击过程包含以下几个时期：

①前期（热静力学阶段）；

②热力学第一时期；

③热力学第二时期；

④后效期。

在前期，点火发生后，装药开始燃烧；随着火药燃烧的进行，内膛压力增加，当压力超过挤进压力 p_0 时，弹丸开始在炮膛内运动。

10.1.1　前期

当药室压力低于挤进压力时，弹丸在膛内不发生运动。在实际情况下，由于气体压力的作用，弹丸的挤进应是一个渐进的过程，这个时期的弹道过程称为起始内弹道，其研究也是弹道学的一个分支。图 10－1 给出了这一时期气体压力的变化规律。图中，前期时刻记作 t_0，射击启动压力（挤进压力）记作 p_0，相应的火药燃烧参数分别记作 I_{k0}、z_0 和 ψ_0。

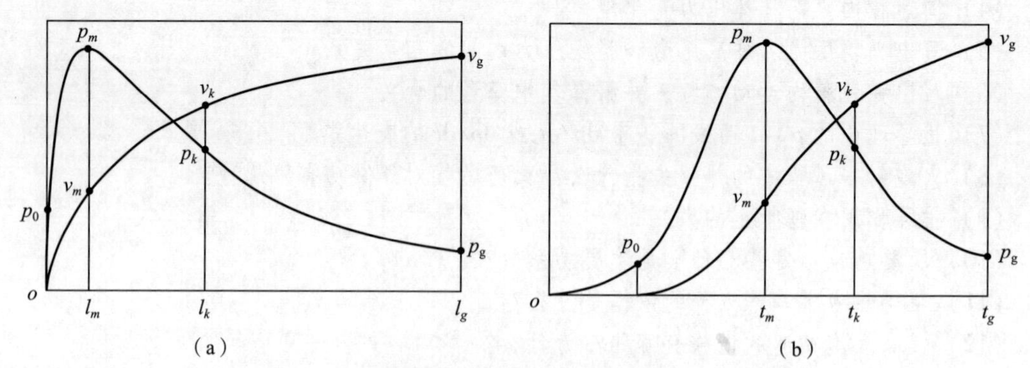

图 10－1　膛压和弹丸速度随弹丸行程及时间的变化

（a）随行程变化；（b）随时间变化

10.1.2　热力学第一时期

热力学第一时期从 t_0 时刻开始，一直持续到火药燃烧结束点。如果火炮装药设计得不够合理，就有可能发生弹丸已经出炮口而这一阶段还没有结束的情况。对于好的弹道学设计，这一阶段所需时间应该只占弹丸出炮口时间的一部分。在热力学第一时期，弹丸在膛内的运动使弹后空间体积不断增大，火药是在变容情况下燃烧。弹底和膛底之间容积变化率随着弹丸速度的增加而增加。在这一时期的开始阶段，弹丸速度很小，以至于火药燃烧后的气体生成速率迅速升高，因此，膛内压力增加。在 t_m 时刻，容积变化率和气体生成速率达到平衡，膛内压力达到最大压力 p_m。在最大膛压 p_m 以后，由于气体生成速率不能补偿弹后容积的增大变化率，膛压开始下降。在 t_m 时刻的燃烧参数 I、z 和 ψ 将用下标 m 标记，记作 I_m、z_m 和 ψ_m，弹丸速度和行程分别记为 v_m 和 l_m。

在某一特定时刻 t_k，火药燃烧结束。相应的火药燃烧参数在该时刻用下标 k 来标记，分别记为：$t_k, p_k, I_k, z_k, \psi_k = 1, v_k$ 和 l_k。

10.1.3　热力学第二时期

从火药燃烧结束点（$t = t_k, \psi = 1, z = z_k$）开始，一直持续到弹底与炮口重合时刻（$t = t_g$）结束，在这个时期称为热力学第二时期。在这个时期，弹丸在弹底压力作用下继续加速。在 t_g 时刻，弹丸获得炮口速度 v_g，弹丸在身管中运动行程为 l_g。图 10－1 给出了弹丸速度与膛内压力随弹丸行程和时间变化的关系曲线。

10.1.4　后效期

从 t_g 时刻开始，一直持续到平均弹道压力等于临界压力 $p = p_{cr}$ 时结束。这一时期称为后效期。对于火药气体流出到空气中（$k = 1.4$）的情况，临界压力 p_{cr} 约等于 0.18 MPa。

10.2　内弹道方程组

在写出内弹道方程组时，采用以下假设：

①火药气体的流动是零维的、无黏性的和不可压缩的，膛内气流边界层效应可以忽略不计；

②火药固体和气体混合物可由诺贝尔－阿贝尔状态方程描述；

③火药燃烧服从几何燃烧定律，不考虑火药的侵蚀燃烧；

④可以使用药粒的平均尺寸（长度、半径等）来描述药粒的实际几何尺寸，并假定所有药粒具有相同大小和外形，对于多孔火药，认为孔是均匀分布的，而且孔对应的所有弧厚都是均匀相等的；

⑤在 $t = 0$ 时刻，所有药粒同时着火；

⑥在任一瞬间，单位质量火药固体分解后释放能量都是在当前平均气温下进行的；

⑦不考虑火药气体混合物主要成分的再分解；

⑧通过火炮身管表面的热量损失可以根据火药燃烧所释放的总能量来计算，它占火药燃烧总放热量的百分比可以用系数 K_q 来表示；

⑨弹带与炮膛形成了一个完全的气体密封；

⑩可以利用拉格朗日问题的解来建立起平均压力、膛底压力与弹底压力之间的相互

关系；

⑪火药气固混合物在膛内是均匀分布的；

⑫绝热系数 $\theta = k - 1$ 是一个常数；

⑬火药气体混合物是一种机械混合，火药燃气生成物成分保持不变；

⑭火药气体混合物的物理特性可由机械混合的相应公式计算；

⑮弹丸在膛内运动时期，弹丸前端所受的空气阻力可以忽略不计。

1. 输入的基本数据

N ——混合装药种数；

n_i ——第 i 种装药的药粒药孔数；

ω_i ——第 i 种装药的质量；

$2e_{1i}$ ——第 i 种药粒的弧厚；

$2c_i$ ——第 i 种装药的药粒长度；

d_{0i} ——第 i 种装药的药粒孔径；

D_i ——第 i 种装药的药粒外径；

p_b ——点火压力；

T_b ——点火温度；

u_{1i} ——第 i 种装药的燃速系数；

I_{ki} ——第 i 种装药的压力全冲量；

ν_i ——第 i 种火药的燃烧指数；

f_i ——第 i 种装药的火药力；

T_{1i} ——第 i 种装药的火焰温度（爆温）；

θ_i ——第 i 种装药的绝热系数；

δ_i ——第 i 种装药的火药密度；

α_i ——第 i 种装药的余容；

W_0 ——药室初始容积；

φ_1 或 K ——次要功计算系数；

n_s ——膛线深系数；

d ——火炮口径；

m ——弹丸质量；

l_g ——弹丸膛内行程长；

p_0 ——挤进压力；

K_q ——平均热损失系数；

τ ——微分方程积分求解的时间步长。

2. 初步计算

对于每一种装药，其几何特性由下列公式计算：

(1) $\beta = 2e_1/(2c)$ ——药粒的相对弧厚；

(2) $\Pi_1 = \dfrac{D + nd_0}{2c}$ ——相对周长；

(3) $Q_1 = \dfrac{D^2 + nd_0^2}{(2c)^2}$——相对燃烧表面。

3. 多孔火药药粒分裂前和分裂后的形状函数系数

(1) $\chi_1 = \dfrac{Q_1 + 2\Pi_1}{Q_1}\beta$;

(2) $\lambda_1 = \dfrac{n - 1 - 2\Pi_1}{Q_1 + 2\Pi_1}\beta$;

(3) $\mu_1 = -\dfrac{(n-1)\beta^2}{Q_1 + 2\Pi_1}$;

(4) $\chi_2 = \dfrac{2(1-\psi_s)}{z_k - 1}$;

(5) $\lambda_2 = -\dfrac{1}{2(z_k - 1)}$;

(6) $\rho_1 = 0.177\,2(d_0 + 2e_1)$——当多孔火药燃烧到火药孔彼此相切瞬间时的棱柱半径;

(7) $z_k = \dfrac{e_1 + \rho_1}{e_1}$——药粒在燃烧结束点时的相对厚度;

(8) $\psi_s = \chi_1(1 + \lambda_1 + \mu_1)$——多孔火药燃烧到药孔彼此相切时的相对气体质量。

4. 内弹道计算的初始条件

$t = 0, p = p_b, p_t = p_b, p_d = p_b, T_g = T_b, T_t = T_b, T_d = T_b, z_i = 0, \psi_i = 0, v = 0, l = 0, \dfrac{dv}{dt} = 0, \dfrac{dl}{dt} = 0$, $S = n_s d^2$ 为炮膛横截面积。

5. 不同时刻的内弹道计算

(1) $\omega = \sum\limits_{i=1}^{N} \omega_i$——总装药质量;

(2) $\dfrac{dI}{dt} = p$——某一时刻火药燃烧冲量;

(3) $z_i = I/I_{k_i}$——火药药粒燃烧到某一时刻的药粒相对厚度;

(4) 如果 $z < 1$,那么 $\psi_i = \chi_{1i}z_i(1 + \lambda_{1i}z_i + \mu_{1i}z_i^2)$——多孔火药在药孔相遇前某一瞬间的相对气体质量;

(5) 当 $z = 1$ 时,那么 $\psi_{si} = \chi_{1i}(1 + \lambda_{1i} + \mu_{1i})$——多孔火药燃烧到火药孔彼此相切瞬间的相对气体质量;

(6) $z_{1i} = z_i - 1$;

(7) 当 $z > 1$ 时,$\psi_i = \psi_{si} + \chi_{2i}z_{1i} + \lambda_{2i}\chi_{2i}z_{1i}^2$——多孔火药药孔相切后某一瞬间的相对气体质量;

(8) 当 $z_i < 1$ 时,$\dfrac{d\psi_i}{dt} = \chi_{1i}(1 + 2\lambda_{1i}z_i + 3\mu_{1i}z_i^2)\dfrac{p}{I_{ki}}$——多孔火药在药孔相遇前某一瞬间的气体生成速率;

（9）当 $z_i=1$ 时，$\frac{\mathrm{d}\psi_i}{\mathrm{d}t}=\chi_{1i}(1+2\lambda_{1i}+3\mu_{1i})\frac{p}{I_{ki}}$——多孔火药燃烧到药孔彼此相切瞬间的气体生成速率；

（10）当 $z_i>1$ 时，$\frac{\mathrm{d}\psi_i}{\mathrm{d}t}=\chi_{2i}(1+2\lambda_{2i}z_{1i})\frac{p}{I_{ki}}$——药孔相遇后某一瞬间气体生成速率；

（11）$W_\psi=W_0-\sum_{i=1}^{N}\left[\frac{\omega_i}{\delta_i}(1-\psi_i)+\alpha_i\omega_i\psi_i\right]$——弹丸开始运动前火药气体所占体积；

（12）$\omega_g=\sum_{N}\omega_{g_i}$——所有装药燃烧结束后产生的膛内气体总质量；

（13）$G_{pri}=\frac{\mathrm{d}\omega_{g_i}}{\mathrm{d}t}=\omega_i\frac{\mathrm{d}\psi_i}{\mathrm{d}t}$——由于第 i 种火药燃烧而进入膛内的气体量随时间的变化率；

（14）$R_i=\frac{f_i}{T_{1i}}$——第 i 种火药的气体常数，f_i 为第 i 种火药的火药力；

（15）$R=\frac{1}{\omega_g}\sum_{i=1}^{N}R_i\omega_i\psi_i$——气体混合物的气体常数等效值；

（16）$T_1=\frac{1}{\omega_g}\sum_{i=1}^{N}T_{1i}\omega_i\psi_i$——气体混合物火焰温度（爆温）的等效值；

（17）$\theta=\frac{\sum_{N}\frac{f_i\omega_i\psi_i}{T_{1i}}}{\sum_{N}\frac{f_i\omega_i\psi_i}{T_{1i}\theta_i}}$——气体混合物比热比；

（18）$\alpha=\frac{1}{\omega_g}\sum_{1}^{N}\alpha_i\omega_{g_i}$——气体混合物的余容等效值；

（19）$c_{vi}=\frac{R_i}{k_i-1}$——在混合气体中，第 i 种火药气体的定容比热；

（20）$W=W_\psi+Sl$——弹后空间火药气体所占体积；

（21）$\varphi=\varphi_1+\frac{1}{3}\frac{\omega}{m}$——次要功计算系数；

（22）$\frac{\mathrm{d}v}{\mathrm{d}t}=\frac{sp}{\varphi m}$——火药气体作用下的弹丸运动方程，当 $p<p_0$ 时，$\frac{\mathrm{d}v}{\mathrm{d}t}=0$；

（23）$\frac{\mathrm{d}l}{\mathrm{d}t}=v$；

（24）$p=(1-K_q)\frac{RT_1\omega\psi}{W}-\frac{0.5\theta\varphi mv^2}{W}$——平均膛压；

（25）$v_x=\frac{vx}{l+l_{W_0}}$——距离膛底 x 处的横截面上的气体速度值，其中，l_{W_0} 为药室长度；

（26）$p_t=p\frac{1+\frac{1}{2}\left(\frac{\omega}{\varphi_1 m}\right)}{1+\frac{1}{3}\left(\frac{\omega}{\varphi_1 m}\right)}$——膛底压力；

（27）$p_x=p_d\left\{1+\frac{\omega}{2\varphi_1 m}\left[1-\left(\frac{x}{l+l_{W_0}}\right)^2\right]\right\}$——横截面 x 处的气体压力；

(28) $p_d = \dfrac{p}{1+\dfrac{1}{3}\left(\dfrac{\omega}{\varphi_1 m}\right)}$——弹底压力；

(29) $T_t = \dfrac{p_t W}{R\omega}$——膛底处温度；

(30) $T_d = \dfrac{p_d W}{R\omega}$——弹底处温度；

(31) $T_g = (1-K_q)T_1 - \dfrac{0.5\theta\varphi m v^2}{R\omega\psi}$——气体平均温度。

求解上述方程组，就可以获得内弹道前期、热力学第一时期以及热力学第二时期的弹道特性参数。对于前期的求解，需要排除（20）~（23）及（25）~（31）项，而在第（24）项中，$v=0$。

热力学第一时期由上述所有方程描述。

对热力学第二时期求解时，（2）~（10）项不需要考虑，在此时期，取 $z=z_k$，$\psi=1$。

上述内弹道方程组（8）~（31）项是零维气体动力学问题，该方程组既可以用于求解内弹道学正面问题，也可以用于求解内弹道反面问题。这种弹道学求解决方法也被称为集中参数法。利用这些方程计算时，必须首先知道火药的几何特性参数和物理特性参数。

10.3　计算例题

本节将给出两个算例。表 10－1 列出了某 30 mm 火炮内弹道计算的原始参数，该火炮的装药为单基 5/7 高火药。图 10－2 给出了计算获得的内弹道特性曲线。

表 10－1　某 30 mm 火炮内弹道计算的原始参数

口径/mm	30	火药燃速系数 u_1 /(dm·MPa^{-n}·s^{-1})	0.018
弹丸质量/kg	0.41	火药密度/(kg·dm^{-3})	1.6
炮膛横断面积/dm^2	0.073 8	燃速指数	0.84
药室容积/dm^3	0.117 5	火药弧厚/mm	0.605
弹丸全行程长/dm	14.8	火药内孔直径/mm	0.215
比热比	1.25	火药长度/mm	4.1
挤进压力/MPa	30.0	火药药孔数	7
次要功系数 φ_1	1.1	火药力/(kJ·kg^{-1})	1 050
热损失系数 K_q	0.1	火药余容/(dm^3·kg^{-1})	0.98
火药质量/kg	0.095		

表 10－2 列出了某 122 mm 榴弹炮全装药内弹道计算的原始参数，该全装药采用混合装药，包括单基 4/1 和单基 9/7 两种火药。图 10－3 给出了计算获得的内弹道特性曲线。

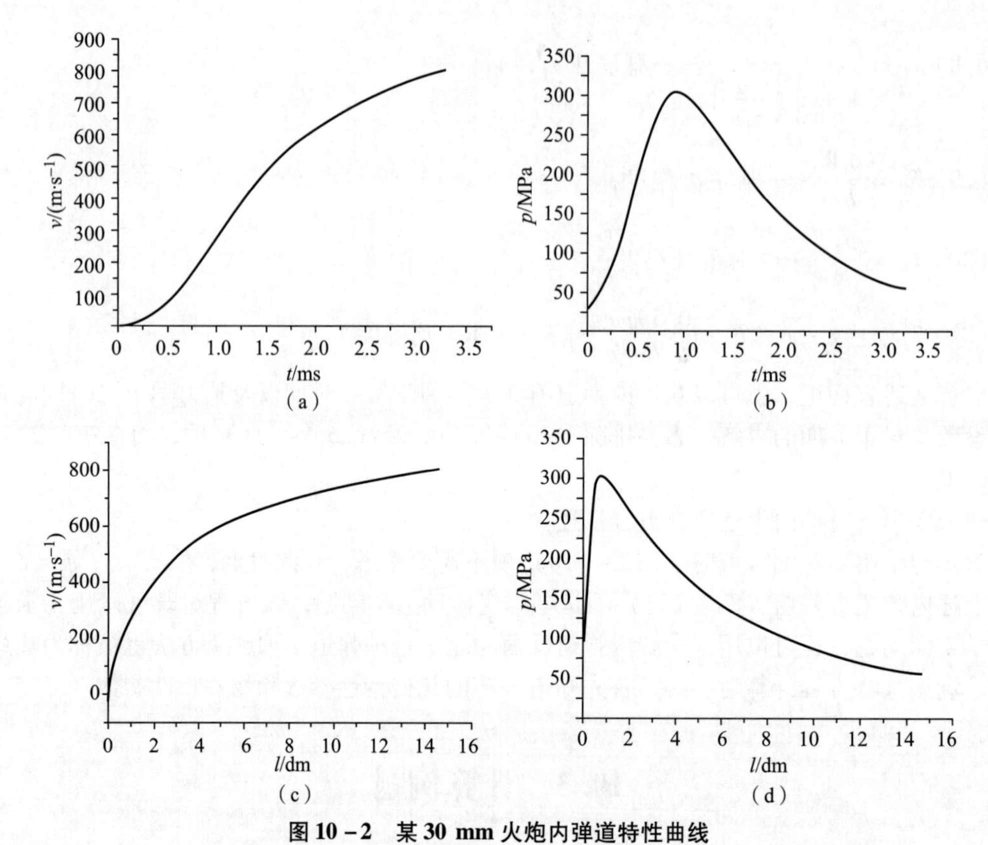

图 10－2　某 30 mm 火炮内弹道特性曲线

（a）弹丸速度与时间；（b）压力与时间；（c）弹丸速度与行程；（d）压力与行程

表 10－2　某 122 mm 火炮内弹道计算原始参数

口径/mm	122	火药燃速系数 u_1 /$(\mathrm{dm \cdot MPa^{-n} \cdot s^{-1}})$	0.018
弹丸质量/kg	21.76	薄火药密度/$(\mathrm{kg \cdot dm^{-3}})$	1.6
炮膛横断面积/$\mathrm{dm^2}$	1.196	厚火药密度/$(\mathrm{kg \cdot dm^{-3}})$	1.6
药室容积/$\mathrm{dm^3}$	3.770	燃速指数	0.82
弹丸全行程长/dm	23.84	薄火药弧厚/mm	0.48
点火药质量/kg	0.03	薄火药内孔直径/mm	0.3
点火药火药力/$(\mathrm{kJ \cdot kg^{-1}})$	280.0	薄火药长度/mm	6.5
比热比	1.20	薄火药药孔数	1
挤进压力/MPa	30.0	厚火药质量/kg	1.76
次要功系数 φ_1	1.05	厚火药火药力/$(\mathrm{kJ \cdot kg^{-1}})$	980
火药余容/$(\mathrm{dm^3 \cdot kg^{-1}})$	1.0	厚火药弧厚/mm	1.03
装药总数	2	厚火药内孔直径/mm	0.50
薄火药质量/kg	0.34	厚火药长度/mm	12.0
热损失系数 K_q	0.12	厚火药药孔数	7
火药力/$(\mathrm{kJ \cdot kg^{-1}})$	980.0		

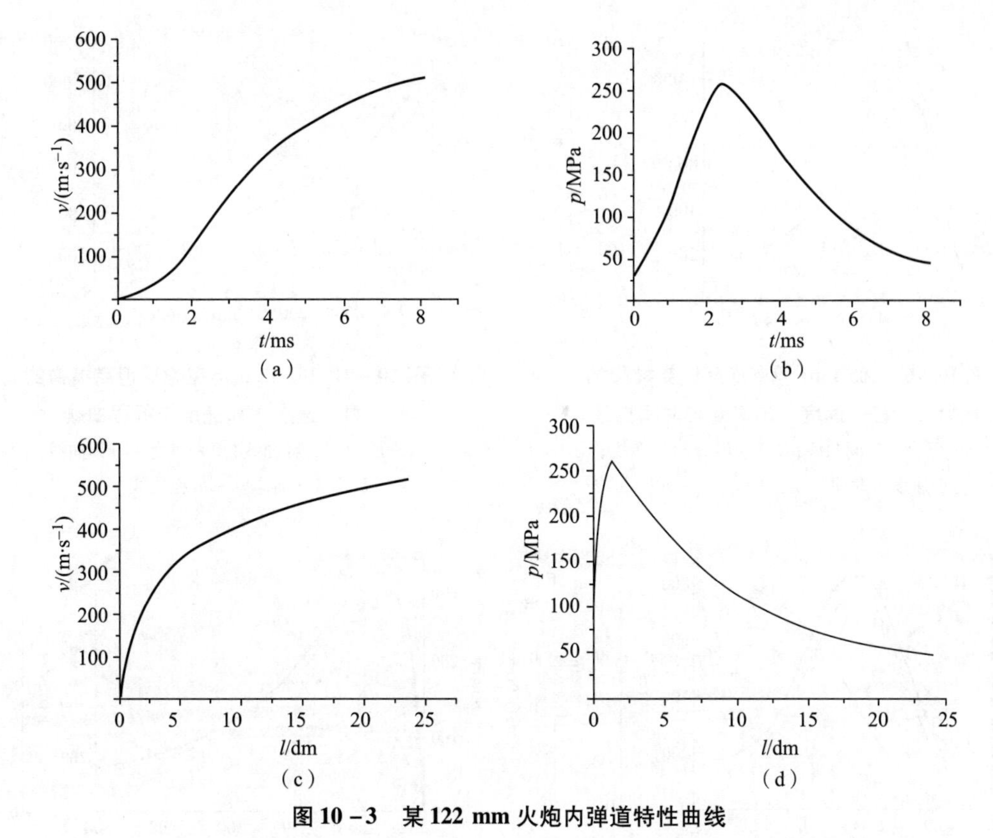

图 10 -3　某 122 mm 火炮内弹道特性曲线

（a）弹丸速度与时间；（b）压力与时间；（c）弹丸速度与行程；（d）压力与行程

为了对内弹道特性曲线有更多直观的印象，图 10 - 4 ~ 图 10 - 11 给出了由美国学者计算所获得的若干美国火炮的内弹道特性曲线，表 10 - 3 是对这些曲线的简单说明。

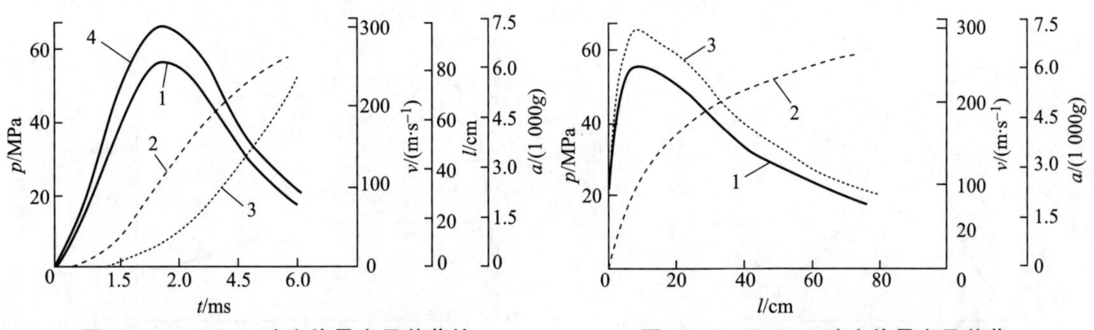

图 10 -4　81 mm 迫击炮最大号装药的压力、行程、速度、加速度与时间曲线

1—压力 - 时间曲线；2—速度 - 时间曲线；3—行程 - 时间曲线；4—加速度 - 时间曲线

图 10 -5　81 mm 迫击炮最大号装药压力、速度、加速度与行程曲线

1—压力 - 行程曲线；2—速度 - 行程曲线；3—加速度 - 行程曲线

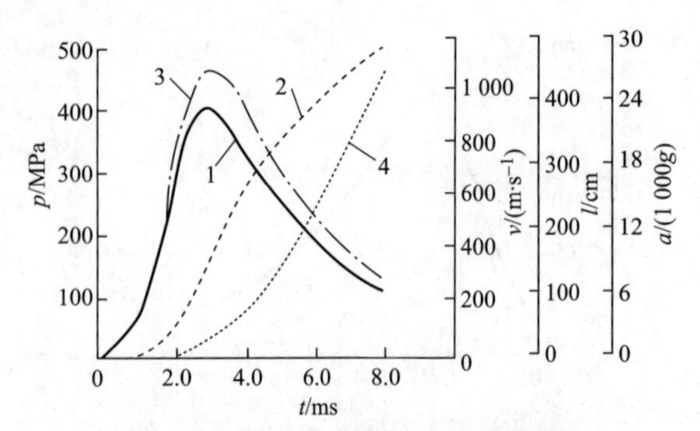

图 10-6　105 mm 坦克炮反坦克榴弹的压力、行程、速度、加速度与时间曲线

1—压力-时间曲线；2—速度-时间曲线；
3—加速度-时间曲线；4—行程-时间曲线

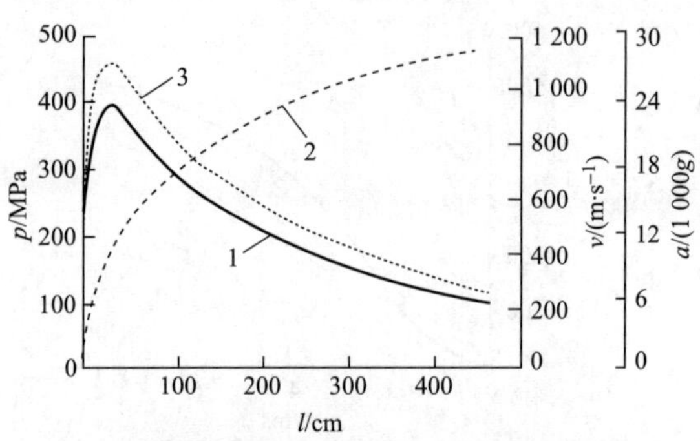

图 10-7　105 mm 坦克炮反坦克榴弹的压力、速度、加速度与行程曲线

1—压力-行程曲线；2—速度-行程曲线；
3—加速度-行程曲线

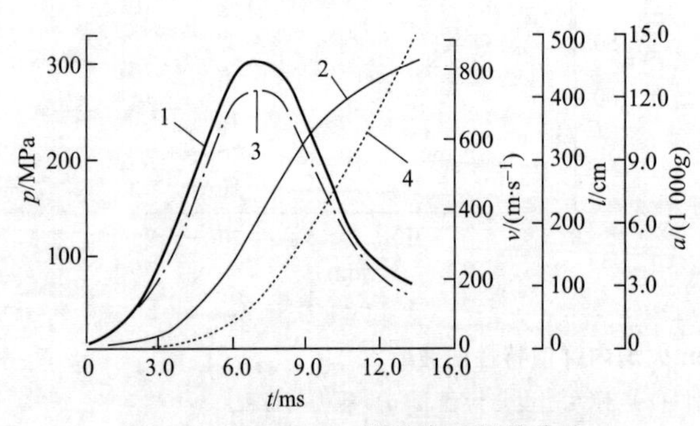

图 10-8　155 mm 榴弹炮大号装药的压力、速度、行程、加速度与时间曲线

1—压力-时间曲线；2—速度-时间曲线；
3—加速度-时间曲线；4—行程-时间曲线

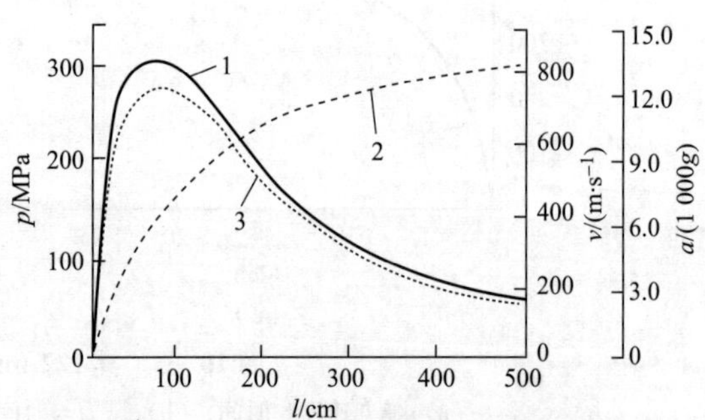

图 10-9　155 mm 榴弹炮大号装药的压力、速度、加速度与行程曲线

1—压力-行程曲线；2—速度-行程曲线；
3—加速度-行程曲线

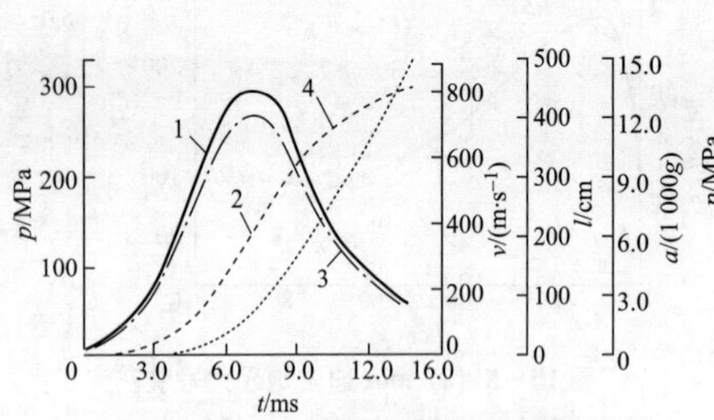

图 10-10　155 mm 榴弹炮大号装药火箭增程弹的压力、速度、行程、加速度与时间曲线

1—压力-时间曲线；2—速度-时间曲线；
3—加速度-时间曲线；4—行程-时间曲线

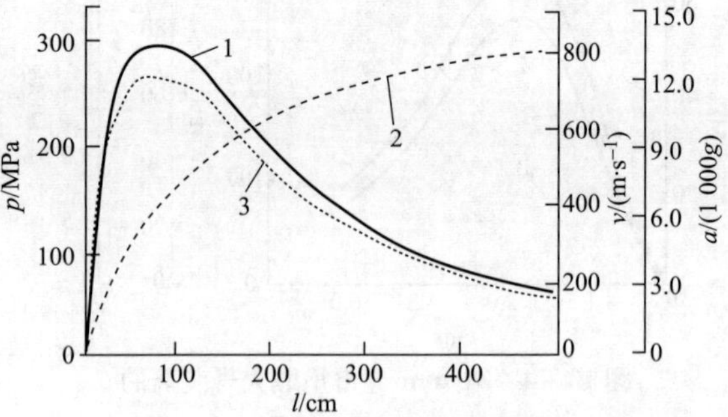

图 10-11　155 mm 榴弹炮大号装药火箭增程弹的压力、速度、加速度与行程曲线

1—压力-行程曲线；2—速度-行程曲线；
3—加速度-行程曲线

表 10－3　美国若干火炮武器内弹道曲线说明

项目			81 mm 迫击炮		105 mm 坦克炮		155 mm 榴弹炮		155 mm 榴弹炮	
		武器	81 mm 迫击炮		105 mm 坦克炮		155 mm 榴弹炮		155 mm 榴弹炮	
		曲线	时间曲线	行程曲线	时间曲线	行程曲线	时间曲线	行程曲线	时间曲线	行程曲线
		图号	4－4	4－5	4－6	4－7	4－8	4－9	4－10	4－11
图中曲线说明	弹丸类型		榴弹		曳光榴弹		榴弹		火箭增程榴弹	
	装药类型		大号装药				大号装药		大号装药	
	$v_0/(\mathrm{m\cdot s^{-1}})$		267		1 174		684		823.4	
	p_m/MPa		57.9		409.8		206.8		306.4	
装药说明	W_0/cm^3		1.032 4		5.099		19.123		19.123	
	S/cm^2		0.52		0.891		1.92		1.92	
	l_g/cm		8.33		47.2		50.7		50.7	
	q/kg		4.08		10.5		43.09		43.5	
	ω/kg		0.108		5.53		9.2		11.93	
	发射药类型				M30		M6		M30A1	

10.4　内弹道方程组的解析解法

10.4.1　前期解析解法

这一时期的起点为火药点火瞬间，终点是平均膛压等于挤进压力 p_0 瞬间。点火压力

$$p_b = \frac{f_b\omega_b}{W_0 - \dfrac{\omega}{\delta} - \alpha_b\omega_b} \tag{10－1}$$

如果式（10－1）中的点火压力已知，那么可以求出点火药质量为

$$\omega_b = \frac{p_b\left(W_0 - \dfrac{\omega}{\delta}\right)}{P_b\alpha_b + f_b} \tag{10－2}$$

如果把点火压力考虑在内，那么热静力学基本关系式可以表示为

$$p = \frac{f_b\omega_b + f\omega\psi}{W_0 - \dfrac{\omega}{\delta}(1-\psi) - \alpha\omega\psi - \alpha_b\omega_b} \tag{10－3}$$

或

$$p = p_b + \frac{f\omega\psi}{W_0 - \dfrac{\omega}{\delta}(1-\psi) - \alpha\omega\psi - \alpha_b\omega_b} \tag{10－4}$$

如果取 $p = p_0$，那么通过方程（10－4）就可以求出前期火药燃烧百分比 ψ_0

$$\psi_0 = \frac{(p_0 - p_b)\left(W_0 - \dfrac{\omega}{\delta} - \alpha_b\omega_b\right)}{f\omega - (p_0 - p_b)\left(\dfrac{\omega}{\delta} - \alpha\omega\right)} \tag{10-5}$$

装填密度 $\Delta = \omega/W_0$，并把上式的分子和分母同时除以（$p_0 - p_b$）可以得到

$$\psi_0 = \frac{\dfrac{1}{\Delta_0} - \dfrac{\alpha_b\omega_b}{\omega} - \dfrac{1}{\delta}}{\dfrac{f}{p_0 - p_b} + \alpha - \dfrac{1}{\delta}} \tag{10-6}$$

若忽略点火药质量的影响，式（10-6）可以写为

$$\psi_0 = \frac{\dfrac{1}{\Delta_0} - \dfrac{1}{\delta}}{\dfrac{f}{p_0 - p_b} + \alpha - \dfrac{1}{\delta}} \tag{10-7}$$

求出 ψ_0 后，可以利用方程

$$\psi_0 = \chi z_0(1 + \lambda z_0 + \mu z_0^2) \tag{10-8}$$

求解弹丸开始运动瞬间的药粒相对燃烧厚度。方程（10-8）可由数值方法求解，在采用二项式的情况下

$$\psi_0 = \chi z_0(1 + \lambda z_0) \tag{10-9}$$

有

$$z_0 = \frac{-1 + \sqrt{1 + 4\dfrac{\lambda}{\chi}\psi_0}}{2\lambda} \tag{10-10}$$

利用火药相对燃烧表面积方程，可以将式（10-10）进行变换，在采用二项式的情况下

$$\sigma_0 = 1 + 2\lambda z_0 \tag{10-11}$$

比较式（10-10）和式（10-11），可以发现 $1 + 2\lambda z_0 = \sqrt{1 + 4\dfrac{\lambda}{\chi}\psi_0}$，于是

$$\sigma_0 = \sqrt{1 + 4\frac{\lambda}{\chi}\psi_0} \tag{10-12}$$

求出系数 ψ_0、z_0 和 σ_0 后，有

$$W_{\psi_0} = W_{\psi=\psi_0} = W_0 - \frac{\omega}{\delta}(1 - \psi_0) - \alpha\omega\psi_0 - \alpha_b\omega_b \tag{10-13}$$

弹丸开始运动瞬间的药室自由容积缩径长

$$l_{\psi_0} = \frac{W_{\psi_0}}{s} \tag{10-14}$$

前期的持续时间可用热静力学基本关系式计算。对时间进行求导，可得

$$\frac{\mathrm{d}p_\psi}{\mathrm{d}t} = f\omega\frac{\mathrm{d}(\psi/W_\psi)}{\mathrm{d}t} \tag{10-15}$$

方程（10-15）右边的参数 ψ 和 W_ψ 是复杂变化的，因此难以找到解析解。为了获得解析解，需假设 $W_\psi = W_{\psi_{cp}}$，对应于 $\psi_{cp} = 0.5$ 的容积 $W_{\psi_{cp}}$（点火药气体体积影响忽略不计）为

$$W_{\psi_{cp}} = W_0 - 0.5\left(\frac{1}{\delta} + \alpha\right) \tag{10-16}$$

那么方程（10－15）可以写为

$$\frac{dp_\psi}{dt} = \frac{f\omega}{W_{\psi_{cp}}}\frac{d\psi}{dt} \tag{10-17}$$

为了求解气体生成速率 $\frac{d\psi}{dt}$，考虑到 $\frac{de}{dt} = u = u_1 p$，可得

$$\frac{dp_\psi}{dt} = \frac{f\omega}{W_{\psi_{cp}}}\frac{S_1}{\Lambda_1}\sigma u_1 p_\psi \tag{10-18}$$

对于管状药或带状药，火药相对燃烧表面积 σ 在燃烧过程中基本保持不变。那么，在式（10－18）中，可取 $\sigma = \sigma_{cp} =$ 常数，有

$$\frac{dp_\psi}{dt} = \frac{f\omega}{W_{\psi_{cp}}}\frac{S_1}{\Lambda_1}\sigma_{cp} u_1 p_\psi \tag{10-19}$$

记

$$\tau_0 = \frac{f\omega}{W_{\psi_{cp}}}\frac{S_1}{\Lambda_1}\sigma_{cp} u_1 \tag{10-20}$$

有

$$\frac{dp_\psi}{dt} = \tau_0 p_\psi \tag{10-21}$$

对式（10－21）进行积分，可得

$$\int_{p_b}^{p_0}\frac{dp_\psi}{p_\psi} = \int_0^{t_0}\tau_0 dt \tag{10-22}$$

则有

$$p_0 = p_b e^{t_0/\tau} \tag{10-23}$$

由于式中 p_0 和 p_b 是已知量，利用式（10－22）可以计算出初期持续时间 t_0

$$t_0 = \tau_0 \ln\frac{p_0}{p_b} \tag{10-24}$$

10.4.2　热力学第一时期

在热力学第一时期，火药已燃百分比 ψ 从 ψ_0 变化到 1。

为了对热力学第一时期求解，需要使用下列简化的内弹道方程：

①火药燃烧规律

$$u = u_1 p \tag{10-25}$$

②弹丸运动方程

$$\frac{dv}{dt} = \frac{pS}{\varphi m} \tag{10-26}$$

③气体生成规律

$$\psi = \chi z(1 + \lambda z) \tag{10-27}$$

④热力学基本关系式

$$pW = f\omega\psi - \theta\frac{\varphi m v^2}{2} \tag{10-28}$$

需要解决的问题是：求出四个变量 ψ、v、l 和 p 之间的相互关系。

1. 对弹丸速度 v 求解

为了求解弹丸速度，把弹丸运动方程（10－26）转换为如下形式：

$$\varphi m \mathrm{d}v = pS\mathrm{d}t \tag{10-29}$$

则

$$v = \frac{S}{\varphi m}\int_{t_0}^{t} p\mathrm{d}t = \frac{S}{\varphi m}(I - I_0) \tag{10-30}$$

在式（10－30）右边部分乘以和除以压力全冲量 I_k，可得：

$$v = \frac{SI_k}{\varphi m}\left(\frac{I}{I_k} - \frac{I_0}{I_k}\right) = \frac{SI_k}{\varphi m}(z - z_0) \tag{10-31}$$

令 $x = z - z_0$，得方程

$$v = \frac{SI_k}{\varphi m}x \tag{10-32}$$

在火药燃烧结束点，式（10－32）取下面形式

$$v = \frac{SI_k}{\varphi m}(l - z_0) \tag{10-33}$$

2. 对弹丸行程 l 求解

为了求解弹丸行程，使用方程（10－28）

$$pS(l_\psi + l) = f\omega\left(\psi - \frac{\theta\varphi m v^2}{2f\omega}\right) \tag{10-34}$$

其中

$$W = S(l_\psi + l) \tag{10-35}$$

对于给定的装填条件，弹丸的最大速度为

$$v_j = \sqrt{\frac{2f\omega}{\theta\varphi m}} \tag{10-36}$$

则

$$pS(l_\psi + l) = f\omega\left(\psi - \frac{v^2}{v_j^2}\right) \tag{10-37}$$

弹丸运动方程（10－26）还可以写成另外一种形式

$$\varphi m \frac{\mathrm{d}l}{\mathrm{d}t}\mathrm{d}v = pS\mathrm{d}l \tag{10-38}$$

或

$$\varphi m v \mathrm{d}v = pS\mathrm{d}l \tag{10-39}$$

把式（10－37）与式（10－39）联立求解

$$\frac{\mathrm{d}l}{l_\psi + l} = \frac{\varphi m}{f\omega}\frac{v\mathrm{d}v}{\psi - \dfrac{v^2}{v_j^2}} \tag{10-40}$$

N. F. Drozdov 教授在 1903 年给出了求解式（10－40）的方法。在他的求解方法中，把 $x = z - z_0$ 取为自变量。那么

$$z = x + z_0 \tag{10-41}$$

利用方程（10－27），把式（10－41）代入其中，得

$$\psi = \psi_0 + k_1 x + \chi\lambda x^2 \tag{10-42}$$

式中

$$k_1 = \chi\sigma_0 \tag{10-43}$$

将式（10－33）和式（10－42）代入式（10－40），经代数变换后，得

$$\psi - \frac{v^2}{v_j^2} = \psi_0 + k_1 x - \left(\frac{\theta}{2}\frac{S^2 I_k^2}{f\omega\varphi m} - \chi\lambda\right)x^2 \tag{10-44}$$

记

$$B = \frac{S^2 I_k^2}{f\omega\varphi m} \tag{10-45}$$

$$B_1 = \frac{B\theta}{2} - \chi\lambda \tag{10-46}$$

在式（10－40）中替代 $\psi - \frac{v^2}{v_j^2}$，可得

$$\frac{dl}{l_\psi + l} = B\frac{x dx}{\psi_0 - k_1 x - B_1 x^2} \tag{10-47}$$

参量 B 称为综合装填参量，它是各种装填条件组合起来的一个综合参量，它的变化对最大压力和燃烧结束点位置都有显著的影响，是一个重要的弹道参量。

如果 $l_\psi = l_{cp} =$ 常数，那么就可以对式（10－47）进行积分。由于 $l_\psi = \frac{W_\psi}{S}$，$W_\psi = W_0 - \frac{\omega}{\delta}(1-\psi) - \alpha\omega\varphi$，那么

$$l_\psi = \frac{W_0}{S} - \frac{\frac{\omega}{\delta}(1-\psi) - \alpha\omega\varphi}{S} \tag{10-48}$$

定义参量

$$l_0 = W_0/s \tag{10-49}$$

式中，l_0 称为药室容积缩径长。把 l_0 和装填密度 $\Delta = \omega/W_0$ 代入上式，可得

$$\begin{aligned} l_\psi &= l_0\left[1 - \frac{\frac{\omega}{\delta}(1-\psi) - \alpha\omega\varphi}{Sl_0}\right] = l_0\left[1 - \frac{\frac{\omega}{\delta}(1-\psi) - \alpha\omega\psi}{W_0}\right] \\ &= l_0\left[1 - \frac{\Delta}{\delta}(1-\psi) - \alpha\Delta\psi\right] = l_0\Delta\left[\frac{1}{\Delta} - \frac{1}{\delta}\right] + l_0\Delta\psi\left(\frac{1}{\delta} - \alpha\right) \end{aligned} \tag{10-50}$$

记

$$l_\Delta = l_0\Delta\left(\frac{1}{\Delta} - \frac{1}{\delta}\right) \tag{10-51}$$

可得

$$l_\psi = l_\Delta + l_0\Delta\psi\left(\frac{1}{\delta} - \alpha\right) \tag{10-52}$$

类似于式（10－52），有

$$l_{\psi_{cp}} = l_{\Delta} + l_0 \Delta\psi_{cp}\left(\frac{1}{\delta} - \alpha\right) \tag{10-53}$$

于是，式（10－47）就可以写为

$$\frac{\mathrm{d}l}{l_{\psi_{cp}} + l} = B\frac{x\mathrm{d}x}{\psi_0 - k_1 x - B_1 x^2} \tag{10-54}$$

则方程（10－54）的解为如下形式：

$$l = l_{\psi_{cp}}(Z^{-\bar{B}} - 1) \tag{10-55}$$

式中

$$\bar{B} = B/B_1 \tag{10-56}$$

$$Z = \left(1 - \frac{2}{b+1}\beta\right)^{\frac{b+1}{2b}}\left(1 + \frac{2}{b-1}\right)^{\frac{b-1}{2b}} \tag{10-57}$$

$$b = \sqrt{1 + 4\gamma} \tag{10-58}$$

$$\beta = \frac{B_1}{k_1}x \tag{10-59}$$

式（10－59）是这一时期的平均膛压的计算，可利用热力学基本方程。根据式（10－37）可知

$$p = \frac{f\omega}{S(l_{\psi} + l)}\left(\psi - \frac{v^2}{v_j^2}\right) \tag{10-60}$$

考虑到式（10－33）、式（10－36）和式（10－45），做简单的变换，可得

$$p = \frac{f\omega}{S}\left(\psi - \frac{B\theta}{2}x^2\right)\Big/(l_{\psi} + l) \tag{10-61}$$

10.4.3 热力学第二时期

热力学第二时期从火药燃烧结束点开始到弹底在炮口位置结束。在这个时期中，火药膨胀对弹丸做的功继续推动弹丸在膛内向前运动。这一时期弹丸行程 l 是一个独立变量，l 值取值范围在 l_k（火药燃烧结束点时的弹丸行程）与 l_g（弹丸在膛内的全行程）之间。

为了获得内弹道设计公式，使用绝热方程

$$pW^{\theta+1} = p_k W_k^{\theta+1} \tag{10-62}$$

式中，p_k 和 W_k 分别为燃烧结束点时的平均膛压和弹后空间体积。

从式（10－62）可知

$$p = p_k\left(\frac{W_k}{W}\right)^{\theta+1} \tag{10-63}$$

其中体积

$$W = W_0 - \alpha\omega + Sl = S(l_1 + l) \tag{10-64}$$

$$W_k = W_0 - \alpha\omega + Sl_k = S(l_1 + l_k) \tag{10-65}$$

把 W_k 和 W 代入式（10－63）中，可得

$$p = p_k\left(\frac{l_1 + l_k}{l_1 + l}\right)^{\theta+1} \tag{10-66}$$

为了求解热动力学第二时期的弹丸速度，使用燃烧结束点（$\psi = 1$）的热力学基本方

程（10－28），有

$$pS(l_{\psi=1}+l)=f\omega-\theta\frac{\varphi mv^2}{2} \tag{10-67}$$

记

$$l_1=l_{\psi=1}=l_\Delta+l_0\Delta\left(\frac{1}{\delta}-\alpha\right) \tag{10-68}$$

或

$$l_1=l_0(1-\alpha\Delta) \tag{10-69}$$

可以把式（10－67）改写为

$$pS(l_1+l)=f\omega-\theta\frac{\varphi mv^2}{2}=f\omega\left(1-\frac{v^2}{v_j^2}\right) \tag{10-70}$$

当 $l=l_k$ 时，式（10－70）可以写为

$$pS(l_1+l_k)=f\omega\left(1-\frac{v_k^2}{v_j^2}\right) \tag{10-71}$$

把式（10－71）与式（10－70）相除，可得

$$\frac{p(l_1+l_k)}{p_k(l_1+l)}=\frac{1-\dfrac{v^2}{v_j^2}}{1-\dfrac{v_k^2}{v_j^2}} \tag{10-72}$$

把式（10－66）代入式（10－72）中，可得：

$$v=v_j\sqrt{1-\left(\frac{l_1+l_k}{l_1+l}\right)^{\theta}\left(1-\frac{v_k^2}{v_j^2}\right)} \tag{10-73}$$

在方程（10－66）和方程（10－73）中，$l_k\leqslant l\leqslant l_g$。当 $l=l_g$ 时，方程（10－66）和方程（10－73）可以写为

$$p_g=p_k\left(\frac{l_1+l_k}{l_1+l_g}\right)^{\theta+1} \tag{10-74}$$

$$v_g=v_j\sqrt{1-\left(\frac{l_1+l_k}{l_1+l_g}\right)^{\theta}\left(1-\frac{v_k^2}{v_j^2}\right)} \tag{10-75}$$

10.5　装填条件的变化对内弹道性能的影响及最大压力和初速的修正公式

10.5.1　装填条件的变化对内弹道性能的影响

在研究武器的弹道性能中，需要研究整个弹道曲线的变化规律，而且特别需要着重研究其中的某些主要弹道诸元，如最大压力及其出现的位置、初速和火药燃烧结束位置等内弹道诸元，这些量都标志着不同性质的弹道特性，并具有不同的实际意义，例如最大压力及其出现的位置就直接影响到身管强度设计问题；初速的大小又直接体现了武器的射击性能；而火药燃烧结束位置则标志着火药能量的利用效果。因此，掌握它们的变化规律是有十分重要意

义的，其中最大压力和初速尤为重要。一般地，在研究装填条件的变化对弹道性能的影响问题时，主要是指对最大压力和初速的影响。

装填条件包括火药的形状、装药量、火药力、火药的压力全冲量、弹丸质量、药室容积、挤进压力、拔弹力和点火药量等，下面分别研究它们的变化对弹道性能的影响。

1. 火药形状变化的影响

装填条件中，火药形状的变化通常是由两种不同原因引起的：一种是为了改善弹道性能，有目的地改变药形；另一种由工艺过程造成的，如孔的偏心、碎药、端面的偏斜、药体弯曲、切药毛刺等偏差。此外，还由于火药燃烧过程中着火的不一致性。所有这些因素都将导致火药形状特征量χ发生变化。在减面燃烧火药形状的情况下，χ越大，即表示火药燃烧减面性越大，压力曲线的形状变得越陡峭；在其他条件都不变情况下，χ的增加，使最大压力增加，火药燃烧结束较早，从而使初速有所增加。但χ的变化对p_m、l_m、v_g和l_k这四个量的影响程度并不相同。现以100 mm加农炮为例，利用恒温解法计算，以$\chi=1.7$的弹道解为基准，与其他不同χ的弹道解进行比较，其结果见表10－4。

表10－4　χ变化对内弹道性能的影响

χ	$\Delta\chi$/%	p_m/MPa	Δp_m/%	l_m/m	Δl_m/%	v_g/(m·s^{-1})	Δv_g/%	l_k/m	Δl_k/%
1.632	−4	316	−5.3	0.470	+3.7	875.6	−1.2	3.237	+5.5
1.666	−2	325	−2.6	0.461	+1.8	881.2	−0.61	3.152	+2.8
1.70	0	334	0	0.453	0	886.6	0	3.067	0
1.734	+2	344	+2.8	0.444	−1.96	891.8	+0.59	2.989	−2.5
1.768	+4	353	+5.5	0.436	−3.7	896.0	+1.1	2.914	−5.0

由表10－4可以看出，随着χ的增加，p_m增加很快，v_g增加很慢，而l_m和l_k都相应地减少。

应当指出，χ的概念虽然是由几何燃烧定律引入的，但是由于几何燃烧定律的偏差，实际的χ值并不是按几何尺寸的理论计算值，而是代表火药形状各种因素影响弹道性能的一个综合量。正是由于χ对弹道性能有着十分敏感的影响，因而在实践中就必须注意火药形状的选择、工艺条件的控制、工艺方法的改进以及合理设计装药结构等，以达到改善火炮弹道性能的目的。

2. 装药量变化对内弹道性能的影响

装药量的变化是经常遇到的，例如，每批火药出厂时，为满足武器膛压和初速的要求，总是采取选配装药量的方法，以达到所要求的初速或膛压的指标，因此，掌握装药量的变化对各弹道性能的影响是有很大实际意义的。

从理论上分析，装药量的增加实际上就是火药气体总能量的增加，因此，在其他条件不变情况下，将使最大压力增加，初速也增加。但是由于装药量的变化对最大压力的影响比对初速的影响大，所以随着装药量的增加，最大压力增加比初速增加要快。表10－5列出了85 mm高炮的试验结果。

表 10－5　装药量的变化对 p_m 和 v_0 的影响

ω/kg	v_{0cp}/(m·s^{-1})	p_{mcp}/MPa
3.855	989.1	309
3.930	1 000.7	316
4.005	1 018.3	342
4.080	1 033.8	362

正因为装药量的增加对最大压力变化比对初速的变化要敏感得多，因此，为了提高武器的初速，就不能单纯地采取增加装药量的方法，否则将会造成最大压力过高。

3. 火药力变化对内弹道性能的影响

火药力的变化常常是由于采用不同成分的火药所引起的，就 5/7 火药而言，由于硝化棉的含氮量不同，就有 5/7 高、5/7 和 5/7 低三种不同牌号，因此它们所表现的弹道性能也各不相同。

已知火药力的增加实际上就是火药能量的增加。从弹道方程组中看出，由于火药力 f 和装药量 ω 总是以总能量 $f\omega$ 这样的乘积形式出现的，因此，变化 f 和变化 ω 具有相同的弹道效果，其差别也仅仅是两者对余容项的影响不同。ω 的变化可以引起余容项变化，而 f 的变化则与余容项无关。但是余容项的变化对各弹道性能的影响一般来说是不显著的，所以可以认为变化 f 和变化 ω 对弹道诸元的影响没有什么差别。下面以 76 mm 加农炮为例，计算火药力变化对各弹道性能的影响，见表 10－6。

表 10－6　火药力 f 的变化对内弹道性能的影响

f/(kJ·kg^{-1})	l_m/m	p_m/MPa	l_k/m	η_k	v_g/(m·s^{-1})	p_g/MPa
900	0.281	244	1.888	0.72	656.7	51
1 000	0.310	299	1.409	0.54	704.8	56
1 100	0.332	364	1.105	0.42	750.1	60
1 200	0.345	439	0.899	0.34	792.9	65

数据表明，火药力对最大压力和火药燃烧结束位置的影响比对初速的影响要显著得多。

4. 火药压力全冲量对内弹道性能的影响

火药的压力全冲量 I_k 的变化包括两种情况：一种是火药厚度 e_1 的变化，另一种是燃烧速度系数 u_1 的变化。根据气体生成速率公式

$$\frac{\mathrm{d}\psi}{\mathrm{d}t}=\frac{\chi}{I_k}\sigma \tag{10-76}$$

可知 $\mathrm{d}\psi/\mathrm{d}t$ 与 I_k 成反比，所以，在其他装填条件不变的情况下，I_k 越小，$\mathrm{d}\psi/\mathrm{d}t$ 越大，则压力上升越快，从而使最大压力和初速增加，而燃烧结束则相应地较早。现在以 76 mm 加农炮为例，计算不同 I_k 值对各弹道性能影响，见表 10－7。

表10－7　压力全冲量 I_k 的变化对内弹道性能的影响

$I_k/(\mathrm{MPa\cdot s})$	l_m/m	p_m/MPa	l_k/m	η_k	$v_g/(\mathrm{m\cdot s^{-1}})$
0.594	0.307	284	1.275	0.49	674.4
0.601	0.300	275	1.375	0.53	671.2
0.609	0.205	267	1.478	0.57	667.8
0.625	0.288	251	1.733	0.67	660.6
0.633	0.820	244	1.877	0.72	656.7
0.647	0.274	233	2.167	0.83	650.2
0.660	0.271	222	2.497	0.96	643.4

表10－7数据表明，p_m 及 l_k 对于火药厚度的变化具有较大的敏感性，而对初速的影响则较小。为了能够在允许的最大压力下获得较高的初速，必须选用具有适当压力全冲量的火药，从而获得所需要的弹道性能。但由于火药在生产过程中，每批火药不论是几何尺寸还是理化性能，都在一定范围内散布，因而火药的压力全冲量也不是一个恒定值。不同批数的火药的压力全冲量 I_k 不一定相同，因而通常都利用调整装药量的方法来消除因火药性能的不一致所产生的弹道偏差。

最后还应指出一点，火药的燃烧速度是与温度有关的，随着药温的变化，燃烧速度也相应地变化，从而导致压力全冲量变化。因此。I_k 对各弹道诸元影响的变化规律也反映了药温对各弹道诸元影响的规律。

5. 弹丸质量变化对内弹道性能的影响

在弹丸加工过程中，由于公差的存在，弹丸质量的不一致性是不可避免的。弹丸质量的变化同样也会影响到各弹道诸元的变化。很明显，弹丸质量的增加就表示弹丸的惯性增加，其结果必然使最大压力增加和初速减小。在其他条件不变时，计算76 mm加农炮弹丸质量变化对各弹道诸元的影响，见表10－8。

表10－8　弹丸质量变化对内弹道性能的影响

m/kg	l_m/m	p_m/MPa	l_k/m	η_k	$v_g/(\mathrm{m\cdot s^{-1}})$
6.55	0.228	244	1.887	0.72	656.7
6.65	0.285	248	1.801	0.69	654.1
6.75	0.288	252	1.722	0.66	651.5
6.95	0.294	260	1.579	0.61	646.3
7.05	0.297	264	1.576	0.58	643.8

数据表明，随着弹丸质量的增加，最大压力增加，初速减小，燃烧结束位置也随之减小。85 mm高炮的试验给出了类似的结果，见表10－9。

表10－9　85 mm火炮的实验数据

m/kg	v_g/(m·s^{-1})	p_{mcp}/MPa
8.8	1 013.6	304
9.3	1 000.7	316
9.8	986.7	328
10.3	971.9	344

在实际射击中，为了修正弹丸质量变化对弹道诸元的影响，通常都将弹丸按不同质量分级。以标准弹丸质量为基础，凡相差（2/3)%划为一级，其分级的标志如下：

$-3 -- -2\frac{1}{3}\%$	－－－－	$+\frac{1}{3} -- +1\%$	＋
$-2\frac{1}{3} -- -1\frac{2}{3}\%$	－－－	$+1 -- +1\frac{2}{3}\%$	＋＋
$-1\frac{2}{3} -- -1\%$	－－	$+1\frac{2}{3} -- +2\frac{1}{3}\%$	＋＋＋
$-1 -- -\frac{1}{3}\%$	－	$+2\frac{1}{3} - +3\%$	＋＋＋＋
$-\frac{1}{3} -- +\frac{1}{3}\%$	±		

式中，“－”号是轻弹的标号；“＋”号是重弹的标号；“±”号表示弹丸质量散布的中值。在射击时，为了提高射击精度，一般射表中都给出弹丸质量影响和修正值。

6. 药室容积变化对弹道性能的影响

药室容积变化也是经常会遇到的。例如，测量火炮膛内压力时，在药室中加入测压弹，从而引起了药室容积的减小；又如，火炮在使用过程中逐渐磨损，也必然使得药室容积扩大。当然，火炮磨损所产生的弹道影响是复杂的，除了使药室容积加大外，还要产生使挤进压力降低等现象。药室容积的这种变化即表示气体自由容积的增大，必然引起各弹道诸元的相应变化，例如，在其他装填条件不变情况下，85 mm高炮药室容积的变化对p_m和v_0影响的试验结果见表10－10。

表10－10　药室容积变化对p_m和v_0影响的试验结果

W_0/m^3	v_{0cp}/(m·s^{-1})	p_{mcp}/MPa
5.624×10^{-3}	1 001	—
5.519×10^{-3}	1 008	336
5.449×10^{-3}	1 013	349
5.379×10^{-3}	1 016	356

7. 挤进压力变化对弹道性能的影响

挤进压力p_0虽然不属于装填条件，却是弹道的一个起始条件，它的变化对弹道性能也有一定的影响。引起挤进压力变化的原因是很多的，包括火炮膛线起始部和弹带的结构在使用过程中的磨损及其他各种复杂因素。为了说明挤进压力对弹道性能的影响，现以76 mm加农炮为例，在其他条件都不变的情况下，用不同的挤进压力计算出各弹道诸元，见表10-11。

表10-11　挤进压力变化对内弹道性能的影响

p_0/MPa	p_m/MPa	l_k/m	η_k	v_g/(m·s^{-1})
10	203	2.438	0.94	623.3
20	224	2.128	0.82	645.8
30	244	1.897	0.73	656.7
40	263	1.691	0.65	665.9
50	281	1.528	0.59	674.0
60	293	1.390	0.53	681.1

不难理解，挤进压力的增加即表示弹丸开始运动瞬间的压力增加，因而在弹丸运动之后，压力增长得也较快，而使最大压力增加和燃烧结束较早，从而使初速也相应增加，见表10-11。就挤进压力对弹道性能的影响而言，应该从两方面来看：挤进压力的增加引起最大压力增加，这是不利的；但是可以改善点火条件，使点火燃烧达到更好的一致性，这又是有利的。因此，即使对于滑膛炮，也需要一定的启动压力。

8. 拔弹力变化对弹道性能的影响

弹丸同弹壳或药筒之间相结合的牢固程度决定了拔弹力的大小，拔弹力的大小与口径、射速和装填方式等因素有关，见表10-12。

表10-12　拔弹力大小与口径射速有关

火炮种类	射速/(发·min^{-1})	拔弹力/N
37 mm高炮	160~180	9 000~12 000
57 mm高炮	105~120	>35 000
100 mm高炮	16~17	>2 000

不论是从运输保管还是从使用上讲，弹丸具有一定的拔弹力都是必要的。如果拔弹力过小，弹丸可能因药筒分离而导致火药流失，特别是在连续发射过程中易产生弹头脱落，甚至造成事故。所以，不论是枪弹还是定装式炮弹，对拔弹力都有一定要求。

从表10-13数据可以看出，增加拔弹力将使最大压力和初速增加，而前者的增加又比后者增加显著得多，这是因为拔弹力虽然不同于挤进压力，但拔弹力的变化将直接影响挤进压力的变化，从而影响各弹道诸元，这两者影响的弹道效果是类似的，因此，在弹药装配过程中，应尽可能保持拔弹力的一致，否则将易造成初速的分散。

表10-13　枪弹拔弹力对膛压初速的影响

拔弹力/N	v_0/(m·s^{-1})	p_m/MPa
100	825	262
200	836	284
300	847	308

10.5.2　最大压力和初速的经验修正公式

虽然内弹道模型的计算机程序可以通过输入不同装填条件的数据得到相应的弹道解，作为研究各装填条件对弹道影响的依据，但是在火炮、弹药的生产部门或验收单位，为了检验火炮、弹药的性能，在所进行的内弹道靶场试验过程中，将装填条件仅限于在小范围内变动。在这种情况下，经常需要应用形式简单的公式，能迅速、方便地估计出装填条件的某个变化对弹道诸元所产生的影响，这种公式经常采用的是微分修正系数的形式

$$\left.\begin{aligned}\frac{\Delta p_m}{p_m} &= m_x\frac{\Delta x}{x}\\ \frac{\Delta v_0}{v_0} &= l_x\frac{\Delta x}{x}\end{aligned}\right\}\tag{10-77}$$

式中，x 代表某个装填条件，如弹丸质量 m、装药量 ω、火药能量特征量 f 等。在其他装填条件保持一定的情况下，仅仅 x 发生变化，则 m_x 及 l_x 分别代表 x 变化所导致最大膛压和初速变化的敏感系数，或称修正系数。显然，系数的符号表明装填条件 x 的变化与相应弹道量的变化方向是否一致，一致则为正，否则为负。系数数值的大小则标志影响的程度。当各个装填条件变化相互独立时，则多种装填条件同时变动所导致的最大膛压和初速的变化可表示为分别作用的代数和。例如，苏联靶场曾应用的 ИКОПЗ 公式即为这种形式，它给出了装药量、火药厚度、药室容积、弹丸质量、火药的挥发物含量及药温等因素的综合修正公式

$$\left.\begin{aligned}\frac{\Delta p_m}{p_m} &= 2\frac{\Delta\omega}{\omega}-\frac{4}{3}\frac{\Delta e_1}{e_1}-\frac{4}{3}\frac{\Delta W_0}{W_0}+\frac{3}{4}\frac{\Delta m}{m}-0.15(\Delta H\%)+0.0036\Delta t\\ \frac{\Delta v_0}{v_0} &= \frac{3}{4}\frac{\Delta\omega}{\omega}-\frac{1}{3}\frac{\Delta e_1}{e_1}-\frac{1}{3}\frac{\Delta W_0}{W_0}-\frac{2}{5}\frac{\Delta m}{m}-0.04(\Delta H\%)+0.0011\Delta t\end{aligned}\right\}\tag{10-78}$$

这种经验性的公式既然是大量试验结果的总结，在应用中也必然有一定局限性。也就是说，只有当使用条件与确定该公式的条件相同时，才能得到比较可靠的结果。上式在中等威力火炮的速度 $v_0=400\sim600$ m/s 时比较适用。为了扩大这类公式的使用范围，式中的修正系数不能取作恒定值，应当随装填条件而变。为此，苏联的斯鲁哈茨基曾建立了修正系数表，见表 10－14 和表 10－15，表中各装填条件的最大膛压修正系数表示为 p_m 及 Δ 的函数，而初速的修正系数则表示为 p_m、Δ 及 Λ_g 的函数。但表中所列均为绝对值，符号应参见式（10－78）。此外，温度修正系数是通过压力全冲量 I_k 来体现的，因此，可以通过压力全冲量修正系数来计算。火药的温度变化与 I_k 的变化采用如下的关系式计算。

对硝化棉火药　$\dfrac{\Delta I_k}{I_k}=-0.0027\Delta t$

对硝化甘油火药　$\dfrac{\Delta I_k}{I_k}=-0.0035\Delta t$

火药温度变化的修正系数 m_t 和 l_t 是：

对硝化棉火药　$m_t=-0.0027m_{I_k}$，$l_t=-0.0027l_{I_k}$

对硝化甘油火药　$m_t=-0.0035m_{I_k}$，$l_t=-0.0035l_{I_k}$

表 10-14 最大压力修正系数表

p_m/MPa \ Δ/(kg·dm^{-3})	m_{I_k} 0.5	m_{I_k} 0.6	m_{I_k} 0.7	m_{I_k} 0.8	m_ω 0.5	m_ω 0.6	m_ω 0.7	m_ω 0.8	m_f 0.5	m_f 0.6	m_f 0.7	m_f 0.8
200	1.49	1.40	1.32	1.24	2.04	2.17	2.29	2.38	1.60	1.78	1.72	1.64
250	1.50	1.46	1.40	1.33	2.14	2.28	2.43	2.57	1.81	1.81	1.76	1.67
300	1.50	1.50	1.46	1.40	2.22	2.39	2.56	2.74	1.78	1.81	1.78	1.69
350	1.43	1.51	1.50	1.44	2.30	2.49	2.69	2.90	1.73	1.78	1.78	1.70
400	1.36	1.48	1.50	1.46	2.38	2.59	2.82	3.05	1.66	1.73	1.76	1.71
450	1.24	1.42	1.48	1.47	2.45	2.69	2.94	3.19	1.58	1.68	1.74	1.71
	m_m				m_{W_0}				l_{W_0}			
200	0.69	0.73	0.76	0.78	1.36	1.45	1.52	1.59	$\Lambda_g=4$	6	8	10
250	0.72	0.78	0.81	0.83	1.48	1.58	1.67	1.74	0.34	0.23	0.16	0.14
300	0.72	0.80	0.84	0.86	1.57	1.68	1.78	1.86				
350	0.70	0.80	0.86	0.88	1.63	1.75	1.86	1.96				
400	0.66	0.79	0.87	0.89	1.66	1.80	1.92	2.03				
450	0.59	0.76	0.86	0.89	1.68	1.83	1.96	2.08				

表 10-15 初速修正系数表

Λ_g		4				6				8				10			
	p_m/MPa \ Δ/(kg·dm^{-3})	0.5	0.6	0.7	0.8	0.5	0.6	0.7	0.8	0.5	0.6	0.7	0.8	0.5	0.6	0.7	0.8
l_{I_k}	200	0.38	0.55	—	—	0.30	0.45	0.49	—	0.25	0.38	0.46	—	0.22	0.33	0.46	—
	250	0.24	0.39	0.53	—	0.18	0.29	0.44	0.48	0.16	0.26	0.37	0.46	0.14	0.22	0.32	0.45
	300	0.17	0.28	0.41	0.50	0.12	0.21	0.32	0.46	0.10	0.17	0.37	0.39	0.09	0.15	0.23	0.34
	350	0.12	0.20	0.31	0.43	0.09	0.15	0.23	0.35	0.07	0.12	0.19	0.29	0.07	0.11	0.17	0.26
	400	0.09	0.15	0.23	0.33	0.07	0.11	0.17	0.25	0.06	0.09	0.14	0.21	0.05	0.08	0.13	0.19
	450	0.07	0.12	0.18	0.26	0.05	0.09	0.13	0.18	0.05	0.08	0.11	0.15	0.04	0.07	0.10	0.14
l_{W_0}	200	0.86	0.97	—	—	0.76	0.87	0.95	—	0.73	0.83	0.92	—	0.72	0.80	0.89	0.93
	250	0.76	0.86	0.97	—	0.68	0.77	0.86	0.92	0.66	0.73	0.81	0.88	0.65	0.71	0.77	0.84
	300	0.68	0.77	0.86	0.94	0.63	0.69	0.75	0.82	0.61	0.66	0.71	0.77	0.60	0.65	0.69	0.74
	350	0.63	0.70	0.77	0.84	0.59	0.63	0.68	0.73	0.58	0.61	0.65	0.68	0.56	0.60	0.63	0.67
	400	0.60	0.65	0.71	0.76	0.56	0.59	0.63	0.66	0.55	0.58	0.60	0.62	0.54	0.56	0.58	0.61
	450	0.58	0.62	0.67	0.71	0.54	0.56	0.59	0.62	0.53	0.55	0.57	0.58	0.52	0.54	0.55	0.57
l_f	200	0.69	0.77	—	—	0.66	0.72	0.73	—	0.63	0.69	0.72	—	0.62	0.67	0.72	0.69
	250	0.63	0.69	0.75	—	0.61	0.66	0.71	0.72	0.59	0.64	0.69	0.71	0.57	0.62	0.66	0.71
	300	0.59	0.64	0.69	0.72	0.57	0.61	0.66	0.71	0.56	0.60	0.64	0.68	0.54	0.57	0.61	0.66
	350	0.57	0.60	0.64	0.69	0.55	0.58	0.62	0.66	0.54	0.57	0.60	0.64	0.53	0.55	0.58	0.62
	400	0.55	0.58	0.61	0.64	0.54	0.56	0.59	0.62	0.53	0.55	0.57	0.60	0.52	0.54	0.56	0.59
	450	0.54	0.56	0.59	0.62	0.53	0.55	0.57	0.59	0.52	0.54	0.56	0.57	0.52	0.53	0.55	0.57
l_m	200	0.28	0.18	—	—	0.32	0.26	0.19	—	0.34	0.29	0.21	—	0.36	0.31	0.26	0.21
	250	0.34	0.29	0.20	—	0.37	0.32	0.27	0.22	0.29	0.34	0.29	0.23	0.40	0.36	0.31	0.26
	300	0.38	0.33	0.28	0.22	0.40	0.36	0.32	0.27	0.42	0.38	0.34	0.29	0.43	0.39	0.35	0.30
	350	0.41	0.37	0.33	0.28	0.42	0.39	0.35	0.32	0.44	0.41	0.37	0.33	0.44	0.41	0.38	0.34
	400	0.43	0.39	0.36	0.32	0.44	0.41	0.38	0.35	0.45	0.43	0.40	0.37	0.45	0.43	0.40	0.37
	450	0.44	0.41	0.38	0.35	0.45	0.43	0.40	0.38	0.46	0.44	0.42	0.40	0.46	0.44	0.42	0.40

上述修正系数表是根据内弹道数学模型计算得出的。由于数学模型的近似性，因此得出的修正系数与实际也有一定差异，所以，当某火炮在研制试验或定型试验时，通常要由实际试验来确定其修正系数，尤其是药量和药温修正系数。不过有不少火炮的实测值和上述方法确定的值还是很接近的，因此，经验值和由表确定的值对研制过程仍有实际的应用价值。但是必须注意，应用修正公式的前提是装填条件变化不大时，此时才能近似认为弹道量的变化与装填条件变化成正比。当装填条件变化大时，不宜使用该公式来修正，因为它将带来显著的误差。

习　题

(1) 火炮射击过程分为哪几个时期？分别有什么特点？

(2) 什么是后效期？

(3) 推导内弹道方程组的基本假设是什么？

(4) 内弹道各个时期的解法有哪些？流程是什么？

(5) 简述火药形状变化对内弹道性能的影响。

(6) 简述装药量变化对内弹道性能的影响。

(7) 简述火药力变化对内弹道性能的影响。

(8) 简述火药压力全冲量变化对内弹道性能的影响。

(9) 简述弹丸质量变化对内弹道性能的影响。

(10) 简述挤进压力变化对内弹道性能的影响。

(11) 简述拔弹力变化对内弹道性能的影响。

(12) 如何对最大压力和初速进行经验修正？

(13) 76 mm 加农炮射击时，火药温度为 12 ℃，利用放入式测压器，得 $p_m = 238$ MPa，$v_0 = 593$ m/s，如果该炮药室容积 $V_0 = 1\ 654$ cm^3，测压器的容积 $V_c = 35$ cm^3。试确定在 $t =$ 15 ℃ 和未放入测压器时的标准装填条件下的 p_m 和 v_0 值。

第 11 章
内弹道设计

11.1 引　　言

根据火炮构造诸元和装填条件，利用内弹道基本方程组来分析膛内火药气体压力变化规律和弹丸的运动规律的方法，称为内弹道解法，是内弹道学的正面问题。而在已知要求的内弹道性能和火炮的设计指标的前提下，利用内弹道基本方程组来确定火炮的构造诸元和弹药的装填条件，称为内弹道设计或弹道设计，是内弹道学的反面问题。

在完成外弹道的设计之后，即进入内弹道设计阶段。内弹道设计就是将外弹道设计所确定出的口径 d、弹丸质量 m、初速 v_0 作为起始条件，利用内弹道理论，通过选择适当的最大压力 p_m、药室扩大系数 χ_{W_0} 以及火药品种，计算出满足上述条件的最佳的装填条件（如装药量、火药厚度等）和膛内构造诸元（如药室容积 W_0、弹丸全行程长 l_g、药室长度 l_{W_0} 及炮膛全长 L_{nt} 等）。

需要注意的是，在进行内弹道设计时，可以有很多个设计方案满足给定条件，这就必须在设计计算过程中对各方案进行分析和比较，从中选择出最合理的方案。

11.2 设计方案的评价标准

内弹道设计是一个多解问题，因此，它必然包含一个方案的选择和优化过程。方案选择的任务是不仅使所选方案能满足战术上的要求，还使弹道性能是优越的。在方案选择时，可以直接地比较各种不同方案的构造诸元及装填条件，但由于这些量之间有着密切的制约关系，其反映往往是不全面和不深刻的。因此，有必要选取一些能综合反映弹道性能的特征量作为对不同方案弹道性能的评价标准。

1. 火药能量利用效率的评价标准

火炮是利用火药燃烧后所释放出来的热能转变为弹丸动能的一种特殊形式的热机。显然，火药的能量是否能充分利用，应当作为评价火炮性能的一条很重要的标准。这一标准称为热力学效率或有效功率 γ_g

$$\gamma_g = \frac{\frac{1}{2}mv_g^2}{\frac{f\omega}{\theta}} \tag{11-1}$$

式中，m 为弹丸质量；v_g 为弹丸炮口速度；f 为火药力；ω 为装药量。

在火药性质一定的条件下（即f、θ 一定），上述标准可进一步转化为

$$\eta_\omega = \frac{\frac{1}{2}mv_g^2}{\omega} \tag{11-2}$$

η_ω 称为装药利用系数，显然 γ_g 和 η_ω 两者有以下关系

$$\eta_\omega = \frac{f}{\theta}\gamma_g \tag{11-3}$$

它们的本质是一样的，因此，在进行弹道设计方案的比较时，采用其中一个就可以了。它们的数值大小表示火药装药能量利用效率的高低。从能量利用效率的角度看，弹道效率 γ_g 或装药利用系数 η_ω 应该越大越好。在一般火炮中，γ_g 为 0.16～0.30。

2. 炮膛工作容积利用效率的评价标准

炮膛工作容积利用效率 η_g 定义

$$\eta_g = \frac{\int_0^{l_g} p\mathrm{d}l}{l_g p_m} = \frac{S\int_0^{l_g} p\mathrm{d}l}{Sl_g p_m} \tag{11-4}$$

式中，S 为炮膛横断面积。由于 $\int_0^{l_g} p\mathrm{d}l$ 为 $p-l$ 曲线下的面积，$S\int_0^{l_g} p\mathrm{d}l$ 为火药气体所做的压力功，而 Sl_g 为炮膛工作容积，因此，炮膛工作容积利用效率代表了 p_m 一定时单位炮膛工作容积所做的功，其数值的大小意味着炮膛工作容积利用效率的高低。

由式（11-4）还可看出，炮膛工作容积利用效率还表示了 $p-l$ 曲线下的面积充满 $p_m l_g$ 矩形面积的程度，如图 11-1 所示。

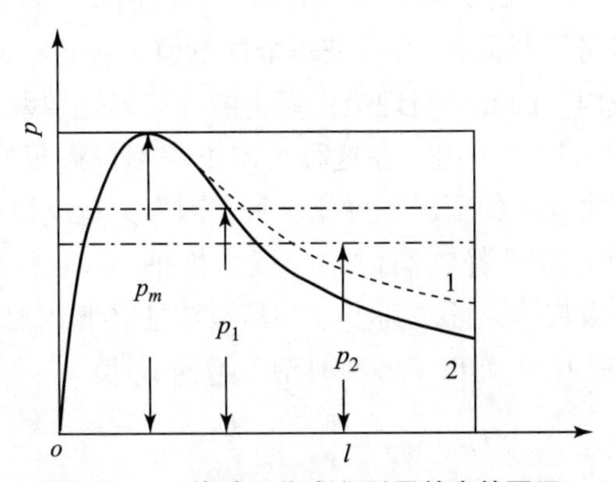

图 11-1　炮膛工作容积利用效率的图示

在相同 p_m 下，炮膛工作容积利用效率的高低反映了压力曲线的平缓或陡直情况。在满足 p_m 及 v_0 的前提下，炮膛工作容积利用效率越高，则弹丸全行程 l_g 较短，它意味着火炮炮身质量小、机动性好。所以，从炮膛利用效率来看，炮膛工作容积利用效率越高越好。η_g 的大小与武器性能有关，一般火炮的 η_g 为 0.4～0.66，加农炮的 η_g 较大，榴弹炮的 η_g 较小。几种典型火炮的 η_g 见表 11-1。

表11-1 典型火炮的 η_ω、η_g、η_k 和 p_g 值

火炮名称	$\eta_\omega/(\mathrm{kJ \cdot kg^{-1}})$	η_g	η_k	p_g /kPa
55式57 mm战防炮	1 062	0.646	0.612	—
56式85 mm加农炮	1 210	0.640	0.506	13 850
60式122 mm加农炮	1 090	0.664	0.548	104 440
59式130 mm加农炮	1 121	0.650	0.495	100 020
59式152 mm加农炮	1 208	0.604	0.540	64 920
55式37 mm高射炮	1 339	0.484	0.546	68 650
59式57 mm高射炮	1 177	0.558	0.599	78 550
59式100 mm高射炮	1 098	0.606	0.564	94 140
54式122 mm榴弹炮	1 393	0.479	0.277	42 360
56式152 mm榴弹炮	1 483	0.419	0.290	33 340

3. 火药燃烧相对结束位置

火药燃烧相对结束位置定义为

$$\eta_k = \frac{l_k}{l_g} \tag{11-5}$$

式中，l_k为火药燃烧结束位置。由于火药点火的不均匀性以及药粒厚度的不一致性，不可能所有药粒在同一位置l_k燃完。事实上，l_k仅是一个理论值，各药粒的燃烧结束位置分散在这个理论值附近的一定区域内。因此，当理论计算出的火药燃烧结束位置l_k接近炮口时，必然会有一些火药没有燃完即从炮口飞出。在这种情况下，不仅火药的能量不能得到充分的利用，而且每次射击时未燃完火药的情况不可能一致，因而会造成初速的较大分散，同时增加了炮口烟焰的生成。因此，在选择方案时，一般火炮的 η_k 应小于0.70。加农炮的 η_k 为0.50~0.70。榴弹炮是分级装药，考虑到小号装药也应能在膛内燃完，其全装药的 η_k 选取0.25~0.30比较合适。表11-1列出了各种典型火炮的 η_k 值。

4. 炮口压力

弹丸离开炮口的瞬间，膛内火药气体仍具有较高压力（$4.9\times10^4 \sim 9.8\times10^4$ kPa）和较高温度（1 200~1 500 K）。它们高速流出炮口，与炮口附近的空气发生强烈的相互作用而形成膛口主流场，在周围空气中会形成强度很高的冲击波和声响。炮口压力越高，冲击波强度也越大，强度大的冲击波危及炮手安全，也促使炮口焰的生成。因此，对于不同的火炮，炮口压力要有一定的限制。在方案选择时，必须对此予以考虑。若干种典型火炮的炮口压力p_g也已列于表11-1中。

5. 身管寿命

火药燃气存在烧蚀作用，最终会使火炮性能逐渐衰退到火炮不能继续使用的程度。通常

以武器在丧失一定的战术与弹道性能以前所能射击的发数来表示武器寿命。一般情况下，武器弹道性能衰退到下述情况之一，即认为是寿命的终止：

①地面火炮距离散布面积或直射火炮立靶散布面积超过射表规定值的 8 倍；

②弹丸初速降低 10%，对高射炮和舰炮来说，弹丸初速降低 5% ~6%；

③射击时切断弹带；

④以最小号装药射击时，引信不能解除保险的射弹数超过了 30%。

这四项身管寿命判别条件在实际使用中存在诸多问题：

（1）这种寿命判别法只能在试验场、研究部门使用，部队无法推广使用，受到技术、设备、场地等方面条件的限制，部队无法用四项判别条件检测火炮寿命，更不能确定火炮剩余的寿命。一旦出现其中一条，则寿命终止，其时机部队无法掌握和检测。

（2）四项寿命条件是身管寿命终止的表现形式，作战部队即使观察到上述射击现象，也不能在战时及时换装。因此，对于作战、训练，四项寿命条件也失去指导意义。

（3）初速下降量的规定值与火炮实际情况相差太大。火炮初速下降 10% 是寿命终止的条件，其根据是什么？设计、研究人员也不清楚。从多种火炮的试验结果来看，对于一些加农炮类型的火炮，初速下降量远远低于 10% 时，其寿命早已终止，例如，85 mm 加农炮初速仅下降 2.8%，130 mm 加农炮初速下降 6.5%，100 mm 舰炮的初速下降 5.07%，37 mm 舰炮初速下降 6.5%，其身管的寿命就已终止；而榴弹炮初速下降 10% 以后，仍有剩余作战潜力，有的机枪初速下降 20% ~30% 后，其性能仍很正常。从上述多种火炮寿命试验结果来分析，这样的寿命判别条件是缺乏科学依据的。

（4）四项寿命判别条件，在火炮试验和部队使用过程中不是同时出现的，只要有一项出现，则判火炮寿命终止。

有人对不同口径加农炮的射击试验数据进行了研究，发现身管寿命与膛线起始部阳线最高处首先受到挤压部位的耗损有很大关系。火炮寿命终止时，这一位置的耗损量一般达到原阳线直径的 3.5% ~5%。因此，可以将膛线起始部耗损量达到身管原直径的 5% 作为允许极限值。

事实上，影响武器寿命的因素很多，也很复杂。但从弹道设计的角度来看，最大压力、装药量、弹丸行程等因素是最主要的。膛压越高，火药气体密度也越大，从而促进了向炮膛内表面的传热，加剧了火药气体对炮膛的烧蚀。一般装药量越大，装药量与膛内表面积的比值也越大，因而烧蚀也就越严重。弹丸行程长，则对武器寿命有着相矛盾的两种影响；一方面，身管越长，火药气体与膛内表面接触的时间越长，会加剧烧蚀作用；另一方面，在初速给定的条件下，弹丸行程越长，装药量可以相对地减少，炮膛内表面积增加，却又可以减缓烧蚀作用。在弹道设计中，可使用下述半经验半理论公式估算武器寿命：

$$N = K' \frac{\Lambda_g + 1}{\dfrac{\omega}{m}} \tag{11-6}$$

式中，N 为条件寿命；Λ_g 为弹丸相对行程长；ω/m 为相对装药量；K' 为系数，对加农炮，$K' \approx 200$ 发。上式计算所得的条件寿命，可作为选择装药弹道设计方案的相对标准。

11.3　内弹道设计的基本步骤

11.3.1　起始参量的选择

1. 最大压力 p_m 的选择

最大压力 p_m 的选择是一个很重要的问题，它不仅影响到火炮的弹道性能，还直接影响到火炮、弹药的设计。因此，最大压力 p_m 的确定，必须从战术技术要求出发，一方面要考虑到对弹道性能的影响，同时也要考虑到火炮结构强度、弹丸结构强度、引信的作用及炸药应力等因素。由此看出，p_m 的选择适当与否将影响武器设计的全局，因此，需要深入地分析由最大压力的变化而引起的各种矛盾。

在其他条件不变的情况下，提高最大压力可以缩短身管长度、增加 η_ω 以及减小 η_k。这就表明火药燃烧更加充分，既提高了能量利用效率，也有利于稳定初速和提高射击精度，这些都有利于弹道性能的改善，所以，从内弹道设计角度来看，提高最大压力是有利的。但是，p_m 的提高将对火炮及弹药的设计带来了不利的影响。

①增加最大压力，则身管的壁厚要相应地增加，炮尾或自动机的承载恶化。

②增加最大压力，必然也增加了作用在弹体上的力，为了保证弹体强度，弹丸的壁厚也要相应地增加。若弹丸质量一定，则弹体内所装填的炸药量减少，从而使弹丸的威力降低。

③增加最大压力，使得作用在炸药上的惯性力也相应增加，若惯性力超过炸药的许用应力，就有可能引起膛炸。

④由于增加最大压力，在射击过程中药筒或弹壳的变形量也就增大，可能造成抽筒困难。

⑤由于最大压力增加，作用在膛线导转侧上的力也相应增加，因而膛线的磨损增加，使身管寿命降低。

综合上述分析可以看出，最大压力 p_m 的变化所引起其他因素的变化是很复杂的，因此，在确定最大压力时，必须要从武器－弹药系统设计的全局出发，对具体情况做具体分析。初速比较大的武器，像高射武器、远射程加农炮以及采用穿甲弹的反坦克炮等，一般情况下最大压力都比较高，通常在300 MPa以上；而机动性要求较好的武器，如自动或半自动的步兵武器、步兵炮和山炮以及配有爆破榴弹或以爆破榴弹为主的火炮，一般情况下最大压力都比较低一些，通常在300 MPa以下。因为爆破榴弹是以炸药和弹片杀伤敌人，如果膛压过高，对增加炸药量是不利的，所以，目前的榴弹炮的最大压力一般都低于250 MPa。为了在不改变火炮阵地的情况下，能在较大的纵深内杀伤敌人有生力量，榴弹炮的装药结构都采用分级装药，因此，最小号装药的最大压力不能低于解脱引信保险所需的压力，通常要大于60～70 MPa，所以，榴弹炮的最大压力的选择更为复杂。表11－2列出了目前各类典型武器所选用的最大压力。

表11－2中所列出的各类火炮的 p_m 数据可以作为在弹道设计中确定最大压力时的参考。但是，随着炮用材料的机械性能的提高和加工工艺的改进、对火炮的弹道性能要求的提高（如提高弹丸的初速），最大压力 p_m 也有提高的趋势。

表 11-2　目前各类典型武器所选用的最大压力

武器名称	p/MPa	武器名称	p/MPa
55 式 57 mm 反坦克炮	304	56 式 152 mm 榴弹炮	220
100 mm 脱壳滑膛反坦克炮	321	59 式 152 mm 加农炮	230
54 式 122 mm 榴弹炮	230	59 式 57 mm 高射炮	304
60 式 122 mm 加农炮	309	59 式 130 mm 加农炮	309
23 mm Ⅱ 型航炮	300	30 mm Ⅰ 型航炮	305

2. 药室扩大系数χ_{W_0}的确定

在设计内弹道时，药室扩大系数χ_{W_0}也是事先确定的。根据χ_{W_0}的意义，如果在相同的药室容积下，χ_{W_0}值越大，则药室长度就越小。药室长缩短就使整个炮身长缩短。但χ_{W_0}增大后，也将带来不利的方面，其使炮尾及自动机的横向结构尺寸加大，可能造成武器质量的增加。另外，由于χ_{W_0}的增大，药室和炮膛的横断面积差也增大，根据气体动力学原理，坡膛处的气流速度也要相应地增加，这将加剧对膛线起始部的冲击，使火炮寿命降低。药室和炮膛的横断面积相差越大，药筒收口的加工也越困难。χ_{W_0}值越小，药室就越长，这又对发射过程中的抽筒不利；同时，长药室往往容易产生压力波的现象，引起局部压力的急升。因此，χ_{W_0}值也应根据具体情况，综合各方面的因素来确定。

3. 火药的选择

选择火药时要注意以下几点：

①一般要选择制式火药，选择生产的或成熟的火药品种。目前可供选用的火药仍然是单基药、双基药、三基药，以及由它们派生出来的火药，如混合硝酸酯火药、硝胺火药等。因为火药研制的周期较长，除特殊情况外，新火药设计一般不与武器系统的设计同步进行。

②以火炮寿命和炮口动能为依据选取燃温和能量与之相应的火药。寿命要求长的大口径榴弹炮、加农炮，一般不选用热值高的火药。相反，迫击炮、滑膛炮、低膛压火炮，一般不用燃速低和能量低的火药。高膛压、高初速的火炮，尽量选择能量高的火药。高能火药包括双基药、混合硝酸酯火药，其火药力为 1 127 ~ 1 176 kJ/kg。燃温低、能量较低的火药有单基药和含降温剂的双基药，其燃温为 2 600 ~ 2 800 K，火药力为 941 ~ 1 029 kJ/kg。三基药和高氮单基药是中能量级的火药，火药力为 1 029 ~ 1 127 kJ/kg，燃温为 2 800 ~ 3 200 K。

③火药的力学性质是初选火药的重要依据。高膛压武器应尽量选用强度高的火药。力学性质中重点考虑火药的冲击韧性和火药的抗压强度。在现有的火药中，单基药的强度明显高于三基药的。在高温高膛压和低温条件下，三基药的外加载荷有可能使其脆化和发生碎裂。双基药、混合酯火药的高温冲击韧性和抗压强度比单基药的高。但双基药和混合硝酸酯火药在常、低温度段有一个强度转变点，低于转变点，火药的冲击韧性急剧下降，并明显低于单基药的冲击韧性。对于一般的火炮条件，现有的双基药、单基药、三基药和混合硝酸酯火药的力学性能都能满足要求；但对高膛压武器、超低温条件下使用的武器，都必须将力学性质作为选择火药的重要依据。

④满足膛压和速度的温度系数要求。低能量火药的温度系数较低，在环境温度变化时，

利用这种火药的火炮初速和膛压变化不大。而高能火药的温度系数一般都很高。因此，要求低温、初速降小和要求高温、膛压不能高的火炮，都要重点考虑火药的温度系数。在装药结构优化的情况下，低能火药有可能好于高能火药的弹道效果。

11.3.2 内弹道方案的计算步骤

在给定的起始条件下，根据每一组的 Δ 和 ω/m 就可以计算出一个内弹道方案，而 Δ 和 ω/q 的确定又与武器的具体要求有关。

1. 装填密度 Δ 的选择

在弹道设计中，装填密度 Δ 是一个很重要的装填参量。装填密度的变化直接影响到炮膛构造诸元的变化。如果在给定初速 v_g 和最大膛压 p_m 的条件下，保持相对装药量 ω/m 不变，则随着 Δ 的增加，药室容积 W_0 单调递减。而装填参量 B 及相对燃烧结束位置 η_k 却单调递增。至于弹丸行程全长 l_g 的变化规律，在开始阶段，l_g 随着 Δ 的增加而减小，当 $\Delta=\Delta_m$ 时，l_g 达到最小值，然后又随 Δ 增加而增大。而充满系数 η_g 的变化规律恰好相反，在开始阶段，η_g 随着 Δ 的增加而增大，当 $\Delta=\Delta_m$ 时，η_g 达到最大值，然后随着 Δ 的增加而减小，如图 11-2 所示。

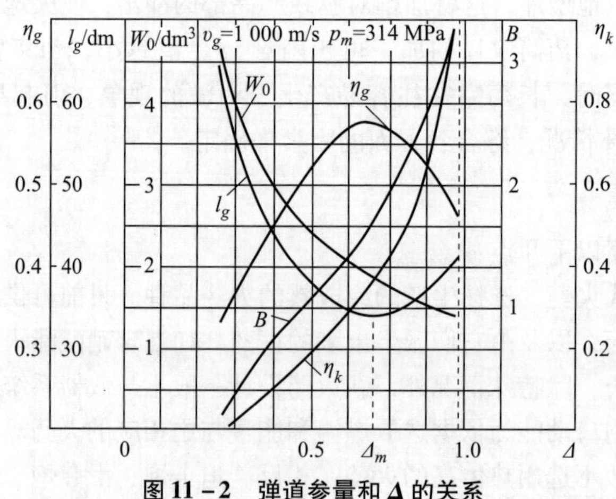

图 11-2 弹道参量和 Δ 的关系

在选择 Δ 时，还可以参考同类型火炮所采用的 Δ。现有火炮的数据表明，在不同类型火炮中，Δ 的变化范围较大；但在同类型火炮中，它的变化范围是比较小的。各类武器的装填密度 Δ 见表 11-3。

表 11-3 各类武器的装填密度

武器类型	$\Delta/(\mathrm{kg\cdot dm^{-3}})$	武器类型	$\Delta/(\mathrm{kg\cdot dm^{-3}})$
步兵武器	0.70~0.90	全装药榴弹炮	0.45~0.60
一般加农炮	0.55~0.70	减装药榴弹炮	0.10~0.35
大威力火炮	0.65~0.78	迫击炮	0.01~0.2

从表 11-3 看出，步兵武器的装填密度比较大，因为增加 Δ 可以减小药室容积，有利于提高射速。榴弹炮的装填密度一般都比加农炮的装填密度小，因为榴弹炮的最大压力 p_m 一

般都低于加农炮的 p_m。而榴弹炮又采用分级装药，如果全装药的 Δ 取得太大，在给定 p_m 和 v_g 条件下，火药的厚度要相应增加，火药的燃烧结束位置也必然要向炮口前移，因此有可能在小号装药时不能保证火药在膛内燃烧完，以致影响到初速分散，所以榴弹炮的 Δ 要比加农炮的 Δ 小一些。加农炮的 Δ 介于步兵武器和榴弹炮之间，因为加农炮担负着直接瞄准射击的任务，如击毁坦克，破坏敌人防御工事，所以加农炮不仅要求初速大，而且要求弹道低伸、火线高度要低。因此，采用较大的装填密度 Δ，可以减小药室容积，有利于降低火线高和提高射速。

选择装填密度 Δ 除了考虑不同火炮类型的要求之外，还要考虑到实现这个装填密度的可能性，因为一定形状的火药都存在一个极限装填密度 Δ_j。七孔火药 $\Delta_j=0.8\sim0.9\ \mathrm{kg/dm^3}$，长管状药 $\Delta_j=0.75\ \mathrm{kg/dm^3}$。如果选用的 $\Delta>\Delta_j$，那么这个装填密度是不能实现的。步兵武器火药的药粒都比较小，Δ_j 也比较大，某些火药的 Δ_j 可以接近1。

2. 相对装药量 ω/m 的选择

在内弹道设计中，弹丸质量 m 是事先给定的，因此，改变 ω/m 也就是改变装药量 ω。如果在给定 p_m 和 v_g 条件下，保持 Δ 不变，那么随着 ω/m 的增加，药室容积 W_0 也将单调递增，因为增加装药质量，也就是增加对弹丸做功的能量，所以获得同样初速条件下，弹丸行程全长 l_g 可以缩短一些，它随 ω/m 的增加而单调地递减，并且在开始阶段递减较快，后来递减逐渐减慢，ω/m 超过某一个值以后，l_g 几乎保持不变，如图 11－3 所示。

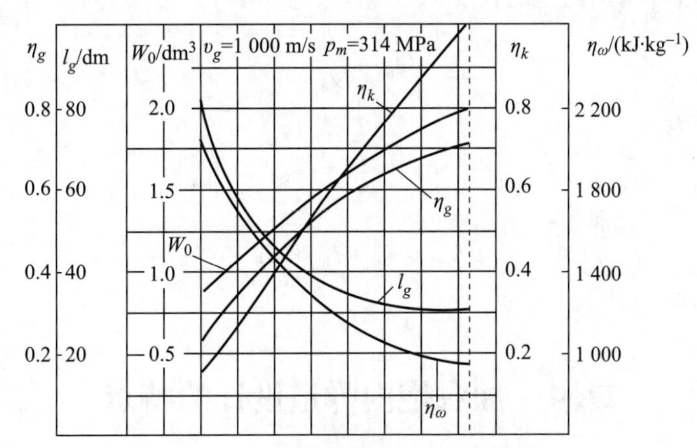

图 11－3　弹道参量和 ω/m 的关系

在现有的火炮中，ω/m 的变化范围要比 Δ 的变化范围大得多，大约在 0.01～1.5 之间变化，所以一般都不直接选择 ω/m，而是选择与 ω/m 成反比的装药利用系数 η_ω，即

$$\eta_\omega=\frac{v_g^2}{2}\bigg/\frac{\omega}{m} \tag{11-7}$$

对同一类型的火炮而言，η_ω 只在很小范围内变化，例如：

全装药榴弹炮　　1 400～1 600 kJ/kg

中等威力火炮　　1 200～1 400 kJ/kg

步枪及反坦克炮　1 000～1 100 kJ/kg

大威力火炮　　　800～900 kJ/kg

以上数据可以在弹道设计时选择 η_ω 作参考。当选定 η_ω 之后，根据给定的初速即可计算出 η_ω。

①根据选定的 Δ、ω/m 按下式计算装药量 ω、药室容积 W_0 和次要功计算系数 φ：

$$\omega = \frac{\omega}{m} \cdot m \tag{11-8}$$

$$W_0 = \frac{\omega}{\Delta} \tag{11-9}$$

$$\varphi = \varphi_1 + \left(\frac{1}{3} \frac{\frac{1}{\chi_{W_0}} + \Lambda_g}{1 + \Lambda_g} \right) \frac{\omega}{m} \tag{11-10}$$

②在确定了药室容积 W_0、装药量 ω 以后，当火药性质、形状、挤进压力指定以后，就可以通过内弹道方程组求出满足给定最大膛压 p_m 的火药弧厚值 $2e_1$。

③通过内弹道方程组，还可以求出满足给定初速的弹丸相对全行程长 Λ_g。

④根据 Λ_g 的定义

$$\Lambda_g = \frac{l_g}{l_0} = \frac{W_g}{W_0} \tag{11-11}$$

可以分别求出炮膛工作容积 W_g 及弹丸行程全长 l_g。

⑤根据选定的 χ_{W_0} 求出药室的长度

$$l_{W_0} = \frac{l_0}{\chi_{W_0}} \tag{11-12}$$

从而求出炮膛全长 L_{nt}

$$L_{nt} = l_g + l_{W_0} \tag{11-13}$$

以及炮身全长 L_{sh}

$$L_{sh} = l_g + l_{W_0} + l_c \tag{11-14}$$

式中，l_c 代表炮闩长。

11.4 加农炮内弹道设计的特点

炮兵、防空兵或装甲兵为了射击空中活动目标、地面装甲目标，以及在远距离上支援步兵战斗，需要有一种射程远、初速大的火炮，这一类火炮习惯上称为加农炮。它包括各种地面加农炮、高射炮、反坦克炮、坦克炮和舰炮等。这种火炮初速一般都在700 m/s以上，其弹道低伸，身管长度大于口径40倍。从现有这类火炮诸元统计中，可以把它们的弹道特点归纳为以下几个方面：

1. 在内弹道性能方面

这类火炮初速较大。为了保证有较大的初速，加农炮的最大膛压 p_m 较高。同时，为了使弹丸获得较大的炮口动能，加农炮的压力曲线下做功面积较大，也就是膛压曲线比较“平缓”，因此，炮膛工作容积利用系数 η_g 较大，炮口压力 p_g 较高。火药燃烧结束后，相对位置 η_k 接近炮口，一般在0.5～0.7。但相反地，加农炮的 η_ω 较小。

2. 在装填条件方面

加农炮的装填密度都比较大，一般为0.65～0.80 kg/m³。为了勤务操作的方便和提高射击的速度，中小口径的加农炮多采用定装式的装药；大口径加农炮由于弹药较重，采用分装式装药。但根据加农炮的弹道特点和射击任务要求，不论采用哪一种形式的装药，其变装药的数目都比榴弹炮的少，大口径加农炮变装药数最多也只有4～5级。另外，加农炮的相对装药量 ω/m 也比较大，一般为0.25～0.60。

3. 在火炮膛内结构方面

为了降低火炮的火线高和提高射速，加农炮大都采用了长身管小药室的设计方案，同时，采用较大的药室扩大系数 χ_{W_0}。因此，在火炮外观上，身管较长，一般为40～70倍口径。

11.5　榴弹炮内弹道设计的特点

除加农炮之外，在战场上经常使用的另一种类型火炮就是榴弹炮。这种火炮主要用来杀伤、破坏敌人隐蔽的或暴露的有生力量和各种防御工事。榴弹炮发射的主要弹种是榴弹。榴弹是靠爆炸后产生的弹片来杀伤敌人的。大量的试验证明，榴弹爆炸后弹片飞散具有一定的规律性。弹片可以分成三簇：一簇向前，一簇向后，一簇呈扇面形向弹丸的四周散开。其中，向前的弹片约占弹片总数20%，向后的弹片约占10%，侧方约占70%。根据这一情况，为了充分发挥榴弹破片的杀伤作用，弹丸命中目标时，要求落角不能太小。因为落角太小，占弹片总数比例最大的侧方弹片大都钻入地里或飞向上方，从而减小了杀伤作用。所以，弹丸的落角 θ_c 最好不小于25°～30°。

从外弹道学理论可知，对同一距离上的目标进行射击，弹丸落角的大小与弹丸的初速及火炮的射角有关，射角大，落角也大，所以，榴弹炮的弹道比较弯曲。同时，为了有效地支援步兵作战，要求榴弹炮具有良好的弹道机动性，也就是指火炮在不转移阵地的情况下，能在较大的纵深内机动火力。显然，如果仍然采用单一装药，火炮只具有一个初速，是不能同时满足以上两个要求的。所以，经常通过改变装药质量的方法，使榴弹炮具有多级初速来满足这种要求。现有的榴弹炮大多采用分级装药，如图11－4所示，变装药数目在十级左右。为了在减少装药质量的情况下能使火药在膛内燃烧完，榴弹炮通常采用肉厚不同的火药组成混合装药。如54式122 mm榴弹炮的装药就是由4/1和9/7两种火药组成的。根据这些特点，榴弹炮的弹道设计必然比较复杂。一般情况下，榴弹炮的弹道设计应该包括以下三个步骤：

1. 全装药设计

根据对火炮最大射程的要求，通过外弹道设计，给出口径 d、弹丸质量 m 及全装药时的初速 v_g。同时，经过充分论证，选用一定的最大压力 p_m 和药室容积扩大系数 χ_{W_0}。在这些前提条件下，设计出火炮构造诸元和全装药时的装填条件，这就是全装药设计的任务。

榴弹炮的弹道设计计算仍然是按照一般设计程序来进行的，但是，在选择方案时，应当注意到榴弹炮的弹道特点。为了使小号装药在减少装药量的情况下，仍然可以在膛内燃烧结束，全装药的 η_k 必须选择较小的数值。根据经验，榴弹炮的全装药 η_k 一般取0.25～0.30较适宜。

有一点应该注意，由于榴弹炮采用的是混合装药，所以全装药设计出的 ω、$2e_l$ 等都是混合装药参量，既不是厚火药的特征量，也不是薄火药的特征量。如果要确定厚、薄两种火药的厚度，还必须在最小号装药设计中完成。

2. 最小号装药设计

由于在全装药设计中已经确定了火炮膛内结构尺寸及弹重，所以，最小号装药设计是在已知火炮构造诸元的条件下，计算出满足最小号装药初速的装填条件。根据火炮最小射程的要求，可以从外弹道给定最小号装药的初速 v_{gn}，同时，它的最大压力必须保证在各种条件最低的界限下能够解脱引信的保险机构，所以，最小号装药的最大压力 p_{mn} 是指定的，不能低于某一个数值，一般为60～70 MPa。

最小号装药是装填单一的薄火药，因此，通过设计计算得到的装药质量 ω_n 和弧厚 $2e_1$ 代表薄火药的装药量和弧厚。

根据上述情况，最小号装药设计的具体步骤如下：

①根据经验，在 $\Delta_n=0.10\sim0.15$ 的范围内选择某一个 Δ_n 值，从已知的药室容积 W_0 计算出最小号装药的装药量 ω_n，即

$$\omega_n = W_0\Delta_n \tag{11-15}$$

②由已知弹丸质量 m 计算次要功计算系数 φ_n

$$\varphi_n = \varphi_1 + \frac{1}{3}\frac{\omega_n}{m} \tag{11-16}$$

③根据选定的最小号装药的火药类型，考虑到热损失的修正，确定火药的理化性能参数。

④由选定的 Δ_n、v_{gn} 和 Λ_g，利用内弹道方程组进行内弹道符合计算，确定最小号装药的最大膛压 p_{mn} 和选用的火药的弧厚 $2e_{1n}$。如果 p_{mn} 小于指定的最小号装药的最大压力数值，则仍需要增加 Δ_n 值后再进行计算，一直到 p_{mn} 高于规定值为止。

⑤计算厚火药的弧厚 $2e_{1m}$。

因为全装药的相当弧厚 $2e_1$ 和薄火药的弧厚 $2e_{1n}$ 均已知，而全装药的 ω 和最小号装药的 ω_n 也已知，因此可以求出厚、薄两种装药的百分数

$$\alpha' = \frac{\omega_n}{\omega},\ \alpha'' = 1-\alpha' \tag{11-17}$$

则厚火药的弧厚 $2e_{1m}$ 为

$$2e_{1m} = \frac{\alpha''\cdot 2e_1}{1-\alpha'\dfrac{2e_1}{2e_{1n}}} \tag{11-18}$$

⑥厚火药弧厚的校正计算。

将由步骤⑤中求出的薄火药和厚火药的弧厚及装药质量，再代入全装药条件中，进行混合装药的内弹道计算，如装药的 p_m 和 v_g 满足设计指标，则设计的薄、厚火药的弧厚和装药质量符合要求，如不满足，则可通过符合计算，调整厚火药的弧厚和装药质量参数，直到计算出满足要求的最大压力和初速为止。

3. 中间号装药的设计

中间号装药设计主要解决两个问题：一个是全装药和最小号装药之间初速的分级（图11-4），另一个是每一初速级对应的装药量。

榴弹炮用不同号装药的射击结果表明：初速和混合装药质量的关系实际上接近于直线的关系，如图11-5所示。所以，当选定全装药的装药质量 ω 和最小号装药的装药质量 ω_n 以后，其余中间各号的装药质量 ω_i 可以在上述确定初速分级的基础上，按下述线性公式计算

$$\omega_i = \omega_n + \frac{\omega - \omega_n}{v_g - v_{gn}}(v_{gi} - v_{gn}) \tag{11-19}$$

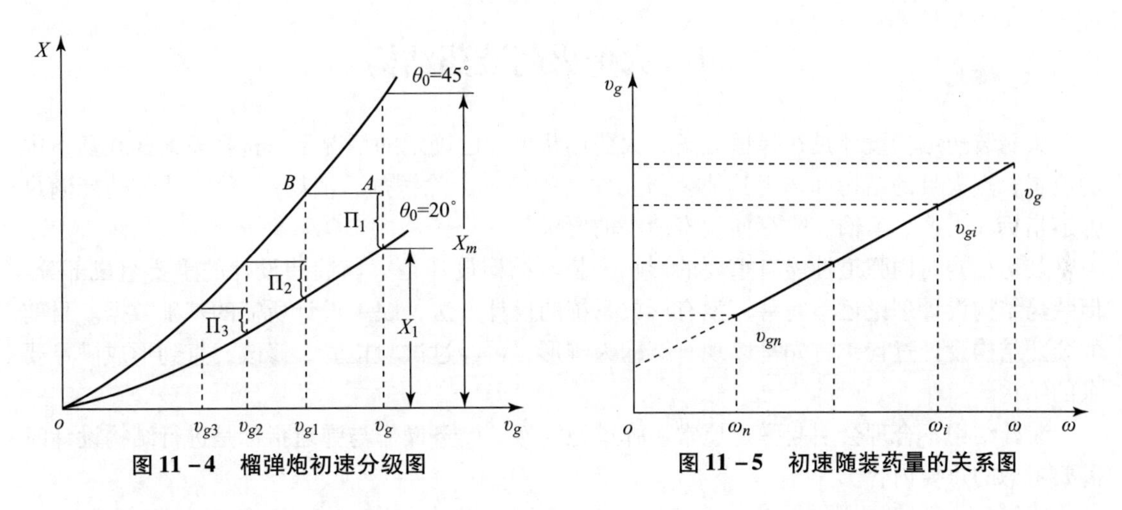

图11-4　榴弹炮初速分级图

图11-5　初速随装药量的关系图

按上述公式求出的 ω_i 是对应每一级初速的装药量，但这只作为装药设计的参考数据。由于考虑射击勤务的简便，在进行装药设计时，各分级装药间应当采用等重药包，或某几个相邻初速级用等重药包，因此，计算出的各级装药 ω_i 还要做适当的调整才能确定。

习　题

（1）如何理解内弹道设计是内弹道学的反面问题？

（2）如何对内弹道设计方案进行评价？

（3）什么是身管寿命？影响身管寿命的原因有哪些？在内弹道设计过程中，如何估计身管寿命？

（4）在内弹道设计中，增加最大压力可能产生哪些影响？

（5）在内弹道设计中，如何确定药室扩大系数 χ_{W_0}？

（6）在内弹道设计中，火药的选择需要注意什么？

（7）请写出内弹道方案的计算步骤。

（8）分别写出加农炮、榴弹炮的内弹道设计特点以及设计序列。

第 12 章 火炮火药装药结构及其对内弹道性能的影响

12.1 火炮火药装药结构

火药装药结构设计是在弹道方案、火药形状尺寸已确定的情况下，选择发射药在药室中的位置、点火具的结构和选用其他装药元件（护膛剂、除铜剂、消焰剂等），使装药能满足弹道指标和生产、运输、贮存使用寿命等的要求。

装药结构对内弹道性能有重要的影响，装药结构设计是火药装药设计的重要组成部分。但装药结构设计理论还不完善，没有形成系统的设计方法，缺少设计所需的基础数据。目前的装药结构设计过程，首先是以现有结构为雏形，再经过试验检验、修改，直到形成满足要求的结构。

装药结构不合理会引起弹道反常。弹道稳定性、勤务操作与弹道指标是进行结构设计时需要考虑的重要内容。

12.1.1 药筒定装式火炮装药结构

现有中小口径加农炮、高射炮都采用药筒定装式装药。这种装药的装药量是固定的。在保管、运输和发射时，装有一定量火药装药的药筒与弹丸结合成一个整体。该装药的优点是发射速度快，在战场上能迅速形成密集、猛烈的火力，装配后的全弹结合牢固，密封性好，运输、贮存和使用方便。

加农炮和高射炮的初速较高，火药装填密度较大。这类装药大部分使用单孔或多孔粒状药，少数使用管状药。

粒状药一般是散装在药筒内，管状药是成捆地装入药筒内。用底火或与辅助点火药一起作为点火器。大部分装药都使用护膛剂和除铜剂，为了固定装药，还用了紧塞具。按一定结构将装药元件放在药筒后，再将药筒和弹丸结合成一个弹药的整体。

55 式 37 mm 高射炮榴弹的装药就是一个典型的药筒定装式装药，如图 12 - 1 所示。火药是 7/14 的粒状硝化棉火药，散装在药筒内。装药用底 - 2 式底火和 5 g 质量的 2#黑火药点火。在药筒内侧和火药之间有一层钝感衬纸，在火药上方放有除铜剂，整个装药用厚纸盖和厚纸圈固定。药筒和弹丸配合后，在药筒口部辊口结合。

多孔粒状药的优点是装填密度高，并且同一种火药可用在不同的装药中，具有实用性。粒状药的缺点是在药筒较长时，上层药粒点火较困难。粒状药的装药长度大于 500 mm 时，离点火药较远一端的药粒可能产生延迟点火。这是因为粒状药传火途径的阻力大，点火距离长，难以全面同时点火。为了解决这个问题，常采取了以下几个措施：

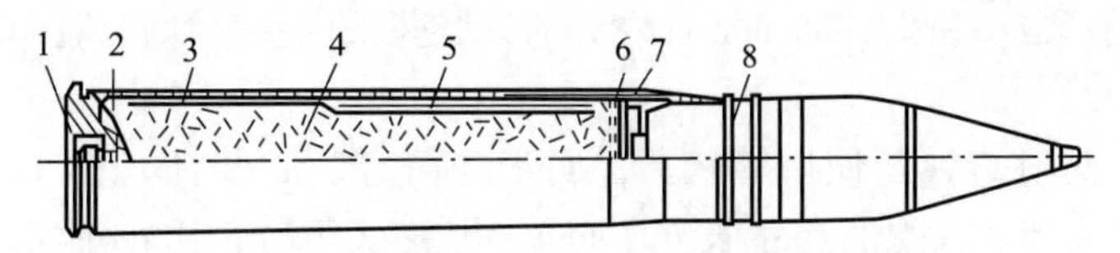

图 12－1　55 式 37 mm 高射炮榴弹火药装药结构

1—底火；2—点火药；3—药筒；4—7/14 火药；5—钝感衬纸；6—除铜剂；7—紧塞具；8—弹丸

①利用杆状点火具，如中心点火管，使点火药沿药筒纵向均匀分布，如图 12－2 所示。

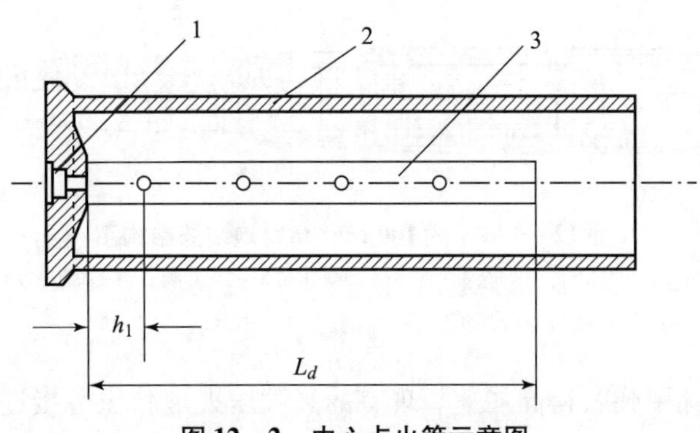

图 12－2　中心点火管示意图

1—底火；2—药筒；3—中心传火管

②用几个点火药包分别放在装药底部、中部或顶部等不同的部位，进行多点同时点火。

③用单孔管状药药束替代传火管，从而改善点火条件。

37 mm 高射炮的装药长 210 mm，57 mm 高射炮装药长为 298 mm，只用底火和点火药点火，没有其他装置。85 mm 加农炮的药筒长 558 mm，就需要有附加的点火元件。

56 式 85 mm 加农炮装药结构如图 12－3 所示。

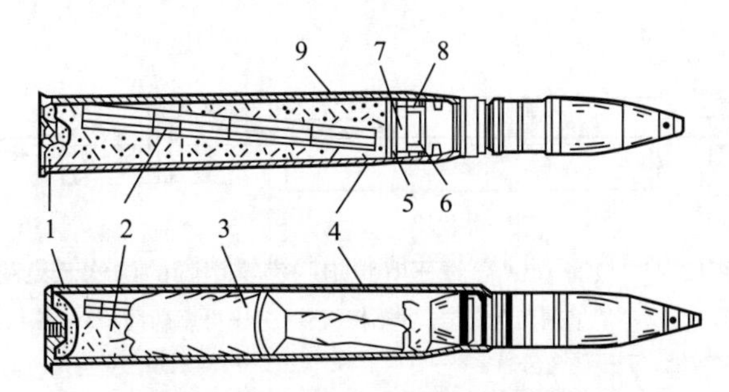

图 12－3　56 式 85 mm 加农炮装药结构

1—点火药；2—火药；3—药包纸；4—药筒；5—厚纸盖；6—紧塞具；7—厚纸筒；8—弹丸

85 mm 加农炮的全装药用 14/7 和 18/1 两种火药，14/7 火药占全部火药的 88%，18/1 管状药占 12%。装药时，先将 18/1 药束放入药袋内，然后倒入 14/7 火药；再放除铜剂，药袋外包钝感衬纸后装入药筒内。装药用底－4 式底火和 1#黑药制成的点火药包点火，18/1 管状药束起传火管作用。

85 mm 加农炮杀伤榴弹还配有减装药。装药量减少后，装药高度达不到药筒长度的2/3。太短的装药燃烧时易产生压力波，使膛压反常增高。当装药高大于药筒长的 2/3 时，有助于避免反常压力波的形成。所以，85 mm 加农炮的减装药采用一束管状药，其长度接近药筒的长度。

59 式 100 mm 高射炮弹药使用管状药，属于药筒定装式装药（图 12－4）。榴弹用双芳－3（18/1 型）火药。火炮的药室长 607 mm，用粒状药时，比较难实现瞬时同时点火，而管状药可以改善装药的传火条件。因此，大口径加农炮常使用管状火药。100 mm 高射炮的弹药装药时，先把管状药扎成两个药束，再依次放入药筒中；药筒和药束间有钝感衬纸，装药上方有除铜剂和紧塞具；装药用底－13 式底火和黑火药制成的点火药包点火。

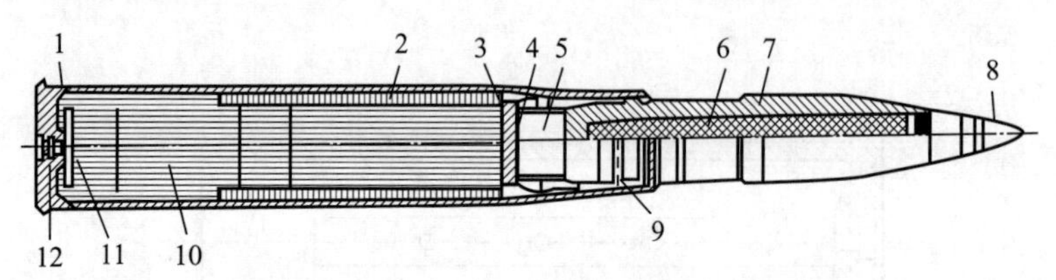

图 12－4　59 式 100 mm 高射炮装药结构图

1—药筒；2—护膛剂；3—除铜剂；4—抑气盖；5—厚纸筒；6—炸药；7—弹头；
8—引信；9—弹带；10—火药；11—点火药；12—底火

高膛压火炮能使穿甲弹获得高初速。现有的高膛压火炮膛压可接近 800 MPa，弹丸初速能达到 1 800 m/s。滑膛炮发射高速穿甲弹，这有助于减少炮膛烧蚀，增加火炮使用寿命。该类装药有以下特点：

①较高的装填密度，常采用多孔粒状药和中心点火管点火；

②有尾翼的弹尾伸入装药内占据部分装药空间，点火具长度有限制；

③常用可燃的药筒和元器件，有助于提高装药总能量和示压效率；简化抽筒操作，提高发射速度，改善坦克内乘员的操作环境。

图 12－5 所示是 120 mm 高膛压滑膛炮脱壳穿甲弹的结构示意图。

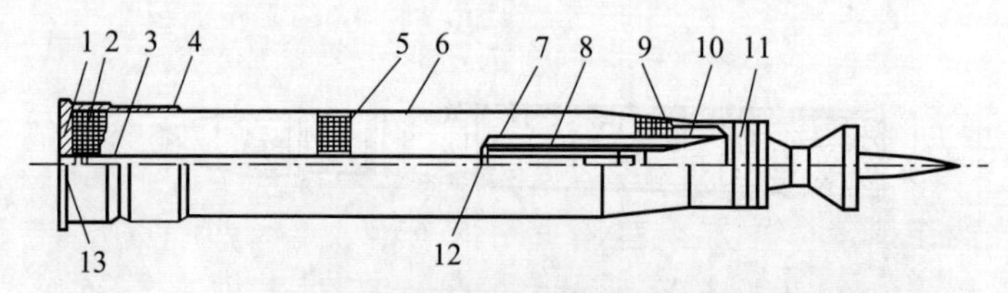

图 12－5　120 mm 高膛压滑膛炮脱壳穿甲弹的结构示意图

1—底火；2—消焰剂药包；3—可燃传火管；4—可燃药筒；5—粒状药；
6—护膛衬纸；7—尾翼药筒；8—管装传火管；9—紧塞具；10—火药固定筒；
11—穿甲弹丸；12—上点火药包；13—O 形密封圈

大口径弹药质量较大，装填操作困难，这是药筒定装式装药的一个缺点。

12.1.2　药筒分装式火炮装药结构

使用药筒分装式装药结构的火炮有：大、中口径榴弹炮，加农榴弹炮和大口径加农炮，如 122 mm 和 152 mm 榴弹炮，152 mm 加农榴弹炮，122 mm、130 mm 和 152 mm 加农炮等。药筒材料一般使用金属材料制造。目前，在高膛压火炮中，为了抽筒的方便和出于经济上的考虑，广泛使用了含能或不含能的可燃材料制成的可燃药筒来替代金属药筒。可燃药筒可分为全可燃药筒和半可燃药筒两种，半可燃药经常有一个金属短底座。

药筒分装式装药一般都是混合装药组成的可变装药，但也有个别情况由单一装药组成，这种混合装药可用多孔和单孔的粒状药，也可用单基或双基管状药。这种装药可用薄火药制成基本药包，也可用厚火药制成附加药包。为了使装药结合简单和战斗使用方便，附加药包大都制成等重量药包。单独使用基本药包射击时，必须保证规定的最低初速和解脱引信保险所必需的最小膛压，全装药必须保证规定的最大初速和不允许的最大膛压。因此，这种类型的装药在结构上考虑的因素就更多了。

因为使用这类装药的火炮口径较大，点火系统都是由底火和辅助点火药包组成的。依据具体的装药结构，辅助点火药包可以集中地放在药筒底部，也可以分散放在几处。大威力火炮变装药中还使用护膛剂和除铜剂，中等威力以下的装药中只用除铜剂。

由于这类火药大都采用了药包的形式，所以药包布就成为这种类型装药的一个基本组成元件，药包之间的传火就会受到药包布的阻碍，因此，对药包布就必须提出一定的要求。这些要求主要包括三方面：首先是要有足够的强度。其次是不能严重地妨碍火焰的传播。最后是在射击后不能在膛内留有残渣。目前常用的药包布材料有：人造丝、天然丝、亚麻细布、棉麻细布、各种薄的棉织布（平纹布等）、硝化纤维织物、赛璐珞等。

药包位置的安放规律构成了这类装药结构的一个突出特点，药包位置的确定直接影响到点火条件的优劣、弹道性能的稳定以及阵地操作和射击勤务方便的问题。

10/30 式 122 mm 榴弹炮的装药结构如图 12 – 6 所示。它的基本药包和附加药包都是扁圆状的，通过一个一个重叠起来组成整个装药。实际上，每一个药包都形成了由两层药包组成的横断隔垫，点火药气体要穿过十几层药包布才能达到装药顶端，这样就恶化了点火条件，造成弹道的不稳定性，因此，这种结构形式已经被淘汰。

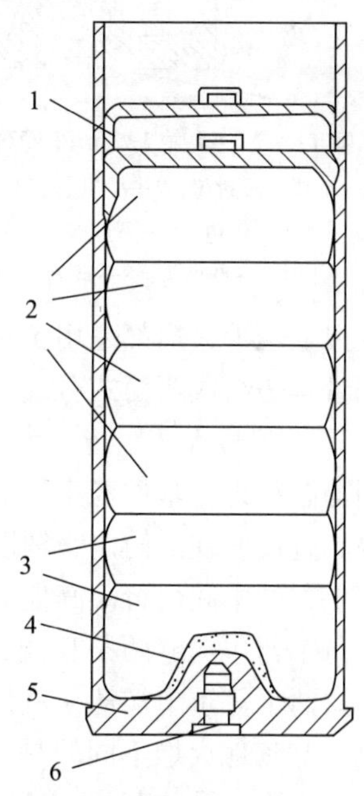

图 12 – 6　10/30 式 122 mm 榴弹炮的装药结构

1—密封盖；2—等重药包；3—基本药包；4—点火药；5—药筒；6—底火

54 式 122 mm 榴弹炮装药是用 4/1 火药组成扁圆状的基本药包。基本药包下部装有 30 g 枪用有烟药作为辅助点火药，单独缝在一个口袋里。基本药包放置在底 – 4 式底火上部。用 9/7 火药组成八个附加药包，每四个一组，下面放四个较小的等重药包，上面放四个较大的等重药包，上药包重量约为下药包的三倍。附加药包都制成圆柱形，每组四个并排放置。由于药包间有较大的缝隙，这就便于点火药气体生成物向上传播，因而改善了点火条件，如图 12 – 7 所示。在整个装药上方放置有除铜剂及一厚纸盖作为紧塞具。为了防止火药在平时保管时受潮，顶部还加有密封盖。

56 式 152 mm 榴弹炮的装药结构和 54 式 122 mm 榴弹炮的装药是相似的。它的八个附加药包是用 12/7 火药制成的，同样分成上、下两组。基本药包也是采用 4/1 火药制成的。在点火系统上，由于它的药室容积比 122 mm 榴弹炮的更大，若采用一个点火药包点火，则强度显得不够，因此，在基本药包下部和上部缝有两个用黑火药制成的辅助点火药包。下点火药包点火药量为30 g，位于底-4式底火之上，基本药包之下；上点火药包点火药为20 g，位于基本药包和附加药包之间，如图12-8所示。

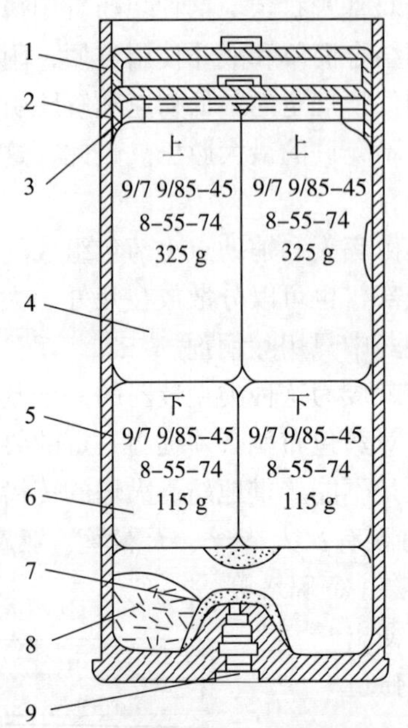

图12-7　54式122 mill榴弹炮装药结构

1—密封盖；2—紧塞盖；3—除铜剂；
4—上药包；5—下药包；6—基本药包；
7—点火药；8—药筒；9—底火

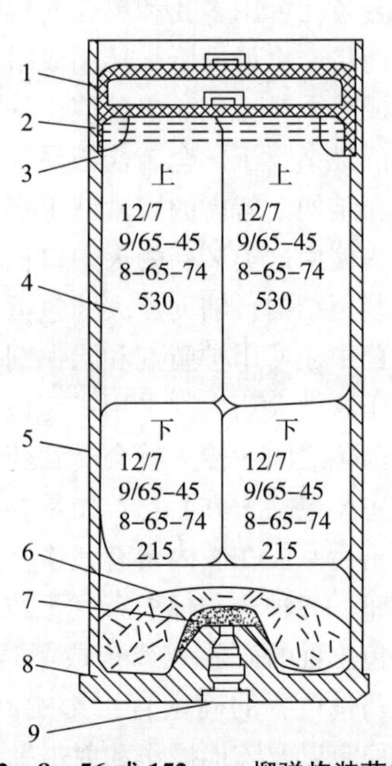

图12-8　56式152 mm榴弹炮装药结构

1—密封盖；2—紧塞盖；3—除铜剂；
4—上药包；5—下药包；6—基本药包；
7—点火药；8—药筒；9—底火

以上两种火炮都是用粒状药组成变装药的典型。苏31/37式122 mm加农炮的装药则是利用管状药组成药筒式分装药的典型。该炮的装药由一个基本药束和三个附加药束采用乙芳-37/1牌号火药组成。为了减少药包布对点火的影响，它的基本药束和中间附加药束都不用药布包裹。基本药束下部扎有一个由130 g枪药制成的辅助点火药包，外面用钝感衬纸包裹，直接放在药筒内，辅助点火药包压在底-4式底火的上方；中心附加药束放置在基本药束上方的中间位置。其他两个附加药束为等重药束，用药包布制成两个药包，药包为扁平形，每个药包上缝两条长线，使每个药包分成三等份，中间装入火药。放在中心药束两边后，这两个等重附加药束就像一个等边六边形包围着中心附加药束。在整个装药上方放有除铜剂。与其他火炮不同的是，该火炮使用两个紧塞盖作为紧塞具，如图12-9所示。射击时，该火炮除全装药外，还可以使用1号、2号和3号装药，即依次取出一个、两个附加药束和中间附加药束。

60式122 mm加农炮的减变装药是由粒状药和管状药组成的，所以，它在装药结构上又具有与上述几种火炮不同的特点。它的基本药包是由12/1管状药和13/7两种火药组成的双缩颈的瓶形装药，附加药包是两个等重13/7药包。装药时，先把一个圆环形的消焰药包放在底火凸出部的周围，再放入下部带有点火药的基本药包。由于它是双缩颈的瓶形装药，所以解决了减变装药的装药高度问题。在第二个细颈部上扎有除铜剂。两个等重附加药包的内层有护膛剂，附加药包分成四等份，套在第二个细颈部上时成为一个四边形，把基本药包包围在中间，装药上方有紧塞具和密封盖，如图12-10所示。

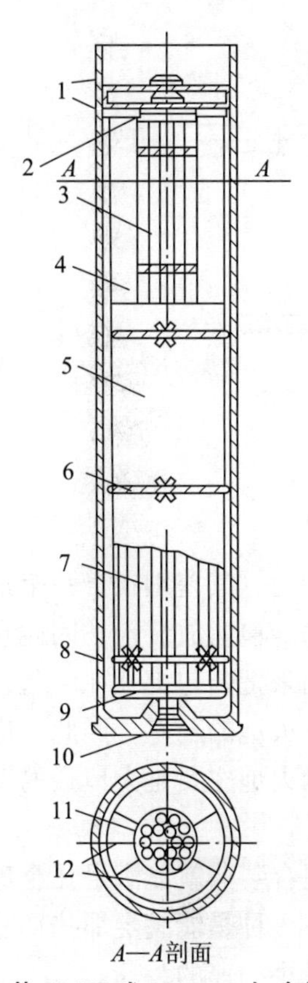

图 12-9　苏 31/37 式 122 mm 加农炮装药结构

1—密封盖紧塞盖；2—除铜剂；3，11—中间药束；4，12—等质量药包；5—钝感衬纸；6—捆紧绳；7—基本药包；8—药筒；9—点火药；10—底火

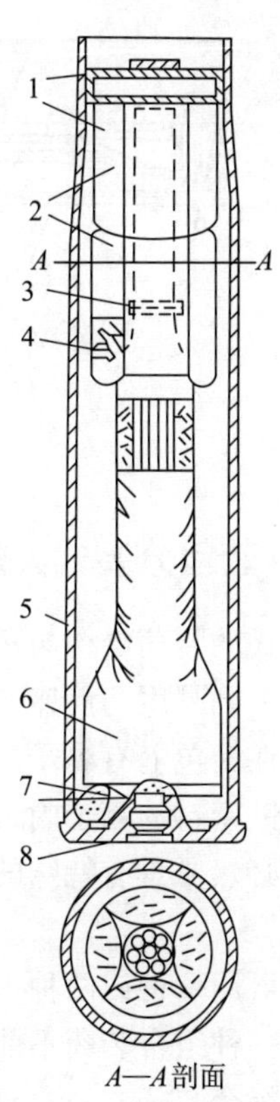

图 12-10　69 式 122 mm 加农炮减变装药结构

1—密封盖紧塞盖；2—等质量药包；3—除铜剂；4—钝感衬纸；5—药筒；6—三号装药；7—点火药消焰剂；8—底火

某 125 mm 坦克炮穿甲弹装药如图 12-11 和图 12-12 所示。由于坦克内空间有限，为便于输弹机操作，将药筒分为主、副两个，副药筒和弹丸相连；主药筒装粒状药，底部有消焰药包，传火用中心传火管，主药筒有防烧蚀衬纸。为增加传火效率，在主、副药筒间有传火药包。副药筒距底火较远，影响粒状药的瞬时同时点火，所以，在副药筒中有用于传火的管状药。副药筒中有防烧蚀衬纸。

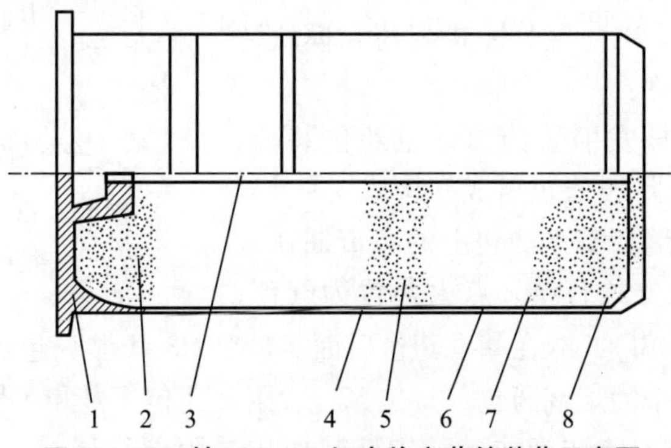

图 12-11　某 125 mm 坦克炮主药筒装药示意图

1—底火；2—消焰药包；3—可燃传火管；4，5—粒状发射药；6—可燃药筒；7—防烧蚀衬纸；8—上点火药包

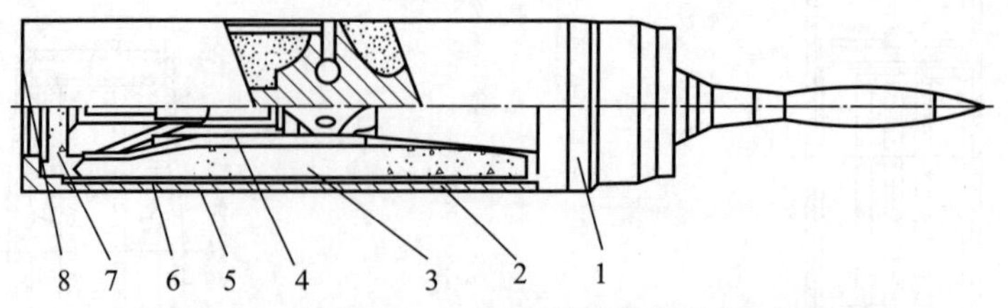

图12-12　某125 mm坦克炮副药筒装药示意图

1—弹丸；2，3—粒状发射药；4—管状药；5—副药筒；6—防烧蚀衬纸；7—点火药包；8—底盖

12.1.3　药包分装式火炮装药结构

药包分装式的装药结构与药筒分装式的装药结构大体相同，其差别在于一个是用药包盛放装药，另一个则是用药筒盛放装药。由于这类装药是采用药包盛放装药，因此它有下述几个特点：一是在药包上有绳子、带子、绳圈等附件，可以用来把药包绑扎在一起；二是装药平时保存在锌铁密封的箱子内；三是射击时，装药直接放入火炮的药室，因此，应用这类装药的火炮炮闩必然要具有特殊的闭气装置。采用这类装药的火炮主要是大口径的榴弹炮和加农炮。

这种装药可用一种或两种火药。该装药可能只要一种组合装药就能满足几个等级初速的要求。但有时一种组合装药不能满足，要用两种组合装药，一种是能满足那些初速较高并包括最大初速的组合装药；另一种是能满足较低初速并包括最小初速的装药。

苏联31式203 mm榴弹炮装药（图12-13）由两部分组成：第一部分为减变装药，有一个基本药包和四个等重附加药包。基本药包和附加药包都采用5/1硝化棉火药，装在丝制的药包内。在基本药包上缝有85 g黑火药点火药包。第二部分为全变装药，由基本药包和装有17/7单基药的六个丝质等重药包组成。基本药包上缝有点火药包，装200 g大粒黑火药。

两部分装药都有除铜剂，用缝在基本药包上的丝带将基本药包和附加药包扎在一起。

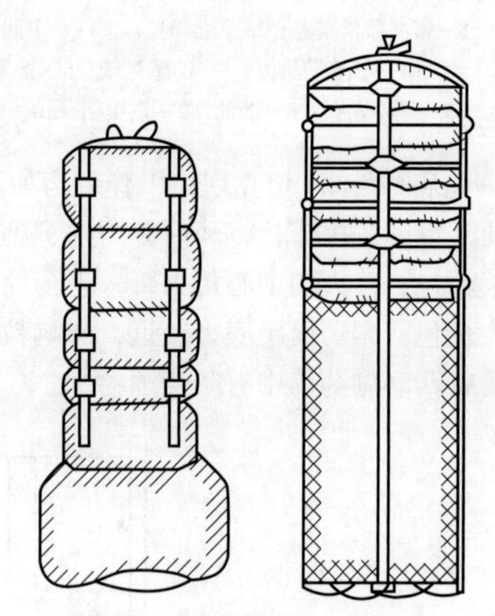

图12-13　苏联31式203 mm榴弹炮装药结构图

美国155 mm火炮采用药包分装式装药和模块装药，药包分装式装药包括：

（1）M3A1装药。该发射装药为绿色药包装药，由一个基本药包和四个附加药包组成，构成1～5号装药。附加药包用四条缝在基本药包上的布带捆在一起，药包顶部通过手工方式打结。点火药包为红色，装100 g清洁点火药（CBI），缝在基本药包后面。整个M3A1装药包含大约2.5 kg单孔发射药。基本药包前方加一个消焰剂药包，每包57 g，附加药包4号和5号前各加一个消焰剂药包，每包28 g。消焰剂为硫酸钾或硝酸钾，其作用是限制炮尾焰、炮口焰和炮口超压冲击波。

（2）M4A2装药。该发射装药为白色药包装药，由一个基本药包和四个附加药包组成，构成3～7号装药。其基本构造与M3A1装药相同。M4A2装药包含大约5.9 kg多孔发射药。基本药包前方加一个消焰剂药包，每包28 g。

（3）M119装药。该发射装药为单一白色药包8号装药，中心传火管穿过整个装药的中心。装药前端缝有消焰剂药包。该装药仅用于长身管155 mm榴弹炮（M19系列和M198）。该装药贮存时必须水平放置，以免中心传火管弯曲或折断。由于装药前端缝有消焰剂药包，该装药不能用来射击火箭增程弹。

（4）M119A1装药。该发射装药除了前端缝有环形消焰剂药包外，其他构造与M119装药完全相同。这种消焰剂药包设计免除了射击火箭增程弹时对火箭发动机点火的影响。

（5）M119A2装药。该发射装药为单一红色药包7号装药，用于装有M185和M199身管的155 mm榴弹炮。装药前端有85 g铅箔衬里和四个圆周均布纵向缝在主药包上的消焰剂药包，每个消焰剂药包含有113 g硫酸钾。M119A2装药是为与北约现行射表一致而设计的，可与M119A/M119A1互换使用，仅有微小的初速差异。

（6）M203装药。该发射装药为单一红色药包8号装药，是为M198、M109A5/A6榴弹炮扩展射程而设计的。中心传火管穿过整个装药的中心，装药前端缝有环形消焰剂药包。该装药内装M30A1发射药，仅用于射击M549A1火箭增程弹、M825发烟弹和M864底排弹。图12－14所示是美国155 mm榴弹炮M203 8号装药的结构示意图，该装药有中心传火管。

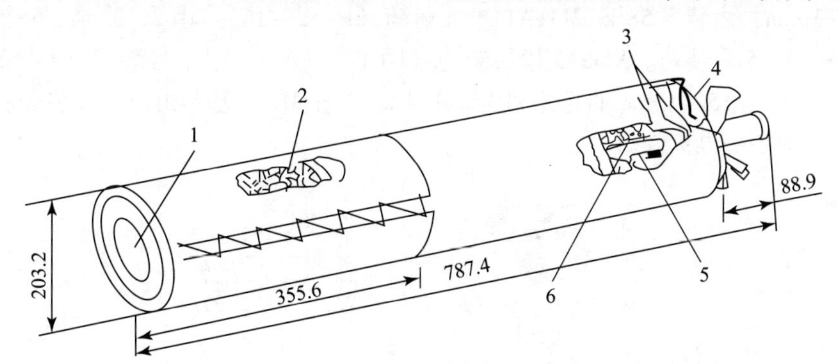

图12－14 美国155 mm榴弹炮M203 8号装药的结构示意图

1—底部点火药包；2—M30A1发射药；3—除铜剂和缓蚀剂；4—消焰剂；5—传火管；6—中心传火药芯

12.1.4 模块装药

由于布袋药包装药射速低和不适于机械装填等问题，近年来，人们对布袋装药进行了改进，将软包装变成硬包装。用可燃容器取代布袋装填不同重量的发射药及装药元件，这些装药称为单元模块。由单一或者几种模块组成的装药称为模块装药。在射击时，根据不同的射程要求，采用不同模块的组合来获得不同的初速。

模块装药又分为全等式和不等式两类。全等式所用的模块是相同的，改变模块数即可满足不同的初速、射程要求。但是，研究全等式模块装药还有困难。目前，国际上领先的模块装药是由两种模块组合的双模块装药，它是用两种不同模块的组合来满足几种不同的初速要求。

图12－15是美国的155 mm榴弹炮XM216模块装药结构示意图，XM216装药包括A、B两个模块，每个模块均由内装的M31A1E1三基开槽杆状药和外部的可燃壳体组成。一个

A 模块可作为 2 号装药；一个 A 模块和一个 B 模块组成 3 号装药；一个 A 模块和两个 B 模块组成 4 号装药。模块 A 长 268.7 mm，装药量 3.42 kg，药柱弧厚 1.75 mm。模块 A 底部配有点火件，点火药是 85 g 速燃药 CIB 和 15 g 黑火药，模块 B 内装 M31A1E1 三基开槽杆状药 2.8 kg，可燃壳体内放有铅箔除铜剂，重约 42.6 g。

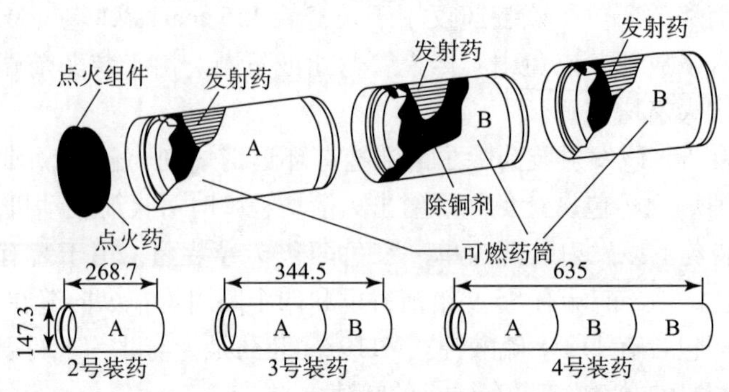

图 12－15　美国的 155 mm 榴弹炮 XM216 模块装药结构示意图（1）

155 mm 榴弹炮的 5 号装药是一个模块（XM217），模块长为 768.3 mm，直径为 158.7 mm，内装 13.16 kg M31A1E1 三基开槽杆状药。

另一种形式的变装药包括 XM215 和 XM216 两种装药：XM216 装药的 A 模块长为 127 mm，直径为 147.3 mm，内装 1.58 kg M31A1E1 发射药（图 12－16）。由 2、3、4、5 个 A 模块分别构成 2、3、4、5 号装药。XM215 模块装药（图 12－17）用于小号装药（1 号），由直径为 147.3 mm、长为 152.4 mm 的壳体和内装 1.4 kg 单孔 M1 单基药组成，在装药底部有 85 g CBI 和 14 g 黑火药的点火件。

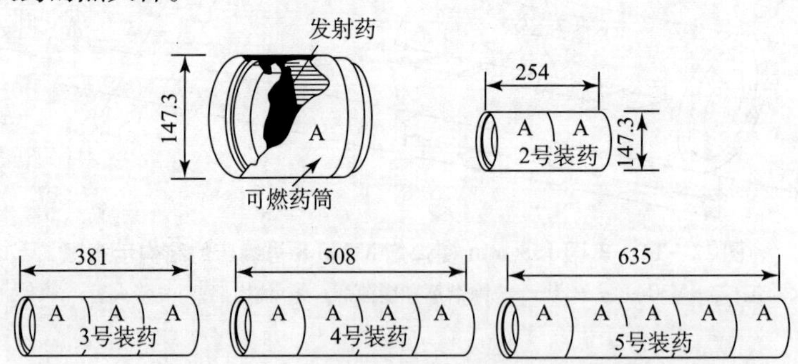

图 12－16　美国的 155 mm 榴弹炮 XM216 模块装药结构示意图（2）

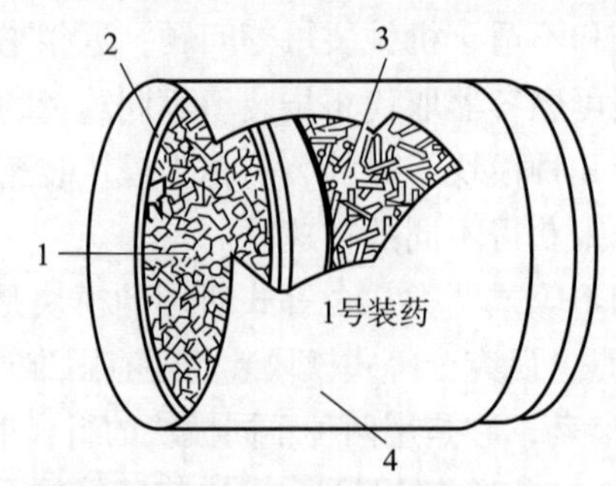

图 12－17　美国的 155 mm 榴弹炮 XM215 模块装药结构示意图

1—点火药；2—点火组件；3—M1 发射药；4—可燃药筒

由 XM215、XM216、XM217 组成的 1、2、3、4、5 号装药构成了 155 mm 榴弹炮的初速分级，满足了不同的射程要求。

由美国发展的双模块系统 MACS（模块化火炮装药系统）是 155 mm 发射装药的替代装药系统，与传统药包装药相比，该系统简化了后勤处理。MACS 由 XM231 装药模块和 XM232 装药模块组成。XM231 模块用于小号装药射击（一次使用 1 或 2 个模块），XM232 模块则用于大号装药射击（一次使用 3、4、5 或 6 个模块）。XM231 和 XM232 都是基于单元装药设计，即具有双向中心点火系统，粒状发射药装于刚性可燃容器内等。然而，XM231 和 XM232 两者设计上并不相同，XM231 模块使用的发射药是 M1MP 配方单基药；XM232 模块则使用 M30A2 配方三基药。所有的 XM231 模块都是完全相同，可以互换的（XM232 模块也是这样），这种设计使得 MACS 模块适于手工或自动操作，能够满足未来火炮的需要。MACS 装药由美国 ATK 公司专为“十字军战士”设计，同时，向下兼容现行的 155 mm 野战火炮系统（即 M109A6 帕拉丁、M198 牵引炮等）。

法国 GIAT 工业公司与 SNPE 公司共同发展一种与半自动装填和与 NATO 联合谅解备忘录相容的 155 mm 模块装药系统。这是一种双模块系统，是由用于近射程的基础模块（BCM）和用于中远射程的顶层模块（TCM）组成的。

1. TCM 模块装药

火药是分段半切割的杆状药，组分为 19 孔或 7 孔的 NC/TEGDN/NQ/RDX 或 NC/NGL。两种可燃容器、壳体和密封盖都是由制毡工艺完成的。

用黑火药装填的点火具设置在模块中心轴的空间。在装药模块的研究过程中，曾进行了包括压力波、点火延迟、易损性和装填寿命等试验。BCM 和 TCM 两种模块的结构相似，但两者可以通过颜色和形状加以区别。TCM 模块的发射药是粒状单基药，点火药是黑火药。

1）发射药能量组分、几何尺寸和弧厚

①发射药的选择。

首先考虑的是火药的能量及由此带来的燃温和烧蚀性质，表 12－1 是这些发射药的特性。

表 12－1　TCM 模块组分

发射药	$f/(\mathrm{MJ\cdot kg^{-1}})$	T_1 /K	$n/(\mathrm{mol\cdot kg^{-1}})$	k	$\delta/(\mathrm{g\cdot cm^{-3}})$
HUX TEGDN/QB	1.065	2 820	44.60	1.250	1.57
GB93/DB	1.079	3 112	41.14	1.237	1.58
HUX/DEGDN/QB	1.070	2 847	44.42	1.245	1.62
M30/TB	1.076	2 994	43.21	1.244	1.68

②药型选择。

根据 TCM 以及杆状药在装填密度、工艺和燃烧性能等方面的特点，首先确定杆状药药型和尺寸。取 4 种药型：开槽管状药、管状药、7 孔药和 19 孔药（表 12－2）。

表 12－2　TCM 模块装药选择的药型

药型		开槽管状药	管状药	7 孔	19 孔	19 孔
内径/mm		0.5	1.5	0.5	0.5	0.3
初速/(m·s^{-1})		900	931	957	978	986
药重/kg		13.480	14.710	15.800	16.700	17.300
弧厚/mm		3.4	3.3	2.9	3.0	3.1
外径/mm		7.3	8.1	13.1	19.56	19.19
杆数量/根		314	252	93	43	45
1 杆表面积/mm^2		41.66	49.76	133.41	296.76	287.88
杆总表面积/mm^2		13 081	12 540	12 407	12 761	12 955
壳体表面积/mm^2		有点火具 17 671 没点火具 17 181				
多孔度/%	无点火具	0.260	0.290	0.298	0.278	0.267
	有点火具	0.239	0.270	0.278	0.257	0.246
杆长度/mm		177	122	133	136	139

2）壳体的燃烧性能与机械性能

①TCM 可燃容器组分与结构。

TCM 可燃容器结构如图 12－18 所示。

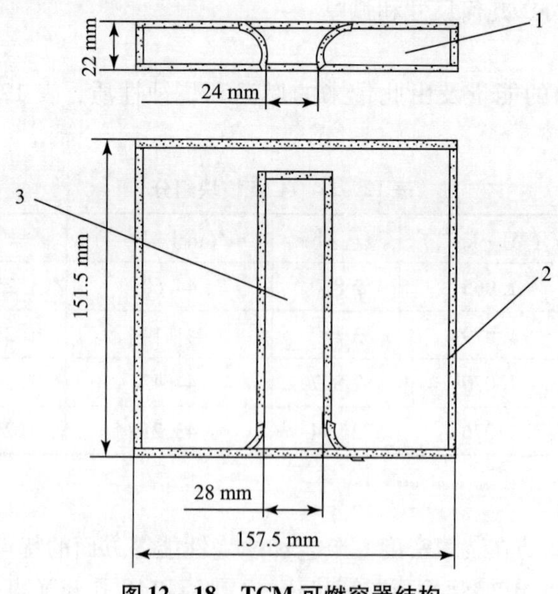

图 12－18　TCM 可燃容器结构

1—模块盖；2—模块壳体；3—模块中心通道

点火药选择方式与发射药的选择方式相似，选择时也考虑能量和燃温等性质。最终确定的模块装药结构（图 12－19）是：

火药组成：双基药　NC/NG：66.5/34.8；

　　　　　多基药　NC/TEGDN/NQ/RDX：52/26/8.6/10.7。

火药形状：段切的杆状药（图 12－20）：7 孔/19 孔。

点火具：黑火药，30 g。

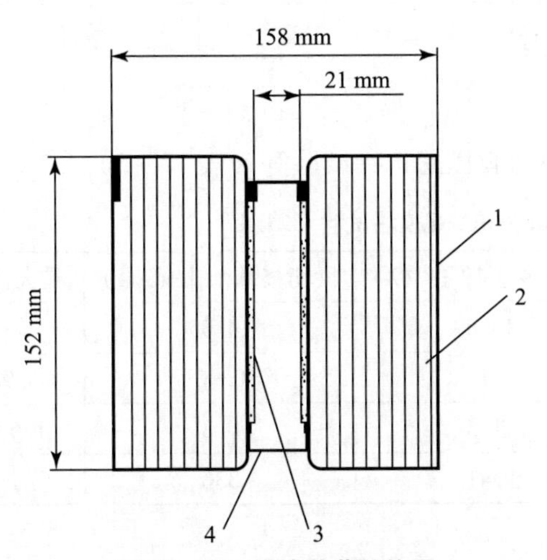

图 12－19　模块装药结构图

（模块最大外径 158；最小内径 21；最大高度 152）

1—壳体；2—火药束；3—点火具；4—密封盖

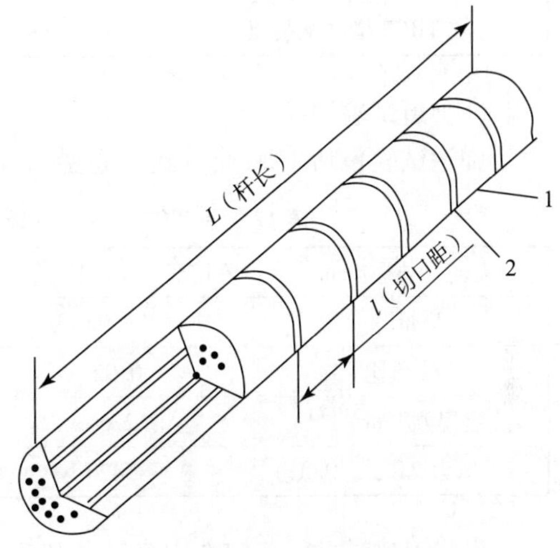

图 12－20　段切杆状药结构

1—杆状火药；2—切口

②TCM 易损性等级。

试验用完整的模块：2.4 kg 分段切口多基发射药，7 孔，弧厚 1.9 mm。组成为 NC/TEGDN/NQ/RDX：52/26/9/11；壳体质量 0.23 kg，组成是 NC/牛皮纸/树脂：68/26/5，点火是 0.03 kg 黑火药。易损性试验结果见表 12－3。

表 12－3　易损性试验结果

试验	参考标准号	结果等级	最大值 MURAT( )
快速自燃	4240	Ⅴ 11 s	Ⅳ
缓慢自燃	4382	Ⅳ 129.3 ℃	Ⅲ
枪击实验	4241	Ⅳ/Ⅴ	Ⅲ
爆轰感度	4396	Ⅲ	Ⅲ

③TCM 模块机械承载。

模块组成：可燃容器，点火器，2.500 kg 发射药。试验结果表明，TCM 模块装药达到机械装填的要求（表 12－4）。

表 12－4　TCM 模块机械承载

试验		可燃容器	
		无缓蚀剂	有缓蚀剂
2914 跌落试验，裸壳体，3 次跌落		1.2 m，通过	1.2 m，通过
155AuF2 自动装填炮塔	机械承载（双侧－正反）	通过	通过
155－52 CAESAR	在药室内承受装填撞击	通过	通过
在 TRG2 榴弹炮装填	在药室内尺寸相容性	通过	通过

④弹道试验选择。

弹道试验包括 TCM 全装药、高温和常温初速与膛压的选择试验等（表 12－5）。

表 12－5　TCM，52 倍口径 155 mm 火炮，6 模块试验（21 ℃）

火药（弧厚/mm）	段切双基 19 孔（2.2）	段切多基 19 孔（2）	段切多基 7 孔（2.1）	最大值
质量/kg	13.02	13.89	14.05	
装填比	0.92	1	0.96	<0.98
或然误差/$(m \cdot s^{-1})$	2.5	1.3	0.8	1.6
最大压力/MPa（21 ℃）	342	341	336	

经过上述试验，确定选用多基药和 7 孔药。

⑤TCM 发射药对温度系数的影响。

TCM 发射药对温度系数的影响如图 12－21 所示。

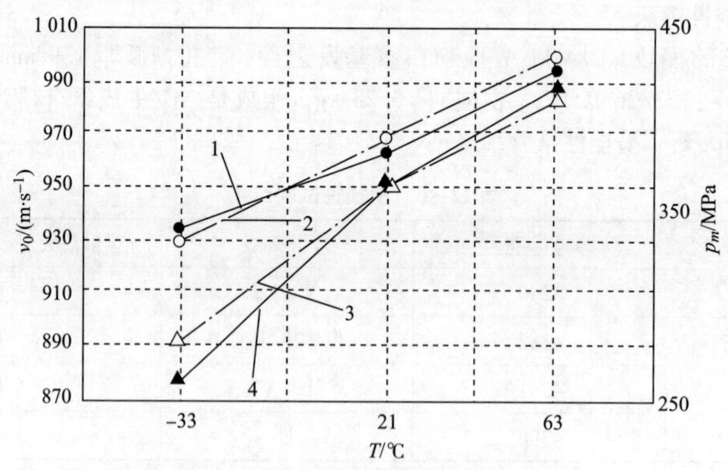

图 12－21　TCM 发射药对温度系数的影响

1—三基药初速；2—双基药初速。3—三基药膛压；4—双基药膛压

装药压力温度系数：三基药 0.550 6%/K（高常温）；双基药 0.500 0%/K（高常温）。

⑥TCM 中间射程试验。

表 12－6 是 TCM 3 模块的试验结果。

表 12-6　3 模块试验结果

发射药（弧厚/mm）	切双基 19 孔（2.2）	切多基 19 孔（2）	切多基 7 孔（2.1）
21 ℃初速/(m·s^{-1})	532	532	
21 ℃最大压力/MPa	90	90	
-33 ℃初速/(m·s^{-1})	536	520	500
-33 ℃最大压力/MPa	80	80	82

在壳体中加缓蚀剂时，射击后在药室与炮管中无残留物。

⑦TCM 壳体组分对温度系数的影响。

TCM 壳体组分（缓蚀剂）对温度系数的影响如图 12-22 所示。

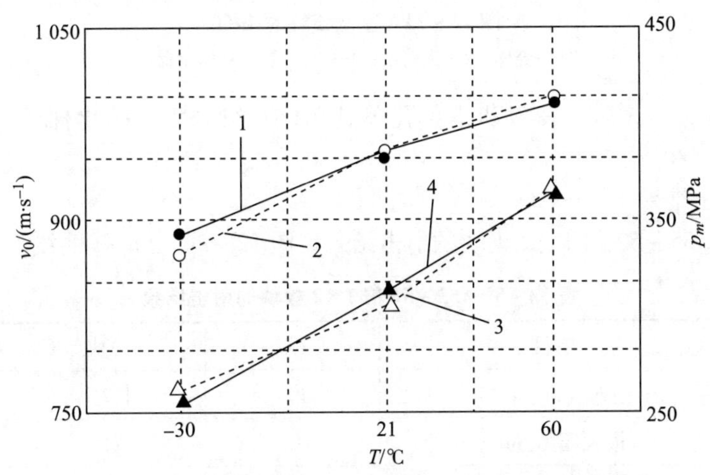

图 12-22　TCM 壳体组分（缓蚀剂）对温度系数的影响

1—含缓蚀剂初速；2—无缓蚀剂初速；3—含缓蚀剂膛压；4—无缓蚀剂膛压

⑧TCM 155-39 倍口径 3、4 和 5 模块射击结果。

39 倍口径 155 mm 火炮的射击结果，TCM 装药与药包装药相接近（表 12-7），但 TCM 的压力波有所降低。

表 12-7　39 倍口径，21 ℃，TCM-3、4、5 模块射击结果

装药	初速/(m·s^{-1})	最大压力/MPa	压差 ±Δp/MPa	作用时间/ms
5 模块	812	280	-10/+20	100
39 倍，装药 7 号	797	294	-25/+30	
4 模块	663	170	-5/+10	90
39 倍，装药 5 号	685	195	-20/+16	68
3 模块	510	100	-2/+4	90
39 倍，装药 4 号	488	102	-5/+5	75

2. 基础模块（BCM）

1）基础模块的结构

基础模块的结构如图 12-23 所示。

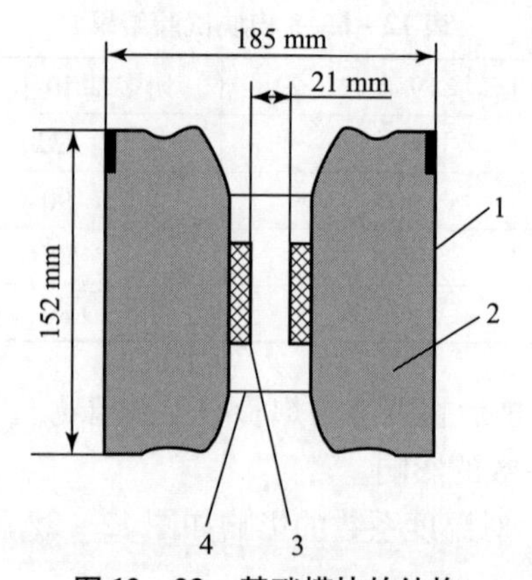

图 12－23　基础模块的结构

1—壳体；2—火药束；3—点火具；4—密封盖

点火药为 45 g 黑火药。发射药是单孔单基药，其组分为：硝化棉/二苯胺/DBP/消焰剂＝93.7/1.0/4.5/0.8。

2）BCM 射击结果

表 12－8 是 155－52 倍 1、2 模块的射击结果，图 12－24 为 $p-t$ 曲线。

表 12－8　155－52 倍 1、2 模块的射击结果

温度	项目	1 模块	2 模块	最大值
21 ℃	初速/（$m\cdot s^{-1}$）	305	462	
	最大压力/MPa	61.2	171	
	作用时间/ms	46	40	300.25
－33 ℃	初速/（$m\cdot s^{-1}$）	301	457	
	最大压力/MPa	57	141	
	作用时间/ms	81	65	300.25

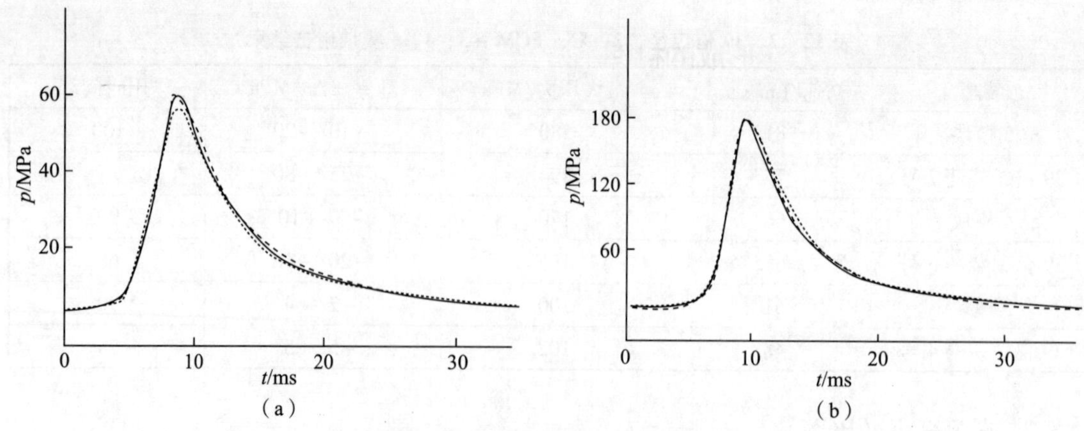

图 12－24　BCM 射击 $p-t$ 曲线

（a）1 模块；（b）2 模块

在壳体中加缓蚀剂，射击后在药室与炮管中无残留物，压力和速度的温度系数较低。

3）BCM 和 TCM 弹道性能

BCM 和 TCM 弹道性能如表 12-9 和图 12-25 所示。

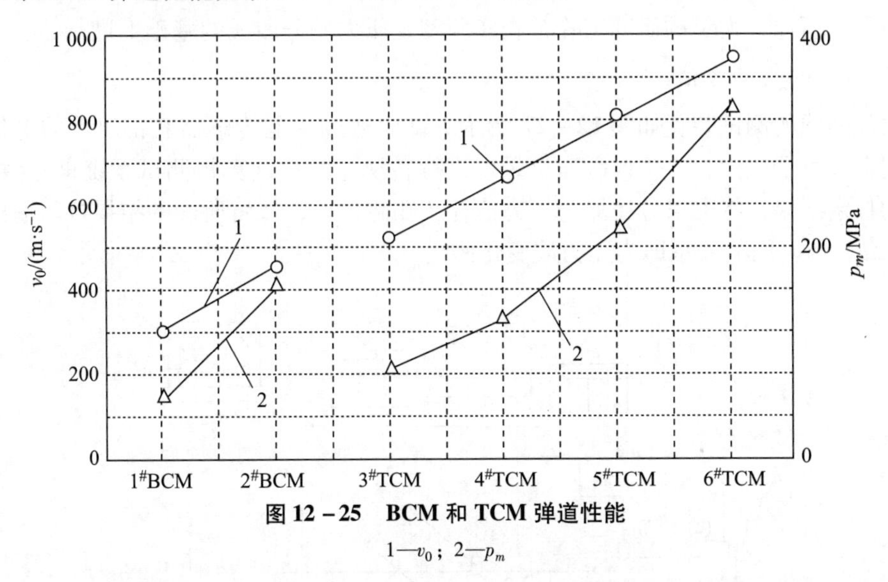

图 12-25　BCM 和 TCM 弹道性能

1—v_0；2—p_m

表 12-9　BCM 和 TCM 弹道性能

温度/℃	项目	BCM		TCM			
		1 模块	2 模块	3 模块	4 模块	5 模块	6 模块
21	初速/($\mathrm{m \cdot s^{-1}}$)	306	462	532	668	811	946
	最大压力/MPa	61.2	171	90	135	220	336

12.2　装药结构对内弹道性能的影响

12.2.1　膛内压力波形成的机理

射击过程中，膛内所产生的压力波是一种可能发生不测事故的危险征兆。为了保证射击的安全可靠，采取某些有效的技术措施以抑制或削弱这种压力波现象，这是内弹道装药设计的一项重要任务。因此，首先对压力波形成机理及其特性做深入的分析。

1. 压力波一般特性分析

膛内压力波现象首先表现在压力-时间曲线上具有不光滑的“阶跃”特征，如图 12-26 所示。压力-时间曲线上明显出现两处“阶跃”现象，这种现象一般是由不均匀点火、药床运动

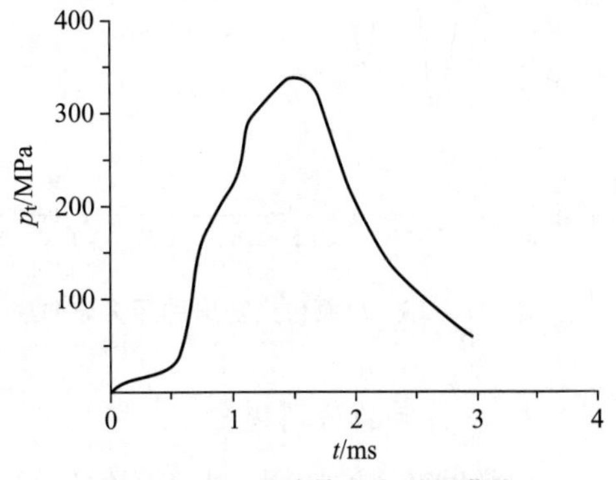

图 12-26　实验的压力时间曲线

和波的反射所造成的，所以压力曲线上的“阶跃”就是压力波的表征。但从某一特定位置的压力曲线还不能直观、定量地认识压力波的规律。为了在工程上应用方便，通常用膛底处测得的压力减去坡膛处测得的压力的差值，来建立压力差随时间变化的曲线，从而量度压力波变化特征。所以，大量的研究工作是在实验测定压力差分曲线的基础上进行的。

2. 压力波的实验方法

压力波曲线的测试装置如图12－27所示。试验通过压电传感器获得压力的电信号，电信号经电荷放大器放大，再输入瞬态记录仪进行转换；然后计算机测试系统进行数据采集，根据压力标定结果，将电信号还原为压力值存放在磁盘里，或将所测的结果打印输出。其中$p_1 - p_3 = \Delta p$，与时间的关系即为压力波变化曲线。

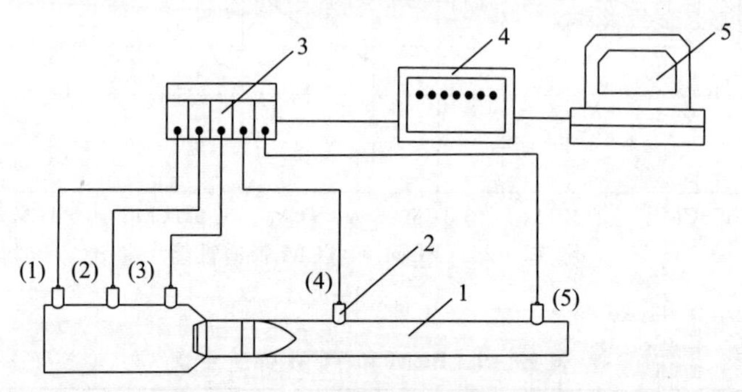

图12－27　压力波曲线的测试装置

1—火炮身管；2—传感器；3—电荷放大器；4—瞬态记录仪；5—微机

典型的压力波曲线如图12－28和图12－29所示。在相同的内弹道性能的条件下，小颗粒火药床的压力波比较大，而大颗粒火药床的压力波则比较小。颗粒的大小影响药床的透气性。颗粒越大，透气性越好，因此压力波也较小。由此可见，药床透气性是影响压力波的一个重要因素。

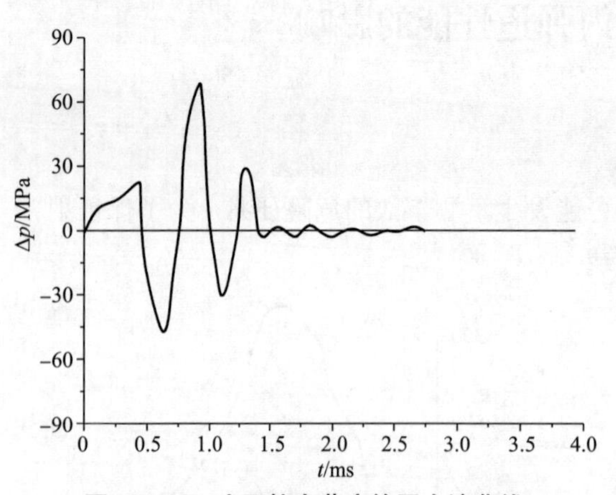

图12－28　小颗粒火药床的压力波曲线

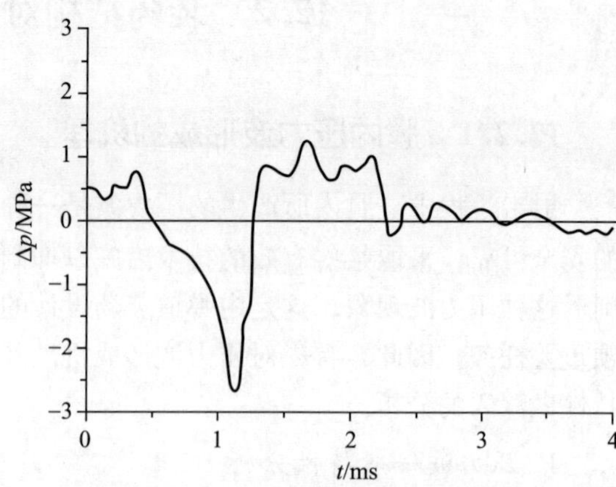

图12－29　大颗粒火药床的压力波曲线

3. 压力波的传播规律

内弹道循环的初期，由于不均匀的点火，在弹后空间的压力分布形成明显的压力梯度，表现为纵向压力波的存在。在沿药室四个位置上测得压力曲线，将其处理为不同时刻的压力分布，可揭示膛内纵向压力波的产生、发展和衰减的过程。图 12－30 是海 30 mm 火炮 6/7 装药测试的结果。从图中可以看出，点火药气体从底火中喷出，在膛内首先形成正向的压力梯度，并随着逐层的引燃发射装药，压力梯度不断被加强，逐渐地向弹底方向传播。大约在 0.49 ms 时刻，波阵面在弹底反射，很快使弹底压力高于膛底压力，形成反向的压力梯度，这相应于压力波曲线上的第一个负波幅形成过程。大约在 0.68 ms 时刻，波阵面在膛底再次反射，使膛底压力又一次高于弹底压力，形成第二次正向压力梯度，它相应于压力波曲线上的第二个正波幅的形成过程。经过几个周期的来回反射后，随着弹丸的运动，压力梯度逐渐减小，膛内压力趋于均匀，并接近于拉格朗日假设下的压力分布。

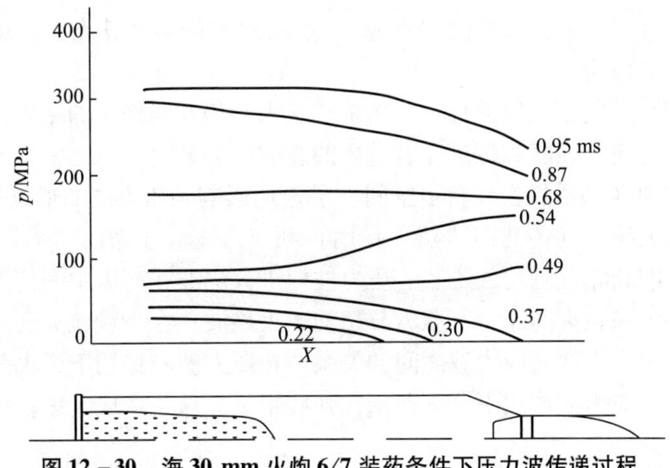

图 12－30　海 30 mm 火炮 6/7 装药条件下压力波传递过程

4. 压力波形成机理

为了说明膛内压力波的产生和发展过程，通过一个理想的射击过程来描述。射击从击发底火开始，通过电或机械方法引发底火，由底火产生的燃气去引燃点火药。点火药燃烧后所产生的高温气体和灼热的固体微粒，以一定的速度喷射入火药床。这些燃烧产物的温度和压力随时间的分布取决于点火系统的结构。当火药表面被加热到足以燃烧的时候（达到着火点），接近点火药部位的火药开始燃烧，形成一个初始的压力梯度和第一个正波幅。高温的火药气体和点火药气体混合并迅速地渗透到未燃的火药区，它以对流传热的方式加热火药表面，火药床被逐层地点燃。这时，在火药床中形成一个火焰波的传递。这一过程称为传火过程。

当形成气、固两相后，药床密集性对气流产生阻尼，通过 X 光对膛内的探测可以观察到火药床的运动过程。在火药床被压缩过程中，固相的火药床中形成应力波的传递。火药床在应力波的作用下，逐层被压缩，在弹底形成高颗粒密集区，部分药粒由于挤压和撞击而破碎。一旦火焰波传到弹底，弹底部位的气体生成速率猛然增大，从而加强了弹底的反射波，形成了逆向的压力梯度，导致第一个负波幅的产生。

在逆向压力梯度作用下，火药床又被推回到膛底，使弹底部位的气体生成速率减小。由于弹丸运动使弹后空间增大，弹底部位的压力上升速率减慢，而这时膛底的压力上升速率逐渐增大，于是又形成正向的压力梯度，导致了第二个正波幅的产生。这种在膛底和弹底之间往复反射，形成了膛内纵向压力波的传递过程。

在膛内压力上升阶段，膛内的气体总是受到压缩，后一个压缩波传播速度大于前一个压缩波的传播速度。这些压缩波要互相叠加起来，使得压力波阵面越来越陡峭，最后形成大振幅的压力波。与此同时，弹丸在膛内压力作用下，不断地被加速，弹后空间增大。这时在弹底产生一系列的膨胀波，压力梯度因此而被削弱，膛内压力分布趋于均匀。一般情况下，当膛内压力达到最大压力之后，压力波就很快地衰减，直至消失。但也可能造成这样一种极端的情况：由于点火条件恶化，药粒在弹底被严重击碎，使膛内局部压力急升，而弹丸运动不足以抑制这种上升的趋势，压力波的振幅不断地增大，形成了极大的压力波头，造成灾难性事故发生。

根据上述分析，压力波形成的机理可归纳为以下几个要点：

①点火激励是膛内压力波形成的“波源”。点火源的位置及其点火冲量对压力波的形成和发展起着决定性的作用。

②膛内压力波不是气相发生的行为，而是气、固两相共同作用的结果。火药颗粒在膛内运动及其聚散对压力波的强度和传播有着重要的影响。

③火药床的结构（如透气性、自由空间）显著地影响到压力波的形成和发展。

④火药床中的火焰波（传热的“热”作用）和应力波（压缩的“力”作用）与压力波之间存在着相互影响和相互制约的关系。压力波促进火焰波在药床中的传播，火焰波又加强压力波的形成。在大颗粒火药床中，压力波超前于火焰波；在小颗粒火药床中，压力波与火焰波几乎重叠。至于压力波与应力波之间的关系，在压力波的作用下，火药床受到压缩而形成应力波的传播；在应力波作用下，火药床在弹底聚集，这是造成大振幅负向压力波的重要因素。

⑤弹丸在膛内运动是削弱压力波的一种因素。当这种削弱压力波因素不足以抑制其增长时，就有可能导致危险压力波的产生。

12.2.2 装药设计因素对压力波的影响

研究膛内压力波是为了通过合理的装药结构设计达到抑制或削弱压力波的目的，以保证装药射击的安全性。因此，首先要分析影响压力波的各种因素，了解装药结构参数对压力波影响的物理实质。大量的试验研究指出：压力波产生的主要原因与点火的引燃条件、药床的初始气体生成速率、药床的透气性（空隙率）以及药室中初始自由空间的分布有关。

1. 点火引燃条件

大量的试验证明：点火方式是对膛内压力波影响最显著的一个因素。不均匀的局部点火容易产生大振幅的压力波，严重情况下可能引起膛炸现象；而均匀一致的点火可以显著地降低压力波强度。金志明教授等曾在海 30 mm 火炮中研究了底部点火和中心点火对压力波的影响。在内弹道性能等效条件下（保持初速和膛压一致），中心点火条件下的第一个负波幅 $-\Delta p_i$ 只有底部点火的 1/3，如图 12 - 31 和图 12 - 32 所示。中心点火是一种轴向配置径向点火方式，这种方式点火均匀，减小了点火波对药床的压缩，从而减弱了压力波的强度。因此，在装药设计中，大多数都采用点火管或用可燃点火管的点火激发系统，废弃了那种在膛底的局部点火方式。除点火位置分布外，对一个理想的点火系统，还应注意由点火系统释放出的能量和气体压力的变化速率，以及向火药床点火所提供的能量。采用均匀的中心点火系统虽然不能完全避免压力波的产生，但能在很大程度上改善状况。

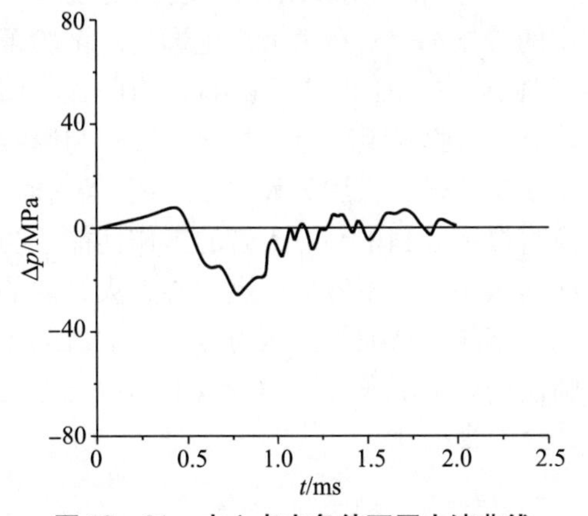

图 12－31　中心点火条件下压力波曲线

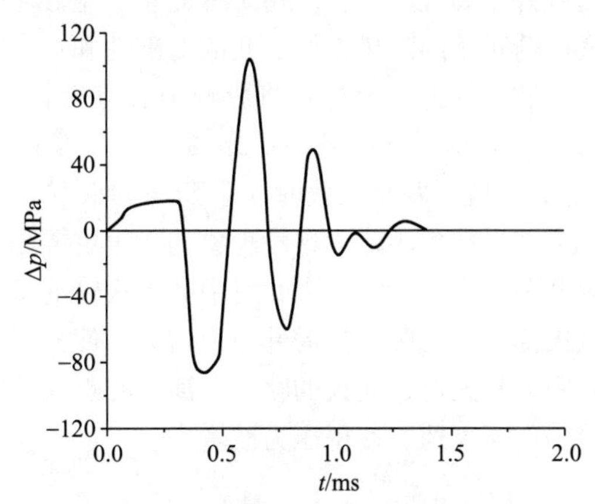

图 12－32　底部点火条件下压力波曲线

美国的内弹道学者霍斯特曾用相同质量的黑火药采用九种不同点火方式的装药来研究对压力波的影响。在 127 mm 口径火炮上的射击结果如图 12－33 所示。这些点火研究表明，沿轴向均匀点火，使点火药气体能迅速分散，有利于降低压力波。图 12－33 中结构 A 是用一种低速导爆管引燃的点火具，它使装药更接近瞬时轴向点火。图 12－34 清楚地表明上述九种点火结构对最大压力 p_0 和初速 v_0 都有显著的影响。从这些数据中可以得出这样的结论：点火系统必须要求有良好的重现性，否则弹道偏差就要增加。

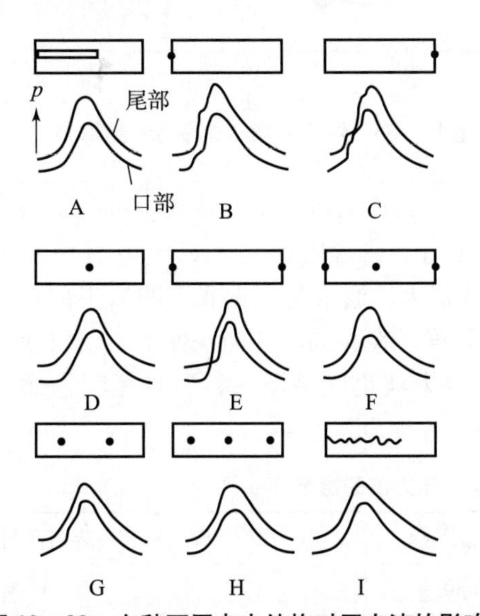

图 12－33　九种不同点火结构对压力波的影响

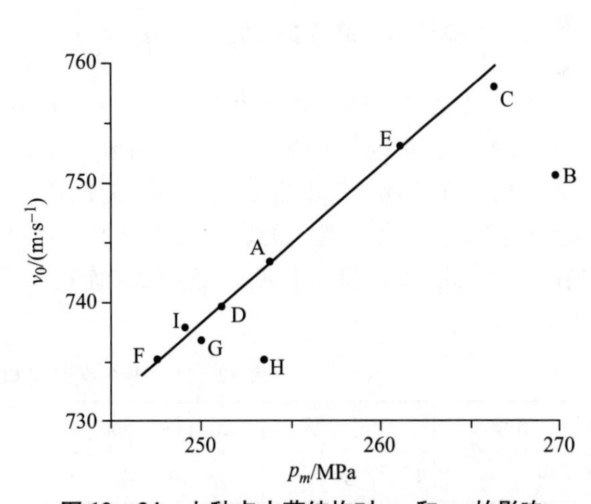

图 12－34　九种点火药结构对 p_m 和 v_0 的影响

在药包装填条件下，装药结构比较复杂，点火系统的性能对压力波影响更加敏感。药包装药结构的点火系统如图 12－35 所示。底火被击发后，喷出灼热的气体和固体粒子，点燃底部点火药包。在底火孔与中心点火管之间对准较好时，火焰可直接穿过底部点火药包而进入中心点火管，并点燃管内的点火药。当对准位置存在某些偏差时，底部点火药包的作用是通过布层点燃中心点火管的点火药，再点燃装药床。药床底部和膛底之间保持一定距离，称为脱开距离 Δ。显然，底火总能量的输出和传递速率、底火排气孔的结构、装药的脱开距离、药包布的阻燃作用、孔的对准性和点火药在管中的分布都会对压力波产生影响。试验证明：装药的脱开距离 Δ 将影响中心点火管的功能，因此，它对压力波的影响尤为明显。图12-36表示脱开距离对 $-\Delta p_i$ 的影响。从图中可以看出，当脱开距离趋于零时（装药与膛接触），或脱开距离较大时（装药与弹底接触），其压力波最强。当脱开距离在某个范围时，压力波出现最小值。这种现象的产生主要是脱开距离直接影响到中心点火管的工作性能。当脱开距离为零时，底火孔对中心点火管的偏斜影响必然很明显，不容易引燃中心点火管内的点火药，造成膛底的局部压力增大，使药床产生运动和挤压，从而导致压力波的增加。当脱开距离较大时，底火的喷火孔离中心点火管太远，喷出的射流减弱，同样难以引燃中心点火管内的点火药，使得压力波增大。

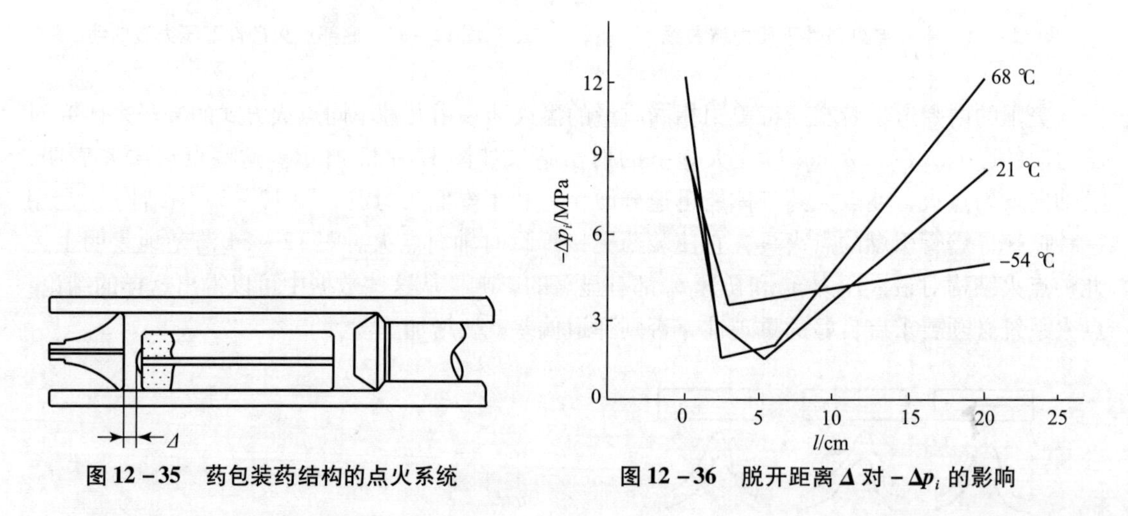

图12-35　药包装药结构的点火系统　　　**图12-36　脱开距离 Δ 对 $-\Delta p_i$ 的影响**

可燃中心传火管在某些火炮的装药中已得到应用。其点火机理主要是利用可燃管将点火药均匀地配置在药床的轴线上，并构成一个传火通道，在管内建立一定压力后局部破裂（或破孔）而点燃周围的发射药。破裂的位置随机性很大，通常是靠近底火的后半部首先破裂，主要取决于传火管内的装填条件及可燃管机械强度。在相同的装药条件下，仅仅改变管内的装填密度 Δ_l，试验证明，随着 Δ_l 增大，膛内压力波也随着增大，而且相当敏感，见表12-10。

表12-10　管内装填密度 Δ_l 对压力波的影响

组号	射击发数	$\Delta_l/(\mathrm{kg\cdot dm^{-3}})$	p_m/MPa	$-\Delta p_i$/MPa	装药品号
1	3	0.140	459.0	1.5	4/7单基
2	5	0.202	527.1	22.2	4/7单基
3	6	0.256	524.4	61.2	4/7单基
4	6	0.315	505.5	113.2	4/7单基
5	6	0.354	515.7	236.8	4/7单基

可燃传火管的机械性能影响到点火过程中管的破裂时间及破裂部位。若管的机械强度较低，则管在较低压力下就被破裂，点火的一致性就较差，压力波则增大；机械强度较大时，管在较高压力下破裂，点火的一致性得到改善，此时压力波就小。见表 12 – 11。

表 12 – 11　可燃管机械强度对压力波影响

组号	射击发数	机械强度	$\Delta_I/(\mathrm{kg\cdot dm^{-3}})$	p_m/MPa	$-\Delta p_i$/MPa
1	5	二分之一标准强度	0.256	488.3	76.6
2	6	标准强度	0.256	542.4	61.2
3	5	二倍标准强度	0.256	502.2	15.1

2. 初始气体生成速率

初始气体生成速率对压力波的影响已经得到许多试验的证明。初始气体生成速率越大，越容易产生大振幅的压力波。由经典内弹道学可知，气体生成速率 $\mathrm{d}\psi/\mathrm{d}t$ 取决于火药燃烧面及燃烧速度两个因素，即

$$\frac{\mathrm{d}\psi}{\mathrm{d}t}=\chi\sigma\frac{\mathrm{d}z}{\mathrm{d}t}$$

式中，$\sigma=S/S_1$。显然，初始气体生成速率取决于火药的初始燃烧面积 S 和低压力下的火药燃烧速度 $\mathrm{d}z/\mathrm{d}t$。就燃速来说，在低压力下，不同火药的燃速可以相差几倍。燃速指数大的火药，在低压力下，燃烧则比较慢，这就使得初始的气体生成速率比较小。因此，在射击的起始阶段，膛内的压力梯度也较小，使任何局部压力波的产生将有较多的时间在药室内消失，从而使压力波衰减下来。图 12 – 37 的计算结果表明，当燃速指数 n 从 0.75 变到 0.95 时，这时负向压力差 $-\Delta p_i$ 变为原来的一半。由此可以推论：若在点火一致性较差的情况下，由于初温对燃速的影响，在低温条件下的压力波比高温时的压力波要小。同时，可预测到钝化和包覆火药的采用也会使压力波减小。表 12 – 12 表示包覆火药试验的结果。表中 6/7 – AI(35%) 表示 A 型配方 6/7 包覆火药占总装药量为 35%。装填方式分混装（两种装药均匀混合）和分装（包覆药装在下层，主装药在上层）两种。在表中可以看出，使用包覆药后，均使压力波减小，而分装的结构使压力波减小更多。

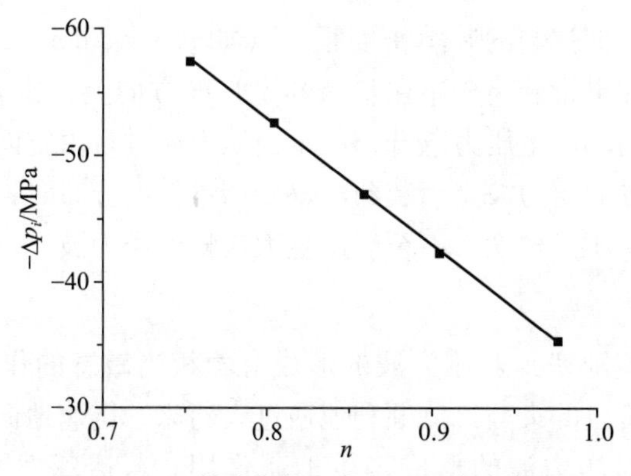

图 12 – 37　燃速指数 n 与 $-\Delta p_i$ 的计算关系

表 12-12　包覆火药试验结果

装药结构	p_m/MPa	$-\Delta p_i$/MPa
7/14 单一装药 190 g	357.7	27.0
7/14 +6/7 - AI（35%） 190 g 混装	370.0	21.4
7/14 +5/7 - BI（25%） 180 g 分装	337.5	8.7
7/14 +5/7 - BI（25%） 190 g 分装	386.8	2.1

另一个影响初始气体生成速率的是火药的起始燃烧表面。在内弹道等效的条件下，粒状火药的孔数越多，则起始的燃烧表面也就越小，所以，19 孔火药和 37 孔火药比 7 孔火药的起始燃烧表面要小。很显然，它应当有降低压力波的倾向。有人认为，在某个临界压力和某个流动条件之前，内孔将迟后点燃，这也是促使多孔火药装填条件下压力波下降的一个原因。当然，孔数越多，药粒尺寸也相应地增大，药床的透气性也得到相应的改善，对压力波也起到抑制作用。

3. 装填密度

更多的试验证明，在同样的装药结构条件下，高膛压的装药要比低膛压的更容易出现压力波。这是为了得到较高的压力而提高装填密度的结果，因而压力波的生成也是随装填密度和最大压力增加而加强。见表 12-13，$-\Delta p_i$ 代表负压力差，即压力波第一个负波幅。然而，还应当指出，这种影响还因装药尺寸和药床的透气性的作用而变得更加复杂，因为装填密度增大，必然使药床透气性变差，促使压力波增强。

表 12-13　装填密度对压力波的影响

弹号	Δ/(kg · dm^{-3})	p_m/MPa	$-\Delta p_i$/MPa	理想最大压力 (无压力波)/MPa
121	0.54	225	27	226
126	0.60	307	51	286
127	0.64	437	84	341

在小号装药条件下，榴弹炮的装填密度很小（如 0.1 kg/dm^3），如果装药集中在一端，也会严重产生压力波；如果将装药分布在整个药室长度方向上，压力波可以消除。很显然，小装填密度下，也可能局部产生压力急升，以至当压力通过自由空间时，受到阻塞流动条件的有效限制而产生大振幅的压力波。当装药沿整个药室长度分布时，膛内压力分布也比较均匀，从而可以有效地减小压力梯度，不至于产生大振幅的压力波。

4. 火药床的透气性

火药床的透气性（空隙率）对压力波的形成有着相当敏感的作用。一个透气性良好的装药结构，能够使点火阶段的火药气体顺利地通过火药床，迅速地向弹底方向扩散，有效地减小初始的压力梯度，对压力波的形成产生抑制作用。若透气性不好（如高装填密度条件），点火阶段的气体将受到强烈的滞止，促使压力梯度更大，因而使压力波逐渐加强起来，从而形成大振幅的纵向压力波。例如，采用管状药的中心药束，或者采用中心点火管，都可以增加装药床的透气性，一般都能降低压力波的强度。

在保持内弹道性能等效的条件下，火药床的透气性随着药粒尺寸的增大而增加。若总的燃烧表面保持不变，用 19 孔火药或 37 孔火药比用 7 孔火药的药粒尺寸有明显的增加。所谓保持内弹道性能等效，是指几乎在相同装药量下获得相同的最大压力和初速。霍斯特等人在这方面做了大量的试验工作。他们在 M185 加农炮上的不同测压位置（图 12－38）测得的负向压力差值列于表 12－14 中。

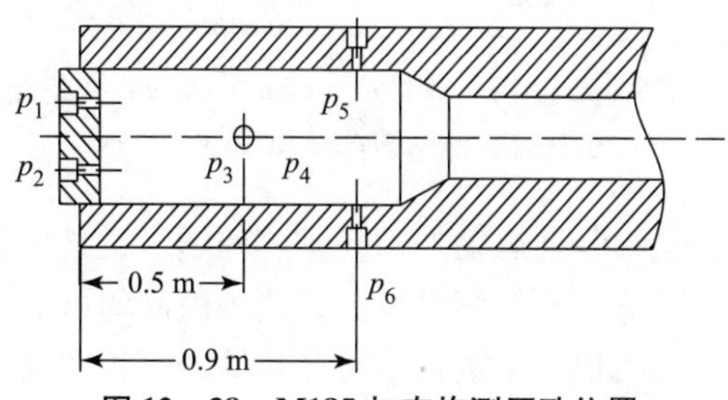

图 12－38　M185 加农炮测压孔位置

表 12－14　不同形状火药对压力波的影响

装药批号	ω/kg	v_o/(m·s^{-1})	p_m/MPa	$-\Delta p_i$/MPa	点火延迟时间/ms
7 孔 (77G－069805)	10.89	796 (18.5)	340 (31.9)	87 (17.4)	37 (20.80)
19 孔 (PE－480－43)	11.34	802 (7.5)	320 (28.7)	66 (14.1)	26 (3.8)
37 孔 (PE－480－40)	10.89	789 (3.7)	302 (4.8)	34 (12.6)	32 (9.0)
37 孔 (PE－480－41)	11.34	770 (16.9)	299 (33.2)	40 (18.6)	35 (16.4)

从表中可以看出，用测量的初始负压力差 $-\Delta p_i$ 来表示纵向压力波的大小随着药粒尺寸增大而减小。表中数据是 3～5 发射击结果的平均值，括号中的数据是标准偏差。

5. 药室内自由空间的影响

维也里、卡拉库斯基、海登及南斯等内弹道学者在早期的研究工作中已经清楚表明，装药前后存在自由空间将有促使产生压力波的作用。霍斯特和高夫研究指出，在点火开始瞬间所产生的压力梯度引起整个火药床的运动，并且产生药粒相继挤压和堆积效应。如果装药存在自由空间，那么药粒将以一定速度撞击到弹底或膛底以及密封塞等这些内部边界上，形成了局部密度的增加，同时，也降低装药床的透气性，从而增加由于火药燃烧而驱动压力波向前的陡度。装药床的挤压引起局部空隙率的减小，从而加强负向压力梯度。另外，还可能由于装药床运动和挤压而产生药粒破碎的情况，使得燃烧面骤然增大，从而引起气体生成速率迅速增加，最终促使压力波强度更快地增强。

霍斯特和高夫在 76 mm 口径加农炮上进行了装药内部边界条件对压力波影响的研究，他们的试验结果和理论分析使我们确信边界条件的重要性。结论是：当发射药稍加限制和在装药床与弹底之间存在自由空间的情况下，就一定会预测到压力波振幅的增加。在图12－39所示的装药结构条件下，研究装药元件对压力波的影响。当取掉填塞块并将装药床延伸到弹丸底部时，实际上就消除了压力波。

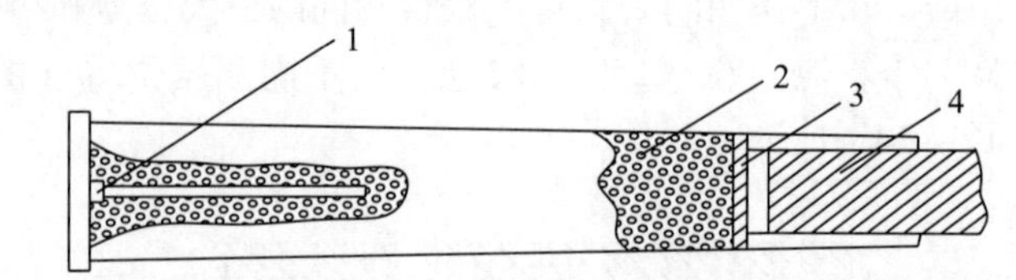

图12－39　76 mm 奥托·莫雷拉（Oco Melara）火炮装药结构

1—点火管；2—火药；3—填块；4—弹丸

由于存在自由空间而引起的装药运动的药粒破碎问题，也是引起膛压反常增加的一个重要的原因。特别是在低温情况下，药粒容易变脆，这种破碎的可能性将大大增加。美国海军武器试验曾经用空气炮在不同的初温下进行了将药粒撞击钢板的破碎试验。典型的结果如图12－40所示。从图中可以看出，药粒破碎的速度临界值是随温度升高而增大的。皮埃尔·本海姆等法国内弹道学者也做了同样的试验。他们的试验表明，除温度影响外，火药的几何形状和材料组成也有密切关系。在常温时，7孔火药临界撞击速度（超过此速度时药粒开始破碎）为40 m/s，而19孔火药则为30 m/s。在较高撞击速度时，7孔火药反而变得比19孔火药更脆。撞击速度高达100 m/s时，它们的破碎药粒百分数分别为100%和60%。总之，在低撞击速度时，7孔火药比19孔火药似乎有较大的抗碎性，但是，在高撞击速度时，19孔火药又似乎有较大的抗碎性。

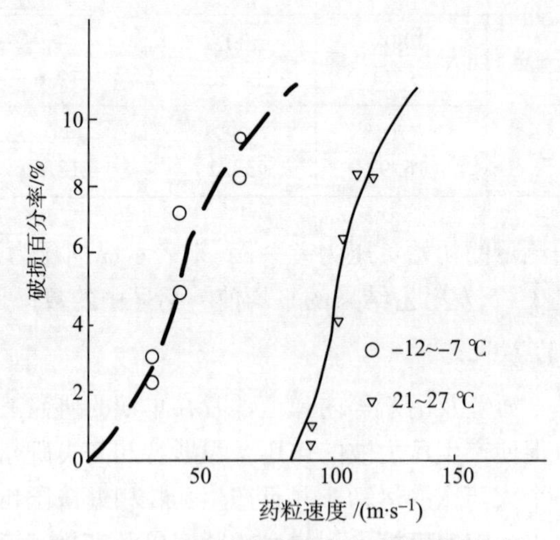

图12－40　M6火药在空气炮中的试验结果

索珀用X射线闪光仪测得点火时膛内药粒的速度分布，并观察到有些火药在撞击弹底之前的速度可能超过200 m/s。采用NOVA程序对200 mm口径榴弹炮膛炸现象的模拟结果是，在底部点火条件下，药粒撞击弹底上的速度至少为60 m/s。很显然，这已很大程度上超过了临界撞击速度。因此，减小药粒的破碎率是装药设计应考虑的一个重要课题。一般的方法是改善点火系统的效能，以减小装药床的运动。在存在自由空间的情况下，应将自由空间分布在装药周围，消除靠近弹底的自由空间，以减小药粒的撞击速度，并改进火药工艺及配方，以提高临界撞击速度值。

12.2.3 抑制压力波的技术措施

研究压力波的目的是寻求抑制压力波的技术措施，将压力波强度控制在允许范围内。根据以上对产生压力波诸因素的分析，抑制压力波的技术途径有以下几个方面：

1. 改进点火系统设计

局部点火是产生膛内压力波的一个很重要的原因。目前的一些大口径火炮中已经废弃了这种点火方式，而是改用中心点火管系统。一种性能优良的点火系统，除了要求释放出一定能量和点火压力外，还要求轴向点火的一致性。美国曾在 127 mm 火炮中试验了两种新型快速点火具（RIP）：一种是在金属管中放有铝和过氯酸钾，另一种是在可消失管中装有快速燃烧的铯盐和硝酸钾混合物。由于使用了这些传火线速度可达 6 100 m/s 的缓爆燃发火剂的点火具，火药床的轴向点火一致性比使用黑火药点火的情况有显著的改善。试验证明，在使用 RIP 点火具点燃装药时，其火焰传播则因点火具轴向传播而变得很快，所观察到的主要在径向传播。应用 RIP 点火具使点火更加一致，从而大大减缓了药床初始运动对弹丸的冲击，这对引信设计具有重要意义。用 X 光射线摄影证实，相较于使用黑火药点火，使用 RIP 点火具点燃装药时，药床向前运动更加一致，并且速度较慢，并逐渐地充满药室前的空间。在我国，一种利用低爆速的导爆管作为传火载体的点火具（LVD），也具有轴向点火一致性的优良性能。在海 30 mm 火炮上的射击结果表明，压力波强度可以减小一半，这种点火系统有明显的抑制压力波的作用。

对于药包装填的点火问题，目前尚未得到很好的解决。它的影响点火因素也比较复杂，如药包袋几何因素的多变性、药包布对点火阻碍的影响等。这些因素都是在药包装填下影响点火一致性的重要原因。必须指出：每一种火炮发射系统对其点火的要求都有它的特殊性。在一个发射系统中性能满意的点火具，可能在另一个类似的系统中失灵。这主要是由于每一种装药结构与其点火系统之间存在着合理的匹配条件，一旦这种匹配条件被破坏，就会直接影响到整个内弹道循环，可能导致大振幅压力波产生，或点火延迟、或弹道性能不稳定等现象发生。

2. 减小初始的气体生成速率

初始气体生成速率越大，气体的压力梯度也越显著，这也是容易产生压力波的一个因素。减小初始气体生成速率措施有：

①采用 19 孔或 37 孔火药。在相同装药量条件下，可减小起始表面积，从而使初始气体生成速率减小。

②将火药钝化。用阻燃剂渗透到火药表面层，减小初始的燃烧速率。

③采用包覆火药。一般情况下是将包覆火药和未包覆火药混合使用，否则会影响到点火延迟。

④采用高燃速指数火药。

3. 减小或合理分配药室中的自由空间

自由空间的存在能引起装药的运动，严重情况下可能使火药碰碎。为了减小自由空间，可以在弹底和装药之间增加衬垫，或将自由空间分配在装药周围，形成环形间隙。在小号装药的情况下，为了减小自由空间，可以将其尽可能做成全长装药，其长度一般不能短于药室长的 2/3。

4. 增加药床透气性

一个透气性良好的火药床能使由于点火而产生的压力梯度很快衰减，不至于形成纵向大振幅的压力波。增加药床透气性可采用管状药或开槽管状药，使用大颗粒的多孔火药也可以改善透气性的条件。

压力波产生的物理过程及其影响因素是相当复杂的。以上所提出的各种抑制压力波措施，对不同装填条件的火炮所产生的效果也不可能相同，只能对具体装填条件进行具体分析，采取相应的技术措施。

12.3 提高弹丸初速的装药技术

火炮的基本要求是弹丸威力、射击精度以及机动性。这些因素是相互矛盾和相互制约的。但是，在一定弹丸质量或一定身管长度的前提下，它们都要求武器有尽可能高的炮口初速，这又是统一的。在现代战争中，使用高初速火炮能取得战斗的优势。使用高初速火炮可以增大火炮的射程，使火炮能在不转移阵地的情况下进行大纵深的火力支援。对于像坦克这类装甲目标来说，提高初速可以增加弹丸侵彻装甲的能力。弹丸初速越高，弹丸飞行到目标的时间越短，同时，由于弹道低伸，能改善对目标特别是运动目标的命中概率。在现代战争的条件下，武器对目标的首发命中概率一方面反映了武器杀伤或毁坏敌方目标的能力，另一方面又反映了武器自身在战场上的生存能力。因此，提高火炮初速始终是火炮火药装药技术领域的重大课题，也是火炮火药装药技术今后发展的主要方向。

增加 $p-l$ 曲线下的面积可以增大弹丸初速 v_0，就火药装药本身而言，可通过以下途径增大弹丸初速：

①增加火药气体的总能量，即通过 $p-l$ 曲线来提高弹丸初速。

②改变燃气生成规律，通过改变 $p-l$ 曲线的形状，在不增加最大压力的前提下，提高弹丸初速。

③改变装药的初速温度系数。也就是使装药在低温下可获得常温甚至高温下的初速。

在装药技术上所采取的提高初速的措施，大致采用上述几种方法，而且往往是采用两种以上方法的结合。对于这一课题，迄今虽然已取得了一些进展，并且其中有一些已获得了实际应用，然而，在许多方面还存在不少困难，距离在武器中实际应用还有差距。因此，不断探索装药新技术，提高火炮弹丸初速，是火药装药工作者今后的一项长期任务。

12.3.1 提高装药量

增加装药量即增加了火药气体的总能量，因此，提高装药量显然可以提高弹丸的初速。如美国在 155 mm 自行榴弹炮上进行了试验，原用 7 号装药最大射程为 14 644 m，之后采用增加装药量的办法配了 8 号装药，使弹丸初速提高，射程增加到 18 400 m。

但是，对大多数制式武器而言，采用常规方法提高装药量受到许多因素的限制。首先，增加装药量会使最大压力 p_m 提高、燃气生成量及流速增加，这将加剧对火炮身管的烧蚀作用。仍以美 155 mm 自行榴弹炮为例，使用 8 号装药时的烧蚀约为使用 7 号装药时的 13.6 倍，而射程只增加 25.6%。其次，增加装药量要受到装填密度的限制，对于装填密度本来就已接近饱和的某些火炮而言，增加装药量的潜力是有限的，更何况过大的装填密度会给装药的点传火以及正常稳定燃烧带来某些困难。

因此，国外正在积极研究既能提高装填密度，也能提高能量利用率和综合性能良好的新技术。

1. 密实装药

人们对密实装药的兴趣一直未减，相关研究一直没有停止。这是因为密实装药具有明显的潜在优越性，即在容积不变时，提高发射药装药量与弹丸的质量比所获得的性能要比单纯提高发射药能量对弹丸做功产生的效果要好。研究者已发现，19 孔发射药的允许装填密度可达 0.9 kg/dm^3，经压实的发射药装填密度甚至可超过 1.35 kg/dm^3。国外在密实发射药研究方面大致有以下途径：

①多层密实结构发射药装药。它由多层发射药片叠加而成，各层之间有明显的界限。每一层都有自己的燃速，每一层的“热值”也不相同，各层的燃烧时间是总燃烧时间的一部分。采用这种装药后，不但可以增加装药量，而且可以不去或少去考虑火药的几何外形，而只需通过选择不同热值或选择不同燃速的多层火药组分就能制备所需的渐增性燃烧的发射药装药。多层密度结构发射装药的制造工艺可以是采用复式压伸或发射药圆片叠加等。

②小粒药或球形药压实成密实发射装药。美国陆军弹道研究所等报道对单基压伸 M1 发射药、双基压伸发射药（HES - 8567）和双基球形发射药（Olin WC852）进行压实，得到了密度分别为 1.15 kg/dm^3、1.25 kg/dm^3 和 1.30 kg/dm^3 的密实发射药装药。美国陆军弹道研究所采用的球形药压实工艺是采用溶剂蒸气软化技术，先将药粒软化，然后进行压实。美国 Olin 军工厂报道采用大尺寸、深度钝感的球扁药在药筒内直接压实，可使装填密度达到 1.35 kg/dm^3，并在 20 ~ 155 mm 多种不同火炮上进行了大量试验，使弹丸初速在基本保持膛压不变的情况下提高 6% ~ 15%。另一种压实工艺是先将单体药粒用溶剂蒸气进行处理，然后在模具中进行压制，再进行干燥固化，并在装药块周边进行阻燃涂覆。

③纺织式密实发射药装药。美国和日本曾研究将发射药组分溶于挥发性溶剂中制成黏稠溶液，在一定压力下通过抽丝器抽丝，并使之固化。细丝用纺织机按预定式样绕成一定形状。

2. 混合装药

混合装药可以是双元的或多元的。例如，19 孔粒状药和球形药所构成的双元混合装药，由于采用了大颗粒的多孔火药与小颗粒的球形药混合配置，有效地利用了装药空间，提高了装填密度；并且由于小颗粒的球形药提供了较大的初始燃烧表面，它们能与多孔药一起燃烧而使膛压能迅速升至最大值，而当球形药继续减面燃烧时，多孔药都是渐增性燃烧，因而能使装药在最大压力水平上保持燃烧一段较长的时间，并使压力下降较缓，因此改进了 $p-l$ 曲线，从而使初速得以提高。美军 30 mm 弹采用混合装药提高装填密度达 20%。有的混合装药的装填密度可达 1.0 kg/dm^3，采用这一方法，装药量可增加 20% ~30%。

在大口径火炮中，混合装药似乎要比压实装药易行，当然，也要相应解决点火、传火以及恰当设计燃气生成规律等问题。

提高装药量虽然可以提高初速，但在一般情况下也同时提高了膛压。为提高穿甲威力，国内外身管武器研制和发展的一个重要趋势是通过高膛压实现高初速，因此出现了所谓高膛压火炮。如坦克炮与第二次世界大战时期相比，坦克炮火力系统发生了非常明显的变化，膛压由原来的300～400 MPa增大到现在的600～700 MPa；初速则由原来的800～900 m/s增加到1 500～1 800 m/s；穿甲威力由原来的500 m距离穿透120 mm厚装甲发展到目前的2 000 m距离穿透600 mm厚装甲。

对于制式火炮，由装药量增加引起膛压的增加和初速的增加的经验公式可知，单纯提高装药量所引起的膛压增加的幅度要比初速增加的幅度大得多。因此，通过提高装药量来提高初速，必须考虑由膛压增加所引起的方案的合理性和经济性。

通常提高装药量可与其他措施（如包覆阻燃技术）配套使用，以使膛压维持在可接受的水平上。

12.3.2 提高火药力

提高火药力与增加药量两者对增速的效果是一致的。按照火药力的定义：

$$f = \frac{1\ 000}{\bar{M}_g} r T_1$$

式中，r为摩尔气体常数；$\bar{M}_g$为火药燃气平均摩尔质量。该式表明，增加爆温T_1或减少$\bar{M}_g$都可以提高f。

现有制式火药，$\bar{M}_g$约为25，T_1约为2 600～3 600 K。因此，火药力的范围约在880～1 200 kJ/kg之间。但目前大口径武器使用的火药的火药力大致在1 100 kJ/ kg以下，只有迫击炮才用上了较高火药力的火药。这是由于使用高火药力的火药往往受到武器烧蚀的限制。通常火药力每增加20 kJ，爆温要增加200～700 K，对于承受3 000 K高温已有困难的炮钢来讲，采用高爆温的火药来提高初速显然不是一种可取的方法。因此，长期以来，对于低温而又高火药力的火药，即所谓冷燃火药，相关研究一直进行得十分活跃。显然，对应的办法是有效地降低火药燃气的平均相对分子质量$\bar{M}_g$。

1. 硝胺火药

为了降低$\bar{M}_g$，在燃烧产物中要增加H_2、H_2O和降低CO_2的含量，这就要求提高H/C值。根据C－H－O－N系火药的燃烧反应规律，在一定温度下，平衡产物中H_2O的增加必定伴随CO_2的增加，而H_2的含量即要减少。只有在火药组分中减少氧的含量，才会在减少CO_2的同时使H_2的含量增加。已发现，用含有$\rangle N{-}NO_2$的硝胺类物质代替普通火药中部分含有$-ONO_2$基的硝酸酯作为火药组分，对降低燃气平均相对分子质量、提高火药力有明显的效果。目前，硝基胍火药（三基火药）已获得实际应用（表12－15）。由于黑索金（RDX）、奥克托今（HMX）分子中$\rangle N{-}NO_2$基的含量较硝基胍的多，因此，含RDX、HMX或其他硝胺类物质的新型火药也已获得应用。

表 12－15　美军部分单、双基药及硝基胍火药的爆温与火药力

火药种类	T_1/K	$f/(\mathrm{kJ \cdot kg^{-1}})$	$\bar{M}$
M14 单基药	2170	977	23.05
M8（双迫用双基药）	3 695	1 141	26.95
T25（无后坐炮用双基药）	3 071	1 055	24.20
M30（硝基胍三基药）	3 040	1 088	23.21
6260（含 RDX、硝基胍）	3 339	1 192	23.21

2. 混合硝酸酯火药

用新型的硝酸酯来部分或全部代替双基火药中的硝化甘油，在不显著提高爆温的前提下，增加火药的做功能力，这也是目前和今后探索高火药力发射药的一个方向。例如，美军研制的一种混合酯火药，用丁烷三醇三硝酸酯（BTTN）、三羟甲基乙烷三硝酸酯（TMETN）及三乙二醇二硝酸酯（TEGDN）组成的混合酯取代硝化甘油，制成了 PPL－A－2923 发射药，其火焰温度比 M8 双基火药的低 309 K，而火药力却比 M8 的高 2.4%。又如用三羟甲基乙烷三硝酸酯、三乙二醇二硝酸酯、二乙二醇二硝酸酯（DEGDN）组成的混合酯制得的 XM35 火药，其爆温与 M30 硝基胍药相当，火药力略高于 M30，但力学性能特别是低温力学性能得到了很大改善。从表 12－16 所列的数据可以看出，发展较低爆温而较高火药力的混合酯火药，也是以获得较低的燃气平均相对分子质量为目的的。

表 12－16　混合酯火药与双基、三基火药部分性能比较

火药种类	T_1/K	$f/(\mathrm{kJ \cdot kg^{-1}})$	$\bar{M}_g$
M8 双基药	3 695	1 141	26.95
PPL－A－2923 混合酯火药	3 386	1 169	24.10
M30 硝基胍三基药	3 040	1 088	23.21
XM35 混合酯火药	3 030	1 093	23.05

3. 含金属氢化物的高能发射药

美国陆军弹道研究所根据“减少燃烧产物的相对分子质量可增加发射药能量”的原理，开展了将金属氢化物和硼氢化物加到制式发射药组分中的研究。例如，添加 LiH 或 $LiBH_4$ 后，发射药能量比具有相同火焰温度的普通制式药高 10%～15%。这种药在 2 200 K 的定容火焰温度时，计算火药力大于 1 500 kJ/kg；而在定容火焰温度 3 100 K 时，计算火药力大于 1 750 kJ/kg。目前，这种组分的高能发射药仍处于研究阶段，其过强的反应活性和毒性等问题使其实际应用面临困难。

12.3.3　改变燃气生成规律

要提高火炮初速，必须增大 $p-l$ 曲线下的面积。比较合乎理想的方案是保持最大压力不变，即在燃烧结束点之前使 $p=p_m$＝常数，即形成所谓压力平台效应。图 12－41 是具有压力平台的理想 $p-l$ 曲线。用现在的火药及装药技术来实现压力平台似乎是不可能的。但

是，适当改进 $p-l$ 曲线的形状，使其在最大压力点附近的曲线变得平缓些还是有可能做到的。

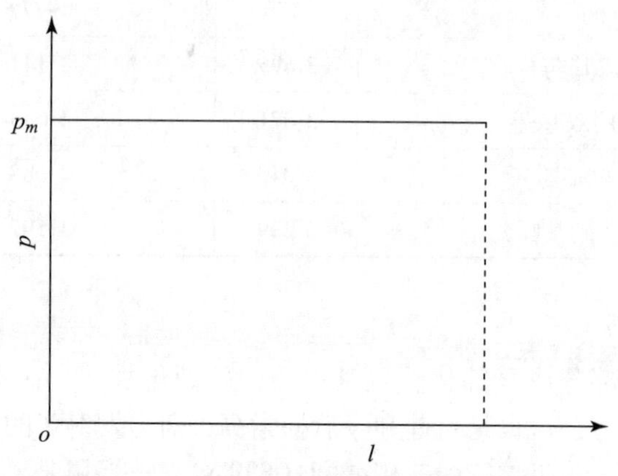

图 12-41　具有压力平台的理想 $p-l$ 曲线

1. 高渐增性火药

从常规内弹道模型的基本方程可以导出火药燃烧过程中膛内的压力变化规律，为

$$\frac{\mathrm{d}p}{\mathrm{d}t}=\frac{1}{l_\psi+l}\left\{\frac{f\omega}{S}\left[1+\left(\alpha-\frac{1}{\delta}\right)\frac{p}{f}\right]\frac{\mathrm{d}\psi}{\mathrm{d}t}-v(1+\theta)p\right\} \tag{12-1}$$

令 $p=p_m=$ 常数，则 $\mathrm{d}p/\mathrm{d}t=0$，有

$$\frac{f\omega}{S}\left[1+\left(\alpha-\frac{1}{\delta}\right)\frac{p_m}{f}\right]\frac{\mathrm{d}\psi}{\mathrm{d}t}-v(1+\theta)p_m=0 \tag{12-2}$$

上两式中 $\mathrm{d}\psi/\mathrm{d}t$ 为气体生成速率。如定义单位压力下的气体生成速率为气体生成猛度，即

$$\Gamma=\frac{1}{p}\frac{\mathrm{d}\psi}{\mathrm{d}t} \tag{12-3}$$

则由式（12-2）可解得

$$\Gamma=\frac{1+\theta}{1+\left(\alpha-\frac{1}{\delta}\right)\frac{p_m}{f\omega}}\frac{S}{f\omega}v \tag{12-4}$$

因此，如若使气体生成猛度 Γ 随膛内弹丸的加速而增长，就可以使 $p-l$ 曲线比较平缓。由几何燃烧定律得

$$\frac{\mathrm{d}\psi}{\mathrm{d}t}=\chi\sigma\frac{\mathrm{d}z}{\mathrm{d}t}=\frac{\chi\sigma}{e_1}\frac{\mathrm{d}e}{\mathrm{d}t} \tag{12-5}$$

式中，χ 为火药形状特征量；σ 为相对表面积；e_1 为火药起始肉厚的一半。

根据燃烧速度定律

$$\mathrm{d}e/\mathrm{d}t=u_1p \tag{12-6}$$

则

$$\Gamma=\frac{1}{p}\frac{\mathrm{d}\psi}{\mathrm{d}t}=\frac{\chi}{e_1}u_1\sigma \tag{12-7}$$

它表明，要使燃烧过程中 Γ 变化，可以通过改变燃速系数 u_1 或相对燃烧表面 σ 来实现。因此，具有渐增性燃速系数或渐增性相对燃烧表面的火药（增面火药）装药都可以通过改善 $p-l$ 曲线来提高初速。

根据几何燃烧定律，多孔火药是增面燃烧火药。多孔火药可以按下式设计（图 12 -42）：

$$\beta = 3n^2 + 3n + 1 \tag{12-8}$$

式中，β 为孔数；n 为孔的层数。

若采用多孔火药燃烧至分裂块形成瞬间的相对表面积 σ_s 作为渐增性的标识量，并假定孔径 $d_0 = e_1$，两孔中心距为 $3e_1$，火药长度 $2c = 25e_1$，则 σ_s 随孔数 β 的变化规律如图 12 -43 所示。它表明随着孔数的增加，σ_s 增加，即孔数越多，增面性越强。但是当孔数增加至 127 孔以上时，σ_s 随 β 的增加已很缓慢。国外已研制过 19 孔和 37 孔的多孔火药。表 12 -17 列出了在 p_m 相同及 $l_k = 2/3l_g$ 的前提下，使用单孔和多孔火药时，100 mm 高火炮的初速计算值。它表明了随着火药孔数增多，初速增加。

表 12 -17　多孔发射药增速效果

参量	孔数							
	单孔	7	19	37	61	91	127	阻燃单孔
$\Delta/(\mathrm{kg \cdot dm^{-3}})$	0.745	0.829	0.90	0.90	0.912	0.926	0.927	1.005
$v_0/(\mathrm{m \cdot s^{-1}})$	908	939	958	964	964	967	969	990

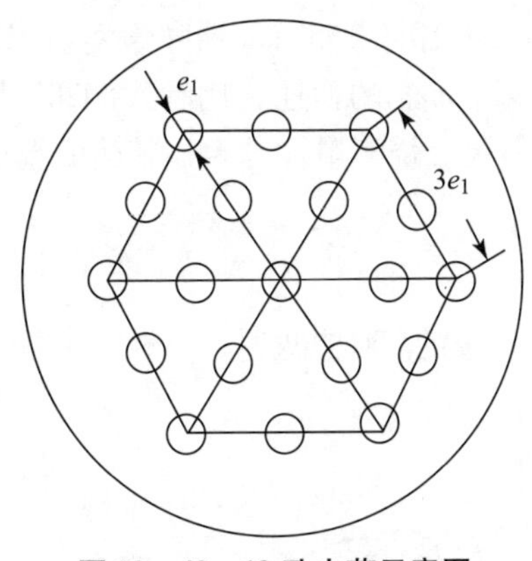

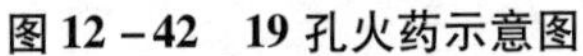

图 12 -42　19 孔火药示意图

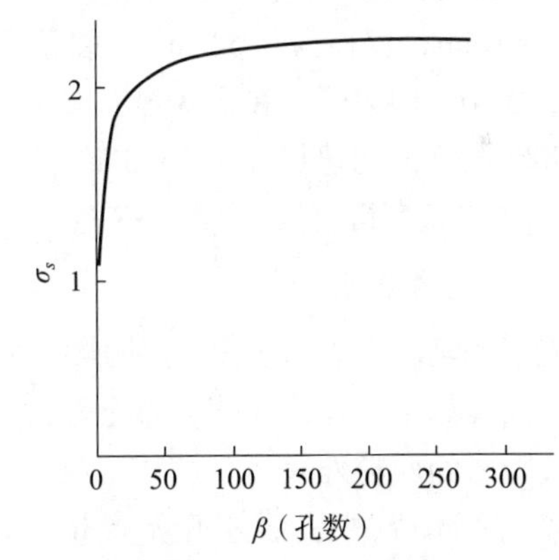

图 12 -43　$\sigma_s - \beta$ 关系图

2. 程序控制 - 开裂棒状发射药

程序控制 - 开裂棒状发射药（Programmed - Splitting Stick Propellant）的结构如图 12 -44 所示。这是美国陆军弹道研究所进行研究的一种高渐增性高密度新药型。其概念是在发射药燃烧过程中，在最需要增加燃气生成速率的时刻，使发射药燃烧表面积按程序控制突然增加，而不是在初始点火时来控制燃烧表面面积的增加，从而有效地改善 $p-l$ 曲线，使火炮性能获得大幅度提高。这种发射药的实现方法是在药柱内部设计一种“埋置式”的槽，药柱开始燃烧时，这种槽不暴露在燃烧的炽热气体中，而是在标准减面燃烧期间的某一理想时间上，特别是在达到最高压力后，通过预定程序使药柱横槽暴露、开裂，导致燃烧表面积大大增加，相应地增大了气体生成速率。图12－45是程序控制－开裂棒状药的相对燃烧表面积与药柱已燃体积分数的关系，图中同时给出了球形、单孔、7孔和19孔药形的燃面与已燃体积分数的关系。

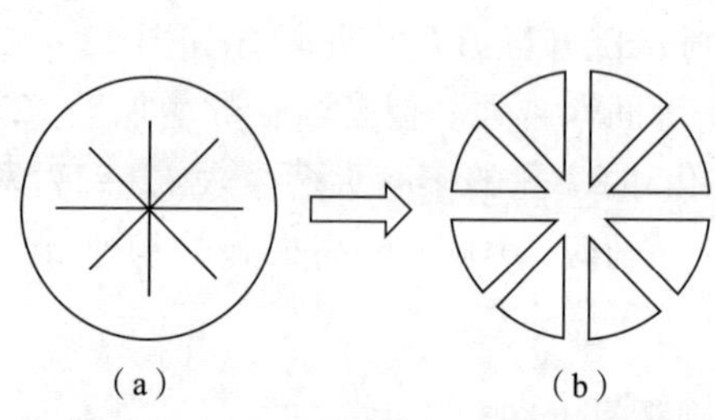

图12－44　程序控制－开裂棒状发射药的结构

（a）程序开裂前；（b）程序开裂后

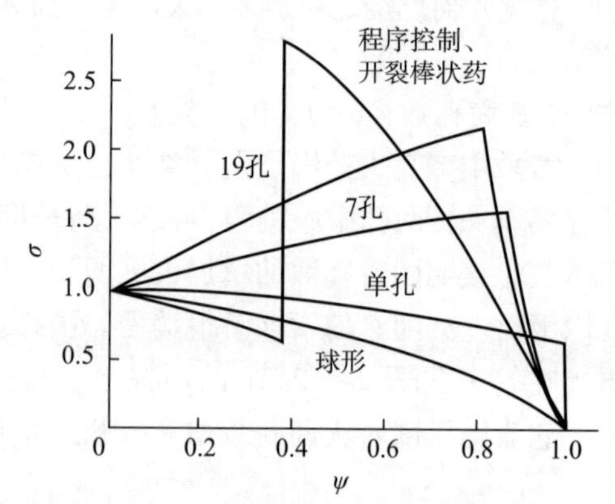

图12－45　若干种发射药形的相对燃面与药柱已燃体积分数的关系

为保证内设槽按程序开裂，此种药柱的两端必须进行有效封端。据报道，这是一项技术要求很高、难度很大的工作。

射击试验表明，采用8裂缝槽的程序控制－开裂棒状药形，组分采用NOSOL363，药柱长度为760 mm，直径为8.53 mm，裂缝宽度为0.65 mm，用于155 mm榴弹炮发射M101弹头，可装填16.3 kg药，在328 MPa压力下，可产生936 m/s的初速，比制式M203装药所产生的826 m/s的初速提高了13.3%。据称，此种发射药燃烧渐增性越大，装药的温度系数也越高，这一点有待解决。

3. 阻燃包覆发射药

在发射药药粒外表面包覆一层阻燃覆层，当这种经包覆的药粒点火时，燃烧基本从未包覆孔的内表面开始，这样，在药粒整个燃烧过程中，被阻燃的药粒外表面不燃烧，或直至药粒大部分燃烧后外表面才开始燃烧。显然，采用这一技术可使发射药装药的燃烧具有更强的渐增性，并且由于其药粒初始燃烧表面比未阻燃药粒小，因此，在同一最大膛压下，装药量允许得到增强，从而提高了弹丸初速。例如，未包覆的单孔药，呈减面性燃烧；若将其外表面用阻燃层阻燃，使药粒外表面在燃烧过程中完全阻燃，则可以实现完全的增面燃烧。图12－46所示为单孔未包覆火药与单孔阻燃火药的$p-l$曲线。表12－17同时给出了阻燃火药提

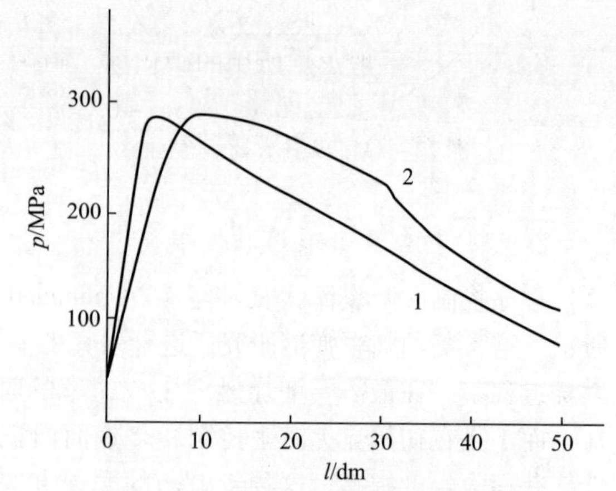

图12－46　单孔未包覆火药与单孔阻燃火药的$p-l$曲线

1—单孔未包覆；2—单孔阻燃

高初速的效果，表明经阻燃的单孔火药，其装填密度可达到 1.0 kg/dm^{3}左右，初速可达到 990 m/s，比未包覆的单孔火药分别提高 35% 和 9%。研究表明，多孔火药采用阻燃包覆之后，其增面性和增速效果也有提高。美国陆军弹道研究所利用 M68 式105 mm 坦克炮发射的动能穿甲弹和阻燃的 7 孔 M30 发射药所做的技术论证得到的结论是：在相同的峰值压力下，经阻燃处理，发射药获得的弹丸初速比用制式 M30 发射药获得的初速提高 2%，并且这不是一个微不足道的增益，因为它能使武器系统的有效射程提高 500 m。如果把阻燃剂的设计与其他已证明行之有效的发射药技术，如高能组分和药粒增面燃烧药形等结合起来，初速提高 10% 是可以达到的。阻燃剂也可采用借助溶剂向发射药粒内部进行渗透的方法进行分布。使阻燃剂浓度自药粒外层向内层逐渐减少，使外层燃速充分下降，并且形成一种渐增性燃烧效果。这种方法通常称为钝感。钝感技术过去多用于枪用发射药，近年来已开始用于炮用发射药。

如何有效地控制发射药粒的阻燃区厚度，解决阻燃剂与基本发射药的化学相容性以及防止阻燃剂在药粒内浓度分布随贮存时间变化而产生弹道性能下降等问题，是发射药阻燃包覆、钝感技术要解决的重要课题。

目前，国内在发射药包覆阻燃技术方面已有重大突破。国内的专家采用特种包覆材料，加入 TiO_2 等迁移能力十分低的阻燃剂，解决了与本体发射药的黏结强度、化学相容性以及阻燃剂在药粒内部的迁移等问题。并且，通过多层包覆，可使阻燃剂含量分布自外层向内层逐渐减少，从而实现阻燃或钝感深度任意可调的效果。大量的试验证明，这种包覆阻燃技术还具有降低装药温度系数的效果。

12.3.4　降低装药温度系数

发射药装药的初温变化会引起弹道诸元的变化。最大膛压 p_m 和弹丸初速 v_0 随装药初温的变化可分别用下列关系式来表示：

$$\Delta p_m = m_t p_m (T - T_0) \tag{12-9}$$

$$\Delta v_0 = l_t v_0 (T - T_0) \tag{12-10}$$

式中，T_0 为常温（15 ℃）；T 为装药实际初温；Δp_m、Δv_0 分别为最大膛压和弹丸初速的改变量；m_t、l_t 分别为膛压的温度系数和初速的温度系数。例如，在常温（15 ℃）与高温（50 ℃）间，对一般火炮所用的硝化棉、硝化甘油火药，有

$$m_t = 0.0033 \sim 0.0052;\quad l_t = 0.0002 \sim 0.0015$$

则在此温度区间，由于装药初温的影响而引起的最大膛压和弹丸初速的变化可分别达到：

$$\Delta p_m / p_m = m_t \Delta t = (0.0033 \sim 0.0052) \times 30 \approx 10\% \sim 15.6\%$$

$$\Delta v_0 / v_0 = l_t \Delta t = (0.0002 \sim 0.0015) \times 30 \approx 0.6\% \sim 4.5\%$$

这种弹道诸元随装药初温的变化，主要来源于发射药燃速对初温的依赖关系，即燃速温度系数。如果能消除装药的温度系数，即在所有环境下使装药产生在高温下同样的最大膛压，那么，在从低温到接近高温的广大温度区间内，大多数高性能火炮伴随的弹丸初速增加可达到 3% ~7% 的量级。消除或降低装药的温度系数，可充分利用炮管的强度，大幅度提高在广大温度区间范围内的弹丸初速，这对于提高武器射程和威力、改善射击精度具有极其重要的意义。特别是对于反装甲火炮而言，可保证在各种初温条件下对装甲的有效穿透或毁坏能力，并提高首发命中率，使武器系统在战场上的生存能力大大增强。降低或消除装药温

度系数，不需要改变现有火炮的结构就可使火炮性能得到明显改善。因此，无论是研制新火炮还是对现役火炮进行改造，都是一个具有潜在优势的措施。国外曾对化学添加剂对降低发射药燃速温度系数的有效性开展过研究。一些化学添加剂对固体火箭推进剂的燃烧改良作用以及降低燃速温度系数的作用早已被证实，并已在实际中获得了广泛的应用。能有效降低发射药燃速温度系数的化学添加剂也已见报道。但是，由于化学反应的规律，不同的发射药配方显示出差别很大的温度敏感性，还没有找到适用于各类发射药的有效降低发射药燃速温度系数的化学添加剂。这一事实本身表明，化学成分可以影响发射药的燃速温度系数 u_1，开发研究出能控制发射药燃速温度系数，进而降低或消除装药温度系数的化学添加剂，将是改进火炮系统性能的最为简单但又非常困难的方法之一。

由粒状药组成的密实装药床的解体会影响整个装药燃烧渐增性。利用这一点可以降低甚至消除装药的温度系数。其原理是利用密实床基体力学性能对温度的依赖关系，即在较低温度下，基体强度差、解体完全，从而使装药燃烧表面增大，燃气生成速率提高，装药的弹道性能得到补偿。

国外有人研究对球形药进行碾压，并使之在药体内预制微裂纹。当装药在低初温下发射时，由于微裂纹的存在，使裂缝极易扩展并发生碎裂，从而导致燃烧表面增大。

国外还有人提出，在现场发射前对装药进行微波快速加热至极限高初温状态，或对较冷的装药进行激光辐照以提高燃烧反应速率，或向装填有较冷初温的装药的药室中快速充入外加气体，以提高发射药床的燃烧速度，增加气体生成速率，还有利用在不同温度下提供数量不同的等离子体，以补偿由于温度变化引起的弹道性能的改变。

以上这些办法技术上难度较高，有些还涉及现有火炮结构的改变，在短期内实用化似乎还有相当难度。

国内外都在探索采用发射药粒包覆的办法来降低装药温度系数。瑞士联邦发射药厂在这方面开展了大量工作。他们研究了一种双基包覆火药，并在 105 mm 坦克炮上进行射击试验，其结果表明：包覆火药装药比未包覆的 M30 三基药低温初速提高 3.5%，弹道温度系数得到了明显改善，得到了低温初速与高温初速一致的结果，而最大膛压在所试温度区间全面降低，差别减小。

国外在包覆剂的选择和合成方面，集中于有机酯类、聚氨酯类等物质，而这些物质作包覆材料都存在与基体药的相容性问题，并且所选包覆材料只适用于特定火药。因此，对不同的发射药，筛选包覆材料将是一项时间长、耗资巨大的工程。正是由于这些原因，尽管国外在采用发射药包覆技术降低温度系数方面起步较早，但研究进展不快，技术上没有本质性突破。

我国国内在这方面开展了深入而富有成效的工作，在技术上已取得重大突破，处于国际领先水平。目前，对低温度系数包覆发射药的设计与制造工艺、质量控制和性能检测、装药、弹道和结构设计等已有一套完整的理论和丰富的试验经验。

采用特种包覆材料，加上迁移能力很差的阻燃剂，从本质上解决了包覆层与基体发射药间的黏结强度、相容性以及组分迁移问题。在作用机理研究方面，大量试验证实：包覆药粒外表的包覆层，在不同温度下的强度是不一样的，特别是覆盖多孔发射药粒的小孔部分的包覆层对温度反应十分敏感。这些区域低温下强度较差，在初始燃气压力下就能破孔，使内孔较早暴露燃烧；在高温下，这些部位强度较高，需在装药燃烧稍后时期，在较高的燃气压力下才能破孔。这就使得初始燃烧阶段低温时的燃面大于高温时的燃面，补偿了低温下气体生成速率的不足，使不同温度下的气体生成速率趋于一致，从而降低甚至消除了发射药装药的温度系数。在装药结构上采用混合装药的办法，即采用制式发射药与低温度系数包覆发射药以一定比例混合形成混合装药，使低温度系数包覆药在制式药对压力增长方面的贡献达到最大值之后，迅速进入其压力增长速率最快的阶段，从而使 $p-l$ 曲线饱满，在最大压力点处曲线相对平坦，形成所谓平台，提高炮膛工作容积利用效率 η_g。

表 12－18 是太根低温度系数包覆发射药在不同口径火炮上的射击试验结果。表 12－19 是若干种硝基胍低温度系数包覆发射药在 105 mm 火炮上的射击试验结果。

表 12－18　太根低温度系数包覆发射药在不同口径火炮上的射击试验结果

装药	口径/mm	弹道参数	温度/℃			温度系数/×100	
			－40	15	50	高－常温	常－低温
TG－16/19 低温度系数发射药	100	p_m/MPa	405.4	436.9	455.4	4.2	7.2
		v_0/(m·s^{-1})	1 574.3	1 601.7	1 624.1	1.4	1.7
	120	p_m/MPa	465.8	449.8	437.0	5.16	－3.55
		v_0/(m·s^{-1})	1 736.2	1 744	1776.0	1.83	0.45
TG－17/19 低温度系数发射药	100	p_m/MPa	440.6	429.9	474.7	－2.48	10.42
		v_0/(m·s^{-1})	1 620.9	1 587.8	1 642.9	－2.08	3.47

表 12－19　硝基胍低温度系数发射药在 105 mm 火炮上的射击试验结果

装药	口径/mm	弹道参数	温度/℃			压温度系数/×100	
			－40	15	50	高－常温	常－低温
SD16－15/19 低温度系数发射药	105	p_m/MPa	391.7	436.5	47 106	9.61	10.26
		v_0/(m·s^{-1})	1 535.8	1 551.1	1 575.7	1.59	0.98
		p_m/MPa	425.6	439.0	469.8	7.01	3.06
		v_0/(m·s^{-1})	1 542.6	1 536.1	1 559.5	1.52	－0.42
		p_m/MPa	402.3	442.9	503.0	13.59	9.15
		v_0/(m·s^{-1})	1 519.6	1 547.7	1 568.8	1.36	1.82

从表 12－18、表 12－19 可以看出，采用低温度系数包覆发射药技术，可有效地降低装药的膛压温度系数和初速温度系数，甚至可使温度系数完全消除（近似为零）或出现负值。试验证明，通过调整包覆层厚度、包覆层中阻燃剂的比例、装药中包覆药比例等，可按要求控制装药温度系数的大小，从而使这一技术对各类火炮具有优异的适应性。

习　题

（1）经典的火药装药结构有哪些？列举几个使用这些结构的火炮。

（2）画出膛内压力波曲线，并对曲线做简要分析。

（3）简要阐述压力波的形成机理。

（4）装药设计的一般步骤有哪些？

（5）装药设计中影响压力波的因素有哪些？

（6）在装药设计中可以采用哪些措施来抑制压力波？

（7）如何通过装药设计来提高弹丸初速？

（8）试阐述膛压测量方法的基本原理、分类以及特征。

附录

火炮内外弹道计算程序

1　内弹道计算程序清单

```
%% ************************ main.m **********************
    clear;clc
    close all
    format long
    %
    d =0.0127;                          % 口径
    S =0.82* d^2;                       % 炮膛横截面积 A(m)
    W0 =2.04e -5;                       % 药室容积 W(m)
    md =0.048;                          % 弹重量 G(kg)
    lg =0.924;                          % 身管行程(m)
    p0 =30000* 10^3;                    % 启动压力(Pa)
    fail =1.02;                         % 次要功计算系数
    K =1.03;                            % 运动阻力系数 φ1
    %
    f =1000000;                         % 火药力 f(kgf* dm/kg)
    alpha =1e -3;                       % 余容 α(dm^3/kg)
    %
    ome =0.017;                         % 装药量(kg)
    delta =1.6* 10^3;                   % 火药密度 δ
    theta =0.2;                         % 绝热系数,θ =1 -1/k,k =Cp/Cv,
                                              Cp - Cv = R
    %
    chi =0.79825;                       % 火药形状特征量 χ
    lambda =0.1387;                     % 火药形状特征量 λ
    mu = -0.043956;                     % 火药形状特征量 μ
    el =0.00052/2;                      % 火药厚度
    u1 =7.5991e -10;                    % 燃速系数
```

```
n1 =0.82;                                   % 压力指数
chi_s =1.2645;                              % 火药分裂点的形状特征量 χs
lambda_s = -0.31322;                        % 火药分裂点的形状特征量 λs
Kq =0.1;                                    % 热损失系数
% z_s =1.4434;
d1 =2.5* 10^-2* 10^-1;                      % 火药内径
rou1 =0.1772* (e1 +2* e1);                  % 药形系数
z_s =(e1 +rou1)/e1;
%
Delta =ome/W0;                              % 装填密度
phi =K +ome/(3* md);                        % 虚拟质量系数,次要功系数
%% 初值设置
t =0;
cnt =1;
% 根据初始压力求解获得初始燃烧的量
pb =5;                                      % 点火压力
% 点火药质量
mb =pb* (W0 -ome/delta)/(pb* alpha +f);
% 已知气动压力,求解燃烧质量分数
psi0 =(1/Delta -1/delta)/(f/(p0 -pb) +alpha -1/delta);
z0 =( -1 +sqrt(1 +4* lambda/chi* psi0))/2/lambda;
% 赋予初值
z =z0;
v =0;
lp =0;
psi =psi0;
p =p0;
%% 设置计算参数
h =0.000001;
tend =0.01;
% 开始
while t <tend
    % 提取数据
    told =t(cnt);                           % 时间
zold =z(cnt);                               % 相对燃烧厚度
vold =v(cnt);                               % 弹丸速度
lpold =lp(cnt);                             % 弹丸位移
    %% RK 迭代1
```

```
        % 迭代值更新
        titer = told;ziter = zold;viter = vold;lpiter = lpold;
        % 相对燃烧质量分数
        psiiter = (ziter >= 0&ziter <1). * (chi* ziter. * (1 + lambda*
                  ziter + mu* ziter^2)) +...
                  (ziter >= 1&ziter < z_s). * (chi_s. * (1 + lambda_s*
                  ziter)) +...
                  (ziter >= z_s)* 1;
        % 药室自由容积缩径长
        lpsi = (W0 - ome/delta* (1 - psiiter) - alpha* ome* psiiter -
alpha* mb)/S;
        % 药室自由容积
    Wpsi = S* lpsi;
        % 弹后容积
    Witer = Wpsi + S* lpiter;
        % 压力
        piter = ((1 - Kq)* (f* ome* psiiter + f* mb) + f* mb - theta* phi
* md* viter^2/2)/Witer;
        % 火药的燃烧速度
        dzdt1 = u1/el* piter;
        % 弹丸的运动加速度
        dvdt1 = S* piter/phi/md;
        % 弹丸的运动速度
        dlpdt1 = viter;
        %% RK 迭代 2
        % 迭代值更新
        titer = told + h/2;ziter = zold + h/2* dzdt1;
        viter = vold + h/2* dvdt1;lpiter = lpold + h/2* dlpdt1;
        % 相对燃烧质量分数
        psiiter = (ziter >= 0&ziter <1). * (chi* ziter. * (1 + lambda*
                  ziter + mu* ziter^2)) +...
                  (ziter >= 1&ziter < z_s). * (chi_s. * (1 + lambda_s*
                  ziter)) +...
                  (ziter >= z_s)* 1;
        % 药室自由容积缩径长
        lpsi = (W0 - ome/delta* (1 - psiiter) - alpha* ome* psiiter -
alpha* mb)/S;
        % 药室自由容积
```

```
        Wpsi = S* lpsi;
        % 弹后容积
        Witer = Wpsi + S* lpiter;
        % 压力
        piter = ((1 - Kq)* (f* ome* psiiter + f* mb) - theta* phi* md*
viter^2/2)/Witer;
        % 火药的燃烧速度
        dzdt2 = u1/el* piter;
        % 弹丸的运动加速度
        dvdt2 = S* piter/phi/md;
        % 弹丸的运动速度
        dlpdt2 = viter;
        %% RK 迭代 3
        % 迭代值更新
        titer = told + h/2;ziter = zold + h/2* dzdt2;
        viter = vold + h/2* dvdt2;lpiter = lpold + h/2* dlpdt2;
        % 相对燃烧质量分数
        psiiter = (ziter >= 0&ziter < 1). * (chi* ziter. * (1 + lambda*
                  ziter + mu* ziter^2)) +...
                  (ziter >= 1&ziter < z_s). * (chi_s. * (1 + lambda_s*
                  ziter)) +...
                  (ziter >= z_s)* 1;
        % 药室自由容积缩径长
        lpsi = (W0 - ome/delta* (1 - psiiter) - alpha* ome* psiiter -
alpha* mb)/S;
        % 药室自由容积
        Wpsi = S* lpsi;
        % 弹后容积
        Witer = Wpsi + S* lpiter;
        % 压力
        piter = ((1 - Kq)* (f* ome* psiiter + f* mb) - theta* phi* md*
viter^2/2)/Witer;
        % 火药的燃烧速度
        dzdt3 = u1/el* piter;
        % 弹丸的运动加速度
        dvdt3 = S* piter/phi/md;
        % 弹丸的运动速度
        dlpdt3 = viter;
```

```
%% RK 迭代 4
% 迭代值更新
titer = told + h;ziter = zold + h* dzdt3;
viter = vold + h* dvdt3;lpiter = lpold + h* dlpdt3;
% 相对燃烧质量分数
psiiter = (ziter >= 0&ziter <1). * (chi* ziter. * (1 + lambda*
           ziter + mu* ziter^2)) +...
           (ziter >= 1&ziter < z_s). * (chi_s. * (1 + lambda_s*
           ziter)) +...
           (ziter >= z_s)* 1;
% 药室自由容积缩径长
lpsi =(W0 - ome/delta* (1 -psiiter) - alpha* ome* psiiter - alpha*
mb)/S;
% 药室自由容积
Wpsi = S* lpsi;
% 弹后容积
Witer = Wpsi + S* lpiter;
% 压力
piter = ((1 - Kq)* (f* ome* psiiter + f* mb) - theta* phi* md*
viter^2/2)/Witer;
% 火药的燃烧速度
dzdt4 = u1/el* piter;
% 弹丸的运动加速度
dvdt4 = S* piter/phi/md;
% 弹丸的运动速度
dlpdt4 = viter;
% 更新状态
znew = zold + h/6* (dzdt1 +2* dzdt2 +2* dzdt3 + dzdt4);
vnew = vold + h/6* (dvdt1 +2* dvdt2 +2* dvdt3 + dvdt4);
lpnew = lpold + h/6* (dlpdt1 +2* dlpdt2 +2* dlpdt3 + dlpdt4);
% 相对燃烧质量分数
psinew = (znew >= 0&znew <1). * (chi* znew. * (1 + lambda* znew +
          mu* znew^2)) +...
          (znew >= 1&znew < z_s). * (chi_s. * (1 + lambda_s* znew))
           +...
          (znew >= z_s)* 1;
% 药室自由容积缩径长
lpsinew = (W0 - ome/delta* (1 - psinew) - alpha* ome* psinew)/S;
```

```
        % 药室自由容积
        Wpsinew = S* lpsinew;
        % 弹后容积
        Wnew = Wpsinew + S* lpnew;
        % 压力
        pnew = (f* ome* psinew - theta* phi* md* vnew^2/2)/Wnew;
        %% 更新时间和步数,保存数据
        % 时间更新
        cnt = cnt +1;
        t(cnt) = told + h;
        z(cnt) = znew;
        v(cnt) = vnew;
        lp(cnt) = lpnew;
        psi(cnt) = psinew;
        p(cnt) = pnew;
        %
        if lpnew > lg
                break;
        end
    end
    %%
    % 绘图
    figure
    % 压力时间曲线
    subplot(2,2,1);
    plot(t* 1000,p/1e6,'linewidth',2);
    grid on;
    xlabel('\fontsize{12} \bft(ms)');
    ylabel('\fontsize{12} \bfp(Mpa)');
    title('\fontsize{12} \bft - p 曲线');
    % 速度时间曲线
    subplot(2,2,2)
    plot(t* 1000,v,'linewidth',2);
    grid on;
    xlabel('\fontsize{12} \bft(ms)');
    ylabel('\fontsize{12} \bfv(m/s)');
    title('\fontsize{12} \bft - v 曲线');
    % 压力行程曲线
```

```
subplot(2,2,3)
plot(lp,p/1e6,'linewidth',2);
grid on;
xlabel('\fontsize{12}\bfl(m)');
ylabel('\fontsize{12}\bfp(MPa)');
title('\fontsize{12}\bfl-p 曲线');
% 速度行程曲线
subplot(2,2,4)
plot(lp,v,'linewidth',2);
grid on;
xlabel('\fontsize{12}\bfl(m)');
ylabel('\fontsize{12}\bfv(m/s)');
title('\fontsize{12}\bfl-v 曲线');
```

2　外弹道计算程序清单

```
%%*********************** main.m *******************
close all
clear;clc
%% 输入参数,全局变量
global poleProjectile equatorProjectile Eta massProjectile
global diaProjectile lenProjectile d areaProjectile
v0 =930;                        % 初速(m/s)
fai1 =0;                        % 高低摆角(rad)
fai2 =0;                        % 方向摆角(rad)
dfai1 =0;                       % 高低摆角速度(rad/s)
dfai2 =0;                       % 方向摆角速度(rad/s)
psi1 =0;                        % 高低偏角(rad)
psi2 =0;                        % 方向偏角(rad)
thta0 =51/180* pi;              % 射角(°)
ey =0;                          % 弹丸高低偏心(m)
ez =0;                          % 弹丸方向偏心(m)
massProjectile =45.5;           % 弹丸质量(kg)
diaProjectile =0.155;           % 弹丸直径(m)
lenProjectile =0.9;             % 弹丸特征长度(m)
poleProjectile =0.162;          % 弹丸极转动惯量
equatorProjectile =1.763;       % 弹丸赤道转动惯量
```

```
Eta =20;                        % 身管缠度
areaProjectile =pi* (diaProjectile/2)^2;
%% 标准参数
global G0 Omega R0 K R
global P0n Tau0n
G0 =9.80665;                    % 地面重力加速度
Omega =7.2922e -5;              % 地球自转角速度
R0 =6358299;                    % 我国相对地球半径
K =1.404;                       % 空气比热比
R =287;                         % 空气其他常数
P0n =100000.0;                  % 射击点地面气压,Pa
Tau0n =288.9;                   % 射击点地面标准空气温度,K
global velWing dirWing velXWing velZWing
lamt =0.0;                      % 射击点地理维度
dirLanch =0.0;                  % 射击点方位角
velWing =0.0;                   % 风速
dirWing =0.0;                   % 风向
velXWing = -velWing* cos(dirWing -dirLanch);    % 纵风
velZWing = -velWing* sin(dirWing -dirLanch);    % 横风
%% 初始条件
velProjectile =zeros(6,1);  % 弹丸速度
posProjectile =zeros(6,1);  % 弹丸位移
d =zeros(3,1);                  % 偏心矢量
velProjectile(1) =2* pi/Eta/diaProjectile* v0;    % 自转角速度
velProjectile(2) =dfai2;
velProjectile(3) =dfai1;
thtaDanzhou =thta0 +fai1;
thtaDandao =thta0 +psi1;
velProjectile(4) =v0* cos(thtaDandao);
velProjectile(5) =v0* sin(thtaDandao);
velProjectile(6) =v0* sin(psi2);
psiDanzhou =fai2;
psiDandao =psi2;
posProjectile(3) =thtaDanzhou;
d(2) =ey;d(3) =ez;
%% 读入气动参数
QDLData =importdata('QDLData.txt');
global MMa MCx0 MDCx MDCy MDMz MDMxz MDCz MDMy MDMzz
```

```
MMa = QDLData.data(:,1);                    % Ma 马赫数
MCx0 = QDLData.data(:,2);                   % Cx0 零升阻力系数
MDCx = QDLData.data(:,3);                   % DCx 诱导阻力系数
MDCy = QDLData.data(:,4);                   % DCy 升力系数导数
MDMz = QDLData.data(:,5);                   % DMz 翻转力矩系数导数
MDMxz = QDLData.data(:,6);                  % DMxz 极阻尼力矩系数导数
MDCz = QDLData.data(:,7);                   % DCz 马格努斯力系数导数
MDMy = QDLData.data(:,8);                   % DMy 马格努斯力矩系数导数
MDMzz = QDLData.data(:,9);                  % DMzz 赤道阻尼力矩系数导数
MDMz = MDMz* 2;
%% 循环计算
iStep = 0;
time = 0.0;
timeStep = 1.0e-2;
timeEnd = 200.0;
velProjectile1 = [];
posProjectile1 = [];
while(time <= timeEnd)
    time = time + timeStep;
iStep = iStep + 1;
    % R-K 方法,第一步
    stime = time;
    DP = velProjectile;
    P = posProjectile;
    G1 = DPOH(stime,DP,P);
    H1 = DP;
    % 第二步
    stime = time + timeStep/2;
    DP = velProjectile + G1* timeStep/2;
    P = posProjectile + H1* timeStep/2;
    G2 = DPOH(stime,DP,P);
    H2 = DP;
    % 第三步
    stime = time + timeStep/2;
    DP = velProjectile + G2* timeStep/2;
    P = posProjectile + H2* timeStep/2;
    G3 = DPOH(stime,DP,P);
    H3 = DP;
```

```
        % 第四步
        stime = time + timeStep/2;
        DP = velProjectile + G3* timeStep;
        P = posProjectile + H3* timeStep;
        G4 = DPOH(stime,DP,P);
        H4 = DP;
        % 更新
        velProjectile = velProjectile + timeStep/6* (G1 +2* G2 +2* G3
+ G4);
        posProjectile = posProjectile + timeStep/6* (H1 +2* H2 +2* H3
+ H4);
        % 输出
        velProjectile1 = [velProjectile1,velProjectile];
        posProjectile1 = [posProjectile1,posProjectile];
        % 停止
        if(posProjectile(5) <0)
                break;
        end
    end
%% ************************ main.m **********************
    function Acc = DPOH(stime,DP,P)
    global poleProjectile equatorProjectile massProjectile d
    pProjectile = P(1:3);                    % 欧拉角
    uProjectile = P(4:6);                    % 位移
    dpProjectile = DP(1:3);                  % 欧拉角速度
    duProjectile = DP(4:6);                  % 速度
    %
    cosGravityGravity = eye(3);              % 大地相对惯性坐标系的方向余弦
    cosGravity = cosGravityGravity;
    %
    cosGravityProjectile = Cos321(pProjectile);
                                             % 弹丸相对大地的方向余弦
    cosProjectile = cosGravity* cosGravityProjectile;
                                             % 弹丸相对惯性坐标系的方向余弦
    %
    bosGravityProjectile = Bos321(pProjectile);
                                             % 弹丸相对大地的角速度变换矩阵
    dbosGravityProjectile = DiffBos321(pProjectile,dpProjectile);
```

```
    % 弹丸相对大地的角速度变换矩阵的导数
aosGravityProjectile = eye(3);     % 弹丸相对惯性坐标系的速度变换矩阵
%
bosProjectile = cosGravity* bosGravityProjectile;
    % 弹丸相对大地在惯性坐标系的角速度变换矩阵
dbosProjectile = cosGravity* dbosGravityProjectile;
    % 弹丸相对大地在惯性坐标系的角速度变换矩阵的导数
aosProjectile = cosGravity* aosGravityProjectile;
    % 弹丸相对大地在惯性坐标系的速度变换矩阵
% 体-体矢量
rouGravtiyOut = zeros(3,1);         % 大地输出体矢量
rGravity = zeros(3,1);              % 大地体矢量
rGravityProjectile = cosGravity* (rouGravtiyOut + uProjectile);
    % 大地弹丸体矢量
drGravityProjectile = cosGravity* duProjectile;
    % 大地弹丸体体速度矢量
rProjectile = rGravity + rGravityProjectile;
    % 弹丸体矢量
rouProjectileIn = zeros(3,1);      % 弹丸输入体矢量
% 角速度
wGravity = zeros(3,1);
wProjectile = wGravity + bosProjectile* dpProjectile;
% 传递矩阵及其导数
TProjectile = zeros(6,6);
TProjectile(1:3,1:3) = eye(3);
TProjectile(4:6,4:6) = eye(3);
dTProjectile = zeros(6,6);
TTProjectile = eye(6);
dTTProjectile = zeros(6);
DProjectile = zeros(6);
DProjectile(1:3,1:3) = bosProjectile;
DProjectile(4:6,4:6) = aosProjectile;
dDProjectile = zeros(6);
dDProjectile ( 1: 3, 1: 3 ) = dbosProjectile + ANT ( wGravity ) *
bosProjectile;
dDProjectile(4:6,4:6) = ANT(wGravity)* aosProjectile;
%
UProjectile = eye(6);
```

```
    % 基点坐标系惯量
    JCProjectile = zeros(3);
    JCProjectile(1,1) = poleProjectile;
    JCProjectile(2,2) = equatorProjectile;
    JCProjectile(3,3) = equatorProjectile;
    JProjectile = JCProjectile - massProjectile* ANT(d)* ANT(d);
    % 广义惯性矩阵
    RProjectile = zeros(6);
    RProjectile(1:3,1:3) = cosProjectile* JProjectile* cosProjectile';
    RProjectile(1:3,4:6) = massProjectile* ANT(cosProjectile* d);
    RProjectile(4:6,1:3) = -massProjectile* ANT(cosProjectile* d);
    RProjectile(4:6,4:6) = massProjectile* eye(3);
    %
    W2 = zeros(6);
    W2(1:3,1:3) = ANT(wProjectile);
    W2(4:6,4:6) = ANT(wProjectile);
    %
    E = zeros(6);
    E(1:3,1:3) = eye(3);
    %
    wreProjectile = W2* RProjectile* E;
    %
    taoProjectile = zeros(6,1);
    taoProjectile = LOAD(stime,DP,P);
    taoProjectile(1:3) = taoProjectile(1:3) + ANT(cosProjectile* d)*
taoProjectile(4:6);
    %
    assT = zeros(6);
    assDT = zeros(6);
    assTT = zeros(6);
    assDTT = zeros(6);
    assD = zeros(6);
    assDD = zeros(6);
    assU = zeros(6);
    assR = zeros(6);
    assWRE = zeros(6);
    assTao = zeros(6,1);
    assDP = zeros(6,1);
```

```
%
assTT(1:6,1:6) = TTProjectile;
assDTT(1:6,1:6) = dTTProjectile;
assD(1:6,1:6) = DProjectile;
assDD(1:6,1:6) = dDProjectile;
assU(1:6,1:6) = UProjectile;
assR(1:6,1:6) = RProjectile;
assWRE(1:6,1:6) = wreProjectile;
assTao(1:6) = taoProjectile;
assDP(1:6) = DP(1:6);
%
Hd = inv(assTT - assT);
H = Hd* assD* assU;
DH = Hd* (assDT* H - assDTT* H + assDD* assU);
VelS = H* assDP;
%
M = H'* assR* H;
C = H'* (assR* DH + assWRE* H);
Tao = H'* assTao;
F = (Tao - C* assDP);
Acc = inv(M)* F;
%% ************************** LOAD.m ********************
function tao = LOAD(stime,DP,P)
global velXWing velZWing
global massProjectile diaProjectile lenProjectile areaProjectile
global MMa MCx0 MDCx MDCy MDMz MDMxz MDCz MDMy MDMzz
tao = zeros(6,1);
vProjectile = sqrt(DP(3)* DP(3) + DP(4)* DP(4) + DP(5)* DP(5));% 弹丸绝对速度
xPosProjectile = P(4);
yPosProjectile = P(5);
zPosProjectile = P(6);
thtaDanzhou = P(3);
psiDanzhou = P(2);
psiDandao = asin(DP(6)/vProjectile);
thtaDandao = asin(DP(5)/vProjectile/cos(psiDandao));
Det2 = asin(cos(psiDandao)* sin(psiDanzhou) - sin(psiDandao)* cos(psiDanzhou)* …
```

```
        cos(thtaDanzhou - thtaDandao));
    Det1 = asin(cos(psiDanzhou)* sin(thtaDanzhou - thtaDandao)/cos
(Det2));
    Bet = asin(sin(psiDandao)* sin(thtaDanzhou - thtaDandao)/cos
(Det2));
    OMC = DP(1);
    OMY = - DP(2);
    OMZ = DP(3)* cos(P(2));
    %
    xuTau = TAU(yPosProjectile);                % 求虚温
    pressAir = PRESS(yPosProjectile);           % 求空气压力
    Gg = G(yPosProjectile);                     % 求中立加速度
    densityAir = RO(pressAir,xuTau);
    Wx2 = velXWing* cos(thtaDandao)* cos(psiDandao) + velZWing* sin
(psiDandao);
    Wy2 = - velXWing* sin(thtaDandao);
    Wz2 = - velXWing* cos(thtaDandao)* sin(psiDandao) + velZWing* cos
(psiDandao);
    Vry2 = -(vProjectile - Wx2)* sin(Det1) - Wy2* cos(Det1);
    Vrk2 = -(vProjectile - Wx2)* cos(Det1)* sin(Det2) + Wy2* sin(Det1)
* sin(Det2) - Wz2* cos(Det2);
    Vrc = (vProjectile - Wx2)* cos(Det1)* cos(Det2) - Wy2* sin(Det1)*
cos(Det2) - Wz2* sin(Det2);
    Vry = Vry2* cos(Bet) + Vrk2* sin(Bet);
    Vrk = - Vry2* sin(Bet) + Vrk2* cos(Bet);
    Vr = sqrt((vProjectile - Wx2)^2 + Wy2^2 + Wz2^2);
    Detr = acos(Vrc/Vr);
    numMa = MAHE(Vr,xuTau);                     % 马赫数
    Rsd = densityAir* Vr* areaProjectile/2;
    Cx0 = interp1(MMa,MCx0,numMa,'spline');
    DCx = interp1(MMa,MDCx,numMa,'spline');
    DCy = interp1(MMa,MDCy,numMa,'spline');
    DMz = interp1(MMa,MDMz,numMa,'spline');
    DMxz = interp1(MMa,MDMxz,numMa,'spline');
    DCz = interp1(MMa,MDCz,numMa,'spline');
    DMy = interp1(MMa,MDMy,numMa,'spline');
    DMzz = interp1(MMa,MDMzz,numMa,'spline');
    % 阻力 Rx
```

```
    Kr =1.0;                    % 阻力符合系数
    Km =1.0;                    % 翻转力矩符合系数
    Cx =Kr* Cx0 +DCx* Detr^2;
    Rx =Rsd* Cx;
    Rxx2 = -Rx* (vProjectile -Wx2);
    Rxy2 =Rx* Wy2;
    Rxz2 =Rx* Wz2;
    %升力 Ry
    if(Detr = =0)
        Px1 =1.0;
    else
        Px1 =Detr/sin(Detr);
    end
    Cy =DCy* Px1;
    Ry =Rsd* Cy/Vr;
    Ryx2 =Ry* (Vr^2* cos(Det1)* cos(Det2) -Vrc* (vProjectile -Wx2));
    Ryy2 =Ry* (Vr^2* sin(Det1)* cos(Det2) +Vry* Wy2);
    Ryz2 =Ry* (Vr^2* sin(Det2) +Vrk* Wz2);
    % 马格努斯力 Rz
    Cz =DCz* (diaProjectile* OMC)* Px1/(1.0* Vr);
    Rz =Rsd* Cz;
    Rzx2 =Rz* ( -Wx2* sin(Det1)* cos(Det2) +Wy2* sin(Det2));
    Rzy2 =Rz* ((vProjectile -Wx2)* sin(Det2) +Wz2* cos(Det1)* cos
(Det2));
    Rzz2 =Rz* ( -Wy2* cos(Det1)* cos(Det2) -vProjectile -Wx2)* sin
(Det1)* cos(Det2);
    % 重力 G 分解
    Gx2 = -massProjectile* Gg* sin(thtaDandao)* cos(psiDandao);
    Gy2 = -massProjectile* Gg* cos(thtaDandao);
    Gz2 =massProjectile* Gg* sin(thtaDandao)* sin(psiDandao);
    % 静力矩 Mz
    XMz =DMz* Px1;
    Msd1 =densityAir* areaProjectile* lenProjectile* Vr* XMz/2;
    Mzx1 =0;
    Mzy1 =Msd1* Vrk;
    Mzz1 = -Msd1* Vry;
    % 赤道阻尼力矩 Mzz
    Msd2 =densityAir* areaProjectile* lenProjectile* diaProjectile*
```

```
Vr* DMzz/2;
    Mzzx1 =0;
    Mzzy1 = -Msd2* OMY;
    Mzzz1 = -Msd2* OMZ;
    % 马格努斯力矩 My
    Msd3 =densityAir* areaProjectile* lenProjectile* diaProjectile
* DMy* OMC* Px1/2;
    Myx1 =0;
    Myy1 =Msd3* Vry;
    Myz1 =Msd3* Vrk;
    % 极阻尼力矩 Mxz
    Mxzx1 = -densityAir* areaProjectile* lenProjectile* diaProjectile
* DMxz* Vr* OMC/2;
    Mxzy1 =0;
    Mxzz1 =0;
    %
    oulaDanzhou =zeros(3,1);
    oulaDanzhou(2) =psiDanzhou;
    oulaDanzhou(3) =thtaDanzhou;
    cosDanzhou =Cos321(oulaDanzhou);
    oulaDandao =zeros(3);
    oulaDandao(2) =psiDandao;
    oulaDandao(3) =thtaDandao;
    cosDandao =Cos321(oulaDandao);
    moment =zeros(3,1);
    moment(1) =Mzx1 +Myx1 +Mzzx1 +Mxzx1;
    moment(2) =Mzy1 +Myy1 +Mzzy1 +Mxzy1;
    moment(3) =Mzz1 +Myz1 +Mzzz1 +Mxzz1;
    force =zeros(3,1);
    force(1) =Rxx2 +Ryx2 +Rzx2 +Gx2;
    force(2) =Rxy2 +Ryy2 +Rzy2 +Gy2;
    force(3) =Rxz2 +Ryz2 +Rzz2 +Gz2;
    tao(1:3) =cosDanzhou* moment;
    tao(4:6) =cosDandao* force;
%% ************************ TAU.m ********************
    function xuTau =TAU(yProjectile)
    global Tau0n
    a =230.0;
```

```
    b = 0.006328;
    c = 1.172e-6;
    if(yProjectile <= 9300)
    xuTau = Tau0n - b* yProjectile;
    elseif(yProjectile > 9300&&yProjectile < 12000)
    xuTau = a - b* (yProjectile - 9300) + c* (yProjectile - 9300)^2;
    else
    xuTau = 221.5;
    end
%% ************************** RO.m **********************
    function density = RO(pressAir,xuTau)
    global R
    density = pressAir/(R* xuTau);
%% ************************** PRESS.m *******************
    function press = PRESS(yProjectile)
    global P0n
    if(yProjectile <= 9300)
        pai = (1 - 2.1904e-5* yProjectile)^5.4;
    elseif(yProjectile > 9300&&yProjectile < 12000)
        a1 = atan((2.344* (yProjectile - 9300) - 6328)/32221.057);
        a2 = exp( - 2.1206426* (a1 + 0.19392520));
        pai = 0.2922575* a2;
    else
        a3 = exp( - (yProjectile - 12000)/6483.305);
        pai = 0.1937254* a3;
    end
    press = pai* P0n;
%% ************************** MAHE.m ********************
    function numMa = MAHE(Vr,xuTau)
    global K R
    numMa = Vr/sqrt(K* R* xuTau);
%% ************************** G.m ***********************
    function Gg = G(yProjectile)
    global G0 R0
    Gg = G0* (R0/(R0 + yProjectile))^2;
%% *************************** ANT.m ********************
    function crossMatrix = ANT(v)
    crossMatrix = zeros(3);
```

```
    crossMatrix(2,3) = -v(1);
    crossMatrix(3,2) =v(1);
    crossMatrix(1,3) =v(2);
    crossMatrix(3,1) = -v(2);
    crossMatrix(1,2) = -v(3);
    crossMatrix(2,1) =v(3);
%% ************************* Cos321.m ******************
    function L231 =Cos231(Oula)
    fai1 =Oula(3);
    fai2 =Oula(2);
    gamma =Oula(1);
    L321 =zeros(3);
    L321(1,1) =cos(fai2)* cos(fai1);
    L321(1,2) = -cos(gamma)* sin(fai1) -sin(gamma)* sin(fai2)* cos
(fai1);
    L321(1,3) =sin(gamma)* sin(fai1) -cos(gamma)* sin(fai2)* cos
(fai1);
    L321(2,1) =cos(fai2)* sin(fai1);
    L321(2,2) =cos(gamma)* cos(fai1) -sin(gamma)* sin(fai2)* sin
(fai1);
    L321(2,3) = -sin(gamma)* cos(fai1) -cos(gamma)* sin(fai2)* sin
(fai1);
    L321(3,1) =sin(fai2);
    L321(3,2) =sin(gamma)* cos(fai2);
    L321(3,3) =cos(gamma)* cos(fai2);
%% ************************* Bos321.m ******************
    function B321 =Bos321(Oula)
    fai1 =Oula(3);
    fai2 =Oula(2);
    gamma =Oula(1);
    B321 =zeros(3);
    B321(1,1) =cos(fai2)* cos(fai1);
    B321(1,2) =sin(fai1);
    B321(1,3) =0.0;
    B321(2,1) =cos(fai2)* sin(fai1);
    B321(2,2) = -cos(fai1);
    B321(2,3) =0.0;
    B321(3,1) =sin(fai2);
```

```
    B321(3,2) =0.0;
    B321(3,3) =1.0;
%% *********************** DiffBos321.m *****************
    function dB321 = DiffBos321(Oula,dOula)
    fai1 =Oula(3);
    fai2 =Oula(2);
    gamma =Oula(1);
    dfai1 =dOula(3);
    dfai2 =dOula(2);
    dgamma =dOula(1);
    dB321 =zeros(3);
    dB321(1,1) = -dfai2* sin(fai2)* cos(fai1) -dfai1* cos(fai2)* sin
(fai1);
    dB321(1,2) =dfai1* cos(fai1);
    dB321(1,3) =0.0;
    dB321(2,1) = -dfai2* sin(fai2)* sin(fai1) +dfai1* cos(fai2)* cos
(fai1);
    dB321(2,2) =dfai1* sin(fai1);
    dB321(2,3) =0.0;
    dB321(3,1) =dfai2* cos(fai2);
    dB321(3,2) =0.0;
    dB321(3,3) =0.0;
```

参 考 文 献

[1] 徐明友. 火箭外弹道学 [M]. 哈尔滨：哈尔滨工业大学出版社，2004.
[2] 徐明友. 高等外弹道学 [M]. 北京：高等教育出版社，2004.
[3] 韩子鹏. 弹箭外弹道学 [M]. 北京：北京理工大学出版社，2008.
[4] 宋丕极. 枪炮与火箭外弹道学 [M]. 北京：兵器工业出版社，1993.
[5] 徐明友. 现代外弹道学 [M]. 北京：兵器工业出版社，1999.
[6] [苏] 德米特耶夫斯基. 外弹道学 [M]. 孟宪昌，译. 北京：国防工业出版社，2000.
[7] 浦发. 外弹道学 [M]. 北京：国防工业出版社，1980.
[8] 韩子鹏，等. 弹箭外弹道学 [M]. 北京：北京理工大学出版社，2014.
[9] 王泽山，何卫东，徐复铭. 火药装药设计原理与技术 [M]. 北京：北京理工大学出版社，2006.
[10] Herman Krier. Interior ballistics of guns [M]. American Institute of Aeronautics and Astronautics, 1979.
[11] 金志明. 枪炮弹道学 [M]. 北京：北京理工大学出版社，2003.
[12] 鲍廷钰，邱文坚. 内弹道学 [M]. 北京：北京理工大学出版社，1995.
[13] 张喜发，卢兴华. 火炮烧蚀内弹道学 [M]. 北京：国防工业出版社，2001.
[14] 周彦煌，王升晨. 实用两相流内弹道学 [M]. 北京：兵器工业出版社，1990.
[15] Victor F. Zakharenkov. Ballistics Design of Cannon and Impulse Throwing Mounts [M]. Sanct - Petersburg, Balt. State. Tech. Un - ty. Spb., 2000.
[16] 金志明. 现代内弹道学 [M]. 北京：北京理工大学出版社，1992.
[17] 张小兵. 枪炮弹道学 [M]. 北京：北京理工大学出版社，2014.
[18] 王泽山，何卫东，徐复铭. 火炮发射装药设计原理与技术 [M]. 北京：北京理工大学出版社，2014.